군사학 연구방법론

Research Methods in Military Studies

군사학 연구방법론

2017년 3월 20일 초판 인쇄
2017년 3월 25일 초판 발행

지은이 군사학연구회 | **교정교열** 정난진 | **펴낸이** 이찬규 | **펴낸곳** 북코리아
등록번호 제03-01240호 | **전화** 02-704-7840 | **팩스** 02-704-7848
이메일 sunhaksa@korea.com | **홈페이지** www.북코리아.kr
주소 13209 경기도 성남시 중원구 사기막골로 45번길 14
우림라이온스밸리2차 A동 1007호
ISBN 978-89-6324-539-3 (93390)

값 20,000원

* 이 도서의 국립중앙도서관 출판예정도서목록(CIP)은 서지정보유통지원시스템 홈페이지(http://seoji.nl.go.kr)와 국가자료공동목록시스템(http://www.nl.go.kr/kolisnet)에서 이용하실 수 있습니다. (CIP제어번호 : CIP2017007666)

군사학 연구방법론

Research Methods in Military Studies

군사학연구회 지음

북코리아

머리말

우리 학계에서 군사학이 새로운 학문으로서 뿌리를 내리고 있다. 1970년대 말부터 군사학에 대한 학문적 논의가 시작된 이후 1980년대와 1990년대를 거쳐 군사학이 하나의 독립된 학문체계로 분류되어야 한다는 목소리가 높아졌으며, 2000년대에 들어서면서 한국연구재단(구 한국학술진흥재단)에서 분류한 학문체계에 편입되면서 정식 학문분야로 인정받기에 이르렀다. 이제 군사학은 군 관련 대학 및 사관학교뿐 아니라 민간대학에서도 군장교 양성을 위한 학문으로서는 물론, 관심 있는 많은 연구자들이 참여하는 독자적 학문영역으로 자리를 잡고 있다.

모든 학문에서 방법론은 올바른 연구의 기본이 된다. 특히, 사회과학에서 방법론은 기대하는 연구성과를 달성하는 데 매우 중요한 요소로, 연구방법이 엄격하지 않을 경우 타당하고 신뢰할 수 있는 연구결과를 산출하기 어렵다. 사회과학의 한 분야인 군사학도 마찬가지다. 군사학을 연구하면서 연구자는 유의미한 문제를 어떻게 식별하고 제기할 것인지, 그러한 문제를 해결하기 위해 어떠한 방법으로 연구를 진행할 것인지, 그리고 그러한 연구에 대한 자신의 주장(argument)을 어떻게 논리적으로 설명할 것인지에 대한 방법을 알고 접근해야 적실성 있는 연구를 수행할 수 있다.

그렇다면 군사학이라는 학문에 적용될 수 있는 별도의 방법론이 있을까? 어차피 군사학이 사회과학의 한 분야라면 일반적으로 논의되고 있는 사회과학방법론을 적용하면 되지 않을까? 물론, 군사학은 사회과학의 한 분야로서 기본적으로 사회과학방법론을 적용하여 군사학 연구를 진행할 수 있음을 부인할 수 없다. 지금까지 일각에서 군사학연구방법에 대한 논의가 이뤄지고 있지만 실제로 많은 연구자들은 사회과학방법론에 따라 연구를 수행하고 있는 것이 사실이다.

그럼에도 불구하고 군사학 연구방법은 사회과학과 다를 수 있다. 그것은 군사학이 비록 사회과학의 범주로 분류되어 있으나 엄밀하게 말하면 종합학문의 성격을 갖고 있기 때문이다. 즉 군사학이라는 학문체계 내에는 군사력 건설 및 군사력 운용(전략전술, 리더십 등)과 같은 사회과학적 요소 외에 군사사상이나 전쟁철학과 같은 철학적 요소, 전쟁사 및 군사사와 같은 역사학적 요소, 무기체계와 같은 공학적 요소를 다 같이 포함하고 있다. 따라서 군사학 연구방법은 정치학이나 사회학에서 사용하는 방법론과 일치하지 않을 수 있다. 사회과학 연구방법이 적용될 수 있으나, 철학적 접근방법이 유용할 수도 있으며, 때로는 이러한 서로 다른 학문적 요소를 결합한 학제 간(inter-disciplinary) 융합된 방법론을 고안하여 접근할 수도 있다.

이러한 이유로 군사학연구회는 이번에 군사학 연구방법론을 책으로 기획하게 되었다. 이 책은 크게 네 부분으로 나누어져 있다. 제1부는 군사학의 과학적 연구를 다루는 부분으로 제1장 군사학 발전과 학문 패러다임, 제2장 과학철학과 군사학의 연구, 제3장 연구 진행절차와 연구설계, 제4장 이론과 가설, 제5장 변수와 척도로 구성했다. 전반적으로 군사학 연구에 필요한 기본 개념과 설계를 이해하는 데 도움이 될 것으로 본다.

제2부는 질적 연구를 다루는 부분으로 제6장 사례연구, 제7장 문헌연구 및 해석학, 그리고 제8장 비교역사학적 접근으로 구성되었다. 일반적으로 역사적 사례를 중심으로 한 정성적(qualitative) 연구를 수행하는 연구자가 참고할 수 있는 내용으로 이뤄져 있다.

제3부는 양적 연구와 추론을 다루는 부분으로서 제9장 설문조사와 초점집단 면접, 제10장 양적 연구의 기법과 논리: 기술통계와 기술적 추

론, 제11장 양적 연구의 기법과 논리: 추리통계와 인과적 추론으로 구성되었다. 이 부분은 정량적(quantitative) 연구를 수행하는 연구자가 참고할 수 있는 내용으로 이뤄져 있다.

제4부는 논문작성법에 관한 것으로 제12장에서 논문작성법을 제시했다. 이 책의 대상이 군사학을 전공하는 학부생 및 석·박사 학생들이 될 것임을 염두에 두고 논문을 어떻게 작성할 것인지에 대한 일종의 표준 절차를 기술하고자 했다. 앞에서 언급한 군사학 연구방법론을 준용하되, 앞에서 구체적으로 언급할 수 없었던 인용과 주석 표기 요령이나 연구윤리 등에 대한 내용을 언급함으로써 연구자들이 실제 논문을 작성하면서 참고할 수 있는 유용한 팁을 담고자 했다. 물론, 여기에서 제시한 논문의 형식은 절대적인 것이 아니며 각 대학별로 설정한 기준에 따라 다를 수 있음을 밝힌다.

이 책은 군사학연구회가 기획한 여섯 번째 작품이다. 2013년부터 연구에 매진하여 그동안 『군사학개론』, 『군사사상론』, 『비교군사전략론』, 『전쟁론』, 『국가안전보장론』 등을 출간한 바 있다. 군사학연구회는 2013년 국방대학교 교수들 및 군과 협약을 체결한 민간대학교 군사학과 교수들이 중심이 되어 군사학의 학문적 토대를 구축하고 이 분야의 연구와 교육을 활성화하기 위해 결성한 컨소시엄이다. 본 연구회는 이번 작품을 준비하면서 이미 시중에 출간되어 나와 있는 책들과 차별화된 교재를 만들기 위해 노력했음을 밝히고, 앞으로 이에 관심 있는 분들에게 조금이나마 도움이 되었으면 하는 바람이다. 그동안 군사학연구가 지속될 수 있도록 후원해준 국방대학교와 대전대학교, 그리고 건양대학교에 감사드린다.

2017년 2월

집필진을 대표하여 박창희 씀

목차

군사학의 과학적 연구

제1장

군사학 발전과 학문 패러다임

군사학은 전쟁의 역사만큼이나 오랜 이론적 전통을 토대로 성장하고 발전해왔다. 이미 국내외 많은 대학에서 단일 전공으로 채택하여 학사, 석사, 박사학위를 수여할 만큼 학문화의 제도권 진입에도 성공했다. 하나의 분과학문으로 진입에 성공한다는 것은 새로운 세계를 발견하고 지식의 지평을 확장함으로써 공동체에 고유하게 기여할 수 있는 길이 열린다는 것을 의미한다. 이러한 점에서 군사학은 아직 탐구가 본격적으로 이뤄지지 않은 지적인 공터를 지니고 있다. 따라서 학문 패러다임을 공고히 하기 위한 성찰과 노력이 필요하다.

최병욱(상명대학교)

육군사관학교를 졸업하고 미국 해군대학원(NPGS)에서 경영학 석사학위를, 서울대학교에서 교육학 박사학위를 받았다. 육군 대령으로 전역 후 2014년부터 상명대학교 국가안보학과 학과장으로 재직하고 있다. 펜실베이니아대학교(U-Penn)와 오하이오주립대학교(OSU)에서 방문연구원, 한국국방연구원 연구위원, 중앙대학교 겸임교수, 부총리 사회정책자문위원 등을 역임했고 현재 국방부 정책자문위원, 국회예산정책처 자문위원, 한국국방정책학회 및 군사학교육학회 상임이사, 군 인성교육진흥원 상임이사 등으로 활동하고 있다. 연구 관심 분야는 군 교육훈련 정책, 인력 및 인사관리, 리더십, 병영문화 등이다.

제1절 군사이론의 기원과 발전

1. 군사이론의 기원

인류의 역사는 전쟁으로 점철된, 전쟁의 역사다. 군사학의 학문적 뿌리 또한 전쟁의 역사만큼 깊고 넓다. 군사학의 학문적 뿌리는 군사이론에 있다. 군사이론은 전쟁에서 승리하기 위한 보편적 원리를 탐구하는 이론체계다. 군사이론의 기원은 전쟁의 역사에 관한 기술에서 찾을 수 있다. 전쟁 역사에 관한 최초의 기술은 펠로폰네소스 전쟁을 기술한 투키디데스(BC 460~400)에 의해 시작된다.[1] 당시 전투술은 용사들에 의한 일대일 전투였다. 용사들은 전차를 타고 움직이다가 내려서 격투를 했고 2개의 창과 검 및 방패를 가지고 싸웠다. 싸움의 수준이 확대되면서 개인 간의 전투술은 점차 집단 전투술로 발전했다. 집단 전투술의 전형은 당시 아테네와 페르시아의 전쟁에서 페르시아군을 격퇴한 아테네군의 팔랑스(phalanx)에서 볼 수 있다. 팔랑스의 전투술은 8열 횡대의 대열을 이루어 적과 격돌하는 것이다. 사상자가 발생하면 후방의 열에서 보충하면서 진형을 유지하는 것이 핵심인데, 이를 위해 강인한 훈련과 기율이 강조되었다. 집단 전투술로 싸움의 방식이 변화하면서 군사이론은 점차 전쟁에 관한 원칙과 전략에 대한 탐구를 중심으로 발전했다. 리더, 즉 장군의 역할이 중요시되었고 '장군의 술'을 의미하는 전략의 개념이 태동했다. 오늘날 전략(strategy)의 어원이 당시 장군을 의미한 고대 그리스어 스트라테고스(strategos)에서 유래된 바와 같이 '장군의 술'은 지휘의 기술, 즉 어떤 대형으로 배치하고 어떤 지형에서 싸우며 우위를 점하기 위해 어떠한 책략을 써야 하는지 등을 결정하는 병술을 뜻했다.

---

1 정성, "군사학의 기원과 이론체계", 『군사논단』 제41호(2005), pp. 90-93.

기원전 고대 시대에 군사이론을 체계화한 동서양의 대표적인 저술은 손무(BC 6C)의 『손자병법』과 베게티우스(BC 4C)의 『군사학 논고』다. 약 2,500년 전에 손무가 저술한 『손자병법』은 최고의 병법서이자 군사 고전이다. 『손자병법』을 아우르는 그의 핵심 사상은 '자보이전승(自保而全勝)' 사상, 즉 "스스로 보전하면서 온전한 승리를 거두는 것"이다. 손자는 전쟁의 본질을 국가가 가진 정치적 욕구의 발현으로 보고, 이에 대한 신중한 접근과 온전한 승리를 강조했다. 『손자병법』은 병법뿐만 아니라 전쟁에 대한 철학과 원칙을 담고 있다는 점에서 시대를 초월하여 그 가치가 높다.

베게티우스의 저술인 『군사학 논고(De Re Militari)』 또한 군사학의 고전 중의 고전으로 평가받고 있다. 저자 베게티우스는 4세기 말 로마의 귀족이자 지식인으로서 개혁주의자였다. 그는 아드리아노플 전투에서 로마 군단이 패배하는 것을 보고 로마군의 개혁 필요성을 절감했다. 마키아벨리를 비롯한 후대의 석학들이 중요한 자료로 활용해온 이 책은 군대의 조직과 장비, 인사관리, 전략 및 전술과 전투대형, 군대의 편성과 훈련, 군기 등 군사에 관한 원리를 담고 있다. 베게티우스는 짧은 시간에 승부를 결정짓는 결전을 중요시했다. 하지만 동시에 결전만으로 해결할 수 없는 상황이 많다는 사실을 인정하고, 교묘한 술책으로 큰 전투를 피하면서 이기는 방법을 권장했다. 전쟁사에서 명장들은 상황에 따라 사자처럼 싸우기보다는 오히려 여우의 방식으로 싸워 승리하는 경우가 많았다. 이 점을 확실히 이해한 베게티우스는 직접적인 교전이나 정면충돌을 피하고 가능한 한 기동전과 소모전의 방식을 많이 활용하기를 권장했다. 이 책의 첫 문장은 "전쟁에서 승리는 전적으로 숫자나 단순한 용기로 결정되는 것이 아니다. 기술과 군기만이 승리를 보장할 것이다"로 시작한다.[2] 군사금언집이라고도 할 수 있을 만큼 이 책은 많은 금

2 당시 군기가 느슨하여 지탄의 대상이 된 로마군으로서는 이 문장을 언짢아했을지 모른다. 하지만 군대를 양성하는 나라라면 어느 나라든 시공을 초월하여 반드시 새겨들어야

언을 담고 있다. "평화를 원하거든 전쟁에 대비하라", "용맹은 숫자보다 우월하다", "지형의 특징은 때때로 용기보다 더 중요하다", "피아의 전력을 제대로 평가하는 장군은 쉽게 굴복하지 않는다", "선천적으로 용감한 사람은 거의 없다. 대부분 훈련과 군기를 통해 용감해진다" 등의 격언은 지금까지도 여전히 유효한 군사격언이다.

2. 군사이론의 발전

군사이론의 흐름을 이해하는 데 있어 시대별 군사이론가의 저작은 큰 도움을 준다. 기원후 첫 번째 군사 관련 저술가는 그리스의 오노산더(Onosnader, AD 1C)다.[3] 그는 군 경험이 없는 순수한 민간인으로서 장군의 임무, 장군의 자질 등 리더십에 관한 사항을 기술했다. 뿐만 아니라 기동, 감시, 훈련 등 전술적 이론과 전투에서 승리 후 종결 방법 등에 관한 전략적 차원의 이론을 체계화했다. 아이리아누스 택티커스(Aelianus Tacticus, AD 2C)는 마케도니아군의 전술 및 훈련에 관한 사항을 상세하게 저술했는데, 이는 중세까지 군사이론서로서 숙독서가 되었다. 16세기에 인쇄술이 발명되자 아이리아누스의 저술 내용이 1552년 이탈리아 사람 로보텔리(Robortelli)에 의해 인쇄판으로 출판되었으며, 로보텔리는 이 인쇄판에 아이리아누스가 저술한 기동술, 전술, 무장 등을 50여 개의 그림으로 묘사했다. 이 가운데는 4,096명이 8열 횡대로 구성된 아테네군의 팔랑스가 개인 간 간격, 지휘관 배치 등을 포함하여 상세하게 그려져 있다.

아이리아누스 이후 군사이론을 저술한 인물은 중세가 되어 나타났

할 금언임에 틀림없다.

3 정성, 전게서, p. 93.

다. 『군주론』의 저자로 잘 알려진 마키아벨리(Machiavelli, 1469~1527)다.[4] 그는 『정략론』을 저술하여 군사 문제의 이론화에 크게 기여했다. 『정략론』은 위대한 고전 중 하나로 후대 정치가 및 군인에게 큰 영향을 미쳤다. 그는 당시 부패된 군 체제를 비판하면서 군 체제가 신뢰를 받을 수 있도록 개혁이 필요함을 역설했다. 『정략론』은 정치 및 군사이론에 관한 개혁적 견해와 함께 부대배치, 보병술, 기병술, 포병술, 성채 공방술 등 전술적 내용과 전쟁의 원인, 전쟁의 본질, 전쟁수행 전략 등을 기술함으로써 군사혁신과 전술 및 전략적 문제를 포괄하고 있다.

18세기 말 나폴레옹 시대에 이르러 전쟁문제의 군사적 이론화가 본격화되었다. 이전의 전쟁은 대체로 단일 전장에서의 전투가 주를 이뤘다. 한편 나폴레옹 전쟁에 의해 전쟁의 수준이 확대되고 대규모 병력이 전쟁에 참여하기 시작하면서 전장이 점차 확장되기 시작했다. 전장이 확장됨에 따라 전략과 전술의 개념이 구분되었다. 전략이란 결정적 지점에서 전투를 하기 위해 대부대를 여러 규모로 나누어 전장으로 기동하게 하는 다양한 활동, 즉 접근, 행군, 후퇴, 기동 등을 의미하는 용어로, 전술이란 제한된 전투공간에서의 전투기술을 의미하는 용어로 구분되었다. 나폴레옹 전쟁 이후 전쟁을 국가적 노력의 차원에서 이해하고 이를 이론화하는 작업은 클라우제비츠와 조미니에 의해 체계화되었다.

프러시아의 군사이론가인 클라우제비츠(1780~1831)는 세계 최고의 병서로 대표되는 『전쟁론(On war)』을 저술했다.[5] 그는 전쟁을 정부, 국민, 군대의 상호관계 속에서 파악함으로써 이전 이론가들의 군사작전 연구 위주의 편협성을 뛰어넘었다. 그는 전쟁을 "자신의 의지를 실현하

4 이탈리아의 외교관 겸 정치가였던 그는 1516년 『군주론』을 저술한 데 이어 1521년 『정략론(Art of War)』을 저술하여 당시 메디치가의 실력자였던 로렌초에게 헌정했다.

5 『전쟁론』이 세계 최고의 군사이론서이자 고전으로 각광받게 된 것은 클라우제비츠의 천재적인 지적 재능, 나폴레옹 혁명전쟁에 대항하여 싸웠던 자신의 경험, 베를린 육군대학(War College)에서의 군사학, 철학, 문학에 대한 체계적 교육, 그가 평소 탐독했던 철학서적 그리고 마키아벨리 작품에 의한 깊은 영향 등 사물을 실증적으로 바라보는 그의 인식체계의 결과다. 클라우제비츠, 허문열(역), 『전쟁론』(동서문화사, 1981), p. 5.

기 위해 적에게 굴복을 강요하는 폭력행위"로 정의하고, 전쟁은 "다른 수단에 의한 정치의 연속"이라는 함축적 표현으로 전쟁의 정치적 종속성을 강조했다.[6] 같은 시기 앙리 조미니(1779~1869)는 『전쟁술』을 저술했다. 나폴레옹 전쟁에 내재해 있는 군사사상과 전쟁 방식을 총체적으로 분석한 다음 이를 실제 전쟁 수행의 기본원리로 개념화를 시도했다. 클라우제비츠가 철학적인 관점에서 전쟁의 본질을 규명하는 문제에 집중했다면, 조미니는 과학적이면서 기하학적인 관점에서 시공을 초월해 적용될 수 있는 전쟁의 보편적 원리를 찾고자 했다. 『전쟁술』에서 그는 전쟁의 유형, 정책, 군사작전술, 군의 구조 문제에 대한 이론화를 시도했다. 클라우제비츠와 조미니의 논의 수준은 매우 정교했고, 이로 인해 유럽 국가들에서 두 사람의 저작은 전쟁에 관한 하나의 교과서적인 역할을 했다.

3. 군사이론의 확장과 확산

1, 2차 세계대전으로 인해 군사이론은 현저한 전환점을 맞이했다. 산업혁명으로 인해 전쟁의 패러다임이 변화했기 때문이다. 산업혁명의 결과로 기관총 앞에 기병이 무력화되고, 전차와 항공기를 비롯하여 잠수함이 등장하게 됨으로써 군의 조직 및 전술의 변화가 필요했다. 전장의 규모가 더욱 확대됨에 따라 전쟁의 계획, 준비, 시행에 있어서 체계적인 설계도 요구되었다. 이러한 요구는 군사이론이 발전하는 계기가 되었다. 병력 동원, 전쟁 지속을 위한 자원과 인력의 문제, 전방 및 후방의 연계, 무기 체계의 치명성에 대응하기 위한 병력의 분산과 신속한 전개, 정면공격을 피한 우회기동, 확대된 전장에서의 지휘, 전투의 승리가 전쟁

---

6 Carl von Clausewitz, *On War* (New Jersey: Princeton University Press, 1989), trans. by Michael Howard and Peter Paret, pp. 75-89.

의 승리를 보장하지 못하기 때문에 발생하는 이른바 전투와 전략적 승리와의 새로운 관계, 군수 지원 등을 다룰 수 있는 기술에 관한 이론이 발전했다.

제2차 세계대전을 거치면서 전쟁은 점차 국가 총력전의 양상으로 변화했다. 전장에서 군사력 이외 분야의 필요성이 인식되었고, 군사이론은 더 이상 군사 문제만이 아닌, 국가 안보차원의 문제로 확대되는 국면을 맞이했다. 군사이론은 민간학자들의 관심영역으로 확산되기 시작했다.

이러한 시기에 나온 두 저서는 군사학 연구의 방향을 제시했다는 점에서 주목할 만하다. 1942년에 퀸시 라이트(Quincy Wright, 1890~1970)는 역사학, 정치학, 사회학, 철학, 법학, 심리학, 인류학 등 제 학문 분야의 연구 성과를 바탕으로 전쟁의 개념, 현상, 역사적 발전, 원인론, 평화론에 관한 종합연구서인 『전쟁연구(A Study of War)』를 펴냄으로써 전쟁이라는 복잡한 현상에 대한 학제 간 연구의 필요성과 가능성을 열어놓았다.[7] 1943년에는 군사시상과 진략이론을 십대성한 에드워드 얼(Edward Mead Earle)의 『Makers of Modern Strategy』가 발간되었다.[8] 에드워드 얼은 전략이란 "현재 혹은 잠재적인 적에 대해 중대한 이익을 효과적으로 증진시키고 확보하기 위해 어느 한 국가의 모든 자원을 통제하는 기술"이라 정의하면서 전략의 개념을 국가차원으로 확대했다. 이 두 책은 민간학자들에 의한 전쟁 연구 결과물로서 제2차 세계대전 이후 전쟁 연구의 방향을 제시하는 이정표가 되었다.

두 저작을 계기로 많은 민간학자들이 전쟁 문제, 평화 문제, 안보 문제, 전략 문제 연구에 직접 뛰어들었다. 핵무기의 위력이 급속하게 증대

---

7 Quincy Wright, *A Study of War*, abridged ed. (Chicago, Illinois: The University of Chicago Press, 1942, 1964).

8 Edward Mead Earle, *Makers of Modern Strategy: Military Through from Machiavelli to Hitler* (NJ: Princeton University Press, 1944).

함에 따라 전쟁을 방지하기 위한 억제이론과 군비통제이론이 중요한 주제로 부상했다. 평화를 추구하기 위해서는 먼저 전쟁이 왜 일어나는가를 분석해야 한다는 입장에서 전쟁원인론도 주목받는 주제가 되었다. 군사이론은 전쟁에서의 승리뿐만 아니라 전쟁의 억제, 군비통제, 효율적 전쟁 수행, 합리적 수준의 군사력 건설 등 다양한 분야로 그 범위를 확장시켰다. 전승의 원리를 찾는 군사이론은 이제 국가안보를 군사적으로 구현하는 학문의 영역으로 발전했다.

제2절 군사학의 학문화 발전과정

1. 학문화의 지체원인과 동인

학문은 학자들이 지식을 모으고 체계화하며 상호작용을 통해 이론과 방법론 및 세계관 등을 구축하는 과정을 통해 이뤄진다. 군사학 또한 군사현상에 관한 군사사상가들의 지적 탐구노력을 통해 이론적 기초를 형성해왔다. 군사학이 탁월한 군사이론가들을 중심으로 오랜 이론적 기초를 형성해왔음에도 하나의 학문으로 독립적 지위를 갖게 된 것은 비교적 최근의 일이다. 두 가지 측면에 학문화의 지체원인이 있다.[9]

첫째 군 내부적인 사정이다. 각국의 군대는 군사 문제에 대한 논의를 군 내부로 국한시키는 경향이 있다. 확립된 지식체계의 보편타당성에 대한 검증과 일반화보다는 실용성에 더 깊은 관심을 보임에 따라 군사이론의 학문적 발전이 지체되었다. 한편 군사이론가들은 흔히 규범화된

9 김광수, "군사학 학문체계 고찰", 『군사연구』 제120집(육군본부, 2004), pp. 383-384.

기존 교리체계의 힘과 군의 엄격한 위계질서의 권위에 도전해야 한다는 벽에 부딪혔다. 군의 비밀주의 또한 학문화 지체의 주요 원인이다. 군대 내부에서 축적된 대부분의 지식들은 외부에 공개되지 않고 비밀로 취급되었다.[10] 군의 비밀주의는 한 개인의 이론체계가 동료 이론가들의 비판의 대상이 됨으로써 지식의 학문적 정교화를 가능케 하는 대학과는 달리, 학문공동체로부터의 검증받을 기회를 제약하는 원인이 되었다.

두 번째로 군사적 지식체계가 학문으로 인정받지 못한 이유는 대학을 중심으로 한 학문공동체의 반군사주의(anti-militarism)에 있다. 대학 내 대부분의 학자들은 인간의 살육과 문명의 파괴를 동반하는 전쟁 문제에 관한 연구는 반지성적이라고 간주했다. 그것들은 학자들이 연구할 가치가 없는 문제로 간주되었다. 민간학자로서 전쟁사와 군사사 연구에 탁월한 업적을 남긴 19세기 말 20세기 초 독일의 유명한 전쟁사가 한스 델브뤽과 영국의 전쟁사가 찰스 오만은 전쟁사를 탐구한다는 자체만으로도 동료학자들로부터 백안시되었다고 고백하고 있다. 현재는 이 두 사람이 활동했던 시기에 비할 정도는 아니지만 일반 학계에 아직도 부분적으로는 그러한 정서가 남아 있다.[11]

한편 다음과 같은 다양한 측면에서의 요구는 군사학을 하나의 독립 학문으로 발전시키는 계기로 작용했다.

---

10 과거에는 전략이라는 것이 장군과 그의 참모, 국왕과 일부 신하들과 같이 선택된 소수의 전유물이었다. 병사들에게는 전략을 가르치지 않았는데, 전쟁터에서 별 도움이 안 될뿐더러 반란이나 폭동을 조직화하는 데 이용할 수 있는 실용적 지식이었기 때문이다. 이러한 원칙은 식민주의 시대에 접어들어 더욱 확장되었다. 유럽 식민지의 원주민은 서구의 군대에 징집되었고 경찰업무도 맡겨졌으나 전략지식에 대한 접근은 엄격하게 통제되었다. 로버트 그린, 『전쟁의 기술』(웅진지식하우스, 2010), p. 15.

11 아직도 '군사학' 하면 전쟁을 위한 반지성적 학문으로 인식하는 경향이 있다. 군사학의 학문적 정체성을 확립하기 위해 전쟁과 평화에 대한 관점을 형성하는 것은 중요하다. 전쟁과 평화는 동떨어진 별개의 개념이 아니며 상호 유기체적인 관계를 맺고 있다. 전쟁 중에도 평화를 모색하고, 평화 시에도 전쟁을 대비하는 것이야말로 평화를 확보하는 가장 평범한 비법이다. 전쟁과 평화의 관계는 "평화를 원하거든 전쟁을 대비하라"는 라틴 격언에서, '평화는 지킬 힘이 있을 때 확보되는 것'이라는 역사적 교훈에서 그 상징적 의미를 찾을 수 있다. 이러한 점에서 군사학은 평화를 건설하고 평화를 유지하기 위한, '평화를 위한 학문'이라는 인식을 확산하는 것이 필요하다.

첫째, 군사 교육기관의 설립에 따라 군사학의 학문화 필요성이 증대되었다. 나폴레옹 전쟁에 자극을 받은 유럽은 앞 다투어 사관학교(Military Academy)를 설립했다. 영국과 프러시아는 1801년에, 프랑스는 1802년에 각각 사관학교를 설립하고 장교 양성의 기틀을 세우고자 했다. 군사전문가를 양성하기 위해 교육과정을 정비하는 과정에서 현실적으로 군사학이라는 학문체계의 필요성이 구체화되었다.[12]

둘째, 전쟁의 양상이 변화하고, 군사의 영역이 점차 확장됨에 따라 군사학의 학문적 체계화의 필요성이 대두되었다. 특히 제2차 세계대전 이후로 전쟁 없는 평화를 갈구하는 목적에서건 아니면 국가이익을 효과적으로 실현하는 수단의 개발을 위해서건 많은 민간학자들이 전쟁 문제, 평화 문제, 안보 문제, 전략 문제 연구에 직접 뛰어들었다.[13] 군사적 지식에 대한 독점적 지위를 유지했던 군은 그들의 교육체계에 이들 민간학자들의 연구결과를 수용하고, 일부에 있어서는 민간학자들을 직접 교수로 채용하기도 했다. 이처럼 군사학은 점차 독립학문으로의 위상을 정립하고 학문적 체계화를 모색하는 계기를 마련하게 되었다.

셋째, 군 간부의 역량강화와 인력의 충원 등 인적자원개발(human resource development)의 필요성에 따라 군이 민간대학과 함께 군사학의 학문적 발전을 추진한 측면이 있다. 예컨대 미국은 1974년 이후 미 지휘참모대학의 군내 군사학 강좌와 민간대학에서의 학점을 결합하여 미국 북·중부지역 대학협회의 승인하에 군사학석사(MMAS: Master of Military Art and Science)를 수여하는 제도를 시행했다. 이는 학계로부터 군사학의 학문적 권위를 인정받는 한편 군 간부들의 학문적 성취에 대한 동기

12 인류의 지적 활동이 학문의 형태를 갖추기 시작한 것은 교육기관의 설립과 그 역사를 같이한다. 연구문제, 관심, 개념, 방법 등을 공유하는 사람들이 하나의 전문적인 연합체를 형성하여 교류하고 토론하며 입문자에게 그 전통을 지도하고 전수하는 과정을 통해 학문의 발전과 확장이 이뤄지기 때문이다. 고대 그리스에서 설립된 플라톤의 '아카데메이아(Acadēeia)'와 그의 제자인 아리스토텔레스의 '리케이온(Lykeion)'은 대학의 원형이다.

13 김광수, 전게서, pp. 393-394.

를 부여하고 자기계발을 촉진하는 계기가 되었다. 점차 석사 및 박사학위의 소지 여부가 군과 사회에서 좋은 경력으로 인식되자 군에서도 군 자체 교육과 연계해서 민간대학의 강의와 결합하여 학위를 주려는 시도를 했다. 최근에는 미국, 영국, 캐나다, 오스트레일리아, 뉴질랜드 등의 군 교육기관 혹은 민간대학에서 군사학 학위과정 운영을 확대하는 추세에 있다. 한국에서는 다수의 민간대학에 군사학과 및 부사관학과가 설치되었는데, 이는 인력의 안정적 충원과 밀접한 관련이 있다. 즉, 맞춤형 교육을 통해 필요한 인력을 안정적으로 충원하고자 하는 군의 정책적 요구를 일정 부분 반영한 것이라 할 수 있다.

한국에서 군사학 학문체계에 관한 본격적인 논의는 1980년대부터 시작되었다. 1981년 국방대학교에 석사과정이 설치됨에 따라 국방대학교에서 "군사학 이론과 교육체계 정립"이라는 주제로 세미나를 개최하여 군사학의 이론체계와 각국의 군사학 체계를 소개한 것이 군사학 발전에 관한 중요한 계기가 되었다. 그로부터 10여 년이 지난 1992년에 "군사학의 학문체계 정립방향"이라는 제목으로 세미나가 개최되었다. 육군사관학교에서는 1999년 "군사학 학문체계 정립 및 학위수여 방안 연구위원회"를 구성하여 집중적인 연구를 실시했다. 이 위원회는 군사학의 학문체계 및 교육체계에 관한 다양한 이론적 분석을 실시하고 실행을 위한 방안을 연구했다. 2000년에 "군사학 학문체계와 교육체계 연구"라는 종합적인 보고서를 책자로 출판했는데, 이는 군사학 학문체계에 관한 가장 집중적이고 체계적인 노력의 결과라고 할 수 있다.

2. 군사학 학문의 제도화

군사학을 하나의 학문체계로 독립시켜 연구하려는 움직임은 20세기에 이르러 소련으로부터 비롯되었다. 당시 소련을 비롯한 대부분의 공산국가들은 군사학을 여타 학문과 동등한 지위를 가진 분야로 인정하고 학위를 수여했다. 연구 분야는 군사술 이론, 전략, 작전술, 전술 등을 비롯하여 군사과학, 군대조직, 훈련과 교육, 전쟁사 등 전쟁의 일반 법칙, 군사전략, 독트린(doctrine) 등 군사 분야를 망라했다. 20세기 중반 이후 서구의 민간 학자들이 전쟁과 전쟁 억지의 문제를 학문의 영역으로 도입한 이후 군사학은 학문의 제도권으로 진입하게 되었다.

미국은 1974년 이후 지휘참모대학의 군내 군사학 강좌와 민간대학의 학점을 결합하여 군사학 석사(master of military art and science) 학위를 수여했다. 1983년부터는 군사학 고급과정인 2년간의 SAMS(School of Advanced Military Studies)과정을 설치하고 과정을 이수한 학생에게 군사학 석사학위를 수여하고 있다. 현재 4년제 대학에서 군사학을 단일 전공으로 하여 학사학위를 주는 대학이 점차 증가하고 있다. 여러 대학에서 국가안보(national security), 군사사(military history) 등의 이름으로 군사학 학사학위 과정을 운영하고 있다. 예컨대 워싱턴주립대학은 사회과학대학 안에 국가안보정책연구(National Security Policy Studies)를 독립된 전공으로 두고 학사학위를 수여하고 있다. 4년간의 교육과정을 통해 학생들에게 국방정책, 민군관계, 리더십, 동맹 및 외교정책, 국방예산 및 국방경제, 전략 등 군사안보를 중심으로 한 국가안보정책을 가르치고 있다. 존에프케네디대학은 군사사(Military History)를 전공으로 하여 각각 학사 및 석사학위 과정을 운영하고 있다.[14] 하와이대학은 군사학과 외교학을 통합하여 석사 및 박사학위를 수여한다.

영국에서는 '전쟁연구'에 관한 학위교육을 인식하고 이를 활발하게 전개했다. 제2차 세계대전 이후 전쟁사, 전략, 외교사 분야에 탁월한 업적을 낸 바 있는 런던대학교 킹스칼리지 마이클 하워드 교수는 1964년

14 미국 대학 탐색 사이트인 'Big Future'(https://bigfuture.collegeboard.org), 'Peterson's'(https://www.petersons.com)를 보면 상당수의 대학에서 군사학을 단일 전공으로 두고 군사학 학사 및 석사학위를 수여하는 것을 볼 수 있다.

군사사 연구학자, 국제관계 연구학자, 전략연구 학자들과 함께 학제적(interdisciplinary) 연구에 목표를 두고 전쟁연구학과(Department of War Studies)를 개설했다. 전통적인 전략연구, 군사사연구와 더불어 전쟁과 평화, 전쟁과 사회에 관한 광범한 문제를 연구하고 가르치고 있다. 학과는 3년 과정의 학부, 1년 과정의 석사, 3년 과정의 박사 과정을 두고 있다. 물론 이외에도 영국에서 '안보연구' 혹은 '전쟁과 평화연구'라는 전공으로 석사과정을 운영하는 대학들이 많이 있다. 최근에 영국을 모델로 캐나다, 오스트레일리아, 뉴질랜드에서는 '안보연구(Security Studies)'라는 이름으로 국제정치학 과목들, 군사학 과목들을 묶어 고급군사학교나 민간대학 내에 석사과정을 운영하고 있다.

일본은 방위대학교에 학부과정과 석사과정을 두고 '방위학'이라는 명칭 아래 군사학을 학문적으로 연구하고 있다. 일본방위학연구소가 편찬한 『군사학입문』은 군대 내에서 다뤄진 전통적 주제에 제2차 세계대전 이후 영미권 군사연구의 주요 주제들을 포괄하여 군사학 체계를 구성하고 있다.

국내에서는 2002년 대전대학교 및 한남대학교에 군사학 석사과정이 개설되었고, 2004년에는 대전대학교의 학부과정에 군사학 학과가 설치되었다. 이후 지금까지 국내 많은 대학에 군 관련학과가 설치되어 운영중에 있다. 군 관련학과는 다양한 이름, 예컨대 부사관학과, 군사학과, 사이버국방학과, 국가안보학과 등의 학과에서 전문학사, 학사, 석사, 박사학위를 수여하고 있다.

제3절 군사학의 학문적 특성과 패러다임

1. 군사학에 대한 관점

군사학을 어떻게 정의할 것인가는 군사학에 대한 관점과 인식에 따라 달라진다. 군사학에 대한 관점은 군사학을 전쟁 중심으로 보는 관점과 국가안보 중심으로 보는 관점으로 구분된다. 전통주의적 시각의 군사학자들은 군사학을 좀 더 협의적인 전문적 영역, 즉 전쟁행위에 한정시키는 경향이 있다. 이들은 군대의 직업적 특성이 일반사회와는 다른 독특한 면을 지니고 있는 바, 군대라는 전문적 영역 안에서만 군사문제의 연구가 가치를 지닌다는 입장이다. 이에 따르면 군사문제 연구의 핵심적인 주제는 전쟁의 본질, 무력전의 준비와 수행이다.

한편 국가안보 중심에서 군사학을 이해하고자 하는 학자들은 급변하는 환경에서 군대는 과거 답습적인 인식의 굴레를 벗어나 미래의 전쟁양상과 기술변화에 적응할 수 있도록 군사의 영역을 확대해야 한다는 입장이다. 국가안보 중심이라고 할 수 있는 이와 같은 시각에서는 군사력과 군사전략은 국가 대전략(Grand Strategy)의 하위개념으로, 국가 대전략과 군사전략 간의 상호작용이 중요한 연구대상이 된다. 안보 중심의 관점은 전쟁 문제를 국제정치학의 핵심 주제로 발전시켰고, 전쟁 승리의 방법을 국가안보 차원에서 검토하고 추진한 미국과 유럽을 중심으로 발전해왔다.

20세기 학문발전의 흐름은 학문 간의 교류와 통합을 가능하게 하는 '학제연구(interdisciplinary research)'로 나아가는 경향을 보이고 있다. 하나의 독립된 학문체계 안에서 발전해온 지식은 20세기에 들어오면서 그 경계를 넘어 다양한 장소에서, 다양한 수준으로, 다양한 유형과 형태로 발전하고 있다. 이와 같이 학문의 경계선이 불분명해진 학제연구의 흐름은 기존 학문이 자신의 틀 속에 갇혀 충분히 보지 못한 새로운 분야를 개척하게 함으로써 새로운 지식을 폭발적으로 만들어내고 있다. 장차전의 양상, 국가안보의 다측면성, 군사 분야의 확장성 등을 고려할 때 군사학이야말로 학제 간 연구가 필요한 전형적인 학문분야다. 특정문제를 해결하기 위해 여러 학문이 결합되어 새로운 학문영역으로 정립되어야 하는 '융합학문'이 되어야 한다. 따라서 군사학을 국가안보 중심의 관점에서 정의하는 것이 바람직하다. 각국의 군사학에 대한 정의를 보면 약간의 차이는 있으나, 대체로 군사학을 전투수행에 필요한 전술전기의 습득과 관련된 지식체계로만 보는 전통적 협의의 개념에서 전쟁을 전제로 한 군사력의 발전, 지원 및 사용에 관한 폭넓은 지식체계라는 개념으로 발전하고 있음을 알 수 있다. 군사학은 국가의 안보 전략을 군사적으로 구현하기 위해 군사력을 건설하고 운용하는 일체의 분야를 연구 대상으로 하는 학문이다.[15]

군사학에 관한 개념 정의는 군사학의 학문적 성격을 규정한다. 위에서 기술한 군사학의 개념정의에 따르면 군사학은 순수이론 학문이기보다는 응용과학적이며 실천과학적인 성격을 갖는다. 일반적으로 학문분야는 크게 순수학문과 응용학문으로 구분된다. 순수학문은 어떤 현상 또는 대상 그 자체를 이론적 · 체계적 · 과학적으로 연구하는 데 주된 목표가 있다. 반면에 응용학문은 순수학문의 이론이나 지식을 이용하여 인간사회에 유용하게 사용될 수 있는 방법 등을 개발하거나 이러한 일을 수행할 인력 양성을 주된 목표로 한다. 군사학은 기본적으로 전쟁의 문제를 중핵으로 하는 '응용' 혹은 '실천'과학의 성격을 지닌다. 다만 이론적 측면을 무시할 수 없기 때문에 군사현상을 이론적으로 연구하는 기능이 필요하다. 즉, 군사학은 군사 분야에 필요한 기술이나 지식

15 한국연구재단의 '학술연구분야분류표(2016년 2월 현재)'에 따르면 군사학은 대분류인 사회과학의 중분류로 자리하고 있다. 중분류인 군사학은 다시 군사이론, 안보이론, 국방정책론, 군사전략술, 군사전술론, 전쟁론, 무기체계론, 군사정보론, 국방행정론, 군사지리론, 군진의학, 통솔론, 군비통제론, 군사사, 기타군사학의 15개의 소분류로 구성된다.

을 갖춘 군사전문가를 양성하는 기능도 하면서 아울러 군사현상 그 자체를 학문적으로 연구하는 기능도 한다. 따라서 군사학에서는 고유의 '이론'을 강조하는 학문주의(academism)나 '실천'을 강조하는 전문가주의(professionalism) 가운데 어느 하나를 택하기보다는 사회과학의 여러 '이론'을 다양한 '실천' 분야에 응용하는 것이 중요하다. 다만 군사학의 학문적 정체성을 '군사'의 고유한 맥락보다는 현장적 전문성 담보에서만 찾으려고 하는 시도는 바람직하지 않다. 이는 과녁을 벗어난 화살을 쏘는 것과 같다. 아울러 군사학 고유의 맥락과 관점을 유지하는 것이 중요하다. 일반 경제학자가 국방경제, 예컨대 국방예산을 이해하는 관점과 군사학을 전공으로 하는 국방경제학자가 국방예산을 이해하는 관점은 사뭇 다르다. 군사학을 모수(parameter)로 하고, 다른 개별과학의 모수들을 전략적 변수(strategic variables)로 삼아야 한다. '군사의 고유한 맥락'이 무엇인지를 찾아가는 과정이 곧 군사학의 학문적 정체성을 밝히는 과정이며 해결해야 할 과제다.

2. 군사학의 학문체계

일반적으로 어떤 현상이나 분야에 관한 연구들이 하나의 학문으로 체계화되는 과정은 독특한 문제현상을 이해 · 설명 · 예측 · 통제하고자 하는 실용적 측면에서 출발하여 점차 그에 대한 지적체계가 축적 · 이론화되면서 학문으로 성립된다. 지식의 축적이 학문으로서 틀을 갖추기 위해서는 먼저 학문이 갖는 본위의 성격, 즉 독자적 이론체계를 갖는 연구의 대상, 독특하고 체계적인 연구방법론, 그리고 그 탐구영역에 관한 논리적이고 체계적 지식을 제공해주고 이러한 작업과 노력을 의미와 가치가 있는 지적인 노력이라고 인정하는 학문 공동체를 갖춰야 한다.

1) 군사학의 영역과 대상

군사이론 나아가 군사학의 연구대상은 시대와 상황의 변화에 따라 지속적으로 변화해왔다. 제1차 세계대전 이전까지만 해도 군대와 직접적으로 관련된 사항들이 연구대상의 핵심이었으나 총력전이 일상화된 현대에는 정치, 경제, 사회 등에 관한 상당한 내용들이 군사와 관련을 맺거나 군사의 내용을 구성하고 있다. 군사학의 대상과 영역은 전쟁뿐만 아니라 평화에 관한 연구 및 군사력의 문제로 확대되고 있다. 이런 점에서 군사학은 국가안보를 다루는 탐구영역, 그중에서도 군사적 측면의 국가안보를 연구대상으로 한다. 군사적 측면의 국가안보는 결국 전쟁에 대비하고 전쟁의 문제를 해결할 군사력의 건설과 유지, 운용의 문제로 요약할 수 있다. 전쟁과 군사력의 문제는 개인과 국가의 명운이 걸린 사항으로, 주제의 영역이 포괄적이며 파급효과의 측면에서 중차대하다. 주제가 크기 때문에 그와 관련되고 부수되는 세부 영역들이 방대하다. 중차대한 문제이기 때문에 마치 종합예술처럼 개인적 · 집단적인 총체적 능력과 노력이 결집 · 동원되지 않을 수 없다. 즉, 군사학은 분명한 중심 주제영역을 갖고 있지만 대단히 크고 중대한 문제이기 때문에 수많은 세부 주제영역과 세부 관련영역을 갖는다.

군사학의 연구영역은 다양하다. 국방정책 분야는 주변국 동향, 동맹관계, 국방경제, 평화 유지 등의 안보 관련 문제들과 군사시설, 병역 문제 등 민간과 군의 관계에서 발생하는 문제들에 대한 국방의 기본 정책을 포함한다. 군사력 운용 분야는 전장에서 효과적인 군사력의 운용을 연구하는 분야다. 여기에는 전략, 작전술, 전술, 지휘 통솔, 전쟁 기획 등의 분야가 속한다. 군사력 지원 분야는 조직, 인사 · 인력, 군수 분야를 포함한다. 이러한 분야는 원활한 군사력 운용을 지원하는 분야이지만, 총력전을 추구하는 현대전에서는 그 중요성이 크다. 군사력 건설은 평시 군사력을 건설하는 제반 분야에 대한 연구다. 여기에는 교육 훈련, 무기 체계, 모의실험 같은 분야가 있다. 이들은 평시 군사력 건설에 해당하는 분야로서 군사력 운용과 밀접한 관계가 있다. 군사과학기술 분야는 현대전에서 첨단 과학무기의 위력이 증가함에 따라 그 중요성이 증대하고 있다. 군은 운용자로서 일반적으로 과학기술 분야에 생소하다. 따라서 민간 부문과 밀접한 관계를 가질 수밖에 없으며, 민간 분야의 전문적인 지식이 요구된다. 기타 전쟁 철학, 전쟁의 원인 등과 같이 본질 또는 사상적인 분야와 군사 심리, 군대 윤리, 군대 사회, 국방경제, 민군 관계, 국제 관계, 군사 관련 법 등 국방과 관련된 분야 등 군사연구 영역은 넓고 포괄적이다.

2) 연구방법

전쟁에서 승리를 담보할 수 있는 과학적인 법칙의 발견은 모든 군인들의 염원이었다. 18세기 후반 서양 계몽주의자들은 전쟁에서 승리할 수 있는 과학적인 방법이 존재할 수 있다는 인식하에 전쟁수행의 법칙을 발견하기 위해 노력했다. 독일의 뷜로우(Adam Heinrich Dietrich von Bulow, 1757~1808)로 대표되는 이들은 승리를 약속하는 기하학적이거나 수학적인 법칙을 제시하려고 노력했다. 뉴턴의 물리학적인 지식을 토대로 군사적 측면의 기지, 작전선 등 군사작전 요소들에 대한 개념화, 이론화를 통해 전쟁에서의 승리를 달성하는 데 적용될 수 있는 법칙을 연구했다. 그러나 이들의 노력은 지나친 법칙성을 강조함에 따라 공감대를 형성하지 못했다. 결국은 승리할 수 있는 방법을 비교적 쉽게 찾아내도록 도와주는 촉매(catalyst) 정도의 '전쟁원칙(Principles of War)' 형태로 현재까지 계승되고 있을 뿐이다. 전쟁의 승리를 추구하는 방법은 여전히 '예술(art)'에 속하는 측면이 크다.[16]

군사학은 그 대상과 영역이 광범위한 만큼 적용되는 방법론이 다양

16 군사력의 운용에 관한 핵심적인 사항이 예술의 성격이 크다고 해서 학문이 성립되지 않는 것은 아니다. 학문성은 연구의 대상이 어떤 성격을 갖느냐는 데 좌우되는 것이 아니라 그를 연구 및 토의함에 있어서 체계적이고 객관적인 방법론을 적용하느냐에 달려 있다.

하다. 과학적 방법론을 사용하는 실증적 접근, 가치와 의미를 추구하는 규범적 접근, 합리적 · 분석적 방법을 통한 처방적 접근 등 문제와 상황에 따라 적절한 방법론을 선택하는 것이 필요하다. 실증적 접근은 사실에 대한 묘사와 과학적 방법에 의한 규칙의 정립을 시도하는 것이다. 이러한 접근에서 가장 초보적인 것은 사실에 대한 기술이다. 예를 들어 "과거 군사적 위협이 무엇이었으며 그로 인해 발생한 상황은 어떠했고, 이에 대비하기 위한 대안과 최종적으로 채택된 대안은 어떤 것이며, 이것을 어떻게 집행했는가?" 등을 있는 그대로 나타내는 것이다. 그리고 이어 과학적 방법을 도입하여 법칙을 정립하게 된다. 법칙의 정립은 먼저 가설(假說, hypothese, hypothesis)을 설정하고 이를 검증(檢證, verification)하여 타당성이 인정되면 법칙으로 받아들이고 그렇지 않으면 기각하는 과정을 밟는다. 이러한 과학적 방법은 많은 현상을 계량화해야 한다. 하지만 이에 반해 대부분 국방문제는 측정할 수 있는 변수로서의 현상들이 제약된다. 이 때문에 엄격하게 처리되기는 어렵고 상당 부분은 연구자의 직관이나 통찰력에 의존하게 된다.

규범적 접근은 바람직한 가치가 무엇인지를 판단하는 가치판단 방법을 의미한다. 군사위협의 대처나 대비에 관해 나타난 사실들에 의한 규칙보다는 규범(規範, norm), 즉 무엇이 옳고 그른지에 집중하는 방법이다. 국방문제 중에서 어떤 것을 정책의제로 채택하는 것이 옳은지, 그중 어떤 것을 해결하기 위해 정책의 바람직한 목표를 무엇으로 삼아야 하는지를 역사적 · 법적 측면 등에 바탕을 두고 논리적으로 접근하는 것이다.

그리고 목표가 설정되면 이를 달성하기 위한 수단을 선택하기 위해 처방적 접근을 도입한다. 처방적 접근은 대안들의 탐색과 합리적 · 분석적 방법을 통해 최선의 의사결정 방안을 도출하는 것이기 때문에 대체로 앞서 언급한 과학적 방법이 활용된다. 따라서 역시 제한사항은 있으며 이 때문에 연구자의 직관이나 통찰력이 적지 않게 요구된다.

3) 학문공동체

학문의 성립은 학자들이 상호작용을 통해 개념을 공유하고 세계관을 구축하는 과정을 통해 이뤄진다. 따라서 다수의 학자들이 소통하는 공동체의 기반이 형성되어야만 학문이 번성할 수 있으며, 이러한 학문공동체가 번영 · 발전할 때 해당 학문도 전성기를 맞이한다. 군사학이 제도적으로는 학문화의 과정에 진입했지만 여전히 학문적 정체성에 있어서 많은 취약성을 보이고 있다. 주된 이유는 학문공동체의 부재에 있다. 학문공동체란 대학, 연구소, 언론기구, 정부 유관부서에 종사하고 있는 군사문제 전문가와 유사 학문분야 전문가로 구성된다.

군사학 관련 학회로 국방정책학회, 군사학회, 군사운영(OR)학회, 군사사학회, 군사과학기술학회 등이 있다. 그러나 이들의 위상이나 학문적 활동은 다른 분과학문의 학회와 비교할 때 미미하다.[17] 군사학의 다학문적 성격은 학문적 공동체 형성을 어렵게 하는 요인이다. 군사학의 세부 전공자들, 예컨대 정치학, 행정학, 경영학, 심리학, 공학 등 전공분야의 학자들은 군사학 내의 다른 전공과 동일시하고 교류하기보다는 소위 모 학문과 동일시하는 것을 선호하는 경향이 있다. 정치학, 경영학, 심리학 등 모 학문의 연구결과를 인용해야 권위 있고 본격적인 학문적 연구를 한다는 인식을 갖고 있다고 할 수 있다.[18] 이처럼 군사학이라는 이름으로 학문 활동을 하면서도 상호 간에 소통을 외면한 채 학문적으로도, 어쩌면 심리적으로도 거리가 먼 상태에서 각자 활동하고 있는 것이다. 군사학은 대체로 북한 핵, 한미동맹, 지역안보 등 국제관계, 국제

---

17 예컨대 한국교육학회는 1953년도에 창립되어 2012년 현재 3,000명이 넘는 개인 회원과 100개의 기관회원을 거느리고 있고, 한국연구재단 등재지인 학회 학술지 「교육학 연구」를 1963년도부터 발간해오고 있으며, 세부 전공별로 구성된 22개의 분과학회를 유지하고 있다. 김재웅, "분과학문으로서 교육학의 위기에 대한 비판적 고찰: 현장적 전문성과 학문적 정체성의 관점에서", 『아시아교육연구』 13권 3호(2012), p. 2 참조. 군사학의 위상 정립과 학문적 발전을 위해 관련 학회의 왕성한 학문적 활동은 필수적이다. 군사학 학회의 체제 정비 및 혁신에 대한 성찰과 노력이 필요하다.

18 이는 '군사학은 이류학문이지만, 모 학문은 일류학문'이라는 관념이 어느 정도 깔려 있기 때문이라고 볼 수 있다.

정치 위주의 활동이 주류를 이루고 있는데 이 또한 군사학을 중핵으로 하는 연구라기보다는 상당 부분상 정치학, 외교학, 국제관계학의 관점에서 군사문제를 조망하는 연구의 성격을 갖고 있다. 군사학 고유의 맥락과 관점을 형성하는 것이 중요하며 이것이야말로 군사학 학문공동체가 해야 할 제일의 과제다. 한편 군사학의 학문적 본질을 드러내고 위상을 정립하며 외연을 확장하기 위해서도 국방조직관리, 국방경제 및 경영, 군사심리, 군사교육학 등 다양한 범주의 논의가 왕성하게 전개되어야 한다.[19]

학문의 성립에 있어 공동체의 존재는 매우 중요하다. 군사학에 대한 요구와 필요성의 토대 위에서 군사전문가를 중심으로 활발한 연구와 토의의 장이 마련될 때 군사학의 학문 패러다임은 공고화된다.

19 미국의 육군연구소만 해도 100여 명이 넘은 연구인력이 있다. 여기에서 훈련 및 평시 장병들의 심리, 조직행동, 리더십, 교육훈련 등 다양한 주제가 활발하게 논의되고 있다.

제2장

과학철학과 군사학의 연구

이 장에서는 군사학의 학문 정체성에 관한 내용을 설명하고 있다. 군사학 분야에서 다루고 있는 연구활동의 대상들은 광범위하지만 이들에 대한 연구활동의 목적은 군사적 목적과 직접적으로 연계되어 있다. 또한 이러한 대상들은 군사현상들로서 일반현상들과는 상이하다. 즉, 군사 부문의 현상들은 고유한 특성이 존재한다. 그러나 흔히 일반 학자들을 포함한 군사전문가들마저도 이를 구분하지 못하고 일반적 현상들과 일반 학문분과들을 동일시하고 있다. 따라서 이 장에서는 이러한 잘못된 실정을 고려하여 군사 분야의 고유한 학문영역을 규명하기 위한 노력의 일환으로 군사학 연구의 방향을 제시하고 있다. 이와 더불어 후학들에게 군사학에 대한 정체성을 확립시키기 위한 노력이 절실하게 요구된다는 사실을 제시하고자 한다.

이필중(대전대학교)

육군사관학교와 경북대학교 경제학과를 졸업하고, 미국 위스콘신대학교에서 경제학 석사, 영국 애버딘대학교에서 정치경제학(국방경제) 박사학위를 받았다. 육군3사관학교 경제학과 교수, 국방부 기획관리관실 정책실무자, 21세기 국방연구위원회 및 국방개혁 연구위원, 국방대학교 안전보장대학원 교수를 거쳐 2009년부터 대전대학교 군사학과 교수로 재직하고 있다. 군사학 연구방법론, 국방예산, 군사력건설, 군사경제론, 국방획득관리, 방위산업정책 및 유비쿼터스 국방운영체계 등의 분야에 관심을 가지고 강의 및 연구활동을 하고 있다.

제1절 과학철학(Philosophy of Science)이란?

1. 과학철학

19세기 이후 과학적으로 모든 현상을 설명할 수 없다는, 즉 주관적[1] 해석의 당위성이 부정되기 시작했다.[2] 과학은 논리성, 실증성, 객관성 등의 여러 속성으로 인간이 알 수 있는 현상, 즉 경험할 수 있는 현상을 다루어 문제의 소재와 해결을 분명하게 한다. 신학(神學) 등 인간의 경험을 초월하는 것 같은 사안의 경우에도 경험에 입각한 논리적 초월의 범주로 다루기 때문에 과학의 영역은 항상 경험의 세계에 국한된다. 그래서 과학의 세계는 사실적이며 실제적이다. 따라서 과학의 세계가 분석과 연계되어 이로부터 얻어지는 지식은 논리적 설명의 체계에 의해 과학적 이론이 된다.[3]

군사학의 경우에도 군사현상에 대해 설명하고 해석하는 데 있어서 현상을 인식하여 분석하고 분석결과를 토대로 하나의 이론을 발견하여 정리하게 되는데, 이를 '군사이론'이라고 한다. 예를 들어 무형전력의 형성에 연계된 각 요소의 상호작용을 분석하고, 분석결과를 설명하고 해석하는 데 요소별 역할을 규명하여 논리적 · 경험적 · 객관적으로 설명되고 해석된 결과에 대해 일반적으로 공감대가 형성되면 이를 "무형전력의 형성에 관한 과학적 이론이 된다"고 한다. 따라서 일반적 공감대의 형성이란 보편타당성을 의미하며, 무형전력(결과변수)과 각 요소(원인변

---

1 하나의 독립적인 가치관 또는 인식관을 말함

2 앎, 깨우침 또는 지식의 급성장에 의해 학문연구(자연과학, 사회과학, 인문과학 등)에 있어서 철학[가치관 또는 인식관. 예: 동일한 군사현상을 전쟁 중심적(war-oriented)으로 또는 평화 중심적(peace-oriented)으로 인식할(바라볼 또는 접근할) 것인가?]의 역할에 대한 논의가 활성화되고 있다.

3 김광웅, 『방법론강의』(서울: 박영사, 1996), pp. 17-18.

수)의 상호작용이 반복적 또는 규칙적으로 나타난다는 사실을 말한다. 즉 무형전력과 각 요소 간의 상관관계를 일반화할 수 있으며, 이를 '무형전력의 이론'이라고 한다. 또한 이러한 무형전력은 군사세계에서 나타나고 있는 실제적 사실이다.

과학적 철학(scientific philosophy)이란 철학이 현상을 규명하고 설명과 해석을 할 경우 수학이나 물리학 등과 같은 과학적 객관성에 의해 논리성, 실증성이 이뤄지는 것을 말한다.[4] 따라서 어떠한 영역의 철학이 과학적 속성에 의해 연구가 이뤄질 경우, 예를 들면 사회, 종교, 경제, 정치 및 군사 부문의 철학 영역이 과학적 논증을 하는 경우 과학철학(philosophy of science)의 입장에서 연구가 이뤄진다고 할 수 있다. 따라서 과학철학은 과학적 지식을 규명하는 것을 목적으로 한다.

여기에서 과학이란 "어떤 가정하에서 일정한 인식목적과 합리적인 방법에 의해 세워진 광범위한 체계적인 지식"[science: 학(學), 학문(學文)과 동일어]을 말한다. 또한 과학자들의 범주에는 인공위성을 제조하는 기술자들, 이론이나 정책을 개발하는 전문가들을 포함한다.

예를 들면, 군사학의 경우 전쟁을 규명할 때 먼저 "전쟁은 평화를 위해 필요한 것이다"라는 가정을 토대로 이를 군사 중심적(military oriented) 또는 평화 중심적(peace oriented)이라는 인식하에(인식목적) 가정을 합리적 방법(철학)을 사용하여 규명 · 검증하여 일반화과정을 거쳐 체계화시킨 지식(이론)이 '전쟁이론'이다. 여기에서 실증주의자들은 과학적 지식을 특정한 구조와 기능을 가진 지식으로 간주하고 있다.[5]

일반적으로 과학방법론상 경험과학을 과학이라고 한다. 따라서 군

---

4 Reichenbach, Hans, *The Rise of Scientific Philosophy* (Berkely and Los Engeles, University of California Press, 1968), pp. 117-124; 김준섭, 『과학철학학서설』(서울: 정음사, 1963), p. 13.

5 여기에서 특정한 구조와 기능은 이론을 구성하는 요소들, 즉 가변변수(종속변수)와 독립변수(원인변수: 영향요소)들의 관계가 구조이며, 기능은 각 독립변수들의 역할(상관관계)을 말한다.

사학이란 군사세계에서 군인의 합리적 행위를 분석대상으로 하는 학문으로, 자연현상과는 상이하게 일정한 인위적·창조적인 요소들을 포함하고 있다. 또한 경험과학은 자연과학과 인문·사회과학으로 구분된다.[6] 이러한 경험과학은 법칙 또는 준법칙적 명제들로 구성되어 있고, 명제들로부터 논리적으로 도출된 가설의 검증을 통해 경험적으로 입증될 수 있어야 하며, 대상 현상에 대한 설명 및 예측이 논리적으로 도출될 수 있어야 한다. 이러한 3가지 요건에 의해 특정지어질 수 있는 지식이 과학적 지식이다.

경험과학의 목표는 경험세계에서의 어떤 현상을 묘사하고, 이러한 현상을 간결하고 체계적으로 이해하여 설명하고 예측하게 할 수 있는 일반원리나 이론을 수립하는 데 있다. 앞에서 논의된 바와 같이 경험적 연구는 연구문제와 관련된 현상의 분석을 통해 결과를 도출하게 된다. 따라서 자연과학과 인문·사회과학 및 군사학을 포함하여 많은 연구들이 경험적 연구를 통해 이론과 지식을 발전시키고 있다. 이러한 경험적 연구는 이론을 개발하는 실증연구(positive research)와 현재 및 미래현상의 극복과 사회문제를 해결하기 위한 정책개발을 하는 규범적 연구(normative research)로 구분된다.

과학철학은 인식론적 분석이 주가 되며, 확률이론(theory of probability)이나 귀납적 논리(logic of induction) 등을 확립하는 사안을 다루고, 대상은 어디까지나 과학의 영역이다. 따라서 과학철학자는 개념적·방법론적 쟁점을 분석하고 연구자들의 다양한 지식과 경험이 어떻게 일치하는가를 밝혀낸다.[7] 인문·사회과학 철학은 과학철학의 중요한 부문으로 윤리적으로 중립적인 위치에 있고, 관심의 내용이 방법론에 치중하기 때

6 군사사회 현상은 자연현상과는 달리 인간의 추상적 사고로 계급, 집단, 시대, 계층에 따라 새로운 상이한 요소들을 도출할 수 있다.

7 Lambert, Karel and Gordon G. Brittan Jr., *An Introduction to the Philosophy of Science* (Englewood Cliffs, N. J., Prentice-Hall, 1970), pp. 1-3.

문에 이론정립의 논리나 이론의 정당성에 관한 논리에 관심이 집중되고 있으며, 사회현상의 과학적 검증 여부에 초점을 집중시키고 있다.

자연과학철학과 인문·사회철학의 차이는 전자의 경우에는 방법론적 성격을 지니고 있으나 후자는 인간의 생각과 행위 및 사회현상의 이론을 규명하는 것으로 실체적 문제를 파악하는, 즉 바람직한 삶과 사회의 건설 등과 같은 바람직한 사회체제나 사회를 이룩하려는 노력을 말한다. 따라서 사회과학이나 자연과학, 그리고 순수과학이나 응용과학이나 모두 그것을 대상으로 하는 철학이되, 방법에 있어서 척도나 기호논리를 구사하는 이른바 과학적 분석을 하게 된다. 즉, 과학철학은 현실과 유리된 영역에 머물렀던 철학을 현실과 연결시킨 새로운 실천적 철학으로 변화시키는 데 커다란 공헌을 했다.[8]

과학적 이론을 정립하기 위해서는 현상의 실체를 파악하고 이를 어떻게 인식하는지를 이해해야 한다. 즉, 인식의 주체인 인간의 인식대상은 어떠한 현상이나 사실에 대한 인식활동을 통해 과학적 지식을 얻게 된다. 지식은 숙지(熟知)에 의한 지(知, knowledge of acquaintance)와 기호(記號)의 지(symbolic knowledge)가 있다. 이러한 지식은 지각된 자료(sensed data)를 통해 얻어지는 현상학(現象學, Phenomenology)과 지각된 자료에 인간의 마음이 작동하여 해석하고 원리를 밝히는 경험주의(Empiricism)가 있다.

이러한 경험주의는 급진적 경험주의(Radical Empiricism)와 실증주의(Logical Realism)로 구분된다. 전자는 경험세계에 지나치게 의존하는 경우를 말하며, 후자의 경우에는 공리에서부터 출발하여 연역적 논리전개 과정에서 최대한의 지적활동을 하는 경우를 말한다.[9] 과학철학은 기존

---

8 Reichenbach, 전게서, Ch. 18.

9 Chaudhuri, Joyotpaul, "Philosophy of Science and F.S.C. Northrop: The Elements of a Democratic Theory," *Midwest Journal of Political Science,* XI: (1, February 1967), pp. 44-72; Benson, Oliver, *Political Science Laboratory* (Columbus, Ohio, Charles E., Merrill, 1969), pp. 1-2.

의 가설을 기반으로 이론을 전개하는 데 비해 인식론은 기존의 가설과 일반적인 근거를 탐구하려는 것이다. 형이상학은 실체의 기본요소가 무엇인가를 알고자 하는 철학으로 실재론(Realism), 일원주의(Monism), 회의주의(Skepticism) 및 주의주의(Voluntarism)가 있다. 근대과학의 기초는 일원주의에 속하는 관념론(Idealism)이 지배하고 있었다. 이는 존재, 근거, 원리 등이 실체인지, 이상인지, 또는 물리적인 것인지, 인간의 의지인지, 혹은 아무것도 아닌지 등에 대해 탐색하는 경우를 말한다.

형이상학은 실체나 존재 등 가장 근원적인 것을 탐구한다. 따라서 합리적이지만 검증이 불가능한 신조(信條)에 근거한 철학, 이성에 모순되지는 않지만 이성을 초월한 철학, 또는 합리적인 근거를 제시하는 철학이다. 이에 비해 과학철학은 어떠한 철학적 세계관에 의한 신조를 전제로 하지 않고 있기 때문에 논리적 실증주의와 구별된다.

실증주의는 내재실증주의와 검증실증주의로 구분된다. 전자는 과학적 진술(규명)의 모든 체계는 부여된, 즉 주어진 여건들이 기술(묘사, 설명)로 환원되어야 한다는 것이며, 후자의 경우에는 과학적 주장들은 검증이 가능해야 한다. 그러나 실제로 부여된 것에 한정하게 되면 이론적인 면을 거부하게 되고, 검증 가능성을 지나치게 강조하면 자칫 의미 없는 명제로 전락하게 된다. 왜냐하면 모든 자연법칙들을 검증할 수는 없기 때문이다. 논리실증주의가 합리성의 추구, 즉 언어적/개념적 명확성과 상호 주관적 이해성을 추구하고 정밀한 검토와 엄격한 논증을 기함으로써 과학철학에 기여한 점은 확실하나, 스스로 범위를 한정시켜서 중요한 철학 문제를 배제시켰다는 결함을 지니고 있다. 과학철학은 실증주의적 세계관[信條]을 버렸기 때문에, 즉 전제로 하지 않기 때문에 실증주의와 같은 비판을 받아들일 수 없다.

이상으로 과학철학의 속성과 인식론과 형이상학과의 관계에 대해 살펴보았다. 다음은 기초개념으로서 공간(Space), 시간(Time), 물질(Materials), 자연법칙(Laws of nature) 및 지식(Predictive knowledge) 등이 과학철학과 어떤 관계가 있는지 살펴보도록 하겠다.[10] 과학철학에서 공간의 개념은 물리적 공간을 말한다. 따라서 물리적 공간은 수학적 공간같이 정의를 내려서 규정하는 가상의 공간이 아니라 실재하는 공간으로 사실에 입각하여 경험할 수 있다. 따라서 수학적 공간은 분석적인 데 반해 물리적 공간은 현실성이 있다. 물리적 공간에서의 현실적 경험성이 궁극적으로 과학철학이 추구하는 개념이다.

과학철학에서의 시간은 논리적이면서 약간은 추상적이다. 따라서 시간의 개념은 정확하고 객관적이다. 동시에 일상생활에 근거하고 있으므로 경험적이다. 시간은 엄격한 실험에 의해 분석되는 상대적 개념이다. 과학철학에서의 물질은 물리적 실험과 철학적 분석, 즉 과학적 실험과 수학적 분석을 토대로 물질에 관한 새로운 개념이 정리될 수 있다.

자연법칙은 물리학의 발달로 미시적 세계에서는 인과법칙이 타당성을 상실했고 이를 극복하기 위해 확률법칙이 보완되었다. 마지막으로 지식에 관한 이해는 분석적/연역적 지식과 종합적/귀납적 지식에 대해 이뤄진다. 연역적 지식은 성당화의 문제를 다루는 지식이며, 귀납적 지식은 관찰된 사실에 의한 이론의 정당화를 주제로 하는 지식이다.[11] 경험과학에서는 연역적 논리가 논리적 필연성을, 귀납적 논리가 내용의 공허성을 채워주기 때문에 한쪽에 치우치지 않고 모두가 중요하다. 또한 귀납적 논리는 예측적 지식을 가능하게 해준다.

현대 논리학이 대두하면서 지식을 직접적인 관찰결과의 사실에 근거한 귀납적 설정의 체계로 해석하게 되었다. 지식을 이성(理性)으로만 얻는 것과 달리 내용(內容)을 지니며 예측적인 것으로 이해하는, 즉 지식을 기능적으로 생각하는 입장이다. 이는 기호논리학에 의존하는 논리적 경험론에 의해 분명해졌다. 과학철학이 철학의 전통적 분류에 속하는 논리, 지식론, 형이상학, 윤리, 사회철학 같은 범주 속에서 연구되어왔지

10 Reichenbach, 전게서, Part two; 김준섭, 전게서, pp. 15-35 참조

11 Reichenbach, 전게서, pp. 229-249.

만 아직까지도 그 정의나 목적, 방법에 있어서 명확한 성격을 드러내놓지는 못하고 있다.

그러나 과학철학은 자연과학과 인문·사회과학을 동일한 입장에서 보면서 역사주의에서 탈피하여 논리적 분석을 주 무기로 삼으며 정밀하고 실증적인 결론을 얻고자 노력하고 있다. 과학철학은 지식의 현상을 검토하고 인식론을 전개하기 때문에 경험적이며 예측에 집중한다. 그러므로 과학철학의 기본 입장이자 사명은 각 분야의 연구를 논리적·과학적으로 다져주고, 분야 간 지식의 관련성과 통일성을 찾도록 노력한다. 이러한 가운데 전제되는 과학적 지식은 상식이나 이성을 전제로 하던 종래의 철학보다 객관성을 갖게 되고 좀 더 실증적이다.

2. 과학철학의 변천

과학철학은 논리실증주의와 논리경험주의, 반증주의(Popper, K. R.), 과학혁명론(Kuhn, T. S.), 과학적 연구프로그램 방법론(Lakatos, I.), 연구전통론(Laudan, L.), 방법적 다원론(Feyerabend, P. K.) 등의 이론이 있다. 과학철학의 역사는 과학연구에서의 합리성에 대한 인식과 설명에 따라 합리주의(또는 절대주의), 객관주의, 비합리주의적(또는 상대주의적) 형태로 구분된다.

과학은 경험적으로 인지할 수 있는 경험 세계에 대한 지식이고, 철학은 이러한 세계를 인식하는(인지하는, 받아들이는, 바라보는) 사람의 생각에 관한 지식이다. 이러한 철학이 수학이나 물리학 등과 같이 객관성을 인정함으로써 확고하게 기반이 형성된 과학과 동일시하여 '과학적 철학(scientific philosophy)'이라고 한다. 과학철학은 과학적 지식을 밝혀내는 것을 목적으로 주로 인식론적 논의와 확률이론, 귀납논리의 정립 등을 다룬다. 이러한 과학철학에 대한 이해는 자연과학뿐만 아니라 인문·사회과학에서도 과학적 지식의 탐구에 유용하여 연구방법론의 기초로 다루고 있다.

과학철학의 개념논의는 광의적 · 협의적 과학철학에서 상이하게 다루고 있다. 먼저 광의의 과학철학에서는 사회에 있어서 과학의 역할, 과학이 그리는 세계 및 과학의 기초를 다룬다. 첫째로는 사회적 요인과 과학에서의 관념 간의 관계를 다루고, 둘째로는 우주의 기원과 구조의 묘사에 있어 가장 정확한 이론을 찾고, 과학과 일상경험으로 밝혀진 세계 속에서 가장 지배적이고 인간에게 의미 있는 특징이라고 생각하는가에 관한 해석을 한다. 마지막으로 과학의 기본개념, 일반적 방법, 논리적 형식 및 추리방식 등의 연구를 포괄하고 있다.

협의의 과학철학은 광의의 과학철학의 과학적 기초에 관한 부분을 다루며, 이를 일반적으로 '과학철학'이라고 한다. 여기에서는 일반 및 특정 과학 분야의 구조이론으로 설명된다. 일반 과학적 구조이론은 과학활동의 기본원리나 논리를 규명하는 것으로 개념, 법칙, 이론, 설명과 예측 등의 용어와 내용 및 기능을 논의하는 것을 말한다. 특정 과학 분야의 이론 구조는 모든 과학에 공통되는 기본원리를 논의하는 것이 아니라 어떤 특정한 과학 분야를 이 분야의 특징적 인식을 통해 살펴보려는 노력이다. 이러한 노력은 하나의 학문 분야 안에서 사용되는 기본 법칙과 이론을 정리하여 관찰된 결과에 대한 설명의 정확성(또는 일치성)과 귀납적 타당성 정도에 대한 검토를 통해 해당 학문 분야 내에서 이뤄지는 지식에 관한 주장의 근거를 밝혀보는 데 그 목적이 있다.

과학철학은 논리적으로 과학적 활동보다 앞선다. 따라서 과학철학에서는 과학에서 다루는 개념들, 사용되는 방법들, 가능한 결과들, 진술들의 형태들에 관해 연구한다. 즉, 과학철학과 과학적 지식은 양자에게 교차적으로 각자의 기반과 토대를 제공하게 된다.

다음은 위에서 언급한 바와 같이 과학철학 관련 주요 이론들의 차별성과 발전과정을 살펴보도록 하겠다. 20세기에 들어와서 과학철학 분야에 논리적 실증주의(logical positivism)가 철학적 논의 분야에서 급진적으로 대두되었고, 이후 논리적 경험주의(logical empiricism)로 전환되었다.

논리적 실증주의는 "문장과 명제는 오로지 경험적 증명에 의해서만 의미가 있다"는 의미의 증명을 가장 중요한 원칙으로 받아들이고 있다. 즉, 과학적 지식이나 이론은 종국적으로 외부에서 경험되는 사실이나 현상들을 있는 그대로 반영한다. 이론의 타당성은 경험적 사실과 일치하는가에 따라 판단된다. 따라서 외부세계의 실재를 통해 직접적으로 검증할 수 있는 명제들만 과학의 기초가 되어야 한다. 즉, 검증할 수 있는 명제들만 '의미 있는' 것으로 받아들여지고 있다.

명제들은 언어적으로 표현되는데, 여기에서 '의미 있는 언어'는 경험적으로 검증할 수 있어야 한다. 논리적 실증주의는 언어를 논리적 언어, 관찰적 언어 또는 해석될 수 있는 언어로 구분하고 이외의 언어들은 무의미한 것으로, 형이상학적인 것으로 취급한다. 그러나 한정된 몇 개의 경험적 증명만으로 일반적인 문장(명제)들을 진리로 받아들일 수 없는 한계가 있다. 따라서 귀납에 의한 추론이 순수 논리적 근거를 바탕으로 정당화된다는 것은 무리가 있다.

이러한 실증주의의 한계를 근거로 루돌프 카르나프(Rudolf Carnap)는 논리적 경험주의를 제시했다. 즉, 증명의 개념을 "점진적으로 확증이 증가되는 것"으로 간주하여 일반적인 문장(명제)들은 연속적인 경험적 검증의 축적에 의해 진리로 확정될 수 있다.[12] 논리적 경험주의자들은 "관찰이 과학의 출발로, 과학 이론들은 통계학을 사용하여 확률적으로 검증하는 관찰에 의해 정당화될 수 있다"는 것이다. 그러나 논리적 경험주의 역시 귀납법의 한계, 관찰자의 주관적 개입에 의한 측정의 오차, 관찰자의 지식(이미 알고 있는 이론의 범주 안에서)에 의한 결과의 해석 등의

12 신중섭 역, 『새로운 과학철학』(1987, 서광사), p. 32; Brown, H. I., *Perception, Theory and Commitment: The New Philosophy of Science* (Chicago, Univ. of Chicago Press, 1977).

한계점이 있다.

이러한 한계점을 극복하는 방안으로 카를 포퍼(Karl Popper)의 반증주의가 등장하게 된다. 포퍼는 타당한 경험적 방법은 과학적 이론이 반증의 가능성을 가지고 있어야 한다고 주장한다. 즉, 과학이론을 확증하는 방법에는 귀납과정이 존재하지 않고 논리적으로 연역법에 의존한다는 것이다. 과학이론을 검증하는 목적은 경험적으로 비판하려는 시도, 거짓임을 보이려는 시도, 즉 반증하려는 시도에 있다는 것이다. 과학적 명제는 본질상 잠재적으로 경험적 사실에 의해 반박될 수 있다는 특징을 가지고 있는데, 이를 '반증 가능성의 요건(requirement of falsifiability)'이라고 한다.

반증주의의 방법론적 견해는 인식론의 중심이슈는 항상 지식성장의 이슈로, 지식의 성장은 과학적 지식의 성장에 의해 가장 잘 연구될 수 있다는 점이다. 또한 모든 합리적 토론은 단 하나의 방법으로 자신의 문제를 분명하게 진술하고, 이것에 의해 도출된 여러 결과들을 비판적으로 검토하는 방법으로 규정하여 합리적 내도와 비판적 태도를 동일시하고 있다는 점이다. 즉, 반증주의에서는 과학철학의 역할을 이론이 제시될 때 이를 평가하는 방법을 찾아내는 것으로 규정하고 있다.

반증주의는 문제해결을 위해 제시된 이론에 대해 엄격한 경험적 검증을 하게 된다. 이러한 검증의 목적은 가설의 논박에 있으며, 이론의 예측이 반박되는 경우, 이론은 기각되고 이러한 반증에 대항하여 남게 되는 이론이 채택된다. 반증주의는 과학의 과정을 추측(conjecture)과 반증(refutation)의 과정으로 파악하고, 과학의 목적은 문제의 해결이고 이러한 문제해결 방법이 이론의 형태로 나타나며, 이론은 필연적으로 경험적 검증을 받아들여야 한다는 것이다. 이때 반증에 의해 나타나는 이론들은 문제해결의 임시 해결책으로 받아들여지게 된다. 그러나 반증주의는 검증이 이론 자체의 의존성으로 인한 이론에 대한 토의의 불가능, 과학진보 역사에서 포퍼 견해와의 불일치, 과학자 자신의 이론에 대한 경험적 검증이라는 제한이 있다는 점에서 비판을 받고 있다.

토머스 쿤(Thomas Kuhn)은 많은 과학철학자 및 과학역사가들이 과학의 현실을 변화시키기 어려운 개념적 틀과 세계관에 의해 지배된다고 주장하고 있으나 기존의 고정된 개념적 틀은 존재하지 않고 단지 연구활동을 이끌어가는 가변적 개념 틀의 역할을 강조했다. 이러한 개념의 틀은 패러다임(Paradigm), 정상과학(Normal Science), 과학혁명(Scientific Revolution) 등이 중심적 역할을 하고 있다.

쿤에 의하면, 패러다임이란 어떤 과학적 연구에서 생기는 문제와 해답의 선택, 평가 및 비판의 판정기준을 제공하며, 정당한 설명과 과학의 정의를 지배하는 이론적/도구적 및 방법론적 약속의 네트워크를 말한다.[13] 이러한 패러다임은 상징적 일반화, 공통된 가치관, 또는 이론평가를 위한 기준 및 사회의 모든 구성원이 인지하고 있는 이슈에 대한 해결책의 제시 등을 포괄하고 있다.

정상과학은 패러다임을 정교하게 하며, 패러다임의 경험적 적용 가능성을 확대시켜주는 연구활동을 말한다. 따라서 정상과학은 이미 확립된 기존의 문제해결방식을 모델로 삼아 이들이 제시해주는 문제들을 해결하는 연구활동을 말한다. 따라서 정상과학에서 패러다임의 역할은 문제해결방식과 해결해야 할 문제들, 문제해결의 타당성 평가에 기준을 제공한다.

과학혁명은 어떤 사실(사안 및 현상, 즉 과학의 세계)에 대한 연구활동(과학적 활동)에 있어서 패러다임의 변화(교체)를 말한다. 어떤 단계에 와서는 기존의 이론과 합치되지 않거나 모순되는 변화[새로운 사조(思潮)에 의해 나타난 결과들]에 의해 기존의 패러다임은 붕괴되고 새로운 패러다임이 탄생한다. 이러한 새로운 패러다임에 의해 연구활동들의 문제를 해결하게 되는데, 이를 '과학혁명'이라고 한다. 이러한 혁명 후에는 다시

13 Kuhn, T. S., *The Structure of Scientific Revolutions* (Chicago, University of Chicago, 1970), pp. 181-183.

새로운 정상과학이 시작된다. 따라서 쿤은 포퍼의 지식성장론[14]을 부정하고 불연속적 과학발전론을 주장한다. 즉, 이러한 불연속적 과학발전의 원인은 패러다임의 영향에 의한 연구활동에 있다. 따라서 패러다임의 변화는 과학적 혁명을 통해 이뤄진다.[15]

이러한 쿤의 과학혁명론은 역사적 불일치,[16] 새로운 패러다임 채택의 모호성,[17] 과학자의 신념에 의한 이론의 합리적 선택의 불가능성, 패러다임 간 비교 불가능성에 의한 이론평가기준 확립의 어려움[18] 등의 제한으로 비판을 받고 있다.

라카토스(Lakatos)는 이러한 제한점들을 극복하기 위해 과학사와 과학철학 간의 불가분의 관계를 전제하고, 과학사를 "연구프로그램들의 경쟁과정"으로 간주하고 있다.[19] 여기에서 연구프로그램이란 과학적 연구에 있어서 지침이 되는 방법론적 규칙과 이 규칙에 따라 일정한 발전과정을 겪는 일련의 이론계를 말한다. 즉, 군사학에서 전쟁이론의 발전은 평화 중심적(Peace-Oriented) 방법론의 규칙(패러다임)에 따른 연구들과 전쟁 중심적(War-Oriented) 방법론의 규칙(패러다임)에 따른 연구들과의 경쟁에 의해 이뤄지는 전쟁이론의 세계를 말한다. 이러한 경쟁의 반복들은 연구프로그램들의 경쟁과정이고, 과학사라는 것이다. 여기에서 어떤 전쟁이론이 과학적 합리성을 갖추고 있는 것으로 받아들일 것인가

---

14 과학적 발전은 지식의 축적에 의해 이뤄진다는 전통적 과학관

15 쿤에 의한 이론의 발전 또는 지식의 성장은 "지배적 패러다임 → 정상과학 → 이변의 누적(오차 및 모순의 누적, 즉 부정확의 누적) → 패러다임의 유명무실(패러다임의 위기) → 과학혁명(새로운 패러다임의 탄생)의 순환에 의해 이뤄진다고 주장했다.

16 하나의 패러다임이 여러 이론을 지배하는 경우는 극히 드물고, 복수의 경쟁적 패러다임들이 공존하는 게 일반적임

17 얼마나 많은 과학혁명들이 누적되어야 새로운 패러다임이 탄생되는가에 대한 모호성을 말함

18 이론 평가기준에 있어 이론평가과정에서 새로운 패러다임이 기존 패러다임의 문제점들을 전부 해결할 수 있는 경우가 극히 드물다는 점도 여기에 포함된다.

19 Lakatos, *Mathematics Science and Epistemology* (Cambridge University Press, 1978), p. 108.

의 기준은 과학적 보편성의 조건이 된다.

라우던(Laudan)의 연구전통론은 쿤의 패러다임과 라카토스의 과학적 연구프로그램 방법론에 대응하는 이론이다. 이는 과학적 분야든 비과학적 분야든 관계없이 모든 지적인 학문 분야들은 연구전통의 역사를 가지게 된다. 여기에서 연구전통은 무엇을 연구해야 하는가에 대한 연구영역의 규정과 그 영역이 어떻게 연구되고, 이론들이 어떻게 검증되며, 데이터들이 어떻게 수집되는가에 대한 일련의 인식론적이고 방법론적인 규범을 포함하고 있다. 연구전통이란 "연구영역의 존재와 과정, 그 영역의 문제를 탐구하고 이론을 구성하는 데 사용되는 적절한 방법에 대한 일련의 일반적인 가정"이라고 할 수 있겠다.

라우던은 연구에서의 문제를 경험적 · 개념적 문제로 구별하여 전자는 연구자에게 이상하게 보이거나, 다른 설명이 추가적으로 필요한 제반 자연 및 인간사회세계의 문제로 이는 미해결되거나, 해결되거나, 또한 이변적인 문제들로 분류될 수 있다. 여기에서 미해결된 문제는 이미 알려진 이론으로도 적합하게 설명되지 못한 경험적 문제로, 이미 규명된 타 이론으로는 설명되나 새로이 구상하고 있는 이론이 해결하지 못하는 문제가 진정한 문제라고 말한다. 또한 이변적인 문제는 어떤 특정 이론이 문제를 규명하지 못했지만 그 이론과 대립되는 이론이 해결한 문제를 말한다. 예를 들어 해군의 현상을 규명하는 데 A라는 이론이 해결했는데, A와 경쟁관계가 있는 B이론이 현상을 규명할 수 없을 때 B이론에 대해 해군현상은 이변적인 문제가 된다는 것이다. 또한 라우던은 개념적인 문제는 경험적인 문제보다 더 정확하고, 이론과 직접적으로 연결되어 있어서 이론의 특징이 되고 이론과 같이 존재한다고 보고 있다.

그러나 파울 파이어아벤트(Paul Feyerabend)는 방법적 다원론을 주장했다. 즉, 방법적 다원론을 무방법론(無方法論)으로 보고 이론의 변화는 개념의 불가공약성을 가져온다고 말한다. 여기에서 불가공약성은 개념에 대한 의미와 해석, 그 개념을 포함하고 있는 관찰언명을 그것들이 발생하는 이론적 맥락에 의존한다는 것이다. 어떤 경우에는 경쟁관계에 있는 두 이론의 근본원리가 본질적인 측면에서 서로 다를 수 있기 때문에 한 이론의 기본개념을 다른 이론의 개념으로 나타내는 것조차 가능하지 않다. 결과적으로 경쟁관계에 있는 두 이론은 어떤 관찰언명도 공유하고 있지 않다. 이러한 경우 경쟁관계에 있는 이론에 대한 논리적인 비교는 불가능하다. 두 이론을 비교하기 위해 경쟁관계에 있는 원리에서 한 이론의 귀결을 논리적 연역으로 이끌어내는 것도 불가능하다. 이 경우 두 이론은 불가공약성이 성립한다는 것이다.

이상에서와 같이 과학철학은 과학적 탐구 과정에 포함되는 여러 요소들을 파헤쳐주고, 과학적 지식을 밝혀내려는 목적을 가지고 있기 때문에 자연과학과 인문·사회과학의 연구활동에서 과학철학은 매우 중요하다. 이러한 과학철학에 대한 논쟁은 과학의 객관성과 합리성에 대한 논쟁이다. 논리실증주의는 과학의 합리성에 대한 절대적인 입장이고, 논리경험주의와 반증주의는 과학의 합리성에 대한 절대성을 부정하고 상대성을 강조하고 있다. 따라서 과학철학의 역사는 과학의 합리성에 대한 긍정과 부정의 역사라고 할 수 있을 것이다. 과학의 합리성이 검증될 수 있다는 견해는 극단적 합리주의, 절대주의 또는 객관주의라고 하며, 이에 반해 과학의 합리성이 부정될 수 있다는 견해는 극단적 비합리주의 및 상대주의라고 한다.[20]

이러한 전통 과학철학의 논쟁과 함께 최근 과학기술에 대한 이슈들이 중요하게 대두되고 있다. 즉 과학의 실용적·실천적 측면에서 과학이론들에 대한 과학철학이 과학과 인간, 사회와의 관계에서 발생하는 윤리적·사회철학적인 이슈들을 중요하게 다뤄야 한다는 것이다.

---

20 윤석경·이상용, "과학철학의 변천에 관한 연구", 『사회과학논총』 제9권(충남대학교 사회과학연구소, 1998. 12.), pp. 189-213.

3. 광의의 과학철학과 협의의 과학철학

광의의 과학철학은 첫째로 사회적 요인과 과학에서의 개념 간의 관계, 즉 이론구성에서 정치적 요인들의 영향, 과학적 발견이 종교적 신념에 미치는 파급효과 등과 같이 결과변수들의 요인변수에 의한 파급효과들의 관계를 연구하는 것이다. 이는 제도로서의 과학, 조직과 절차, 과학과 군사, 교육, 사회, 경제 등과의 관계를 말한다. 이는 또한 과학의 사회적 역할로 정책, 과학자들의 사회적 책임 등 근본적 문제가 다뤄지고 있다.

두 번째로는 과학이 그리는 세계로 우주론을 말한다. 즉, 형이상학으로 우주의 생성과 생태 및 구조를 설명하는 데 있어서 가장 적합한 이론을 찾기 위한 노력의 일환이다. 또한 과학과 인간의 일상경험에 의해 밝혀진 세계에서 어느 것이 가장 지배적이고 우리 인간에게 의미가 있는지를 해석하는 것을 말한다. 마지막으로 연구에서 가장 기초가 되는 과학의 일반적 연구방법, 논리적 형식, 추리방법과 기본적 개념 등에 관한 연구들을 말한다.

또한 협의의 과학철학은 일반적으로 과학의 기초를 밝히는 작업을 말한다. 여기에는 과학적 구조의 이론과 특정과학 분야의 이론적 구조가 포함된다. 전자는 과학활동에서 사용하는 이론, 법칙, 설명 · 해석, 예측 등과 같은 용어들의 의미와 관계를 분명하게 밝혀내는 연구를 말한다. 후자의 경우에는 다양한 인식을 통해 어떤 특정한 분야의 사안들에 대한 인과관계를 묘사하려는 작업을 말한다. 즉, 해당 분야에서 통용되고 있는 특정한 지식을 주장하는 근거를 찾는 데 목적이 있다. 이를 위해 해당 분야의 기본적인 이론과 법칙 및 원리 등을 정리하여 특정 사안에 대한 관찰된 결과들이 얼마나 잘 설명되고 있는가를 규명하고, 이에 대한 타당성을 귀납적으로 검증하게 된다.

이러한 묘사에서는 기본적으로 합당한 구조와 언어(용어)가 사용되는데, 이를 '구조어(構造語; Structural terms)'라고 한다. 일반적으로 적용될 수 있는 구조적 묘사를 위한 틀(Scheme)이 있으면 여타 과학 분야의 사안들을 묘사하는 데도 자연스럽게 연계성이 확립되고 이로부터 과학의 일반적 모습이 형성된다.

이상에서와 같이 과학의 기초로서 두 가지 경우의 과학철학은 상호보완관계로 과학의 구조에 관한 이해는 특정한 과학 분야의 이론구조를 밝히는 데 도움을 준다. 또한 특정 분야의 과학 구조 이론이나 일반 과학적 이론구조 모두 경험적 연구에서 사용된 사실적 판단과 논리적 판단의 기본적 틀이 된다.

4. 과학의 기초로서의 과학철학에 관한 쟁점

군사학의 경우 한국에서 하나의 고유한 학문분과로 자리매김한 지 15년이 가까워지고 있다. 이전에도 국방대학교, 각 군 사관학교 및 군 교육관련 기관에 종사하는 교수 및 교관 등이 많은 노력을 기울였지만 고유한 영역의 전문성과 군사부문의 광범위한 영역의 존재 등의 이유로 고유한 학문분과로 인정받지 못했다. 즉 군사 분야에는 자연과학, 인문과학, 사회과학 등 모든 분야를 포괄하고 있기 때문에 고유한 하나의 학문분과로 인정할 수 없다는 것이었다. 그러나 군사 분야의 특성 및 특징을 살펴보면 다른 일반부문과는 상이한 독특하고 고유한 영역이라는 사실이다.

이상에서와 같이 군사학이 하나의 학문분과로 성립되기 위해서는 고유한 전문적인 특성과 특징이 존재해야 한다. 우리는 흔히 자연과학과 인문·사회과학 간에는 연구활동에서 많은 상이성이 있는 것처럼 인식해왔다. 군사학의 사례에서와 같이 서로 독특하고 고유한 영역에서의 연구활동이지만, 과학에 대해 우리 인간이 알아간다는 것과 이를 묘사하기 위해서는 논리, 설명 및 해석 등이 자연과학과 인문·사회과학 분야에 모두 적용되거나 사용되고 있다는 사실이다.

여기에서 알아가고 이를 묘사(표현, 설명)하는, 즉 알아가고 묘사하는 방법과 기법으로 구분될 수 있다. 방법이란 알아가는 데 대한 가설이나 이론이 관찰이나 실험(검증)을 통해 받아들일(채택) 것인가, 거부(부정)할 것인가, 즉 타당화에 관한 영역이다. 여기에서 기법은 검증(관찰 또는 실험)과정에서 사용하는 가설 및 이론들을 말한다. 따라서 방법이란 가설과 이론들의 타당성(정당성), 즉 채택할 것인가, 거부할 것인가에 관한 사안이고, 타당성을 검증할 때 사용하는 기법을 말한다.

따라서 자연과학, 인문과학 및 사회과학 간의 방법론은 차이가 있는 것이 아니라 동일하게 가설과 이론의 정당화 논리를 갖게 된다. 그러나 정당화의 근거를 제공하기 위한 검증(관찰과 실험)기법과 제 과학적 학문들의 고유한 특성과 특징에 부합하는 기법은 동일할 수 없다. 자연과학, 인문과학 및 사회과학 분야의 고유한 특징과 특성에 적합한 검증기법들이 사용된다. 혹자는 이러한 연구활동에서 과학철학이 방법론적 논리성을 지나치게 강조한 나머지 제 과학적 학문의 이론구성을 규제하게 되었다고 주장하고 있다. 따라서 논리가 처방이 되어버렸기 때문에 현상을 정확하게 이해하기도 어렵고, 해당 과학적 학문 분야에 대한 비판적 기능을 상실했다고 주장하고 있다.[21]

특히 군사학의 경우 위에서 언급한 바와 같이 자연과학, 인문과학, 사회과학 모두를 포괄하고 있다. 그러나 타 부문의 과학적 학문들과는 분명히 차이가 있다. 왜냐하면 군사부문에서의 자연과학, 인문과학, 사회과학은 타 부문에서의 그것들과는 상이하다는 사실에 주의를 기울여야 한다. 즉 군사적인 고유한 특성과 특징으로 군사물리, 무기체계 공학, 군사경제학, 군사사회학, 전쟁사, 군사교육학 등 세부영역별로 구별되

---

21 Jurgen Habermas, *Knowledge and Human Interest,* Translated by Jeremy J. Shapiro (Boston, Beacon Press, 1971).

어 있기 때문이다.[22]

여기에서 중요한 것은 군사학에서 과학적 학문들의 검증기법들은 해당 분야의 군사 과학적 가설과 이론들이 연구 활성화를 통해 축적이 이뤄져야 할 것이다. 특히 가설과 이론들의 축적이 미흡하여 타 학문영역에서 사용하는 해당 가설과 이론들을 채용하여 군사현상을 연구하고 있기 때문에 어쩌면 방법론의 정당화·타당화가 이뤄질 수 없다. 그럼에도 불구하고 방법론에 대한 논리의 검증도 없이 연구활동이 이뤄지고 있기 때문에 군사현상에 대한 정확한 설명과 해석, 예측이 부정확하게 이뤄지고 있다고 할 수 있겠다.

다음은 자연과학과 인문·사회과학을 포괄하고 있는 군사학 분야에서 발견의 맥락과 타당화의 맥락 부문이다. 군사학에서의 방법론상 타 학문영역의 과학과 구별된다는 주장은 과학철학의 관심 분야에 해당한다. 여기에서 발견의 맥락은 경험적 연구의 관심영역을 말한다.[23] 그런데 흔히 발견의 논리에 대한 확증이 없기 때문에 주로 방법론의 타당성과 설명 또는 해석, 예측 등의 논리나 방법론에 대한 논쟁이 이뤄지고 있다.

일반적으로 어떤 가설이나 이론을 새롭게 발견했다고 하더라도 과학철학자들이 그것들을 검증을 통해 받아들일 수 있느냐의 여부를 논한다는 것은 타당성의 맥락으로 간주하게 된다. 이와는 달리 발견의 맥락은 '문제들의 가설을 연구자들이 어떻게 발견했는가?' 그리고 '이러한 발견들의 군사영역에서의 조건들은 무엇인가?'에 해당하는 연구영역이다. 따라서 발견의 맥락은 과학철학자들의 몫이 아니라 군사과학, 군사교육, 군사심리, 군사역사 및 군사경제학자들의 몫이다.

---

22 군사부문에 종사하는 교수 및 연구자들은 아직까지도 국방 및 군사 분야의 고유한 특성과 특징을 고려치 않고 일반 과학적 학문 분야에서 사용하고 있는 개념, 가설과 이론들을 채용하여 사용하고 있는 실정이다. 이는 학문의 역사가 짧아서도 그렇겠지만, 군사부문의 고유한 특성과 특징을 고려한 연구활동에 대한 깊은 사려가 없기 때문이다.

23 여기에서 경험적 관심영역은 관찰과 실험에 의해 가설과 이론이 검증되고, 따라서 이의 타당성이 확립된다. 이를 통해 새로운 가설과 이론을 발견하게 되는 연구 영역이다.

따라서 군사학의 방법론이 타 부문 과학들의 방법론과는 상이하다는 주장은 방법과 기법의 혼동에서 기인된 것이다. 즉, 이는 타당화의 맥락과 발견의 맥락을 혼동하는 데서 기인한다는 것이다.[24] 따라서 군사학 영역의 이론과 가설을 구성하고, 군사현상을 관찰하고 실험하기가 어렵기 때문에 군사학과 타 학문부문의 과학적 가설과 이론들의 타당성 확립을 위한 방법론적 상이성(相異性)을 주장한다는 것은 잘못이다.

그러나 이러한 타당화의 논리에도 불구하고 오늘날 논리적 실증주의 중심의 과학철학은 자연과학 분야의 가설과 이론들에 대한 타당화가 주를 이루고 있다. 따라서 군사학 영역 내에서의 인문·사회과학, 즉 군사교육학, 군사심리학, 군 리더십, 군사경제/경영학, 전쟁사 및 군사역사 분야 등의 가설과 이론들의 채택과 거부의 기준으로 타 학문부문의 자연과학, 인문과학 및 사회과학 분야의 가설과 이론들의 타당화 논리들이 적용될 수 있는가에 대한 논쟁이 지속 중이다. 더 나아가 군사학 영역에서 발견의 맥락이 논리적 실증 중심의 과학철학의 강력한 영향으로 압도되어 군사학 자체 내에서 분야별로 비판을 통한 새로운 가설과 이론의 발견(이론의 발전)을 제약하는 역할을 하고 있다는 것이다.

마지막으로 연구과정으로서의 과학과 산물로서의 과학의 역할에 대한 논쟁이다. 이 장의 모두에서 언급한 바와 같이 과학적 활동이 알아가는 것, 즉 깨달음 또는 지적활동, 지식의 과정이라고 한다면, 이를 연구활동이라고도 할 수 있을 것이다. 지속적인 연구활동 중에서도 새로운 발견을 통한 새로운 가설과 이론들이 검증을 통해 타당성이 확립되어 채택되면 새로운 가설과 이론이 성립된다. 따라서 연구과정, 즉 관찰과 실험, 조사연구 등의 활동 중에 새로운 발견이 이뤄지고, 또한 연구가 종료된 후 산물로 나타난 새로운 발견, 즉 가설과 이론이 채택된다. 이러한

---

24 Richard S. Runner, *Philosophy of Social Science* (Englewood Cliffs, N. J., Prentice-Hall, Inc., 1966), Introduction; 강신택, 『사회과학연구의 논리 – 정치학 · 행정학을 중심으로 –』(서울: 박영사, 1984. 12. 20.), pp. 8-9의 내용을 참고로 하여 군사학 분야에서의 고유한 특성과 특징을 고려하여 논의를 전개했다.

연구(과학) 활동의 세계에서 나타나고 있는 발견들의 묘사(기술, 설명, 해석)는 과학적 지식을 담고 있다. 이러한 묘사들을 '언명(言明; Statements)'이라고 한다. 여기에서 과학철학은 결과인 산물로서의 과학(지식), 즉 언명에 관심이 있다.

제2절 군사학과 과학철학

1. 군사학에서의 연구방법론과 과학

일반적으로 과학은 물질세계의 판단에 대한 의지에 따라 수학과 철학으로 구분된다. 여기에서 수학의 의미는 현상들을 묘사하기 위한 인간의 경험적 척도를 말한다. 이러한 묘사(과학적 활동)를 통해 현상에 대한 이해와 지식들이 축적되어 군사학의 이론들이 발전하게 된다. 후자의 경우에는 군사학에서 군대윤리(Military Ethics), 전쟁윤리(War Ethics) 등과 같이 척도로 묘사하지 못하는 분야를 의미한다. 물질세계의 판단은 종국적이고 근본적인 것만을 받아들인다. 즉, 이러한 판단은 최종상태(End State)를 말한다.

과학적 활동은 기술(description), 규칙의 발견(discovery of regularity), 이론과 법칙의 형성을 통해 인간의 주변세계를 이해시킨다. 이러한 과학의 특성[25]은 첫째로 인간중심의 이해와 설명을 위해 논리적(logical)이다. 이러한 논리성은 귀납(induction)과 연역(deduction)의 논리전개방법에 의해 타당성과 정당성이 이뤄진다.

---

25 Babbie, Earl R., *Survey Research Methods* (Belmont, California, Wadsworth, 1973), pp. 12-19 참조

예를 들어 한국군의 군별 장교들의 특성에 대해 연구(과학적 활동)하는 경우, 육해공·해병대 장교들의 과거 경험들과 현재적으로 나타나고 있는 일반적 현상들 또는 추세 및 경향들을 기준으로 각각의 특성 및 특징들을 근거로 가설을 세우고, 연역 및 귀납적 검증을 통해 이러한 가설을 선택 또는 거부하게 된다. 이러한 과정을 거쳐 지배적인 가설이 선택되고, 이러한 선택들이 반복적으로 나타나게 되는데, 이를 '발견'이라고 한다. 이러한 발견의 맥락을 통해 가설이 일반화·법칙화되어 하나의 지배적인 이론이 성립된다.

이러한 과정들을 '연구활동'이라고 한다. 여기에서 가설은 두 가지 기준에 의해 설정되는데, 첫째는 기존 한국의 군별 장교들의 특성에 관한 이론들을 근거로 가설을 세우는 방법, 다른 하나는 위에서 언급된 과거의 경험들과 현재적으로 나타나고 있는 일반적 현상들 또는 추세 및 경향들을 기준으로 각각의 특성 및 특징들을 근거로 가설을 세우는 방안이다. 이러한 연구들의 과정에는 과학철학, 즉 기존의 이론을 근거로 한 가설과 새로운 현상적 가설의 검증을 통한 선택 여부[26]가 결정된다. 여기에서 기존의 이론을 기준으로 한 가설이 부정되고, 새로운 현상을 기준으로 한 가설이 선택되는 경우에는 기존의 이론은 지배적 이론으로서의 역할을 하지 못하게 되고 다시 새로운 이론이 발견된다.

이러한 연구활동의 역사는 학문의 발전을 의미한다. 이러한 일련의 과정 속에는 선택된 결과의 정당성과 타당성의 확립과정을 통해 과학철학적 논리성을 확립하는 것을 포함한다. 또한 이러한 과정에서 검증은 필수적이고 이러한 검증활동을 '과학적 활동'이라고 한다. 따라서 과학적 논리 전개 시 귀납과 연역, 두 가지 전개방법은 필수적이다. 따라서 연구방법은 과학적 활동을 통해 도출된 발견의 타당성과 정당성을 확립하기 위한 방법들을 의미한다.

---

26 선택 여부는 가설이 검증과정을 거쳐 참(True)이나 거짓(False)을 결정하는 것을 의미한다.

두 번째로 과학은 어떤 사상(事象)이든 자연적 발생이 아니라 원인에 의해 발생하며, 그 원인의 논리적 확인을 전제로 하는 단정적이 아니라 결정론적(deterministic)이다. 즉 개연성을 가지고 얼마나 더 가까운가에 따라 확실해 보이는 그런 논리(예: 확률적 · 추계적 결정론 등)를 말한다. 예를 들어 위에서 논의된 장교들의 특성을 단정적으로 정확하게 말할 수는 없다는 것이다. 왜냐하면 연구활동이란 연구대상들의 인과관계를 단정적으로 결론을 내릴 수 없고, 현상(現像) 및 사상(事象)에 대한 가설과 이론들의 반복적인 연구활동들을 통해 지배적인 가설과 이론을 발견하게 되기 때문이다.

다음으로 과학의 목적은 개별적, 특별사상(特別事象)의 설명이 아니라 일반적(general) 이해를 위한 설명에 있다. 이는 역사학의 접근 방식은 특정사실(特定史實)에 관해 모든 것을 밝히려는 데 사용하지만, 과학은 일반화의 가능성이 중요한 특성 중의 하나다. 과학의 네 번째 특성은 간결성이다. 되도록 적은 수의 요소만을 추려서 사상(事象)의 원인으로 간주하여 설명하려고 한다. 즉, 과학은 단순성과 설명력의 극대화를 추구하고 있다.

다섯 번째로 과학은 특정적(specific)이다. 즉, 과학이 일반적인 특성을 가지고 있지만 어떤 대상을 연구할 때 분명히 밝혀야 할 개념의 뜻은 조작적 과정을 통해 특정화될 수밖에 없다는 사실이다. 예를 들어 군사조직의 발전이라는 개념을 다른 개념과 연관시켜 어떤 연구를 할 때 구성원들의 성향을 측정할 것인지, 구조가 분화되고 기능이 전문화된 상태를 측정하겠다는 것인지를 분명하게 밝혀야 연구가 진행된다. 따라서 연구의 결과로 새로운 사실이 발견되고 이를 해석할 경우에도 특정화시킨 범위 안에서 해석이 유효하다.

여섯 번째로는 경험적으로 검증이 가능해야 한다. 과학의 양태는 일반법칙이나 방정식의 형태다. 이러한 형태는 경험적인 자료를 모아서 분석 · 검증을 통해 이뤄진다. 경험적 검증이란 상이한 주장을 반증함으로써 본래의 주장을 더욱 확고하게 입증하는 것이다. 다음으로 과학은 간주관적(間主觀的, inter-subjective)이라는 사실이다. 흔히 과학은 객관적이라고 말하지만, 엄격히 따져보면 연구자는 자신의 동기에서부터 비롯되는 내면세계의 지배를 받기 때문에 주관적인 것에서 벗어날 수 없으므로 어떤 연구자들도 객관적인 연구를 했다고 할 수 없다. 그러나 과학이 간주관적이라고 말하는 것은 두 과학자가 상이한 주관을 가지고 동일한 실험을 통해 동일한 결과를 도출할 수 있다는 것이다. 즉, 상이한 주관이라도 이들 간에는 공통점이 있다는 것이다.

마지막으로 과학은 수정이 가능한 것이라는 사실이다. 만약에 두 연구자가 발견해낸 결과가 서로 상치(相馳)한다면 어느 한쪽이 맞는 것이라고 할 수 없다는 사실이다. 즉, 수많은 이론이 반증되어 다른 이론으로 대체되고 있어 한 시대를 구가하던 이론들도 상황의 변화에 따라 수정된다는 것이다. 따라서 과학은 어쩌면 진리를 추구하기보다는 유용성(utility)을 탐색하려는 것이라고 할 수도 있을 것이다.

이상과 같이 군사현상과 과학적 활동 및 과학철학에 대해 간단히 살펴보았다. 다음은 이러한 일련의 관계 속에서 군사학의 학문적 특성에 따른 연구방법에 대해 개괄적으로 살펴보도록 하겠다.[27] 〈그림 2-1〉에서와 같이 군사학의 범위와 경계는 인문, 사회, 기초과학, 응용과학, 의학 및 기타 등 거의 모든 분야를 포괄하고 있다. 그렇다고 해서 군사학의 범주가 사회과학, 인문과학, 응용과학 등 각 학문분과의 모든 영역과 공유하고 있는 것은 아니다. 즉 군사 분야는 인간, 자연과 인조적 사물들을 기반으로 군사적 목적을 달성하기 위해 이뤄진 세계다. 따라서 군사 목적에 지향성을 둔 각 분야 구성요소들 간의 연계된 사회, 조직, 정책, 전략 등 물질세계와 정신세계가 결합된 고유의 독립적인 세계다.

27 여기에서 '개괄적'이라고 명기한 이유는 거의 모든 부문의 영역을 포괄하는 군사학의 특성에 따른 연구방법에 대한 개념적 설명에 그치고 좀 더 구체적이고 실질적인 논의는 다음에 별도로 살펴보겠다는 뜻이다.

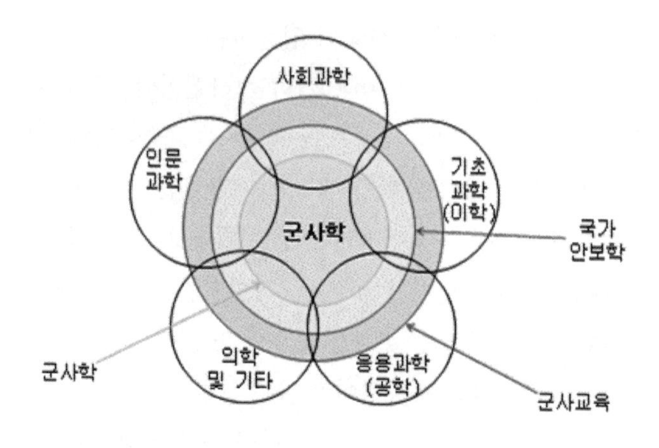

〈그림 2-1〉 군사학의 범위와 경계

〈그림 2-1〉은 군사학의 범위와 타 학문과의 관계를 보여주고 있다. 그림에서 저자는 3가지 측면의 특징을 언급하고자 한다. 첫째로 군사학의 영역은 인문, 사회, 기초과학, 응용과학, 의학 및 기타 학문 분야들과 공유하는 부문이 있으나 동일하지는 않다는 사실이다. 즉 경제학, 윤리학, 재료공학, 의학 등의 학문 분야들과 공유하는 부분은 과학철학의 논리적 측면에서다. 그러나 과학적 활동의 특징적 측면에서는 다르다. 즉, 군사 분야에서의 가설은 군사목적이라는 학문의 지향성 때문에 가설과 이론의 선택기준이 상이하다. 그러나 가설의 설정과 검증을 통한 일반화 및 법칙화의 과정은 동일하게 공유하게 된다는 것이다.

예를 들면 군진의학과 군사경제학의 경우 일반부문에서의 의학과 경제학과는 다르다는 사실이다. 이는 군사목적으로의 지향성이 일반의학과 일반경제학의 그것들과는 다르기 때문이다. 따라서 가설과 이론의 선택기준이 다르기 때문에 이론들이 동일할 수 없다. 따라서 과학적 활동의 과정은 동일하지만 과학적 철학논리는 다르다는 것이다. 군사학 분야에서의 연구방법론은 군사 분야의 독립적 특성 때문에 독자성이 있으나 타당성과 정당성을 확립하기 위한 검증기법, 즉 군대사회학 분야의 연구기법(과학적 기법)은 일반사회학 분야와, 군사경제학 분야는 일반 경제학 분야와 동일하다는 사실이다. 이러한 현상은 〈그림 2-1〉과 같이 타 분야에서도 마찬가지다.

두 번째로는 〈그림 2-1〉에서와 같이 군사교육이 군사학과 국가안전보장학 분야를 포괄하고 있다는 사실이다. 여기에서 주의를 기울여야 할 사항은 군사교육이 군사교육학을 의미하지 않는다는 사실이다. 군사교육학은 군사학 안에 포함되는 분야이고, 군사교육은 군사목적을 수행하기 위해 필요한 타 분야의 기초적·포괄적 지식의 습득을 말한다. 여기에서 타 분야의 지식들은 군사적 목적의 지향성과는 무관하다고 할 수 있겠다.

마지막으로 흔히 우리는 이 부분에서 특히 군사학을 연구하는 전문가 및 학자들의 경우 이러한 사실을 직시하지 못하고 일반부문에서의 지배적인 이론들을 군사학 분야에 도입하여 활용하는 경우가 대부분이다. 여기에는 두 가지 원인이 있다고 볼 수 있다. 즉 전쟁사, 전쟁론, 전략론 등을 제외한 부문에서 학문의 역사가 극히 짧기 때문에 연구의 축적기반이 미약해서 타 부문의 유사 연구방법들과 기법들이 적용되고 있다고 할 수 있겠다. 다른 하나는 두 번째에서 논의된 바와 같이 연구방법과 기법에 대한 혼동에서 기인된 결과라고 할 수 있겠다. 그러나 특히 두 번째 원인은 군사학 분야의 학문발전에 커다란 장애요인으로서 심각하게 받아들여야 할 것이다.

2. 군사학과 융합연구

이미 앞에서 논의가 이뤄졌지만, 군사학의 범주와 경계는 어쩌면 타 부문의 학문영역보다 공유되고 있는 부분이 많다. 원래 학문은 해당 분야에서 완전하고 독립적 영역을 확보하려고 노력하지만, 학문의 발전을 위해서는 타 부문의 학문의 성과와 발전 결과를 해당 학문에 도구로 활용할 수 있다. 그렇다고 해서 해당 학문 분야가 도구로 사용한 학문 분야에 흡수되는 것이 아니라 오히려 발전적으로 독립성을 굳건히 할 수 있다는 것이다.

예를 들어 생물학이 물리학과 화학 분야의 성과와 발전을 도구로 사용하여 생화학 분야로의 영역을 확장시키거나 생물학 분야의 발전된 고유의 이론개발을 통해 고유의 독립성을 확립시킬 수 있다는 것이다. 즉, 물리학이나 화학의 성과와 발전이 생물학의 핵심적 고유 부분으로 동일하게 포함시켜서 다루는 것이 아니라 다만 생물학의 발전과 고유의 독립성 확보를 위한 단지 부수적 존재라는 사실이다.

학문은 해당 영역에서 완벽한 존재론을 지향한다. 즉, 위에서와 같이 생물학은 생물학 분야의 완벽한 존재다. 따라서 핵심이론 및 이를 개발하고 발전시키기 위한 과학적 활동들은 오로지 생물학의 범주에서 이뤄지게 된다. 이러한 노력에 의한 완벽한 존재론이 없다는 의미는 생물학 분야가 화학이나 물리학 분야에 흡수되어 생물학이라는 존재가 없어지게 된다는 것을 말한다.

그러나 학문의 범주는 필연이 아니고 역사의 발전과정[28]에서 탄생한 산물이기 때문에 영원불변이 아니라 현재와 다르게 변할 수 있고, 심지어 학문 자체가 사라질 수도 있다. 특히 오늘날의 학문은 해당 분야에서의 완전성을 지향하는 가운데 타 학문 성과들과의 상호작용과 협력에 의해 새로운 형태의 학문을 탄생시키거나 해당 학문의 존재의 완전성을 더욱 확장시키는 추세다. 이러한 추세는 인터넷기술과 융합기술 등 과학기술의 발달과 기후변화 등 자연환경과 사회환경의 변화에 따라 더욱 더 활발해지고 있다. 이에 따라 학문 간의 상호작용과 협력이 강화되고 있다. 이러한 학문 간의 상호작용과 협력적 과학활동(연구활동)이 융합연

28 여기에서 역사의 발전과정이란 지속적인 연구활동(과학적 활동)을 통한 해당 분야의 이론 등 학문의 발전을 말한다.

구다.

특히 군사학의 경우에는 이미 학문분과가 탄생하기 이전부터 이러한 융합연구가 이뤄져왔다고 볼 수 있을 것이다. 단지 해당 분야의 학문적 완벽성이 미흡하여 그 존재론이 확립되지 못했을 뿐이다. 따라서 위에서 살펴본 바와 같이 오늘날 학문발전 및 연구활동의 추세는 타 학문과의 상호작용과 협력이 강화되고 있기 때문에 군사학의 완벽한(고유한) 존재적 영역이 확보되고 있다. 즉, 군사학이라는 학문범주 안에서 이론들의 완전성을 지향하면서 군사현상들의 실재를 설명하기 위해 자연과학과 인문·사회과학의 융합연구가 강화되고 있다는 것이다.

융합연구는 서로 다른 학문 간의 협력 방식이다. 동일 학문범주 안에서의 하위분야 학문 간의 협력과 학문범주 간에 협력이 가능하다. 즉, 군사학의 범주 안에서 군사교육학과 군사심리학 간의 협력적 연구가 가능하다. 또한 응용과학 분야인 무기체계공학과 인문·사회학 분야인 군사전략학과의 협력적 연구도 가능하다. 학문연구방법론은 학문 분야에 따라 다르지만 한 학문범주 안의 하위분야들 간의 융합은 유사한 존재론을 가지기 때문에 가능하다.

이러한 융합연구는 새로운 연구대상의 출현과 동시에 대상의 사회적 연구의 필요성에 의해 이뤄지게 된다. 예를 든다면 유전공학이나 뇌과학 등의 경우와 같이 오늘날 학문의 발전에 의해 새롭게 규명해야 할 대상이 탄생하게 되었고, 이들에 대한 연구는 연관된 학문 분야들의 발전에 의해 융합연구를 통해 규명할 수 있게 되어가고 있으며, 또한 이들에 대한 규명은 사회발전에 필요하기 때문이다. 따라서 융합연구는 대상에 따라 융합방법이나 모델이 필요하게 된다. 이러한 융합방법은 선형융합방법론과 비선형융합방법론으로 대별된다. 선형융합방법론은 모듈형 융합연구, 비선형 융합방법론은 침투형 융합연구와 생성형 융합연구로 세분된다.[29]

기존의 연구활동들은 고유한 연구대상과 전통적 학문 분야의 고착화된 범주 및 틀 안에서 독립적으로 이뤄져왔다. 그러나 21세기에 들어와서 나타난 기술혁신과 학문의 발전은 기존의 이론으로 규명할 수 없었던 자연 및 인문·사회현상들과 다양하고 새롭게 나타난 현상들을 규명할 수 있게끔 연구활동의 범위를 확장시키고 있다. 이러한 연구활동의 발전적 변화는 기존의 분야별 학문범주 안에서의 이론들의 발전과 연구대상들과 연계된 분야들의 융합에 의해 가능해지고 있다.

군사학 분야에서는 이러한 변화들이 현저하게 나타나고 있는 추세다. 즉 군사과학기술의 혁명적 발전은 전장환경, 무기체계, 지휘체계/부대구조 및 운영체계, 전략/전술 등의 변화를 요구하고 있다. 또한 이러한 변화로 나타난 새로운 군사현상들을 규명하기 위해서는 이에 부합하는 이론체계들이 필요하게 되었다. 따라서 이러한 군사부문에서의 요구에 부응해 군사학 분야의 과학적 활동을 통한 이론과 분석기법들이 마련되어야 하겠다. 이를 위한 방법들 중의 하나인 융합연구는 특히 군사학 분야의 특성을 고려한다면 필연적이라고 볼 수 있겠다.

위에서 제시된 융합연구방법 중 모듈형 융합연구방법은 군사학이라는 범주와 구조적 틀 안에서 군사학의 독립성과 고유성을 유지한 가운데 타 학문들의 성과[30]를 활용하는 협력적 방법을 말한다. 즉, 〈그림 2-1〉에서와 같이 군사학과 타 학문 분야와의 공유부문(선형적 중첩)과 연구결과(End-States)에 대한 설명 및 해석에서 환원적 방법을 사용하는 것이다. 이는 기술의 혁명적 발전으로 나타난 복잡하고 확대된 새로운 군사현상들을 군사학 학문영역 내에서 새롭게 분해하여 이를 해당 학문영역에 배속시켜 해당 학문영역에서 연구하여 결과를 산출하고 이를 다시 군사학 학문영역 안에서 결합하는 방식을 말한다. 여기에서 결합은 모듈 간의 인터페이스 처리를 말한다. 예를 들어 어떤 무기체계에 대해

29 김유신, "융합연구에 대한 과학철학적 접근", 한국사회과학협의회, 『융합연구: 이론과 실제』(서울: 법문사, 2013), pp. 38-63.

30 여기에서 타 학문들의 성과는 이론체계와 연구방법 및 분석기법들을 의미한다.

군사적 목적을 위해 과학적 연구활동을 하는 경우, 과학철학적 논리체계를 응용과학(공학)의 방법론을 활용하여 결과를 산출하고, 이 결과를 군사학적 측면에서 군사윤리, 군사전략/전술/교리, 군사교육 등의 목적, 방법, 응용 등의 제반 실제적 군사현상과의 연계성과 결합하는 연구활동들을 말한다. 따라서 응용연구들의 과학적 연구활동들은 무기체계의 응용과학 분야인 공학학문 분야와 군사학 학문 분야의 고유성과 독립성이 유지되는 가운데 산출된 결과들이다. 이렇듯 응용연구들의 산출결과들이 군사학 분야에 미치는 긍정적 파급효과(성과)는 예측이 가능하다는 것이다.

다음으로 비선형적 융합방법론으로 침투형 융합방법과 생성형 융합방법이 있는데, 우선 침투형 융합방법에 대해 살펴보겠다. 침투형 융합방법이란 예를 들어 군사학 학문 분야에서 과학기술의 혁명적 발달로 전장에서의 환경의 혁신적 변화는 새로운 전쟁수행 방법으로 나타나게 된다. 전자전의 양상은 마비전략이라는 새로운 전략/전술/교리 등이 나타나게 된다. 이러한 군사현상의 변화는 기존의 전쟁/전략/전술 및 리더십 등의 이론으로는 정확하고 타당하게 규명되기 어렵다. 따라서 이러한 문제들을 해결하기 위해서는 위에서 제시된 선형적 모듈형 방법이 도입될 수도 있겠으나 이와는 다르게 리더십이나 전략/전술 등의 부문에서는 타 부문의 학문들과는 독립성이 강하여 상호작용과 협력적 융합연구가 어렵다.

이런 경우에는 타 부문의 학문과 군사부문 학문과의 고유성과 독립성을 견지하면서 군사학 분야의 새로운 현상규명에 필요한 완전한 이론들이 필요하게 된다. 완결성을 지향하는 이론체계를 발견하기 위해 해당 분야 학문에 군사현상들을 침투시켜 타 학문 분야에서 새롭게 나타나는 현상들을 발견한다. 발견된 새로운 현상들을 군사학 분야와 해당 학문 분야에서 각각 흡수시켜 공유하고 이를 규명하기 위해 연구활동을 하는 것을 말한다. 여기에서 공유된 현상들은 각자의 학문 분야에서 학문적 조건을 갖게 될 경우, 또 다른 하나의 새로운 학문영역이 탄생할 수도 있다.

이러한 예로서 일반 학문 분야인 분자생물학의 경우를 들 수 있겠다. 이는 생물학과 화학의 두 학문 분야가 융합하여 공유되는 생화학 또는 분자생물학이라는 독립적 현상세계가 탄생하게 된다. 이로써 생물학이 화학 분야로의 확장과 이와 반대로 화학이 생물학 방향으로의 확장이 나타나게 된다. 따라서 생물학이 분자수준에서의 새롭게 나타난 현상들을 생물학적 학문세계의 현상들의 구성성분으로 연구하게 될 때 단순하게 타 분야의 성과로서 생물학을 위한 부수적 조건이나 환경으로서 머무는 것이 아니라, 생물학 자체의 현상들로 인정하게 될 경우가 있다. 이때 새로운 현상의 출현을 생물학 학문부문에서 경험하게 된다는 것이다. 여기에서 확장된 새로운 영역은 단지 생물학의 부수적 현상이 아니라 그 이상의 핵심적인 현상으로 인정될 때 이는 하나의 또 다른 독자적 학문으로 탄생된다. 이렇듯 침투형 융합은 새로운 현상을 출현시킨다. 따라서 침투형 융합방법은 지식의 성장과정에서 중요한 역할을 하고 있다고 볼 수 있다. 그렇지만 고유성과 독립성이 완전하게 확립된 새로운 학문 분야로 발전하기보다는 대개의 경우에는 융합하기 이전의 학문 분야의 확장에 머물고 있다.

마지막으로 생성형 융합방법이다. 이 방법은 융합의 결과 서로 다른 현상들의 세계가 생성되어 융합적 학문으로 활용은 하되 독립하여 자신의 독자적 학문을 생성하는 방식의 융합을 말한다. 이는 현상을 규명할 수 있는 학문적 이론과 방법론이 성숙될 때까지는 많은 연구과정을 통해 학문적 완전성이 확보되어야 한다. 이러한 융합의 결과 산출된 새로운 현상의 세계와 연관된 학문의 범주는 독자성을 갖는 하나의 융합학문의 생성, 즉 출현이다. 여기에서 하나의 학문으로서 독자성을 부여하는 보편적인 기준은 없고 단지 학문의 성공에 달려 있다.

군사학 분야에 관련된 예를 든다면, 군사문화라는 현상을 규명할 경우 군사조직, 군사역사, 군사교육 등 군사학의 하위학문 영역으로서의 존재론이 확보되는 것이다. 또한 이와 동시에 타 민간부문의 해당 학문과의 통합연구활동을 통해 군사부문에서의 필요성을 충족시킬 수 있게 된다. 이는 분명히 〈그림 2-1〉에서와 같이 타 부문의 학문영역과 공유된 부문이 있기 때문에 가능하다는 것이다. 따라서 군사학이 하나의 학문 범주가 되기 위해서는 군사학 학문세계의 존재론이 연계된 해당 학문세계들의 존재론들과 적절하게 결합하면서 군사학 자신의 새로운 고유하고 독자적인 학문세계의 존재론을 만들어내야 한다.

끝으로 현재 한국 학문세계에서의 군사학의 위치는 짧은 역사와 과학철학적 인식론에 관련한 무관심 등으로 학문의 정통성 부문이 매우 취약한 상태다.[31] 즉, 학문의 범주에서 군사학이 아직까지도 현상을 규명하기 위한 이론과 방법론들의 고유성과 독립성의 확립이 미약하기 때문에 학문적 완전성이 확보되지 못하고 있는 실정이다. 이는 군사부문의 현상들이 인문과학, 사회과학, 자연과학 등의 학문세계를 포괄하고 이들이 군사적 목적의 구현이라는 지향성 등으로 학문의 필요성 측면에서 타 부문의 학문세계들과는 판이하게 다르다. 또한 짧은 역사로 연구활동의 산물과 경험의 축적이 매우 미약하다. 그러나 이미 앞에서 논의된 내용들을 고려한다면 군사학이 하나의 독립되고 고유한 학문범주로서 자리매김하기에 충분하다는 사실이다.

3. 인문, 사회, 자연과학의 방법론의 차이점과 군사학의 학문성

인문, 사회과학은 소재(素材, subject matter), 대상, 방법 및 전제

31 특히 한국의 경우 인식론에 대한 연구활동이 거의 없는 실정으로 연구 산물들의 축적이 이뤄질 수 없다. 이러한 실정의 원인으로 군사전문가 및 연구자들이 군사부문의 특성들을 고려하지 않고 무비판적으로 일반학문 분야에서 다루는 현상세계에 대한 이론 및 방법들을 군사현상세계의 연구활동에 도입하고 있기 때문이다.

(presupposition) 등에서 근본적으로 자연과학과 구별된다. 과학은 경험과학과 비경험과학으로 구분된다. 전자의 경우에는 인간 세계에서 발생하는 사안들을 탐구하고 묘사하고 설명하며 예측하고자 노력한다. 따라서 경험과학에서 행해지는 설명들(statements)은 경험에 의해 규명된 사실에 따라 실험, 체계적 관찰, 면접이나 조사, 심리학적 또는 임상학적 검증 등의 방식을 이용하여 입증되어야 한다. 이러한 경험과학의 성격 때문에 경험적 검증 없이도 성립 가능한 논리학이나 순수수학 같은 비경험과학과는 구별된다.

이러한 경험과학은 자연과학과 인문, 사회과학으로 대별될 수 있다. 그러나 양자의 경계는 모호하다. 그러나 방법론이나 과학적 탐구의 합리성에 연관된 제 발견에 의해 양자는 공동으로 적용할 수 있는 공통성을 지니기도 한다. 양자의 소재나 대상의 차이에도 불구하고 과학적 지식의 추구와 이를 이루고자 하는 방법론상에서의 협동성은 이러한 양면성의 존재를 말해주고 있다. 이러한 양자의 유사성과 상이점을 다음과 같이 요약할 수 있을 것이다.

첫째로 연구대상에서의 차이점이다. 자연과학은 객관의 세계를 연구대상으로 하나 인문·사회과학은 인간이나 인간의 의도적 행위를 대상으로 한다. 따라서 후자의 경우에는 일정한 법칙에 의해 언어를 통해 소통하고 상호작용하기 때문에 사실을 정확하게 그려주지 못하는 한계가 있다는 것이다.[32] 둘째로는 예측과 의사소통에서의 차이다. 자연과학에서의 설명력은 미래의 사태에 대한 예측까지도 가능하게 하지만 인문·사회과학에서는 예측보다는 인간관계에서의 의사소통에 좀 더 비중을 두고 있다는 점이다.

세 번째로는 법칙과 관습에서의 차이다. 위에서 기술한 바와 같이 법

32 Moon, J. Donald, *In What Sense are the Social Sciences Methodologically distinctive?*, unpublished mimeo presented at 1974 Annual Meeting of the American Political Science Association pp. 5-6; 김광웅, 『사회과학연구방법론-조사방법과 계량분석』(서울: 박영사, 1984), p. 42.

칙은 인과(因果)의 기능에 따른 것으로 일반화의 속성을 지니고 있다. 일정한 법칙이 없는 설명은 두 사상(事象)의 단순한 시차적 언급일 뿐이다. 따라서 설명은 일정한 법칙이 있어야 하는데, 인문·사회과학에서는 이를 구비하기가 어렵다는 점이다. 관습은 인간의 행동을 규제한다. 관습은 보편화된 법칙의 경지에까지 이르지는 못하지만 전래되어온 고유성 때문에 설명력이 존재한다.

넷째로는 이론과 구성적 의미의 차이를 말한다. 인문·사회과학의 이론은 자연과학의 경험의 연역적 통일성을 제시해주지 못하고 있다는 점이다. 따라서 인문·사회과학은 연역적 이론보다는 현상을 해설하는 정도에 머물고 있다. 따라서 인문·사회과학적 의미이론은 어떤 행위에서 전제된 것과 그 안에 함축되어 있는 것을 찾아내려고 하기 때문에 과학적 이론보다는 철학적 이론에 가깝다.[33]

또 다른 면에서의 차이점은 인문·사회과학에서 다루고 있는 대상은 가변성이 존재한다는 것이다. 인간의 행위를 다루기 때문에 어떤 규칙성을 찾기가 매우 어렵다는 것을 말해주고 있다. 즉, 인문·사회과학에서의 가치판단은 복잡하고 불가분의 관계가 다양하다는 것이다.

그러나 이러한 차이점에도 불구하고 앞에서 논의된 융합연구 방식은 특히 군사학 분야에서는 핵심적인 위치를 점하고 있다고 볼 수 있다. 왜냐하면 연구활동의 대상이 되는 군사현상들의 특징은 자연·인문·사회 분야의 현상들을 포괄하고 있기 때문이다. 그러나 군사현상들은 이러한 분야의 현상들과는 동일하지 않고 단지 일부 영역에서 공유되고 있다는 사실이다. 이러한 군사현상들의 특성을 고려한다면 군사학에서도 앞에서 논의되었던 융합연구 방식을 채택하여 군사현상에 대한 연구가 이뤄질 수 있다. 이러한 연구활동을 통해 군사학의 고유성과 독자성이 확보되고 군사학이 하나의 학문범주로 완전성을 확보할 수 있다.

33 전게서, p. 29.

인식론적 측면에서 두 학문 간에 융합이 이뤄지려면 두 학문 간에는 방법론적 공통점이 있어야 한다. 이를 위해 19세기부터 콩트(Comte)나 밀(J. S. Mill), 영국과 미국의 실증주의적 철학자들과 사회과학자들은 사회과학철학을 위한 어젠다를 설정하고 이에 대한 지속적인 연구를 통해 사회과학의 과학성을 옹호해왔다. 이러한 연구들은 양적인 자료 분석의 기술을 발전시키고 완벽하게 하려는 노력과 인문·사회과학 대상들의 본질적 특성에서 설명·예측·법칙의 필요성을 확립시켜왔다. 또한 이들은 인문·사회과학의 임무가 설명이라는 주장을 받아들였다. 따라서 인문·사회과학의 임무는 무엇이 일어났는지, 왜 일어났는지에 대해 인과적 설명을 제공하는 것으로 보았다. 즉 자연과학의 경험적 타당성, 대응, 객관성과 보편성의 관념을 받아들였다.

자연과학과 인문·사회과학의 방법론은 분명히 다르다. 그러나 위에서와 같이 인문·사회과학 분야에서의 과학성과 자연과학과 인문·사회과학 분야에서의 일반화 추구의 필요성 등을 감안한다면 이러한 차이도 융합연구가 이뤄질 수 있을 것이다. 즉, 핵심개념으로서의 인과(因果)개념[34]은 사용하는 분야에 따라 차이가 있지만 인과적 설명이라는 형식을 통해서는 자연과학과 인문·사회과학은 인식론적으로 서로 융합이 가능하다는 것이다.

예를 들어 설명하자면 군사학 분야의 하위 영역의 하나인 군사경제학의 경우 경제학적 사건과 군사적 사건 사이에는 경제 분야와 군사 분야 등 실제적 현상의 존재영역이 달라도 관찰과 이론을 통해 구성된 새로운 형태의 인과패턴을 표준적 인과패턴으로 삼아서 탄생한 융합학문이 바로 군사경제학이다. 군사경제학은 서로 다른 존재영역을 가진 경제학과 군사현상들(부대, 예산, 무기체계, 인력, 교육 등)과 연계된 하위 학문

34 통계적으로 원인변수의 값이 변하면 결과변수의 값이 변한다고 본다. 어떤 변수가 있을 때와 없을 때의 결과변수 값에 대한 통계적 값이 차이가 나면 원인이라고 보는 것을 '핵심개념으로서의 인과개념'이라고 한다.

영역(부대조직론, 국방재정학, 무기체계공학, 군사교육학 등) 간의 핵심개념으로서의 인과의존(因果依存)이 가능하다는 것을 받아들임으로써 이뤄진 융합학문이다. 이러한 학문의 출현은 자연과학과 인문·사회과학의 방법론들이 근본적으로 다르지 않고 핵심개념을 인과개념으로 하면 분야에 따라 융합이 가능하다는 것이다.

제3절 군사학연구에서의 과학활동

1. 과학적 접근방법

과학적 접근방법은 일반적으로 다음과 같은 몇 가지 전제와 특성을 가지고 있다.[35] 첫째, 과학적 방법은 자연에 대한 통일을 전제로 한다. 자연현상에는 일정한 통일성이 있다. 이러한 통일성 없이는 공공성이나 객관성이 요체가 되는 과학이 성립할 수 없다. 자연의 통일성에 관련된 명제는 자연적 분류, 영구성 및 결정론이 있다. 자연적 분류의 명제는 자연현상 가운데 서로 유사성을 지니는 것이 있는데 이것들이 과학적 분류의 기초가 되어 현상기술(現象記述)의 기본요소, 항목, 기능, 구조, 과정 등이 된다. 이러한 유사성의 유형에는 구조적, 기능적, 구조-기능적 분야의 3가지가 있다.

영구성은 시간개념과 연계되는 명제로서 시간의 일관성이 유지되어야만 과학의 과정에서 일관성이 유지되어 과학이 성립하게 된다. 이는 통제와 예측을 가능케 하기 때문에 불가분의 명제다. 마지막으로 결정

35 김재은, 『교육·심리·사회과학연구방법』(서울: 익문사, 1971), pp. 55-64, 66-71.

론의 명제는 자연적 결정론이다. 자연적 결정론은 하나의 사상(事象)은 시간적으로 선행사상(先行事象)과 연계되어 있기 때문에 앞의 사상이 뒤의 사상을 결정하는 데 지대한 영향을 준다는 것이다. 과학적 방법이 이러한 시간적 연속성과 연계된 사상을 분석하기 위한 방법이라는 사실이다. 따라서 결정론은 영구성과 함께 통제와 예측을 가능하게 하는 기본 요소다. 이러한 관계를 일반적으로 '인과관계(因果關係)'라고 한다.

인간은 사물의 현상에 대해 무한히 인식하고 기억하며 추리한다. 이러한 것을 '인간의 지적활동'이라고 한다. 과학적 활동은 바로 이러한 인간의 지적활동보다 더욱더 정확하게 규명하려는 작업을 지원하는 활동이다. 그러나 이러한 지적활동은 인지의 대상이나 인식자들이 처한 환경이나 그 외의 여러 매개변수와의 작용 때문에 유동적이어서 완벽할 수 없다. 따라서 과학적 방법은 이러한 미비한 부분의 객관성과 합리성을 높여주는 것이지만 한계성이 존재하는 것도 사실이다. 이러한 한계성으로 과학적 활동에는 근사치(近似値)의 사고(思考)[idea of approximation]가 지배한다.

과학적 방법의 특성으로는 체계성, 경험성과 실증성, 객관성, 일반성과 추상성, 보편성, 계량성 및 예측성 등이 있다. 과학적 방법은 과학적 연구를 하는 방법으로서 과학적 법칙과 이론을 정립하는 데 사용된다. 즉, 과학이라는 속성을 배경으로 현상 속에 내재하고 있는 제반 법칙을 정확하게 찾아내어 모든 사람이 공감할 수 있도록 하는 연구이자 방법이다. 이를 위해서는 방법들이 체계적, 경험적, 실증적, 객관적 및 계량적인 연구결과의 산물들이 일반성, 추상성과 보편성이 확립됨으로써 미래의 유사한 상황에서 동일한 결과가 나오리라는 예측이 가능하도록 해야 한다.

과학적 방법은 인간의 지적활동을 통해 과학적 진리를 탐구한다. 따라서 무한한 추리력을 필요로 한다. 그러나 이는 막연한 상상이 아니라 논리적이어야 한다. 따라서 과학적 논리를 전개하기 위해서는 연역적

(deductive)인 측면에서는 분석의 세계, 수학의 세계와 경험의 세계 또는 사실의 세계를 규정하고 공리(axiom)에서 출발하여 정리(theorem), 가설(hypothesis)로 연결되는 일련의 과정을 논리적 전개방식을 동원하여 진술하는 것이다. 이러한 과정에서 경험적 사실과 일치하는 경우를 "과학적 법칙이 발견되었다"고 한다. 또한 귀납적(inductive)인 측면에서는 경험의 세계에서 일정한 사실에 입각하여 일반화를 시도하는 것으로서 연역적 측면과는 반대의 과정을 거치게 된다. 이와 같이 전개과정이 체계적 일관성을 가지고 논리가 모순되지 않도록 이뤄져야 한다.

일반적 공리에서 출발한 일반사항은 아직 문제규명 이전 단계에서의 가설적 상태이므로 경험의 세계에서 검증되어야 한다. 경험의 세계에서 타당성이 입증되면 하나의 진리로 판명되어 하나의 이론으로 탄생된다. 따라서 이론은 경험의 세계에서 많은 사람들에게 실증적으로 입증됨으로써 객관성을 지니게 된다. 즉 과학적 방법은 위에서 기술한 바와 같이 경험적, 실증적 그리고 객관적의 속성을 지니게 된다는 것이다. 또한 보편성은 동일한 조건하에서 미래의 다른 조건(상황)에서도 동일한 사실이 반복될 수 있다고 믿는 정도다. 법칙도 보편성이나 일반성의 의미의 속성을 지니고 있다. 즉, 시공을 초월하여 진리로 받아들여지는 보편화된 일반성이라는 것이다.

또한 과학적 방법이 구현하고자 하는 것 중의 하나가 이론의 예측력이다. 즉, 과학적 방법을 통해 도출된 과학적 이론이 예측 가능해야 한다는 것이다. 연역적 체계에서 가설의 형태로 표현되는 변수와 변수의 관계는 정확한 분석방법에 의해 경험적으로 입증될 때 하나의 이론이 탄생하며, 이는 미래사실에 대한 예측력을 지니게 된다. 이러한 예측력은 설명력과 함께 이론의 중요한 기능이다.

일반적으로 법칙과 이론의 주요 기능은 실제적 현상에 대한 규명을 통해 이해를 촉구하는 것이며, 더 나아가서는 연역적 모형의 견지에서 볼 때 예측까지 가능하다는 것이다. 따라서 모형이나 법칙은 현상을 설명하는 데 사용되며, 이론은 법칙을 설명하는 데 사용된다. 이는 법칙은 새로운 사실을 예측할 수 있게, 이론은 새로운 법칙을 예견시켜준다는 사실을 의미한다.

과학적 방법은 사회과학 분야의 연구에 일정한 한계를 지니고 있다. 이는 연구대상으로서의 인간행위가 근본을 이루고 있는 인문·사회현상의 속성 때문이며, 과학이 근본적으로 가치의 문제를 외면하기 때문이다. 따라서 군사현상들은 자연과학과 인문·사회과학 분야를 아우르기 때문에 특히 인문·사회현상과 연계된 군사현상을 연구할 경우에는 주의를 기울여야 한다.

2. 접근방법과 연구방법

무엇을 연구하겠다(연구대상)는 것이 결정되면 연구설계가 이뤄져야 한다. 설계는 연구의 목적, 문제의 본질, 조사를 위한 적정대안 등을 고려해서 이뤄진다. 연구목적이 설정되면 연구의 범위와 방향이 결정되고, 연구문제의 본질에 따라 가장 적정한 접근방법이나 기능적 범주로 나눠진 연구방법이 선택된다.

접근방법은 연구자가 사용하려고 하는 정신적 사상을 명시적으로 진술(陳述)한 서술적(敍述的) 개념으로서 연관개념[36]이 필요하고, 문제의식을 갖고, 절차를 거치며, 마지막으로 예측의 성격을 지니고 있다.[37] 이러한 접근방법의 분류는 정치, 경제, 사회발전 등 다양하게 이뤄지고 있다. 접근방법이든 연구방법이든 연구대상으로서의 주제에 따라 사용되는 유형은 극히 유동적이다. 이는 연구자들의 관점에 따라 상이한 방법

---

36 여기에서 연관개념(聯關槪念)은 예를 들어 '한국군의 전투능력'의 경우 한국군과 전투능력의 특성과 특징을 나타내는 연구자의 생각을 설명하는 것을 말한다.

37 한배호, 『비교정치론』(서울: 법문사, 1971), pp. 40-43.

들이 채택되고 있다. 그러나 주제에 걸맞지 않은 접근방법이 선택되지 않도록 주의를 기울여야 할 것이다.

여기에서는 이러한 다양한 접근방법을 군사 분야에 적용할 수 있는 방법을 중심으로 요약하겠다.[38] 첫째로 규범적인 접근방법으로, 이 방법은 선택에 영향을 미치는 가치와 규범의 분석에 치중한다. 이 분석방법의 주요 변수는 가치와 규범이다. 또한 구체적 가설을 제시하지 않고 일반적 전제만 놓고 연구를 시작한다. 둘째로는 구조적 접근방법이다. 이 방법의 분석적 과제는 인문·사회체제의 유지와 발전에 필수적인 체제와 기능적 제 요소들이다. 분석의 대상은 거시적으로 국가와 정부기관 및 집단 등이다. 셋째로는 행태적 접근방법이다. 이 접근방법의 분석과제는 학습과 사회화 과정에 관한 것으로 문화적 가치와 규범의 내면화, 개인적 욕구와 동기, 이념과 성향 등이다.

넷째로는 체제와 기능적 접근방법으로 가장 보편화된 방법 중의 하나다. 위에서 설명된 구조적 접근방법과 중복되는 점이 많다. 다섯째로는 생태론적 접근방법으로, 기술(技術)과 관리(管理)를 통한 능률의 제고라는 단면만 보면 상황에 대한 고려가 생략될 수도 있다. 그러나 인력으로 조정 가능한 범위가 상대적으로 축소되면서 외부환경으로부터의 도전과 그에 의한 지배를 고려해 생물학적 견해인 생태론적 접근방법을 원용하고 있다. 여섯 번째로는 사회과정 접근법이다. 산업화, 도시화, 문자해득력, 산업적 이동성, 과학화, 정보화 같은 사회현상이나 군사현상의 일부를 연구의 대상으로 삼고 실제 자료들을 양적으로 수집하여 가설검증에 임한다. 변수와 변수와의 관계를 다룬다는 점에서 행태적 접근방법으로 분류되고 있다.

일곱 번째는 비교역사적 접근방법이다. 이는 역사상에 나타난 사회와 군사현상들을 비교·분석하는 가운데 사회나 군사의 실제적인 진화

38 여기서는 자연과학에서 사용하고 있는 접근방법은 생략하기로 하겠다. 왜냐하면 자연과학적 접근방법은 명확하게 분류되고 있기 때문이다.

를 고찰하고 분류하며 하나의 양태 속에서 작용하는 요소들에 대해 가설을 정립한다. 그러나 특정사회의 특정 역사적 시점에서 나타나는 독특한 현상을 분석한다는 장점이 있으나 일반성의 결여로 이론을 정립하는 데는 어려움이 있다는 약점이 있다.

여덟째로는 법률 및 제도적 접근방법으로 법률, 규정과 정부기구에 대한 연구를 중점으로 삼고 있다. 법률이나 제도에 관한 연구가 다른 연구의 지표가 되어 어떤 체제, 조직의 성격 또는 문화적 특성을 쉽게 파악할 수 있는 장점이 있다. 그러나 급격하게 변화되는 사회와의 간극으로 전체 현상에 대한 해석이 정확하지 않다는 약점도 있다.

마지막으로 행정적 접근방법이다. 이 방법은 초점을 정부의 기능에 두고 관료체제의 발전을 근대화라고 생각한다. 이 접근방법은 특히 조직이론의 취향이 강하여 정치발전도 좀 더 효율적이고, 좀 더 적응도가 높고, 좀 더 복합적이면서 합리적인 조직체의 생성이라고 간주한다.

다음은 인문·사회과학에서 주로 사용하는 연구방법에 대해 개괄적으로 살펴보기로 하겠다. 첫째로는 역사적 연구방법이다. 이 방법은 과거를 객관적이고 정확하게 재현하는 데 중점을 두고 있다. 과거 어떤 시기 또는 기간에 군사현상이나 사회현상에 어떤 연구들이 행해졌는가를 추리해본다거나, 어떤 사안이 어떻게 변화되어왔는가를 알아보는 연구방법이다.

두 번째로는 기술적(記述的) 연구방법으로 관심의 영역과 현상을 체계적으로 묘사하는 데 실증적이고 정확하게 이뤄진다. 여론조사, 사례조사, 업무분석, 설문지, 면접, 관찰, 문헌조사 및 서류분석 등이 이 범주에 해당한다. 이 방법에서는 관계를 설명할 필요가 없고, 가설을 검증할 필요도 없으며, 예측할 필요도 없다. 다만 구체적인 사실의 정보를 구해서 현상을 서술(敍述)하면 된다.

세 번째로는 발전적 연구방법으로서 시차에 따른 성장이나 변화의 연속과 유형을 조사하기 위해 실시한다. 이 방법은 시간에 따라 성장 및 발전의 유형, 발전 정도 및 발전방향 등을 종단적[縱斷的, 또는 공시적(共時的, Synchronic)] 측면에서의 연구와 시간적인 변화보다는 여러 사례들 간의 비교를 통해 변화의 본질과 변화의 정도를 간접적으로 보는 횡단적[橫斷的, 또는 통시적(通時的, Diachronic)] 연구 및 유형이나 조건들을 예측하기 위해 과거의 변화유형을 검토하는 연구 등이 포함된다. 넷째로는 사례 및 현지연구방법이다. 이 방법은 개인, 집단, 기관 또는 지역사회 같은 사회단위의 배경, 현상 및 환경적 요인 등을 집중적으로 연구하는 것이다.

다섯째로는 상호관계 연구방법으로서 둘 혹은 그 이상의 변수들의 변화 정도를 파악하는 연구다. 이 연구는 실증방법으로나 통제, 조작을 하기에는 지나치게 복잡한 변수들 간의 관계를 분석할 경우에 적합한 연구방법이다. 이 연구방법의 약점으로는 인과관계를 정확하게 규명해주지 못하고, 독립변수들에 대한 통제가 완벽하지 않기 때문에 실험방법만큼 정밀하지 못하고, 간혹 허위상관관계를 사실로 믿게 될 위험이 있으며, 관계라는 것이 때로는 임의적일 수 있다는 것 등을 들 수 있다. 이 연구방법은 계량적 연구에서 가장 보편적으로 쓰이는 방법 중의 하나다.

여섯째로는 인과관계 연구방법으로, 있는 그대로 변수들 간의 인과관계를 규명하는 연구다. 이미 발생한 이후의 사건에서 자료를 수집하기 때문에 그 원인을 찾기 위해 과거를 거슬러 올라가지만 결과를 놓고 분석하는 일종의 사후연구다. 확실한 실험을 할 수 없는 복잡한 환경 여건에서 할 수 있는 방법으로 현상의 본질에 관한 사항을 정확하게 파악할 수 있는 방법이다. 그러나 독립변수를 통제할 수 없는 약점이 있기 때문에 예견되는 가설을 미리 확실하게 해놓고 난 후 연구를 시작해야 한다. 또한 원인변수가 이미 다른 내적 변수에 포함되어 있는 경우가 많기 때문에 중복되는 부분을 없애기 어렵다.

일곱 번째로는 비교연구방법이다. 둘 이상의 대상을 놓고 서로 비교하는 방법을 말한다. 비교는 현상(現像) 간의 상대적 측정을 의미하므로 표준화된 객관적 기준하에서 연구를 하는 것이 아니다. 이 방법은 일반적으로 일정한 시간에 하나의 차원에서 연구가 이뤄진다. 그러나 몇 개의 차원을 설정하여 단일 지표로 만들어 하나 이상의 차원을 비교할 수도 있다. 또는 하나의 현상(現像)을 놓고 시간을 달리해서 비교하는 종단적인 연구도 가능하다.

여덟 번째로 실험연구방법이다. 이는 인과관계를 분석하기 위해 실험집단과 통제집단을 구성하고, 일정한 자극을 투사하여 두 집단의 차이를 통해 자극의 효과를 찾아내는 연구방법이다. 이 연구방법의 특징은 실험요인으로서의 변수관리에 세심해야 하고, 통제집단을 설정해야 하며, 변수들의 분산을 극대화하고, 외적 변수들의 분산을 최소화하며, 오차의 범위를 최소한으로 줄여야 한다. 또한 내적 타당성은 필수 조건으로서 실험방법의 일차적 목적이며, 외적 타당성은 이차적 목적이다. 여기서 내적 타당성이란 연구에서 실험조작이 진정으로 오차를 유발하는가의 문제이고, 외적 타당성이란 실험을 통한 발견이 어느 정도 대표성을 지니고 일반화될 가능성이 있는가의 문제다.

아홉 번째로는 준실험연구방법이다. 이는 변수의 통제나 조작이 최대한 허용되지 않는 상황에서 실험과 유사한 연구를 하는 방법이다. 따라서 이 연구방법은 내외의 타당성에 영향을 미칠 만한 요인을 확인하고 부분적 통제를 가하면서 실험한다.

마지막으로 동적(動的) 연구방법이다. 이는 실제 상황에 직접 적용하도록 새로운 기술과 방법을 개발하고 문제를 해결하려는 연구방법이다. 이 연구방법은 실제 경험 세계에 직접적으로 타당하고 실용적인 특성을 지닌다. 감동적이고 편린적(片鱗的)인 접근보다는 훨씬 짜임새 있는 준거를 제시해주기도 한다. 그러나 타당성이 내외로 미약하기 때문에 과학적 엄밀성과는 거리가 있다. 목적이 극히 상황의존적이고, 표본이 제한을 받으며, 독립변수를 통제하기가 어렵다. 따라서 연구결과가 실용적인 차원에서는 유용하지만, 일반지식의 정립에까지 기여하지 못하는 약점이 있다. 이외에도 분류연구방법이 있는데, 이는 연구대상을 좀 더 정확하고 의미 있게 기술하기 위한 방안을 만드는 연구를 말한다.

이상과 같이 연구를 위한 접근방법과 연구방법들에 대해 개괄적으로 살펴보았다. 그렇다면 군사학에서의 연구방법은 어떻게 할 것인가에 대한 문제다. 모두에서 설명한 바와 같이 군사학은 인문·사회과학 분야와 자연과학 분야를 포괄하는 대상들을 연구활동의 범주로 하고 있다. 따라서 군사 분야의 연구활동도 역시 두 부문에서 사용하고 있는 연구방법들을 사용해야 한다. 어쩌면 이러한 속성이 연구활동의 제한성을 극복해줄 수 있을지도 모른다는 것이다. 군사학 연구활동에 있어서 연구하고자 하는 대상에 따라 자연과학적 연구방법이나 인문·사회과학적 연구방법 중에서 적합한 방법을 선택하면 된다는 사실이다. 그러나 현실에 있어서는 자연과학에서 주로 활용하고 있는 연역적 기법과 계량적 기법들의 논리적 명쾌성 때문에 인문·사회과학에서 사용되고 있는 연구방법들이 소외당하고 있는 실정이다. 그러나 인문·사회과학적 방법론들이 지니고 있는 서술적 논리성의 장점들은 연구결과들이 정확하면서도 사실적 설명력이 있다. 이러한 장점은 자연과학의 사실분석결과의 왜곡을 극복해줄 수 있다. 따라서 군사학의 연구대상에 따라 적합한 방법론의 채택이 매우 중요하다. 따라서 계량적이고 단편적인 자연과학의 연구방법은 군사현상(軍事現像)의 핵심인 인간의 행위의 결과가 연구의 대상이 될 경우에는 설명력이 떨어질 수밖에 없다는 한계성을 인지해야 할 것이다.

3. 과학적 활동의 내용과 목표

과학활동이란 앞에서 논의된 바와 같이 어떤 사실이나 현상들을 알아가는 것이다. 과학활동의 주체는 과학자들이다. 과학자들은 관찰자다. 과학자들은 자기들이 관찰하여 발견한 결과들과 향후 어떻게 될 것인가를 예측하게 된다. 이를 위해 과학자들은 관찰을 통해 얻은 산출물들을 객관성과 타당성이 부여된 일반화 과정을 위해 묘사[描寫, 기술(記述)]하여 이론을 정립하고, 이를 토대로 미래를 예측하고 이를 사실과 대조해본다.

이러한 과학적 활동은 귀납, 연역 및 검증 또는 확인과 선택(진실과 허위) 등의 3단계로 구분된다. 이러한 단계별 과정에서 사실의 세계와 수리 및 논리의 세계를 연결시켜준다.

이러한 활동은 〈그림 2-2〉와 같다. 그림에서 각 단계의 연결의 타당성에 대한 판단기준은 논리적 판단기준의 사안이다. 사실의 세계는 일상의 세계이고, 논리 또는 수리의 세계는 관념과 수식의 세계로 이론가의 세계이기도 하다. 사실이란 우리가 식별할 수 있는 구체적인 것인 데 비해 이론이란 보편적이기 때문에 그것이 전체로서 진실인지 아닌지를 알 수는 없다.

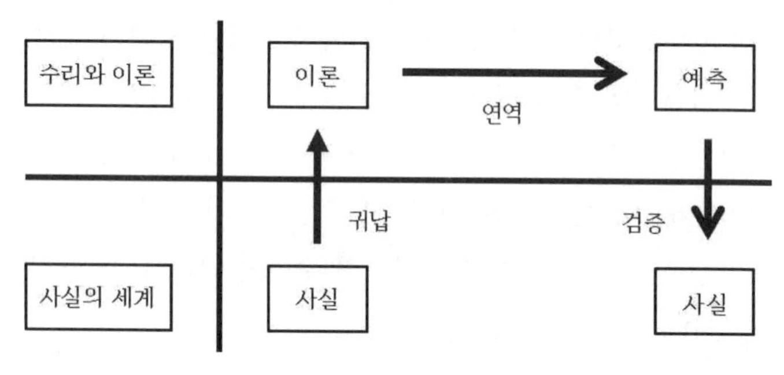

〈그림 2-2〉 과학적 활동의 과정

귀납은 관찰된 사실들을 설명하기 위한 이론을 구성하는 과정을 말한다. 연역이란 이론적인 법칙으로부터 특정한 예측을 도출하는 과정을 말한다. 이론 자체는 검증할 수 없다. 단지 이론의 논리적 결과만을 검증하거나 확인할 수밖에 없다. 검증이란 예측된 사실이 정말인지 아닌지를 알아보는 과정이다. 여기에서 구체적인 사실만을 관찰할 수 있기 때문에 일반이론 그 자체를 검증할 수는 없고, 이론의 구체적인 결과만을 검증하는 것이다. 이러한 일련의 연구활동들은 과학적 활동들의 내용이며, 이러한 활동들은 궁극적으로 학문이 추구하는 실제적 군사현상들을 정확하게 규명할 수 있는 가설 및 이론의 확립과 확립된 이론들에 의한 미래를 예측하는 것이다. 또한 이러한 과학적 활동들의 지속은 연구의 역사이며 연구의 경험과 결과의 산출, 이들의 축적은 군사학의 학문적 고유성, 독자성과 완전성의 확립을 바탕으로 학문의 정통성을 확보하는 데 그 목적이 있겠다.

제3장

연구 진행절차와 연구설계

군사학도 인간의 행동을 분석하는 사회과학의 한 분야로 사회과학적 연구방법을 준용해야 한다. 이를 위해 연구방법론의 기본적 개념과 관련하여 과학적 연구방법의 종류와 연구 진행절차 6단계에 대한 개략적인 설명과 일련의 절차를 사례를 통해 설명했으며, 연구설계에 대한 개념 설명과 군사학 연구에 필요한 설계와 방법에 대한 제안을 포함했다.

유상범(국방대학교)

육군사관학교를 졸업하고 국방대학교에서 국제관계학 석사, 미국 뉴욕주립대에서 정치학 박사학위를 취득했다. 현재 국방대학교 안보정책학과 부교수, 안보문제연구소 연구기획실장 직책을 수행하고 있다. 관심분야는 국제분쟁, 미국외교, 국가안보 등이다. 주요 저서 및 논문으로는 "The Hidden Challenger for the U.S.: Strategic Abandonment and U.S. Foreign Policy"(2016), "Counterinsurgency의 변화와 현대적 의미에 관한 소고"(2016), "미국 군사독트린의 변화 요인에 관한 연구: 군인의 민간위탁교육 영향을 중심으로"(2015), *Uncertain Trajectory: Implications of a Long-Range North Korean Nuclear Capability* co-authored(2014), 『군사사상론』(2014, 편저), "The Relative Capabilities, Third Party Intervention, and the Outcome of Civil Wars"(2014), "미국 아시아태평양 중시정책의 내용과 함의-미중 대결 가능성과 일본의 책임전가 역할을 중심으로"(2014), "북한 국지도발의 성향분석과 동맹협력"(2014) 등이 있다.

제1절 연구방법론의 기본 개념

1. 과학과 사회과학

"자연과 자연적 과정들을 연구하는 시스템적이고 논리적인 방법의 집합 혹은 이러한 과정 속에 만들어진 지식"이라는 과학의 정의[1]를 준용한다면 과학은 큰 범주로 자연의 이치와 규칙성에 관한 내용을 다루는 자연과학(natural science)과 인간의 행동(자연적 과정의 부분)을 연구하는 사회과학(social science)으로 나눌 수 있다.[2] 하지만 순수 자연 현상을 관찰하고 이에 대한 규칙성을 찾아내기 위한 자연과학과 달리 이성과 감정 등에 의해 일관성이 부족한 인간의 행동을 연구하는 데도 과학이 적용될 수 있을까라는 의문이 들지 않을 수 없다. 해는 항상 동쪽에서 떠서 서쪽으로 지고, 물은 높은 곳에서 낮은 곳으로 향해 간다는 규칙성은 관측을 통해 입증되었고, 천동설이 옳지 않다는 의심 속에 만들어진 지동설의 가설은 오랜 시간에 걸쳐 이를 입증할 증거들이 밝혀짐으로써 사실로 확인되었다. 하지만 인간의 행위에 대한 많은 가설들은 온전한 참으로 혹은 사실로 증명되기에는 쉽지 않은 대상이다. 쉬운 예로 "좋아하는 사람과는 좋은 관계를 유지한다"라는 참이 될 수 있는 가설에 대해 "미운 사람 떡 하나 더 준다" 혹은 "매일 밥을 사주어도 싫은 사람이 있는 반면, 매일 혼을 내도 좋은 사람이 있는 게 사람 마음"이라 표현하는 사례들은 인간의 행동에 대해 일반성을 찾기가 얼마나 어려운지 보여준다고 할 수 있겠다.

---

1 Russel K. Schutt, *Investigating the Social World: The Process and Practice of Research* 5th Ed. (Boston: Sage Publications, 2006), p. 9.

2 물론 자연과학과 사회과학에 추가하여 행동과학 분야(교육학, 심리학)를 포함시키는 경우도 있다. 성태제 · 시기자, 『연구방법론』(서울: 학지사, 2014), pp. 22-23.

1) 연구대상(인간)의 과학화

사회과학은 일반화가 제한된 인간의 행동을 과학이라는 용어로 표현하기 위해 연구대상(인간)에 대한 과학화와 연구방법에 대한 과학화를 진행한다. 전자는 인간의 특성을 제한하는 새로운 가정과 전제를 도입함으로써, 후자는 인간의 행동을 연구하는 학술적 활동에 있어 과학적 방법을 도입함을 의미한다. 연구대상(인간)에 대한 과학화를 위한 주요 가정을 살펴보면[3] 먼저 '질서와 규칙성의 존재'다. 인간의 행동에서도 자연과학에서처럼 질서와 규칙성이 존재한다고 가정하는 것이다. 개개인의 행동이 각각 다르게 보이고, 서로 다른 지역에서 관찰된 모습은 차이가 있을지 모르지만, 비슷한 상황이나 특정한 여건 속에서, 혹은 장시간 동안 관찰된 인간의 행동에는 어느 정도의 규칙성이 발견될 수 있다고 보는 것이다. 이를 통해 사회과학자는 인간과 관련된 현상을 관찰하고 측정하면서 이들 간의 질서와 규칙성을 발견하여 나름의 가설과 이론을 만들어낼 수 있음을 가정한다.

둘째는 '원인의 존재'다. 사회과학에서도 자연과학과 마찬가지로 모든 결과는 원인 없이 발생할 수 없다는 것을 가정한다. 인간의 행위도 원인에 기반을 둔 것을 가정함으로써 관찰된 행동에 대한 이유를 찾는 연구가 가능하게 되었다. 동일한 원인에 있어서는 그 결과들도 유사한 결론에 도달할 수 있다는 개연론적인 인과관계(probabilistic causal relationship)를 토대로 하는 것으로, 이는 인간이 완전한 자유의지에 의한 행위자라는 입장을 다소 완화한 것으로 볼 수 있다.

다음은 '관측 가능성'이다. 인간의 의식세계 속에 존재하고 있는 관념이나 이상들은 궁극적으로 관찰이 가능해야 참과 거짓을 판명할 수 있다는 것을 가정한다. 인간의 많은 행동이 개인의 믿음, 신념, 가치체계 등 눈으로 볼 수 없거나 실제로 경험할 수 없는 다양한 요인의 복합작용

---

3 김렬, 『사회과학도를 위한 연구조사방법론』(서울: 박영사, 2009), pp. 9-10.

에 기반을 두고 있지만 우리는 관측되지 않는 내용을 가지고 이들을 해석하고 설명하기 어렵다고 간주한다는 것이다. 오로지 관측되는 것만을 기반으로 관측되지 않는 것을 추정하거나 가설을 세워 증명해가는 과정을 거친다는 것이다. 이 가정의 좀 더 발전된 형태는 사회과학은 가치중립(value free)적인 학문이라는 것으로 표현되기도 한다. 인간의 행동은 논리성에 기반을 둔 것이지 규범이나 옳고 그름의 판단으로 행해지는 것은 아니라는 것이다. 이는 자연과학의 과학성을 그대로 적용한 것으로 해가 동쪽으로 지는 이유는 그것이 옳기 때문에 일어나는 것이 아니라 만유인력의 법칙을 기반으로 만들어진 규칙성이 관측을 통해 발견된 것에 지나지 않는다는 것이다. "집중된 병력의 운용이 전쟁의 승리를 가져온다"는 전쟁의 원칙을 언급하고 있는 사회과학적 명제는 운동역학(kinetic)을 통한 충격력의 이론과 이를 적용했던 전사의 분석결과일 뿐 병력의 집중이 옳기 때문에 전쟁의 승리를 가져오는 것을 의미하는 것이나, 혹은 승리를 모두가 추구해야 하는 도덕적 선(善)이기 때문에 이를 추구하는 것은 아니라는 것이다.

2) 연구방법의 과학화

하지만 아무리 정밀한 연구와 노력을 기한다고 할지라도 인간의 행동을 설명하는 데는 근사치밖에 도달할 수 없다.[4] 인간의 특성에 대한 몇 가지 가정을 도입했다고 하여 인간의 행동을 과학적으로 연구하기에는 많은 제한이 따른다. 이를 보완하기 위해 인간과 관련된 지식을 만들어가는 과정 또한 과학적이어야 한다는 방법의 과학화, 즉 과학적 연구(scientific research)라는 수단을 활용하게 되었다.

일반적으로 연구(research)는 "근거가 부족한 상식을 '다양한' 방법

---

4 Gary King, Robert O. Keohane and Sidney Verba, *Designing Social Inquiry: Scientific Inference in Qualitative Research* (Princeton: Princeton University Press, 1994), p. 7.

으로 증거를 확인하여 이론으로 정립하는 작업"이라고 정의한다.[5] 여기에 '과학적'이란 단어를 추가하면 과학적 연구는 "근거가 부족한 상식을 과학적 방법으로 증거를 확인하여 상식을 이론으로 정립하는 과정"으로 정의할 수 있겠다. 좀 더 구체적으로 표현하자면 "일반 현상 가운데서 관계가 있으리라고 생각되는 가설적인 명제들을 체계적 · 통계적 · 비판적으로 탐구하는 활동"으로 기술할 수 있겠다.[6] 체계적 · 통계적 · 비판적으로 탐구한다는 의미는 연구자는 물론이고 이를 평가할 수 있는 다른 연구자나 독자들에게도 그 과정이 투명해야 하며, 절차와 방법이 동일하게 사용되었다면 동일한 결과가 발생할 수 있도록 객관적이어야 함을 내포하고 있다고 볼 수 있다.

이는 연구가 과학적이 되기 위해서는 연구자가 자신의 연구를 과학적인 방법으로 진행했다고 주장함으로써 성립되는 것이 아니라 누구라도 연구에 필요한 자료와 상황이 조성된다면 동일한 결과를 만들 수 있는 재생 가능(replicable)한 방법으로 진행되어야 함을 의미한다. 현재 많은 학술지에서 논문 게재 여부를 심사할 때 저자로 하여금 저술에 사용한 데이터를 제출하게 하고, 많은 학자나 연구기관에서 어렵게 만든 데이터 세트를 공유하는 이유는 이를 방증하고 있다고 할 수 있겠다.

방법의 과학화, 즉 투명성과 재생 가능성에 관해 과학적 방법을 준용하지 않았을 경우에는 연구의 신뢰성에도 큰 영향을 미칠 수 있다. 즉, 사회과학의 과학화는 실제로 방법론적인 과학화에 더 중점을 두고 있다고 볼 수 있다. 킹(King), 코헤인(Keohane)과 버바(Verba)는 이러한 관점을 'The content is the method'라는 표현으로 강조하고 있다.[7] 즉, 과

---

5 김렬, 전게서, p. 8.

6 Fred N. Kerlinger, *Foundations of Behavioral Research* (New York: Holt, Rinehart and Winston, 1986). 채서일 · 김주영, 『사회과학조사방법론』 제4판(서울: 비앤엠북스, 2016), p. 13.

7 King, Keohane and Verba, 상게서, p. 9. 하지만 이를 확대해석해서 사회과학에서는 연구대상과 주제가 중요하지 않다고 해석하는 것은 조금 무리다. 과학적 연구에서 연구방법이 준용되지 않았을 경우 연구 자체의 신뢰도에 영향을 미친다는 의미로 성공적인 연

학적 연구에서는 연구대상이 중요하다기보다는 그 수행방법이 과학적으로 사용되었는지가 더 중요한 내용이 될 수 있다는 것이다. 이는 사회과학의 한 분야인 군사학의 경우에도 이러한 과학적 방법론을 준수해야 하는 이유 중의 하나다. 이를 위해 먼저 과학적 연구방법의 다양한 유형에 대해 이해를 넓히고, 이를 바탕으로 과학적 연구절차를 준수하여 연구를 진행해야 할 것이다.

2. 연구방법의 유형

과학적 연구방법의 유형은 그 기준에 따라 다음 3가지로 세분화할 수 있다. 인식론적인 관점 혹은 수집된 자료의 형태라는 기준으로 본다면 양적 연구와 질적 연구로 구분될 수 있으며, 연구목적상으로는 기초/탐색연구, 설명목적연구, 인과관계연구로 나뉠 수 있다. 또한 논리적 전개방법을 기준으로 본다면 연역적 연구과 귀납적 연구로 나뉠 수 있다. 이러한 연구방법은 추후 연구설계 시 선택지로 활용할 수 있기에 각각에 대한 이해는 반드시 필요하다고 할 수 있겠다.

1) 자료 형태별 분류

수집된 자료의 형태가 주관적인 기술로 만들어져 있을 경우 질적 연구(qualitative research), 관측된 현상에 대해 수치화된 자료를 분석하여 통계적 추측과정을 이용하여 연구결과를 얻는 방법은 양적 연구(quantitative research)로 구분할 수 있다.[8] 이러한 연구방법의 차이는 인식론적 접근방법의 차이에 기인한다고 볼 수 있는데, 질적 연구는 실증

구의 필요조건이라고 받아들이는 것이 타당하겠다.

8 질적 연구를 정성적 연구, 양적 연구를 정량적 연구로도 부르기 때문에 여기에서는 두 용어를 같은 의미로 교차 사용토록 하겠다.

주의자에 기반을 둔 양적 연구와 이에 비판을 제기한 후기 실증주의에 영향을 받았다.[9]

이러한 상이한 철학적 배경으로 인해 두 방법은 연구목적과 대상 및 연구방법에 대한 차이를 나타낸다. 먼저 연구목적에 있어서 양적 연구의 경우 일반적인 원리와 법칙을 발견하거나 인과관계 혹은 상관관계를 파악하는 데 목적이 있다. 이에 반해 질적 연구는 특정현상에 대한 심도 깊은 이해와 설명을 위한 목적을 가지며, 선정된 기준에 따른 비교 연구를 통한 특정 현상 간의 공통점과 차이점을 찾는 데 주안점을 두기도 한다. 이러한 목적의 차이는 연구대상에서도 차이를 가져오는데, 정량적 연구방법은 대표성을 갖는 많은 표본을 연구대상으로 삼는 데 비해 정성적 연구방법은 비확률적 표집방법으로 몇몇 적은 수의 표본을 주로 사용한다. 양적 연구에는 설문지를 통한 조사방법 및 실험연구 등이 주로 사용되는 반면에 질적 연구에는 면접이나 사례연구, 비교연구 등이 많이 사용된다.

이 두 가지 접근방법은 분쟁의 원인에 대한 연구방법을 예를 들어 설명한다면 이해가 빨라지리라 본다. 분쟁 및 내전의 원인을 연구하는 정량적 방법의 다양한 예는 전쟁의 상관관계연구(The Correlates of War project; COW project),[10] 웁살라 분쟁연구[Uppsala Conflict Data Program(UCDP)],[11] 그리고 위험에 처한 소수민족연구(The Minority at Risk project; MAR project)[12] 등에서 쉽게 찾아볼 수 있다. 전쟁에 관련된 정량적 연구의 기념비적 역할을 한 COW 프로젝트의 경우 1816년부터 최근에 이르기까지 국가 간 전쟁을 데이터화하여 누구나 사용할 수 있도록 자료를 제공하고 있다. 아울러 대규모 국가 간 전쟁뿐만 아니라 국

9 성태제 · 시기자, 전게서, pp. 32-40.

10 http://www.correlatesofwar.org/

11 http://www.prio.org/Data/Armed-Conflict/UCDP-PRIO/

12 http://www.mar.umd.edu/

가 간 무력분쟁(Militarized Insterstate Disputes; MID), 국력을 측정할 수 있는 국가능력지수(Composite Indicator of National Capability; CINC), 세계종교데이터(World Religion Data), 동맹(Formal Alliances), 정부 간 기구(Intergovernmental Organizations) 등에 관련된 자료 등이 통계 프로그램에 바로 사용될 수 있는 파일 형태로 홈페이지에 게시되어 있다. 이러한 디지털화된 정량적 자료를 통해 전쟁 및 분쟁의 원인, 동맹의 형성 추세 등 다양한 상관관계 및 인과관계 연구를 진행할 수 있다.

이에 반해 우리가 일반적으로 많이 접하고 있는 정성적 방법의 연구를 보면 주로 사례연구와 비교연구가 주를 이루며 통계적 방법보다는 논리적 혹은 시간 순서의 기술방법을 주로 사용한다. 제4세대 전쟁을 저술한 토머스 해머스(Thomas Hammes) 교수가 집필한 『잊힌 전사(Forgotten Warriors)』를 보면 한국전쟁 당시 장진호 전투에서 성공적으로 철수한 미 해병 1사단의 사례를 해병의 조직문화, 훈련과정, 군사교리(doctrine) 측면에서 심층적으로 분석하고 있다.[13] 이러한 정성적 연구방법은 우리가 평상시 자주 보았던 익숙한 접근방법으로, 굳이 사례를 많이 들지 않아도 이해하는 데는 문제가 없을 것으로 본다.

2) 연구목적에 따른 분류

다른 연구를 위한 수단으로 활용하려는 목적으로 연구를 진행한다면 이를 탐색 혹은 예비 연구(exploratory or pilot research)라고 할 수 있다. 이에 반해 연구결과 자체가 궁극적인 목적을 가진 연구라면 이는 결론적 연구(conclusive research)라고 구분할 수 있다. 이는 다시 연구대상의 환경이나 특성을 묘사하는 목적을 가진 연구라면 기술적 연구(descriptive research)로, 특정한 현상이 왜 일어났는지 혹은 어떻게 발생했는지 심층적인 분석과 설명을 목적으로 하는 연구라면 인과관계

13 T. X. Hammes, *Forgotten Warriors: The 1st Provisional Marine Bregade, The Corps Ethos, and The Korean War* (Kansas: The University Press of Kansas, 2010).

(casual research) 연구로 분류된다.

3) 논리적 전개방법에 따른 분류

연역적 연구(deductive research)는 일반적인 원리에서 특정한 사실을 도출해내는 논리적 전개과정이다. 예를 들어 내부의 정치적 불안을 외부로 전환하기 위한 군사적 수단이나 도발을 자행한다는 전환전쟁이론을 일반적인 원리로 받아들이거나 가정하고 이를 북한의 사례에 적용하여 설명하기 위해 실제로 내부 불안 상황과 국지도발 관계를 확인하는 연구를 진행한다면 이는 연역적인 연구방법이 되겠다. 즉, 전환전쟁이론에서 북한이 정권교체기인 정권불안기에 군사적 도발이 늘어난다는 가설을 세우고 이를 실제 관측치로 검증하는 방법이다.

반면에 특정한 사실들의 관찰을 통해 일반적인 이론을 도출하는 연구방법은 귀납적 연구(inductive research)라고 할 수 있다. 민주평화론(democratic peace theory)이 가장 대표적인 귀납적 연구의 결과로 볼 수 있다. 전쟁의 상관관계 프로젝트(COW project)를 통해 민주국가로 간주될 수 있는 국가들 사이에는 전쟁 발발 가능성이 거의 없다는 경험적 연구결과를 발견하게 되었다. 이러한 관측 사실을 어떻게 설명할 수 있을지 이론을 만들기 시작했고, 이들이 현재 널리 알려져 있는 민주평화론이 되었다.

초기 민주평화론은 "민주국가는 폭력적 방법으로 문제를 해결하지 않는 규범을 공유하고 있기에 더 평화롭다"는 주장이 많은 지지를 받았으나, 이 설명은 민주국가들과 다른 비민주국가들의 전쟁 빈도수는 차이가 없다는 내용을 설명하는 데는 제한이 되었다. 이에 민주국가들이 전쟁에 돌입하게 될 경우 더 많은 승리를 얻는다는 추가적인 관찰을 통해 제도적 설명이 다시 대두되었으며, 이는 민주국가는 전쟁을 하게 된다면 잃는 것이 더 많기에 모든 역량을 다해 싸워 승리할 가능성이 많다고 주장한다. 만일 민주국가가 다른 민주국가를 공격할 상황에 직면한다 하더라도 상대가 모든 자원을 투입하여 끝까지 싸우는 것을 안다면 자신이 입을 피해도 고려하여 민주국가에 대한 공격을 회피하고 평화적 방법으로 문제를 해결해나갈 가능성이 많다는 결론에 이르게 된 것이다.

연역적 방법과 귀납적 방법은 각각 독립적으로 연구에 적용될 수 있으나, 이론을 형성하는 과정에는 서로 보완적으로 사용된다. 일반적인 이론은 귀납과 연역의 과정을 되풀이하는 순환구조를 가지며, 이는 궁극적으로 이론이 풍부하게 되는 역할을 한다고 할 수 있다. 이들의 관계는 〈그림 3-1〉과 같이 표현할 수 있다.

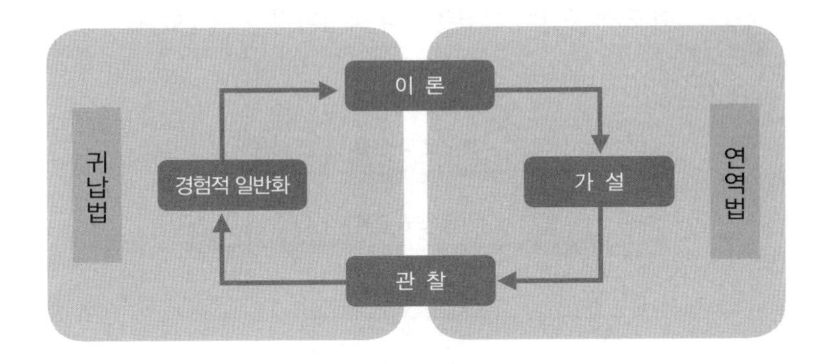

〈그림 3-1〉 연역과 귀납의 순환구조[14]

14 채서일 · 김주영, 전게서, p. 14를 바탕으로 재구성

제2절 연구 진행절차

과학적 연구의 진행절차는 문제의 유형이나 조사방법에 따라 약간의 차이가 있기는 하지만, 일반적으로 〈그림 3-2〉에서 제시하는 6단계 과정을 거치는 것으로 알려져 있다. 하지만 이는 절대적인 기준을 의미하는 것은 아니며, 이런 절차를 준수할 경우 논리적 전개와 연구의 효율성을 높일 수 있겠다는 것으로 이해하는 것이 좋겠다. 여기에서는 연구 진행절차를 설명하는 데 있어 각 단계별 주요 진행사항을 언급하고 실제로 어떻게 활동들이 일어나는지 실제 예를 제시했다. 예시에 대한 내용은 한 군사학도가 자신의 학위논문의 작성과정을 기술했다.

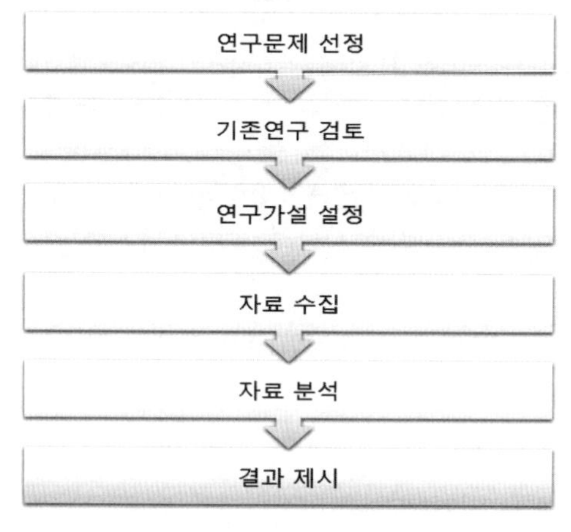

〈그림 3-2〉 연구 진행절차[15]

15 연구 진행절차에 대한 일반적인 방법을 선정했으며, 기존 연구검토와 연구가설 설정을 구분하지 않고 연구설계로 보는 견해도 있다. 그림은 이군희, 『사회과학 연구방법론』(서울: 법문사, 2007), p. 4를 바탕으로 재구성

1. 연구문제 선정

연구문제 선정은 연구 진행에 있어서 가장 기본적이고 중요한 절차라고 할 수 있다. 연구문제 선정은 처음에는 조금 넓은 범위의 연구주제를 정하고 주제 내에서 연구자 본인의 주요 관심 정도와 연구의 실현 가능성을 판단하여 구체적인 연구문제로 좁혀가는 절차를 따른다. 연구자에게는 '무엇을 연구할 것인가?'라는 대략적인 범주를 의미하는 것이 연구주제(research topic)라고 볼 수 있고, 연구의 효과적인 수행을 위해 구체적인 질문(의문문)의 형태로 진술된 것이 바로 연구문제(research question)다.[16]

1) 연구주제와 연구문제

과학적 연구의 주요 산물은 방법적으로나 내용적으로나 기존연구와 다른 창의적인 산물을 만들어내는 과정이다. 이러한 창의적 결과를 만들어내는 과정은 연구자에게 상당히 많은 노력과 시간을 요구하는 것이며 예상치 못한 문제를 극복해야 할 강한 의지도 필요하다. 따라서 연구주제를 선정함에 있어서 가장 중요하게 고려해야 할 기준은 연구자 본인의 관심이다. 연구자의 선택이 아닌 누군가에 의해 주어진 주제로는 연구의 시작은 용이하게 느껴질 수 있지만 시간의 경과에 따라 더 많은 노력을 요구할 수도 있다는 말이다. 아울러 함께 고려해야 할 사항은 연구의 실현 가능성과 함께 학문적 기여도나 도의적 고려 또한 염두에 두어야 할 것이다.

어떠한 연구주제를 선정할지에 대한 원천은 크게 3가지로 볼 수 있다.[17] 먼저 연구되지 않은 새로운 분야다. 보통의 연구는 어느 정도의 기존연구가 진행되었다는 전제하에 진행되지만 아직 연구되지 않은 새로

16 김렬, 전게서, p. 42.

17 김렬, 상게서, pp. 42-43.

운 분야를 찾았다면 연구를 시작하기에 좋은 여건이라고 할 수 있다. 물론 기존연구가 없어 방향을 선정하거나 자료를 구하는 데 어려움이 많을 수 있지만 많은 융통성이 있고 작은 발견도 큰 기여를 할 수 있다는 장점이 있겠다.

두 번째는 사회적 요청이다. 사회과학을 연구하는 학자들은 국가 혹은 사회적으로 발생하는 문제에 대한 다양한 해석과 해결책을 제시토록 요구받는 경우가 많다. 사회적 요청은 주로 급박한 문제에 대한 해결책 혹은 전혀 연구되지 않은 새로운 분야에 대한 요청이 많을 가능성이 있다.

마지막은 개인적 경험에 의해 연구분야가 결정될 수도 있다. 교육과 개인신념, 인생의 경험 과정에서 풀리지 않는 의문들은 연구를 시작하는 좋은 동인이 될 수 있다. 과거 UN에 근무한 경력이 있는 인원은 UN의 내부개혁에 대한 연구를 더 잘 할 수 있는 잠재력이 있을 것이며, UN 평화유지활동에 파병된 경험을 가진 사람은 평화유지활동의 성패에 관한 연구에 대해 좀 더 창의적인 집근을 할 수 있다는 의미다.

연구문제는 연구주제 내에서 가능하면 구체적이고 좁은 범위로 선정하는 것이 연구를 진행하는 과정에서 방향성을 잃지 않고 실제적인 연구결과를 이끌어내는 데도 큰 도움을 준다고 하겠다.[18] 이를 위해 어느 정도 연구분야가 결정되면, 이에 대한 기존연구 혹은 이 분야에 관심이 있는 여러 사람들과의 논의를 통해 구체적인 연구 질문을 만들어가는 노력이 필요하다. 타인과의 대화를 통해 자신의 생각을 정리할 수 있고, 서로 다른 의견을 통해 새로운 접근을 해나갈 수 있는 이점이 있다.

18 연구문제가 너무 좁은 경우 관련된 연구가 많지 않은 점 등의 어려움에 봉착할 수도 있다는 의견이 있으나, 많은 해석이 가능한 질문보다는 좀 더 구체적인 문제를 제시하는 것이 더 바람직하다고 본다.

2) 사례적용

전쟁에 관심이 있는 어느 군사학도가 연구주제와 문제를 식별해가는 과정을 예를 들어 살펴보자. 전쟁의 원인과 과정 등에 관심을 가지고 있던 차에 이라크와 아프가니스탄 전쟁을 수행한 미군이 절대적으로 우세한 국력과 전투력을 가지고 있으면서도 예상보다 고전하고 있는 이유에 의문을 가지게 된다. 테러와의 전쟁에 대한 미군의 전쟁 수행방법에 무슨 문제가 있는지에 대한 연구를 연구주제로 선정하고 나름대로 문헌연구와 함께 주변 사람들과 논의를 시작했다. 그러한 과정 속에서 이라크 전장에서 미군이 고전만 한 것은 아니라는 내용을 발견한다. 초기에 군사적 승리를 거두고 이후 내전 형태로 변화된 상황을 제대로 통제하지 못한 상황에 고전한 것은 사실이지만 이를 개선하기 위한 노력 또한 있었다. 기존의 정규전 중심의 군사기조를 대반군전이라는 개념을 적용한 비정규전 방향으로 전환을 시도했고, 이는 2007년 증파(Surge) 전략을 통해 상당 부분 성공을 거뒀다. 이러한 과정 속에 어떤 요인에 의해 미군의 전쟁 수행방법이 변화되는지, 왜 2007년 어간에 대반군전 독트린이 미국에 도입되었는지로 연구문제를 구체화해간다. 미국의 대테러전 수행방법에 대한 문제를 식별하기 위한 연구주제로 시작하여 '구체적으로 왜 2007년을 기점으로 무슨 이유로 정규전 중심의 군사기조가 대반군전 독트린으로 변화되었나? 군사독트린의 변화요인은 무엇인가?'라는 연구문제로 귀결되었다.

2. 기존연구 검토

연구문제가 구체화되면 그에 대한 기존학자들의 연구가 어떻게 진행되었는지 확인해보는 과정이 필요하다. 다른 연구자들이 기존에 어떠한 사실과 주장을 제기했는지, 또한 어떠한 연구방법을 적용하여 문제를 해결해나갔는지 살펴봐야 한다. 기존연구 검토를 하는 목적은 크게 두 가지로 정리될 수 있는데, 연구문제에 대한 심층적 분석과 본인 연구의 학문적 기여도(contribution)를 판단하는 것이다.

1) 연구문제에 대한 심층 분석

충실한 문헌연구는 본인의 연구문제를 구체화시키는 데 크게 도움이 된다. 본인과 비슷한 연구문제에 대해 먼저 연구를 진행한 타인의 연구를 분석하게 되면 가끔 자신과는 전혀 다른 방법으로 문제에 접근한 창의적인 접근방법들을 찾을 수도 있다. 아울러 연구문제에 적용시킬 수 있는 풍부한 이론적 틀과 가정들을 찾아낼 수도 있으며 연구를 시행하는 과정에서 발생하는 시행착오도 줄일 수 있다. 연구의 한계와 문제점, 그리고 보완발전 방안 등에 대한 언급은 추후에 연구를 시행하는 데 많은 참고사항으로 활용할 수 있다.

문헌연구에 활용되는 자료는 크게 1차, 2차 자료로 구분된다. 1차 자료는 해당 사실과 관련된 근거의 최초 자료와 이를 직접 활용하여 연구한 최초 산물을 의미한다. 2차 자료는 직접 연구하지 않은 저자에 의해 인용되거나 1차 연구를 종합한 자료들이라고 볼 수 있다. 예를 들어 한미동맹을 연구하는 과정에서 조약원문, 각종 회의자료(SCM/MCM 자료), 녹음 및 녹취파일, 발표 연설문 등과 이를 직접적으로 활용하여 작성된 논문이나 연구결과물들은 1차 자료라 할 수 있다. 하지만 이러한 1차 자료와 연구결과를 종합하여 출간한 책자나 백과사전 등은 2차 자료로 볼 수 있다. 따라서 본인의 연구문제에 대해 많은 1차 자료를 확보하는 것은 연구에 크게 도움이 된다.

2) 학문적 기여도 판단

기존연구 검토를 하는 본질적이고도 근원적인 목적은 본인 연구가 학계에 기여할 수 있는 부분이 있는지 판단하는 데 있다. 연구문제에 대해 기존연구가 충분한 답과 설명을 제공하고 연구방법까지 유사한 방법을 적용했다면 본인의 연구가 주는 학문적 기여도는 낮아지게 된다. 연구주제와 문제를 잘 선정하고 흥미로운 결과를 얻었다고 하더라도 다른 논문에서 이미 발표되었다면 큰 의미가 없게 된다. 하지만 중복을 피하기 위해 기존연구를 모두 검토한다는 것은 현실적으로 불가능할 뿐만 아니라, 본인의 창의적인 생각과 정확히 일치하는 기존연구를 발견하는 것도 흔치 않은 일이다. 따라서 기존연구를 분석함에 있어 비판적 시각을 견지하며, 본인의 창의적인 생각이 접목될 수 있는 방법을 찾아내는 자세는 매우 중요하다. 아울러 기존연구와 동일한 주장과 결론이라 하더라도 기존연구와 다른 방법론을 사용했다면 나름대로 학술 발전에 기여할 수 있는 부분이 있기에 의미가 있다고 하겠다. 궁극적으로 기존연구에 대한 비판적 검토를 통해 본인의 연구문제에 대한 연구 방향과 학문적 기여도를 종합적으로 검토하여 연구가설 수립을 준비하게 된다.

3) 사례적용

'미군의 군사독트린의 변화요인은 무엇인가?'라는 연구문제를 구체화한 군사학도가 이 질문에 대한 기존연구 검토를 위해 도서관을 찾았다. 도서관 검색과 학술정보시스템에서 제공되는 색인정보를 활용하여 주제와 관련된 많은 논문과 책을 선별했다. 처음부터 두꺼운 책을 읽기보다는 인용도가 높은 논문과 비교적 최근에 발간된 논문을 먼저 읽기 시작했다. 최근 논문에 수록된 기존연구 검토를 통해 지금까지 연구의 전반적인 추세를 확인하고 인용도가 높은 논문 분석을 통해 연구문제에 대한 학계의 주류 주장을 파악할 수 있었다.

구체적인 내용을 살펴보면 군사독트린의 변화요인은 크게 외부기인설과 내부기인설로 구분되고, 외부기인설은 정치리더십 요인과 사회압력 요인으로 세분화됨을 알 수 있었다. 미국의 경우 문민통치의 기본원칙이 준수되는 국가이며, 군의 변화를 유도하는 가장 큰 요인은 정치리더십 변화로 특히 정당별로 군에게 요구하는 내용이 다르다는 주장이 학계의 주류를 형성하고 있었다. 주류는 아니지만 군도 사회와 유사한 조직으로 사회의 변화가 주된 요인이 될 수 있다는 사회요인설도 주요 주장 중의 한 부분이었다.

내부기인설은 군리더십 역할을 강조하는 학자들로 정치적 리더십과 사회의 압력 요인은 넓은 범주에만 제한적으로 영향을 미치고 구체적으로 어떠한 선택을 하는지는 군지도부가 결정하는 것으로, 군지휘부의 역할이 절대적이라는 주장이었다. 하지만 사회압력설과 군리더십 역할론은 많은 지지를 받고 있지 않은 상황이었다.

독트린 변화요인에 대한 기존연구는 정치리더십 요인이 주된 설명이지만, 테러와의 전쟁 시기는 공화당 정부가 계속 집권하고 있던 시기여서 연구질문에 대해서는 타당한 설명이 되지 않는다는 판단이 들었다. 연구질문에 대한 대답을 구하기 위해서는 정치리더십 요인이 아닌 다른 설명이 필요했다. 여러 가지 고민 끝에 비교적 관심을 적게 받았던 사회적 요인과 군리더십 요인을 결합한 설명방법을 찾아보기로 했다.

이러한 과정 속에 군에 비해 사회는 덜 보수적이기에 군이 사회와의 접촉이 많아지면 그 보수성이 약화될 것이고, 이는 군이 새로운 접근법을 쉽게 받아들일 수 있는 토대가 될 수 있을 것이라는 생각을 하게 되었다. 군이 사회와의 빈번한 접촉을 한다면 군이 가지고 있는 보수성은 약화될 것이고, 이는 비전통적인 군사적 접근법(대반군전)을 쉽게 받아들일 수도 있겠다는 추론을 하게 되었다. 이러한 접근은 기존연구와는 차별되고, 비교적 관심을 적게 받았던 사회와 군의 역할을 조명할 수 있을 것이라고 보고 학문적 기여도 충분히 가능하다고 보았다.

3. 연구가설 설정

선행연구 분석결과 연구문제를 해결할 수 있는 가설을 설정하게 된다. 가설은 연구문제에서 제기된 변수들 간의 관계에 대한 추측이나 잠정적으로 내린 결론을 말한다. 연구문제가 의문문의 형태로 표현되는 데 반해 그 질문에 대한 답의 형태로 제시되는 가설은 선언적 명제 혹은 가정적인 서술문으로 기술된다. 가설은 잠정적인 해답이 되기에 경험적인 검증을 거쳐 진위가 확인되면 이론으로 인정받게 된다. 가설의 의미, 기능, 구비조건 등은 다음 장에서 구체적으로 언급되기 때문에 여기서는 사례 적용을 통해 실질적인 의미 설명에 중점을 두겠다.

'미군의 군사독트린의 변화요인은 무엇인가?'라는 연구문제에 대한 기존연구 검토 결과 외부요인 중 정치적 변화 요소, 즉 집권당의 차이는 변화가 없는 상수이기에 독립변수가 될 수 없다는 결론에 이르렀다. 이를 대신하여 사회적 요인과 군리더십의 변화를 아우를 수 있는 독립변수 선정이 해당 연구의 중요한 부분이 되었다. 많은 연구와 고심 끝에 독트린의 변화에 영향을 미칠 수 있는 군과 사회의 복합적 요인을 군의 보수성으로 선정했다. 그리고 정책결정에 영향을 미칠 수 있는 군지휘부의 역할을 강조하기 위해 군지도부의 보수성으로 한정하게 되었다. 이를 종합하여 변수 간의 관계에 대한 잠정적 결론이 될 수 있는 연구가설은 "사회와의 접촉으로 인한 군지휘부의 보수성이 줄어들수록 비전통적 군사독트린에 주안점을 둘 것이다"로 설정했다.

4. 자료수집

설정된 가설과 가설에서 구체화되어 있는 변수들에 대한 경험적 자료를 수집하게 된다. 가장 핵심이 되는 자료는 가설에 포함되어 있는 독립변수와 종속변수에 대한 실증적인 자료다. 하지만 가설에 언급되고 있는 독립변수 및 종속변수가 측정 가능한 형태로 묘사되지 않은 경우가 많다. 개념적인 변수를 실제 측정이 가능하도록 조작적 정의로 변경하고 이에 맞는 자료를 수집한다. 독립변수와 종속변수와 더불어 종속변수에 영향을 미칠 수 있는 추가적인 변수, 즉 통제변수에 대한 자료수집 또한 함께 진행해야 한다. 아울러 자료수집에 있어서 주안을 두어야 할 내용은 실제 측정해야 할 변수를 제대로 측정했는지의 여부를 묻는 타당성과 일관성을 갖고 있는지에 대한 신뢰성을 함께 고려하여 진행되어야 한다. 이러한 구체적인 자료수집 및 척도와 측정 관련 내용은 5장에서 자세히 검토되기에 여기에서는 사례적용을 통해 개념적 이해에 도움을 주도록 하겠다.

연구가설에서 제시된 독립변수는 '사회와의 접촉으로 인한 군지휘부의 보수성의 변화'이며 종속변수는 '군사독트린의 주안점'이다. 보수성의 변화는 나이의 변화처럼 바로 측정할 수 있는 변수가 아니다. 따라서 가설에서 제시하는 변수의 의미를 가지면서 측정이 가능하도록 조작적 정의를 해야 할 필요가 있다. 군지휘부의 보수성은 "순수 민간위탁교육을 받은 군지휘부의 비율"로 조작적 정의를 함으로써 측정이 가능할 것이다. 보수성이 적은 사회와의 접촉을 통해 영향받는 군의 보수성은 군 간부에게 많이 제공되고 있는 위탁교육의 영향을 측정하면 독립변수의 취지를 유지하면서도 변수로서 측정이 가능하다고 보았다. 구체적으로 군지휘부는 정책결정에 영향력을 발휘할 수 있는 사성장군급 주요 직책에 해당하는 18개 직책(합참의 · 차장, 각 군 총 · 차장, 10개 통합군사령관)으로 보고 이들 중 군사교육 외에 순수 민간 교육기관에 수학(석 · 박사학위교육)한 인원의 비율을 측정하여 독립변수화했다. 물론 이 과정에서 민간위탁 교육이 자유주의적 영향만을 가져오지 않는다는 비판을 예상하여 직업교육에 비해 순수 교육이 보수성을 약화시킨다는 다른 연구도 찾아 설명에 포함함으로써 조작적 정의 간 논란을 줄이도록 했다.

독립변수와 마찬가지로 종속변수인 '군사독트린의 주안점'도 GDP의 변화처럼 직접 측정할 수 있는 성격은 아니다. 물론 전통적인 군사독트린과 비군사적 독트린으로 구분하여 양자택일로 변수화할 수는 있지만 그렇게 단순화하여 진행하기에는 독트린의 변화를 측정하는 데 제한이 있을 것으로 판단하여 결국 독트린의 주안점은 '정규전 대비를 위한 예산 할당'으로 조작적 정의를 했다. 정책의 중요도는 예산에 반영되어야 실제 변화가 발생할 수 있고, 어떠한 전장상황을 준비하느냐는 특정 무기체계나 핵심 사업 측면에 반영되는 예산의 추이를 보면 측정이 가능하다는 판단을 했다. 구체적으로 정규전 대비를 위한 예산은 미 국방예산의 13개 세부 항목 중 '전략군 및 전략무기 개발'에 편성된 예산을 측정하여 독립변수화했다.

독립변수 및 종속변수와 함께 통제변수를 함께 포함하여 통제변수들에 대한 자료수집도 병행하여 진행했다. 미군이 현재 전쟁을 수행하고 있는지 여부와 잠재적 도전국의 위협, 이전연도 예산 등에 대한 자료도 함께 종합하여 분석에 도움이 되도록 준비했다.

5. 자료분석

변수 간의 관계를 기술한 가설을 바탕으로 수집된 변수에 대한 자료는 변수 간의 관계를 밝히기 위해 분석단계를 거치게 된다. 수집된 자료는 분석이 용이하도록 편집 혹은 분류 및 부호화 등의 자료처리 과정을 거치게 된다. 이 단계에서는 특히 통계학이나 경제학 등 다양한 분야에서 개발된 각종 기법을 활용하게 된다. 어떠한 분석기법을 사용할 것인지는 연구목적, 연구문제와 가설, 자료의 형태 등을 고려하여 선정하게 된다.[19]

자료분석에 있어서 핵심적인 사항은 가설에서 제기한 변수 간의 관계에 대해 경험적으로 검증되었는지 판단하는 것이다. 두 변수 간의 관계가 없다고 보는 귀무가설을 기각할 수 있는지에 대한 최종적인 판단이 필요하다. 정량적 연구는 대부분 통계 프로그램의 결과가 판단하게 되므로 이를 준용하면 큰 무리가 없겠다. 이에 비해 정성적 연구의 경우 선정된 사례연구나 비교연구 등의 결과가 가설에서 제시한 관계를 만족시키는지 논리적인 설명과 분석이 필요하다고 할 수 있겠다.

사례로 제시된 가설에 대한 자료는 다양한 부분으로 분석이 가능했다. 먼저 독립변수의 변화로 미군 군지휘부의 민간위탁교육 비율은 서서히 증가하는 성향을 보이긴 했지만, 1960년대 후반과 1970년대 후반에는 일시적인 감소추세가 관측되기도 했으며, 1980년대까지는 채 30%를 넘기지 못했다. 이후 1990년대에 급속히 상승하여 2002년도에는 100%를 달성했고, 그 이후에는 60% 수준을 유지했다.

아울러 종속변수와 다른 통제변수를 모두 포함한 통계모델의 결과는 가설에서 제시된 추정처럼 보수성이 줄어들수록 비정규전 대비를 위한 예신 할당이 높아지는 음의 상관관계가 통계적으로 유의미한 결과가 도출되었다. 이는 연구가설이 현재 수집된 자료에 대해서는 실증적으로 검증되었음을 의미한다. 또한 2000년대 중반에 새로운 접근법을 받아들인 이유 또한 낮은 보수성으로 설명이 가능하다. 이는 강한 보수성으로 인해 베트남전 이후에 새로운 독트린을 받아들이지 못한 이유도 설명된다. 종합적으로 미군 군독트린의 변화요인에 대한 물음은 보수성의 감소라는 가설로 표현되었고, 이는 실증적 자료를 통해 검증됨으로써 군수뇌부의 보수성이 약해질수록 비정규전 중심으로 독트린이 변화된다는 결론에 이르게 되었다.

19 세부적인 자료분석 기법에 대해서는 김렬, 전게서, pp. 317-399를 참조할 것

6. 결과 제시

자료분석을 통해 얻어진 결과는 최종 보고서를 통해 정리된다. 곧 연구결론을 포함하여 본 연구결과의 시사점과 일반화가 가능한 범주에 대한 검토가 진행된다. 아울러 연구방법론상 제한된 부분과 한계는 무엇이었는지 장차 연구를 위한 참고사항도 함께 제시되어야 할 것이다.

결과를 제시하는 데 있어서 가장 중요한 부분으로 볼 수 있는 것은 해당 연구가 이론과 실제적 측면에서 함의가 무엇인지 구체화할 필요가 있다는 것이다. 어떠한 연구도 연구를 통해 얻어진 결과가 독립적으로 존재하기는 불가능하다. 최초 연구주제와 문제를 결정할 때 기존연구에 기여할 수 있는 부분을 평가했던 것처럼 이를 구체적으로 분석해서 제시해야 한다. 아울러 사회과학의 특성상 그리고 안보와 직결되는 군사학 주제의 특성상 연구가 갖는 실제적 부분, 곧 정책적 함의 등을 함께 고려한다면 그 의미가 높아지리라 본다.

사례연구가 갖는 시사점과 제한사항을 정리한다면, 보수성이 강한 군조직도 사회와의 지속적인 관계 혹은 과거의 경험 등으로 인해 그 강도는 변화할 수 있다는 결과를 얻었다는 데 큰 의미가 있다고 볼 수 있다. 이론적 측면에서 민-군관계의 간격은 상호 접촉을 통한 동질화 과정을 통해 줄여갈 수 있다는 분석이 가능하겠으며, 정책적 함의로서 주변 상황이 실시간으로 변화되는 전장환경 속에 즉응성을 유지하기 위한 방안으로 잠재적 군 리더들에 대한 위탁교육의 증대는 충분한 의미가 있음을 보여준다고 할 수 있겠다.

제3절 연구의 설계 및 방법

연구설계(Research Design)란 연구문제에 대한 해답을 얻어가기 위한 계획으로, 연구 전체의 방향을 제시하는 청사진이나 윤곽이라고 할 수 있다. 혹자는 연구설계를 최초 연구 아이디어부터 연구문제, 연구모형, 가설, 자료수집방법, 분석, 연구일정, 예산 등을 모두 포함한 개념으로 설명하기도 한다. 하지만 이럴 경우 2절에서 언급한 연구 진행절차와 큰 차이가 없는 관계로 저자는 범위를 좁혀 연구문제가 구체화되는 단계에서부터 가설을 설정하고 어떻게 자료를 수집 · 분석하는지에 대한 계획으로 한정하여 살펴보고, 군사학 연구의 특성과 관련하여 추가적인 고려사항에 대한 언급을 하도록 하겠다.

1. 연구목적과 연구설계

연구설계에서 가장 핵심적인 고려사항은 연구목적에 있다. 연구목적은 연구주제로부터 연구문제를 구체화하는 과정에서 식별된다고 할 수 있다. 연구문제가 단순한 의문을 해결하기 위한 방향이면 탐색적 연구설계로, 연구문제가 어떠한 관계에 대한 조사목적을 가지면 결론적 연구설계가 바람직하다.

1) 탐색적 연구설계(exploratory research design)

탐색적 연구설계는 앞에서 살펴본 대로 이해 혹은 새로운 아이디어나 사실을 발견하는 데 목적을 갖고 있기에 연구진행과정에서 많은 융통성을 가지고 있다고 할 수 있으며 반드시 가설을 세울 필요도 없다고 하겠다. 자료수집 방법은 일반적으로 표본 수가 적은 질적 연구의 형태로 진행되는 경우가 많다. 아울러 탐색적 연구결과를 해석함에 있어서 일반적인 상황까지 확장하여 해석하지 않도록 주의가 필요하지만, 새로운 길을 탐색한다는 측면으로 연구자의 창의력이나 독창성이 매우 중요한 역할을 하기도 한다. 탐색적 연구설계에서 주로 사용되는 방법은 첫째, 가장 경제적이고 신속한 방법으로서 기존에 발간된 문헌을 이용하는 문헌검토, 주어진 문제에 대한 전문적인 지식과 경험을 가진 전문가들로부터 정보를 알아내는 전문가조사, 유사연구를 수행해본 사람에게 도움을 받는 경험자조사, 혹은 주어진 문제와 유사한 사례를 찾아 분석하는 사례조사 등이 있다. 좀 더 구체적인 기법을 살펴보면, 5~12명 정도의 전문가 및 이해관계자가 모여 동등한 조건 아래 무형식으로 토의를 진행하는 브레인스토밍(brain storming), 특정 주제에 전문가 패널을 구성하여 명확치 않은 개념을 반복적으로 조사와 환류(feedback)를 통해 의견을 종합하는 델파이(delpi) 기법 등이 있다.[20]

2) 결론적 연구설계(conclusive research design)

이에 반해 결론적 연구설계는 연구가설을 검증하거나 변수 간의 관계를 조사하는 목적을 가지고 있기 때문에 변수의 조작적 정의나 측정방법을 정교하게 적용해야 한다. 일반적으로 결론적 연구설계에서는 모집단에 대한 추론이 주요 목적이기에 표본 선정에 있어서도 모집단을 대표할 수 있는 자료여야 하며, 대부분 양적 연구 형태를 취하는 경우가 많다. 이러한 결론적 연구설계는 다시 기술적 연구설계와 인과관계 연구설계로 구분할 수 있다.

기술적 연구설계(descriptive research design)는 현상이나 미래를 정확하게 기술하고 예측하는 목적을 지닌 연구설계로서 현상의 존재나 특징에 관한 묘사를 중심으로 하고 있으며, 이에 관한 자료수집은 주

20 이종환, 『맥락으로 이해하는 사회과학 조사방법론』(고양: 공동체, 2014), pp. 57-58.

로 사례연구(case study), 현장연구(field research), 비교연구(comparative study), 서베이연구(survey research) 등을 통해 이뤄진다. 기술적 연구설계에서도 변수 간의 관계를 파악하기는 하지만, 인과관계의 목적으로 연구를 설계하지는 않는다. 인과관계 연구를 위해서는 상당히 많은 통제변수를 활용해야 하며, 다른 외생변수에 영향을 받지 않도록 통제해야 하는 추가적인 조치가 필요하기 때문이다. 자료를 수집하는 방법으로는 동일한 시점에 각기 다른 지역의 정보를 수집하는 횡단면설계(cross-sectional design)를 하거나 같은 연구대상을 시간을 달리하여 여러 번 조사하는 종단면설계(longitudinal design)를 사용할 수 있다. 최근에는 서로 다른 지역에 있는 대상을 서로 다른 시간에 자료를 수집하는 데이터도 많이 제공되고 있는 상황이다.

결론적 연구설계의 두 번째는 인과관계 연구설계(causal research design)로, 변수들 사이에 인과관계를 추론하는 목적을 지닌 연구설계다. 인과관계를 밝히기 위해서는 어떤 변수가 원인이 되는 독립변수이며 어떤 변수가 결과가 되는 종속변수인지를 명확히 파악해야 한다. 아울러 인과관계 연구설계에 있어서 주의할 점은 상관관계를 인과관계로 오인하고 논리를 전개해가는 경우를 방지해야 한다는 것이다. 일반적으로 인과관계는 3가지 조건을 만족시킬 때 성립된다고 할 수 있다. 변수 간의 상관관계가 첫째 조건이며, 이 중 원인변수가 결과변수보다 먼저 발생하는 시간적 선험성이 둘째 조건이다. 세 번째는 각각의 변수와 상관관계를 일으킬 수 있는 제3의 변수의 영향인 허위관계(spurious relationship)가 없음을 보여야 한다.

예를 들어 민주국가들 사이에는 전쟁이 좀처럼 일어나지 않는다는 민주평화론의 주장은 양국 간의 민주주의의 수준에 따라 전쟁 발발 가능성이 변화된다는 것으로, 이 두 변수 간의 상관관계는 많은 자료를 통해 통계적으로 입증되었다. 그리고 민주주의 수준을 전쟁 발발 이전의 자료를 사용하고 이들의 상관관계를 측정했을 때 여전히 높은 상관관계를 유지한다면 시간의 선험성도 만족한 것이다. 하지만 민주주의와 전쟁 발발 가능성에 공통으로 영향을 줄 수 있는 제3의 변수의 영향까지 고려해야 민주평화론 주장은 인과관계로 볼 수 있다는 것이다. 동맹관계라는 제3의 변수는 보편적으로 양 국가의 민주주주의와 양의 상관관계를 가지고, 양 국가의 분쟁 발발 가능성과는 음의 상관관계를 가지게 된다. 이는 민주주의가 전쟁 발발 가능성을 줄이는 것이 아니라 제3의 변수인 동맹에 의해 만들어진 허위관계일 수 있다는 것을 의미한다. 아울러 무역의 경우도 비슷한 논리를 전개해나갈 수 있다. 따라서 이러한 허위관계를 없애기 위한 통제를 해주어야 비로소 명확한 인과관계로서 발전할 수 있다는 것이다. 통제의 방법으로는 통계적 방법으로 통제변수에 포함시켜 제3의 변수가 가지는 독립적 영향을 상쇄시키든지, 정성적 방법으로 제3의 변수에 의해 영향을 받지 않는 많은 사례를 제시하는 방법이 가능하겠다. 정량적인 방법을 사용하지 않을 경우 인과관계 연구설계에는 다른 외부 환경변수를 완전통제하고 원인변수를 변화시켜 결과변수의 변화를 관찰하는 실험설계(experimental design)가 주로 사용된다.

2. 군사학 연구와 연구설계

위에서 언급한 연구설계는 연구목적에 의해 제시되는 일반적인 분류로 볼 수 있지만, 절대적이거나 한 가지 방법만을 선택해서 사용해야 하는 상호배타적 성격은 아니다. 즉, 여러 가지 연구설계 형태가 혼합되어 만들어지기도 하고, 자료수집방법으로 제시되었던 다양한 기술들은 성격에 맞게 선택되는 것이라 할 수 있겠다. 가장 중요한 고려요소는 연구문제에 관한 것으로, 연구의 목적이 무엇이냐를 기준으로 설계해야 할 것으로 본다. 예를 들어 연구주제나 문제에 대한 사전지식이 없는 새로운 분야에 대한 연구는 탐색적 연구설계가 타당하다는 것이다. 아직 어떠한 분쟁 양태나 전장상황이 형성될지 알 수 없는 4차 산업혁명하의 분쟁에 관한 연구, 혹은 5세대 전투에 대한 연구 등은 탐색적 연구설계로, 전문가들의 브레인스토밍이나 창의적인 결과를 도출할 수 있도록 융통성을 갖는 접근방법이 바람직하다고 할 수 있다.

하지만 분쟁의 원인 분석이나 전쟁 발발 가능성에 대한 인과관계에 가까운 질문들은 정량적 분석과 정성적 분석을 함께 적용하는 방법이 타당할 것으로 보인다. 심층적인 단일 사례연구 혹은 주요 사례에 대한 비교연구로 발견된 공통의 원인을 정량적 분석기법을 활용하거나 검증하거나 혹은 역으로 정량적 분석기법으로 확인된 원인들을 적용할 수 있는 사례연구를 진행한다면 군사학 연구에도 발전이 있을 것으로 보인다. 군사학도 사회과학의 한 분야로 과학적 연구방법과 연구 진행절차를 준용해야 함을 견지하고 연구에 임하는 자세가 필요하다고 하겠다.

제4장

이론과 가설

현대사회에 이르러 정치 · 사회 · 과학 · 문화 등 제 분야에서 진보는 인간 생활에 다양한 편익을 제공하지만 이에 상응하는 새로운 문제들을 양산하고 있다. 군사학 분야에서도 기존의 위협에 더하여 새로운 위협이 발생함에 따라 이에 대비하고 평화를 달성하는 다양한 방법과 대책이 강구되어야 한다. 이와 같이 사회현상의 문제점을 식별하고 이에 대한 인과관계를 이해하여 합리적인 대안을 강구하기 위해 관련되는 이론의 검토와 개발 등은 필수적인 과정이다.

따라서 본고에서는 이론(theory)의 획득방법 · 개념 · 추론방법 등은 무엇인가? 그리고 관심 분야에 대한 이론의 검증과정에서 필요한 가설(hypothesis)의 개념 · 설정방법 · 유용성 등은 무엇인가? 바람직한 이론과 가설의 요건은 무엇인가? 등에 대해 알아보고자 한다.

김연준(용인대학교)

육군사관학교를 졸업하고, 국방대학교에서 국방관리 석사학위를, 용인대학교에서 경호학 박사학위를 받았다. 현재 용인대학교 군사학과 교수로 재직 중이다. 용인대 군사학과장을 역임했으며, 현재 인천지방병무청 정책자문위원과 한국융합보안학회 편집이사를 맡고 있다. 주요 논문으로는 "한국적 민간군사기업의 도입방안"(2012), "미래 한국군 군사력 건설방향"(2014), "북한 핵도발위협 대비방안"(2015), "사이버테러 대응방안"(2016) 등이 있으며, 주요 저서로는 『군사사상론』, 『전쟁론』, 『국가안보론』 등이 있다. 관심분야는 국가안보 위협, 군사력 건설 · 운용 등이다.

제1절 지식의 획득방법, 과학적 지식의 유용성

인간은 현실 세계에서 관심 분야에 대한 다양한 지식을 습득하고 이에 대한 진위를 판단하고자 한다. 이에 지식을 습득하는 다양한 방법을 살펴보고, 그중에서 '과학적 방법에 의한 지식'의 유용성에 대해 알아보고자 한다.

1. 지식의 획득방법

인간이 지식을 획득하는 대표적인 방법으로 '관습에 의한 방법', '권위에 의한 방법', '직관에 의한 방법', '과학적 방법' 등을 들 수 있다.[1]

첫째, '관습에 의한 방법(method of tradition)'이다. 이 방법은 사회적으로 이미 형성되어 있는 선례나 관습 또는 습성 등을 비판 없이 그대로 수용하여 자신의 지식으로 형성하는 것이다. 관습에 의한 방법은 보통 전통과 인습으로 구분되며, 이 방법에 의한 지식이 반드시 옳은 것은 아니지만 어떤 지식이 관습이나 전통에 근거하여 쉽게 받아들여지는 이유는 주로 인간의 보수성과 이를 받아들이지 않을 경우에 받게 될 불편과 고통 때문일 것이다. 그러나 이러한 관습에 의한 방법이 항상 사람의 마음을 안정시키는 것은 아니다. 그 이유는 관습이나 전통은 시대에 따라 변하는 것이며 사회에 대한 관심이 모든 사람에게 동일하지 않기 때문이다. 또한 대립하는 다른 견해가 생겨나면 관습에 의한 방법이 어떻게 바뀌어야 하는가에 대한 확실한 해답을 주지 못한다는 점에서도 그 한계를 볼 수 있다. 이러한 관습에 의한 지식형성은 인간의 개인적인 경험

1 채서일, 『사회과학조사방법론』(서울: 비앤엠북스, 2005), pp. 16-19.

에 의한 지식형성이라는 탐구욕을 극도로 제한하게 될 것이며, 모든 사람이 알고 있는 사실만을 자신의 지식으로 수용하게 되어 지식의 발전은 불가능하게 된다.

둘째, '권위에 의한 방법(method of authority)'이다. 자기주장의 타당성과 설득력을 높이기 위해 인품이 탁월하거나, 전문기술을 보유하고 있거나, 사회적 지위가 높은 사람을 인용할 때 흔히 볼 수 있다. 그뿐 아니라 믿을 만한 정보출처를 이용한다든가 신뢰도가 높은 공공기관의 유권해석을 요구하는 경우에도 이와 같은 방법이 동원되는데, 이 경우 자기 지식의 원천을 타인 또는 다른 조직의 권위에 두고 있다는 점이 특징이다. 주로 정치, 경제, 사회적 행위에 대한 지식은 물론 종교적 지식에 관해서도 권위에 호소하며 지식의 진리성 여부를 권위에 대한 복종심에 두고 있다.

일례로 중세에 갈릴레오의 "지구는 둥글다"라는 주장에 대해 종교적 권위에 의한 박해 또는 우리나라의 경우 조선 말 대원군의 쇄국정책 등과 같은 사실들은 정치적 권위의 예들이라고 할 수 있다. 이러한 권위적 방법의 한계는 그것이 합리적이든 비합리적이든 간에 다음과 같은 경우에 해당 명제의 진위 여부를 판단하기 힘들다는 사실이다. ① 권위의 원천(source)이 서로 다른 경우 견해의 일치를 볼 수 없게 된다. 예를 들면 동양의학과 서양의학의 경우와 같이 서로 상대의 권위를 인정하지 않는 입장을 취하게 된다는 것이다. ② 같은 종류의 원천이라 할지라도 사회과학의 대상이 되는 사회현상에 관한 문제 중에서 전문가들 간에도 의견의 일치가 이뤄지지 않는 경우가 많다. ③ 모든 신념이나 주장에 대한 조정수단으로서 권위적 방법만이 만능일 수는 없으며 어떤 다른 방법에 의한 해결의 여지도 있을 수 있게 된다. 이러한 전문가나 지도자의 권위에 의존한 지식형성은 개인적 탐구력에 제약을 야기하며, 오히려 권위나 전통에 대한 의심은 개인적 탐구의 출발점이 되기도 한다.

셋째, '직관에 의한 방법(method of intuition)'이다. 이 방법은 확고한 지식을 얻기 위한 또 하나의 방법으로 비판의 여지가 없는 분명한 명제에서 출발하여 지식을 개발해나가는 방법이다. 예를 들어 "전체는 부분보다 크다", "원인 없는 결과는 없다" 같은 명제는 많은 사람들이 의심없이 받아들이고 있다. 그러나 직관에 의한 방법으로 인정되었거나 인정되고 있는 명제가 자명성(self-evidence)을 가지고 있는 것은 아니다. 일례로 과거에 많은 사람들에 의해 의심 없이 받아들여졌던 "지구는 평평하다"라는 명제도 거짓임이 밝혀졌다. 따라서 어떤 명제에 대한 의문을 품어본다는 것, 즉 우리의 직관은 시험되지 않으면 안 된다는 생각이 과학적 사고의 출발이 될 수 있다.

그러나 이러한 직관에 의한 지식형성은 개인적 탐구 작용이 범할 수 있는 다음과 같은 몇 가지 오류를 범할 수 있으므로 이를 제거할 수 있는 탐구방법의 존재가 필요하게 된다.

ⓐ 부정확한 관찰: 개인적 탐구의 핵심은 발생하는 현상이 정확한 관찰을 바탕으로 관습에 의한 지식과 권위에 의한 지식의 모순과 한계를 식별하고 더 나아가 현상 속에 존재하는 진정한 규칙성을 발견하는 데 있다. 그러나 직관에 의한 지식탐구는 탐구활동 자체에 개인의 편견이 개입됨으로써 객관성을 상실하여 관찰과정 또는 탐구과정 자체가 주관적 편견에 의해 이뤄지게 될 가능성이 존재한다.

ⓑ 지나친 일반화(overgeneralization): 개인적 경험과 직관에 의한 지식탐구는 개인이 우연히 관찰한 몇 가지 예외적 현상을 마치 전체 현상 속에 내재하는 규칙적 특성으로 일반화해버리는 오류를 범하기 쉽다. 이러한 오류에서 벗어나기 위해서는 관찰이 반복적으로 이뤄져야 할 것이다.

ⓒ 선택적 관찰(selective observation): 개인적 경험이나 직관에 의해 어떠한 현상에 규칙성이 존재한다고 판단될 때 그러한 규칙성을

옹호하는 사실이나 사상, 현상에 대해서는 필요 이상의 주의를 기울이고, 그러한 규칙성과 관계없거나 규칙성에 반하는 사실 및 현상 등에 대해서는 의도적으로 무시하려고 하는 경향이 생기게 된다.

ⓓ 자기중심적 현상이해: 자기가 승진이 되지 않으면 마치 상사가 공정한 기준에 의해 인사고과를 하지 않았다고 생각하는 것과 같이 개인적 경험이나 직관에 의한 지식탐구는 현상을 이해하는 데 있어서 자기중심적인 해석을 하게 하는 경향이 있다.

마지막으로, '과학적 방법(method of science)'이다. 우리가 어떤 지식에 대해 좀 더 정확성을 찾고자 한다면 관습, 상식, 직관 등으로부터 벗어날 필요가 있다. 소위 과학적 방법이라는 것은 가능한 한 많은 의문을 제기하고, 과학적으로 증명한다는 점에서 다른 방법들과 다르다. 그러나 과학적 방법이 알고자 하는 대상에 대해 끊임없는 의문을 제기한다는 점에서 일반화이론과 일맥상통하는 점을 갖고 있기는 하지만 이는 서로 다른 것이다. 단순히 모든 것을 의심하는 것 자체가 문제해결에 반드시 도움을 주는 것은 아니며 의심하는 것 자체를 과학적 방법이라고 할 수는 없다. 우리에게 필요한 것은 명확한 논리 또는 진리라고 생각되는 각 명제에 대해 가능한 대안(alternative)을 발견하는 기술이다. 즉, 한 주제에 대해 여러 가지 가설을 논리적으로 전개하고 나타난 결과를 관찰 가능한 현상과 비교한다. 이로써 우리는 어떤 가설이 제거되어야 하며, 어떤 가설이 입증되었는지 구분하게 된다. 이러한 방법은 과학적 지식을 습득하는 기술과 방법이며, 과학적 지식은 과학적 방법에 의해 증명된 지식을 의미한다.

이러한 과학적 탐구방법은 논리적이고 경험적이어야 한다는 것을 특징으로 하고 있다. 즉, 주관적이며 논리적인 탐구를 통해 유추된 현상에 대한 지식이 경험적으로 관찰된 사실과 일치하게 될 때 과학적 지식으로 인정될 수 있다. 특히 과학적 이론이 합리적인 논리성을 강조하는 것이라면 과학적 조사방법은 이 과학적 이론이 현실적으로 어떻게 존재하고 있는가를 보여주는 수단이 될 수 있을 것이다. 자연과학은 ① 현상의 특성을 반영하는 변수의 개념정립이 용이하고, ② 그러한 변수가 실제로 변화하는 상태를 측정하기 위한 조작화의 과정이 용이하며, ③ 조작화된 개념의 측정과정이 용이하고, ④ 변수들 사이의 관계에 대한 정립이 용이하여 과학적 조사방법론에 대해 특별한 비중을 두지 않아도 무방하다.

그러나 사회과학의 특성을 보유한 군사학의 다양한 주제들은 변수의 파악이 쉽지 않으며 변수의 조작화를 통해 계량화하는 과정도 매우 어려울 뿐 아니라 계량화된 변수에 대한 측정과 측정된 결과를 바탕으로 변수들 사이의 관계를 해석하는 것 역시 용이하지 않으므로 과학적 조사방법론에 대한 특별한 관심이 필요하게 된다.

이상과 같이 지식을 획득하는 방법에는 대표적으로 4가지 방식이 있으나, 전자의 3가지 방법(관습에 의한 방법, 권위에 의한 방법, 직관에 의한 방법)은 지식에 따른 결과를 획득하거나 현실화되기 이전에 야기되는 불신을 해소하기 위해 객관적으로 검증할 대책이 전혀 없다. 이에 관습에 의한 방법, 권위에 의한 방법, 직관에 의한 방법 등으로 획득된 진술은 단순한 지식으로 제한된다. 그러나 '과학적 방법'으로 획득된 진술은 객관적 · 반복적인 검증 절차를 통해 진실(true)을 지향하는 과학적 지식(이론)에 대한 접근이 가능하다.

2. 과학적 지식의 유용성

위에서 언급한 바와 같이, 과학적 방법에 의한 지식에서 '과학'의 개념에 대해 다음과 같이 오해할 수 있다. ① 과학은 복잡한 장비와 수많은 실험 등만을 의미하는 것으로 오해되고 있다. ② 과학은 대학 또는 연구소에서 복잡한 이론과 심오한 사상을 공부한 학자들만이 할 수 있다고 오해되고 있다. ③ 과학은 엔지니어링과 기술개발, 전자기기, 컴퓨터, 미사일 등과 같은 자연과학 · 공학적 성격의 행위에만 국한되는 것으로 오해되기도 한다.

이와 같은 오해를 유발하는 '과학'의 의미를 제대로 이해하기 위해서는 과학의 정적 · 동적인 두 가지 측면을 함께 살펴보는 것이 바람직할 것이다. 먼저, '정적인 관점에서 과학'은 경험세계에 체계화된 정보를 제공하는 활동을 의미한다. 따라서 과학자의 직무는 새로운 사실을 발견하고 기존의 정보체계에 새로운 정보를 제공함으로써 경험세계에 공헌하는 데 있다고 볼 수 있다. 이러한 관점에서 과학은 관찰된 현상에 설명의 체계를 부여하는 것이며, 과학의 관심은 기존의 법칙 · 이론 · 가설 · 원칙 등을 이해하고 기존의 지식체계보다 새로운 지식을 추가하는 데 있다고 보는 것이다.

또한, '동적인 관점에서 과학'은 과학자가 행하는 기능을 과학이라고 볼 수 있으며 기존의 정보체계에 새로운 지식을 추가한다기보다는 앞으로의 문제해결 방안을 제시하는 활동이라고 볼 수 있다. 이러한 두 가지 관점을 종합해보면 과학의 기능은 다음의 두 가지로 요약될 수 있다.[2] ① 과학의 기능은 연구대상을 개선하기 위해 지식을 개발하고 사실을 학습하며 새로운 사실을 발견하는 데 있다. ② 과학의 기능은 관심의 대상이 되는 경험적 사상이나 사건을 모두 망라하여 설명할 수 있는 일반법칙을 개발하고 단편적인 지식들을 결합하여 사건(event)에 대해 더욱 신뢰성 있는 예측을 하거나, 현재까지 할 수 없었던 예측을 해내도록 하는 데 있다.

이러한 기능을 수행하는 과학의 목적은 이론의 개발과 설명에 있다고 할 수 있다. 과학의 기본적 기능은 사회 및 자연현상을 의미 있게 설

---

2 채서일, 전게서, p. 22.

명하는 데 있으며, 그러한 설명 체계를 '이론'이라고 할 수 있다. 이론이란 변수들 간의 관계를 규정함으로써 현상에 대한 체계적인 관점을 형성하고 더 나아가 현상을 체계적으로 설명하고 예측할 수 있도록 하기 위한 상호 관련되는 개념, 정의, 전제들의 집합을 의미한다.

이상과 같이 과학의 목적인 이론개발을 통해 다음과 같은 목적을 달성할 수 있다. ① 변수들 사이의 관계를 정립하고, 변수에 의해 설명되는 현상에 대한 체계적인 관점을 제공함으로써 현상을 있는 그대로 파악할 수 있게 한다. ② 이론개발의 가장 중요한 목적인 관찰된 현상을 설명하고 그 현상들 사이의 규칙성을 발견하는 데 있다. 이러한 설명(explanation)을 가능하게 하기 위해서는 무엇보다 변수 사이의 인과관계(causality)를 밝히는 것이 중요하다. ③ 관찰되고 설명된 결과를 추론함으로써 미래의 현상을 예측할 수 있게 한다.

제2절 이론의 개념과 추론방법

과학적 지식인 이론은 제반 현상을 이해하는 데 필수적인 도구다. 이에 이론의 개념(의미, 중요성, 구성요소, 유형)과 추론방법 등을 살펴보면 다음과 같다.

1. 이론의 개념

1) 이론의 의미

이론은 제반 현상을 개념(concept)을 활용하여 인과관계로 설명하기 때문에 우리는 이론을 "개념과 개념으로 이뤄진 인과의 진술(causal statement)"이라고 정의한다.[3] 이론은 오랜 세월 동안 인간이 학문활동을 한 결과가 축적되어 만들어진 것이다. 인간의 학문활동 역사가 긴 만큼 대부분의 사회현상과 관련된 많은 이론들이 여러 분야에 걸쳐 축적되어 만들어진 것이다. 연구자가 비록 새로운 현상을 연구한다 하더라도 그 현상을 유추해서 이해할 수 있는 이론은 이미 축적되어 있는 것이 현실이다.

이론은 현실 세계에서 경험적으로 입증된 결과로 제시되는 것이기 때문에 현실 세계를 상호 연관된 명제(proposition)의 틀 속에서 설명하고 예측하는 데 적용될 수 있다. 이론은 경험적으로 적용될 수 있을 뿐만 아니라 법칙적인 일관성을 갖는다는 주장도 바로 이러한 이론의 속성에 근거를 두고 있다. 여기서 말하는 명제란 둘 이상의 개념들의 관계에 관한 진술로서 경험적 근거가 확인된 가설이라고 할 수 있다. 따라서 명제는 두 개 이상의 개념을 포함하는 것으로 개념 간의 관계에 의해 현실 세계를 나타낼 수 있어야 한다. 명제에 관한 가장 일반적인 예를 들면 다음과 같다.

명제 1: A이면 B이다.
명제 2: B이면 C이다. 따라서
명제 3: A이면 C이다.

이론은 철학(philosophy)과 다르다. 이론은 과학적인 검증을 거쳐 축적된 것인 반면, 철학은 전혀 그런 배경 없이 형성된 것이다. 그렇다고 해서 철학이 전혀 중요하지 않다는 것은 아니다. 철학도 이론 못지않게 세상을 살아가는 데 필요한 것이다. 하지만 철학은 개인의 인생관이나

3 정현욱, 『사회과학 연구방법론』(서울: 시간의 물레, 2012), p. 50.

세계관과 밀접한 관련을 갖는 주관적인 것이기 때문에 과학적으로 사회 현상을 분석하고 설명하는 데는 적합하지 않다.

또한 이론은 패러다임(paradigm)과도 다르다.[4] 패러다임은 어떤 한 시대 사람들이 갖는 견해나 사고를 지배하는 이론적 틀이나 개념의 집합체를 말한다. 사회과학에서 패러다임은 특정 과학 공동체의 구성원들이 공유하는 세계관과 신념체계로 개념적 · 이론적 · 방법론적 · 도구적 지침을 제공하는 역할을 한다. 패러다임은 특정 연구문제의 선정, 자료평가, 이론개발 등의 지침은 될 수 있지만 그 자체가 직접 경험적 연구의 지침이 될 수는 없다. 그렇기 때문에 패러다임은 경험적 연구의 방향과 지침을 제공하는 이론과는 차이가 있다.

2) 이론의 중요성

군사학을 포함한 사회현상을 분석하고 설명하는 데 있어서 준거틀의 역할을 하는 이론은 연구의 진행과정에서 전조등(guiding light) 같은 역할을 한다. 즉, 이론은 같은 사회현상이라도 이해의 방향을 전혀 다르게 만들 수 있다. 관료제 현상을 설명하는 데 있어서 갈등이론(conflict theory)과 기능이론(functionalism)과 같이 상반된 이론이 존재한다. 즉, 갈등이론은 관료제를 유산자계층이 무산자계층을 지배하고 착취하는 것을 정당화하는 데 유용하게 활용할 수 있는 수단으로 창조된 인간의 조직화 방식이라고 설명한다. 반면에 기능이론은 생산활동의 효율성을 극대화할 목적으로 창조된 인간의 조직화 방식이라고 설명한다. 이와 같이 적용하는 이론이 다르면 같은 현상도 완전히 상반된 방식으로 설명될 수 있다.

이러한 이유로 인해 연구주제가 선정되면 반드시 어떠한 이론에 입각해서 원인과 결과를 규명하고 설명을 제시할 것인가를 결정해야 한

---

4 패러다임(paradigm)은 미국의 과학철학자 토머스 쿤(Thomas Kuhn)이 그의 저서 『과학혁명의 구조』에서 제시한 용어다.

다. 이와 관련해서 유의해야 할 것은 하나의 연구주제를 마무리하는 데 연구자는 하나의 이론에 초점을 맞춰야 한다는 사실이다. 하나의 주제를 설명하는 데 일부는 A라는 이론을 활용하고 다른 부분은 B라는 이론을 활용하는 것은 불가능하다는 것이다. 이렇게 두 개 이상의 이론을 동시에 활용하는 것이 불가능한 것은 연구를 하는 데 있어서 이론은 안경 같은 역할을 하기 때문이다. 시력이 나쁜 사람은 사물을 정확히 보기 위해 초점이 있는 안경을 사용한다. 그런데 그 사람의 시력이 너무 나빠서 A라는 안경을 써도 사물을 정확히 볼 수 없을 경우 어떻게 해야 하는가? 그 사람이 A라는 안경 위에 B라는 안경을 동시에 착용할 경우 사물을 명료하게 볼 수 있을까? 그렇지 않다. 두 안경의 초점이 뒤엉켜 사물이 더 흐려질 것이다. 두 개의 안경을 동시에 착용하는 것은 하나의 안경을 쓰는 것만 못할 것이다. 연구를 하는 데 하나의 이론에 매달려야 하는 것도 같은 이유에서 비롯된 것이다.

이상에서와 같이 이론의 중요성은 다음과 같이 정리될 수 있다.[5]

첫째, 이론은 연구의 방향을 결정하는 토대가 된다. 연구자는 기존의 이론체계를 배경으로 해서 어떤 주제나 문제에 대해 조사함으로써 그 결과를 예측할 수 있는 연구방향을 결정할 수 있다.

둘째, 이론은 현실을 개념화하고 분류할 수 있도록 해준다. 이론은 개념 사이의 관계를 제시함으로써 연구에 필요한 사실을 제시할 수 있을 뿐만 아니라 현상을 분류하고 체계화하여 상호관계를 설정할 수 있는 기초를 제공한다. 예를 들면, 연구대상을 성별로 구분할 것인지, 아니면 연령별 · 교육수준별 · 경제수준별로 구분할 것인지 등은 이론체계에 입각하여 결정할 수 있다.

셋째, 이론은 사실을 예측하고 설명할 수 있게 해준다. 이론은 사실과 사실의 관계를 논리적으로 설명해주기 때문에 이론을 탐구하게 되면

5 정현욱, 전게서, p. 57.

탐구된 이론을 통해 새로운 사실을 예측할 수 있다. 예를 들면, 어떤 이론이 군간부의 리더십 역량이 수준 높은 부대단결력을 설명한다면 간부의 리더십 역량이 고양될수록 부대단결력은 더욱 확고해진다고 예측할 수 있을 것이다.

마지막으로, 이론은 지식의 축적과 보완을 가능하게 해준다. 기존이론에 입각하여 구축된 새로운 가설이 채택된다는 것은 이론의 확장을 의미한다. 이러한 이론의 확장은 기존이론이 존재하던 당시에는 알려지지 않았던 현상을 설명할 수 있도록 하여 결과적으로 지식축적에 도움을 준다. 같은 맥락에서 이론은 새로운 가설의 검증과정에서 도출된 결과를 통해 기존지식의 결함을 보완할 수 있는 기회를 제공하기도 한다.

3) 이론의 구성요소

이론은 통상적으로 내적 일관성을 지닌 개념들을 사용하여 인과로 이뤄진 진술로 제시되기 때문에 이론의 구성요소를 이해하기 위해서는 '개념(concept)'과 '인과의 진술(causal statement)'을 살펴보는 것이 필요하다.[6]

(1) 개념

개념은 실제현상을 추상화시킨 것이다. 개념은 다양한 사건이나 현상, 사물을 표현하기 위해 사용된다. 즉, 개념이란 구체적인 현상 그 자체가 아니라 그러한 것을 추상적 · 상징적으로 표현하는 관념적 구성물이다. 예를 들어, "부대원의 사기가 향상되었다"는 표현은 '부대원', '사기', '향상'이라는 개념이 포함되어 있다. 이러한 개념은 우리가 오감을 통해 느끼거나 측정할 수 없는 추상적이고 상징적인 현상이다.

이처럼 개념은 추상적이며, 개인의 선입견과 가치판단이 게재되기

6 정현욱, 상게서, pp. 52-54.

때문에 개념의 전달이 명확하게 이뤄지지 않는 경우가 많다. 개념전달의 방해요인으로 먼저 개념의 전문화를 들 수 있다. 과학이 세분화되고 특수 분야가 개척되면서 전문가 사이에서조차 개념전달의 어려움을 겪는 상황이 발생하고 있다.

둘째, 하나의 개념이 둘 이상의 사실을 의미하는 경우가 많다. 예를 들어, "사람이면 다 사람이냐?"라고 했을 때 앞에서 언급한 사람은 생물학적 개념이고, 뒤에서 언급한 사람은 윤리적인 개념이다. 이처럼 동일한 개념이 각각 다른 사람을 지칭하기 때문에 의미전달에 어려움이 발생한다.

마지막으로, 표준화된 용어가 부족하다. 잘 알려진 것처럼 사회현상을 연구하는 데 사용되는 용어의 대부분이 일상의 경험에서 도출된 막연하고 불분명한 용어여서 하나의 현상을 반영하기 위해 여러 개의 용어가 동원되는 경우가 많다. 개념은 추상적이기 때문에 과학적 연구는 정확한 의사소통을 위해 개념의 의미를 명료화하는 작업을 필요로 한다. 이 작업이 바로 우리가 알고 있는 정의(definition)과정이다. 여기서 말하는 정의과정이란 구성원이 공유하는 의미를 갖는 용어 또는 기호로 개념을 표현하는 일련의 작업을 말한다. 정의과정을 거치게 되면 어떤 개념은 다른 용어로 대체되거나 다른 동의어로 그 내용이 한정된다.

정의과정은 어떤 개념에 대해 '사전적 정의(dictionary definition)'를 내릴 것인가 아니면 '개념적 정의(conceptional definition)'를 내릴 것인가를 결정하고 그 결정에 따라 의미를 규정하는 절차를 거친다. '사전적 정의'를 내린다는 것은 사전에 정의된 내용을 개념 규정에 그대로 사용하는 것을 말한다. 이것은 사회과학연구에서 잘 사용되지 않는다. 그 이유는 '사전적 정의'가 개념을 명확히 하기보다는 오히려 더 모호하고 추상적으로 만들 수 있기 때문이다. 사회과학 분야에서 많이 활용되는 것은 '개념적 정의'다. '개념적 정의'란 하나의 개념을 정의하기 위해 다른 개념들을 사용해서 정의하는 것을 말한다. 예를 들면, '사회지도층'을

“고학력이면서 높은 지위에 있는 사람”으로 정의하는 식이다. ‘개념적 정의’도 ‘사전적 정의’와 마찬가지로 여전히 추상적일 수 있지만, 이것은 개념을 연구목적에 맞게 그 의미를 한정적으로 규정할 수 있기 때문에 의사소통의 혼란을 상당 부분 방지할 수 있다.

(2) 인과의 진술

‘인과의 진술’이란 개념을 원인과 결과로 연결시켜 현상을 기술하는 것을 의미한다. 이러한 인과의 진술이 필요한 이유는 혼돈의 상태로 존재하는 사회현상은 인과관계가 아니면 쉽게 이해되지 않기 때문이다. 예를 들어, “위기가 발생하면 집단응집력이 증가한다”, “상호작용이 빈번해지면 새로운 상징이 등장한다” 등이 인과의 진술을 담고 있다.

‘인과의 진술’이 둘 또는 그 이상의 개념이 어떠한 관계에 있는지를 추측해볼 수 있도록 구성되기 위해서는 다음과 같은 조건을 갖춰야 한다.

첫째, 진술은 명확한 개념으로 구성되어야 한다.
둘째, 진술은 원인과 결과를 분명히 밝혀야 한다.
셋째, 진술은 분명하고 특정적이어야 한다.
마지막으로, 진술은 가치중립적이어야 한다.

4) 이론의 유형

이론의 유형은 다양하게 분류될 수 있는데, 분석수준, 구체화 정도, 수용범위에 따른 분류를 알아보면 다음과 같다.

(1) 분석수준에 따른 분류

이론은 분석수준에 따라 미시이론, 중범위이론, 거시이론으로 구분할 수 있다.[7]

첫째, 미시이론(micro-level theory)은 개인을 분석단위로 하여 개인의 가치, 태도, 행동 등에 초점을 맞추고 있는 이론이다. 즉, 소수의 구성원 간의 관계를 통해 나타나는 개인의 행동과 태도를 설명하기 위해 만들어진 이론이다. 여기에 해당하는 예로는 상징적 상호작용이론, 교환이론, 귀속이론 등을 들 수 있다. 미시이론은 좁은 범위의 현상에만 적용되는 이론이기 때문에 다른 이론에 비해 추상화의 정도가 상대적으로 낮고, 구체적인 영역 혹은 분야에 관한 경험적 연구에 직접적으로 적용할 수 있는 연구가설이나 작업가설을 포함하고 있다. 이러한 미시이론은 후속적인 연구과정을 통해 다른 이론과 결합해서 중범위이론으로 발전할 수 있다.

둘째, 중범위이론(middle-level theory)은 분석단위가 집단, 기관 또는 지역 등이 된다. 정부집단, 이익집단 등의 집단수준에 속한 사람들 사이에서 나타나는 사회현상을 설명하기 위해 만들어진 이론이다. 여기에 해당하는 예로는 관료제이론, 준거집단이론, 역할갈등이론 등이 있다. 중범위이론은 주로 관련 집단의 상호작용이 구성원들의 사회적 행태와 구조에 영향을 미치는 데 관심을 갖고 이를 설명할 수 있는 준거틀을 제시한다. 즉, 중범위이론은 경험적 조사에 의해 확인할 수 있는 제한된 수의 가정들로 채워져 있다. 이러한 특성으로 인해 중범위이론은 연구할 필요가 있는 것이 무엇인지를 분명하게 인식시켜주는 지식획득의 기반이 된다는 평가뿐만 아니라 사회학적 사고체계와 조화를 이룰 수 있다는 평가를 받기도 한다.

마지막으로, 거시이론(macro-level theory)은 국가 또는 사회 등을 분석단위로 하여 국가 전체 또는 사회 전반에 걸친 연구를 행할 때 사용된다. 다수와 관련된 국가·사회 등의 수준에서 나타나는 사회현상을 설명하기 위해 만들어진 이론이다. 카를 마르크스(Karl Marks)의 변증법적 유물론, 탤컷 파슨스(Talcott Parsons)의 사회체계론 등이 여기에 해당하

7 남궁근, 『행정조사방법론』(서울: 법문사, 1998), pp. 120-121.

는 예다. 마르크스는 국가의 체제변화, 권력배분, 계급투쟁 등과 같은 거대한 사회현상에 관심을 갖고 이러한 현상이 어떠한 이유에서 발생하는지, 그리고 어떠한 과정을 거치는지 등을 설명하는 이론을 제시한 바 있다. 한편 카슨스는 사회구성원의 다수가 관련돼서 나타나는 사회적 형태, 조직, 사회변화에 관심을 갖고 이러한 현상을 설명 · 예측할 수 있는 이론을 제시했다. 거시이론은 다수가 관련되어 만들어지는 현상을 분석대상으로 하기에 추상화의 정도가 높다. 따라서 거시이론은 구체적인 특정 영역 또는 분야에 관한 경험적 연구에 그대로 적용될 가능성이 상대적으로 낮다.

(2) **구체화 정도에 따른 분류**

이론이 얼마나 구체화되어 있는가를 기준으로 실질적 이론과 공식적 이론으로 구분된다.[8]

먼저, 실질적 이론(substantive theory)은 사회적 관심사항 중 특정한 영역에 적용하기 위해 개발된 이론이다. 범죄자가 되는 과정을 설명하는 낙인이론(stigma theory), 정체감이 행태를 조율하는 과정을 설명하는 관제이론(controlling theory), 의사결정과정을 설명하는 수인이론(prisoner theory) 등이 이에 해당하는 예다. 만약 연구자가 실질적 이론을 검증 · 확장하기를 바란다면 동일한 실질적 영역 속에서 연구사례를 검토해야 한다. 즉, 실질적 이론이라는 우산 속에서 활동하는 연구자는 연구과정에서 연구대상과 관련된 몇몇 다른 영역을 비교하는 대신 연구대상이 속한 영역에만 집중할 필요가 있다.

마지막으로, 공식적 이론(formal theory)은 거시이론 중에서 광범위한 개념적 영역을 위해 개발된 이론이다. 마르크스의 유물사관이론에서 개발된 갈등이론, 파슨스의 사회체계론에서 개발된 AGIL이론, 뒤르켐

8 정현욱, 전게서, p. 59.

의 사회유기체이론에서 개발된 자살이론 등이 이에 해당하는 예다. 만약 연구자가 공식적 이론을 확장하기 바란다면 같은 공식적 영역에 속한 연구사례를 검토하는 작업이 필요하다. 그러나 실제 연구에서는 실질적 이론과 공식적 이론은 상호 연계될 수 있기 때문에 하나의 이론에만 치우칠 필요는 없다. 이론은 다양한 유형의 실질적 이론과 공식적 이론의 축적과정이기 때문이다.

(3) 수용범위에 따른 분류

이론은 얼마나 많은 사람들이 이를 수용하는가를 기준으로 수용된 이론, 문제가 되는 이론, 거부된 이론으로 구분된다.[9]

첫째, 수용된 이론(accepted theory)이란 다수의 사람들이 이론의 내용에 대해 의문을 제기하지 않고 옳은 것으로 수용하는 이론을 의미한다. 이러한 부류에 속하는 이론들은 그 설명내용의 진위에 대해 의문을 제기하는 사람이 없기 때문에 대부분 상식 수준에서 자주 언급되기도 한다. 예를 들어 "사회가 발전하면 직업의 수가 많아진다", "의료기술이 발전하면 인간의 기대수명이 길어진다"는 등의 이론을 두고 찬성 · 반대의 상반된 의견을 제시하는 사람은 없을 것이다. 이러한 이론은 내용의 진위와는 관계없이 연구의 토대가 될 수 없다. 그 이유는 이러한 이론에 입각하여 진행된 연구는 지식축적이라는 과학활동의 궁극적인 목적에 부합하지 못하기 때문이다. 즉, 수용된 이론에 기반을 둔 연구는 그 결과가 기존이론의 내용을 넘어서는 것일 수 없기 때문이다.

둘째, 문제가 되는 이론(problematic theory)이란 일부 사람들은 이론의 내용에 대해 의문을 제기하고 나머지 사람들은 이에 동의하는 등 논란이 지속되는 이론을 의미한다. 이러한 유형에 속하는 이론들은 그 내용을 수용하는 사람과 그렇지 않은 사람의 수가 비슷하기 때문에 어떤

---

9 정현욱, 전게서, pp. 61-62.

방식으로든 내용의 진위를 확인할 필요가 있다. 일례로, "관료제는 인간이 창조한 가장 효율적인 조직화방식"이라는 베버학파의 주장이 있는가 하면, "관료제는 효율성과는 무관하게 인간착취를 위해 고안된 조직화방식"이라는 마르크스학파의 주장도 있다. 이렇게 관료제의 기능에 대한 주장이 팽팽하게 맞서는 이론은 연구활동을 위한 훌륭한 토대가 될 수 있다. 그 이유는 이러한 이론에 입각하여 진행된 연구는 지식축적이라는 과학활동의 목적에 부합하기 때문이다. 즉, 문제가 되는 이론에 기반을 둔 연구는 그 결과가 기존이론의 논쟁을 불식시킴으로써 지식축적에 기여할 수 있기 때문이다.

마지막으로, 거부된 이론(rejected theory)이란 다수의 사람들이 이론의 내용에 대해 의문을 제기하여 수용을 거부하는 이론을 의미한다. 이러한 범주에 속하는 이론들은 이미 설득력을 상실했기 때문에 실생활에서조차 사람들에 의해 거의 언급되지 않는다. 이러한 유형의 예로는 "태양이 지구를 중심으로 회전한다"는 천동설이나, "지구는 사각의 평평한 모습" 등이 있는데, 이러한 주장을 수용하는 현대인은 없다. 이러한 이론은 지식축적에 기여할 수 없으므로 더 이상 과학적 연구의 토대가 될 수 없다.

2. 이론의 추론방법: 연역법, 귀납법

이론을 탐구하기 위한 추론은 논리적 법칙에 의한 일종의 사고과정으로 일반적인 진술에서 특수한 결론에 도달하기도 하고, 반대로 특수한 진술에서 일반적인 결론에 이르기도 한다. 이론을 형성하기 위한 논리적 추론체계에는 연역법과 귀납법이 있다.

1) 연역법

연역법(deduction)이란 기존의 이론이나 일반적인 원리로부터 특수한 결론에 이르는 추론방법으로 전체(全體)에 대해 사실인 것은 부분(部分)에 대해서도 사실이라는 법칙에 의한 방법이다. 연역법에서 가장 흔히 인용되는 삼단논법적 전개방식의 예를 들면 다음과 같다.

▶ 모든 사람은 죽는다.
▶ 소크라테스는 사람이다.
▶ 그러므로 소크라테스는 죽는다.

연역법에서 만약 모든 사람이 죽고, 소크라테스가 사람이라는 것이 사실이라면 소크라테스는 죽는다는 것도 당연한 사실로 받아들이게 된다. 이와 같이 연역법은 일반적인 원리인 "모든 사람은 죽는다"라는 명제로부터 특수한 원리인 "소크라테스는 죽는다"라는 추론에 이르는 방법이다. 이러한 추론은 실증적 검증과정을 거쳐 가설이 현상을 입증하여 모든 사람이 죽으면 하나의 이론으로 정립된다. 여기서 우리는 연역법적인 접근을 통해 기존의 지식체계에서 새로운 지식체계를 정립할 수 있다는 것을 알 수 있다.

연역법은 기존이론이나 일반적 논리에 의해 경험적 현상을 규정하는 가설을 도출하게 되고 이를 실증적으로 검증하게 된다. 검증한 결과 기존이론이나 일반적 논리가 경험적 사실을 반영하는 가설과 일치하게 될 때 하나의 법칙이나 이론으로 발전하게 된다[기존의 이론 ▶ 가설 ▶ 검증 ▶ 이론을 강화 혹은 수정(가설 채택 혹은 기각)].

이와 같이 연역법은 일반적이고 보편적인 전제로부터 부분적이며 특수한 원리를 도출해내는 방법이다.

2) 귀납법

귀납법(induction)은 특수한 전제로부터 일반적인 결론에 이르는 추론방법이며 부분에 대해 사실인 것은 전체에 대해서도 사실일 수 있다는 법칙에 의한 방법으로 "소크라테스는 죽었다" 그리고 "소크라테스는 사람이었다"는 사실에 근거하여 "모든 사람은 죽는다"라는 결론에 도달하게 된다. 귀납법은 경험의 세계에서 어떤 공통적인 특성을 발견하고 그 특성을 과학적인 방법으로 증명함으로써 일반화로 발전시키는 일종의 사고과정이다. 현상에 대한 어떤 특성이 일반화되기 위해서는 그 현상을 관찰하고, 관찰한 것에서 공통적 사실과 원리를 발견하고, 이를 실제 현상에 적용하여 확인하는 과정을 거쳐 잠정적인 결론을 내림으로써 일반화하게 된다. 여기서 잠정적 결론이라고 말하는 이유는 현상에 대한 공통적인 특성과 원리가 연역법처럼 경험적 검증과정을 거친 것이 아니라 관찰에 의해 도출된 것이기 때문이다(현상에 대한 관찰 ▶ 공통적 특성 및 원리의 발견 ▶ 잠정적 결론).

이와 같이 귀납적 방식은 특수한 사실을 전제로 하여 일반적인 원리를 이끌어내어 이론을 형성하는 방법이다.

3) 연역법-귀납법의 관계

연역적인 접근과 귀납적인 접근방식은 연구목적에 따라 각각 독립적으로 적용될 수 있으나, 이 두 가지 접근방식은 순환적으로 반복되는 과정을 되풀이하면서 이론이 형성된다. 그러나 여기서 한 가지 지적해야 할 중요한 사항은 분석적인 연역적인 방법에만 의존한다든가 경험적인 귀납적인 방법만을 적용하게 되면 만족할 만한 결론을 도출할 수 없고, 연구과정에서 두 방법이 통합적으로 적용될 때 연구가 좀 더 효율적인 방향으로 실행될 수 있으며 과학에서 필요로 하는 지식을 구축할 수 있다는 점이다. 왜냐하면 위에서 언급한 바와 같이 두 논리는 상호순환적인 연결관계를 가지고 있기 때문이다. 연역법과 귀납법의 특징과 절차 등을 비교해보면 다음 〈표 4-1〉과 같다.

〈표 4-1〉 연역법-귀납법의 비교[10]

구분	연역법	귀납법
특징	기존의 이론이나 일반적인 원리를 이용하여 새로운 가설을 도출하고, 이를 실증적으로 검증해봄으로써 가설이 현상을 적절히 설명하고 있는지를 검증	관찰된 자료를 통해 현상 속에 내재하고 있는 일반적인 원리를 찾아내고, 이를 실제 현상에서 검증해봄으로써 이를 확인하는 과정
	상호보완적인 관계	
사례	1) 모든 사람은 죽는다. 2) 소크라테스는 사람이다. 3) 따라서 소크라테스는 죽는다.	1) 소크라테스의 죽음 발견 2) 다른 사람의 죽음 발견 3) "사람은 죽는다"는 결론 도출
절차	이론 ⇒ 가설 ⇒ 조작화 ⇒ 관찰 ⇒ 검증	주제선정 ⇒ 관찰 ⇒ 경험적 일반화 ⇒ 이론
분야	계량적인 연구분야	질적인 연구분야

위 〈표 4-1〉과 같이 연역법은 기존의 이론으로부터 도출된 가설을 실증적으로 검증하여 가설이 현상을 설명하고 있는지를 검증하는 전형적인 양적 실험연구의 특성을 지니고 있다. 따라서 연역적인 접근방법은 새로운 지식체계를 정립하는 데 있어 제한적인 면이 있다. 반면에 귀납법은 현상에 내재된 요인을 규명하고 이들 사이를 파악하는 질적 연구로서 새로운 지식을 발견하고자 하는 탐색연구적 특성을 지니고 있어 조사된 특별한 부분의 이해를 돕기 위해, 그리고 미래의 연구를 위해 검증 가능한 가설을 제안한다. 따라서 연역법과 귀납법은 상호보완적인 관계를 가지고 있음을 알 수 있다.

모든 학문은 절대적이지 않고 환경 및 여건의 변화와 시대의 변천에 따라 끊임없이 새로운 이론들이 생기면서 발전해왔다. 경험적 현상에서 발견된 공통된 사실이나 원리는 가설의 형태로 검증해서 일반화되어 다수가 인정하고 수용하게 되면 하나의 이론이나 지식으로 정립된다. 그

10 이종환, 『맥락으로 이해하는 사회과학조사방법론』(서울: 공동체, 2011), p. 19.

러나 기존의 이론이 새로운 현상을 설명하거나 예측하지 못할 경우에는 새로운 지식과 인식의 틀이 요구된다. 이에 다음 〈그림 4-1〉과 같이 이론의 탐구과정은 '이론-가설-관찰-경험적 일반화'의 순환적인 과정이며, 연역적 방법과 귀납적 방법의 과정을 되풀이하면서 이론을 수정하게 된다.[11]

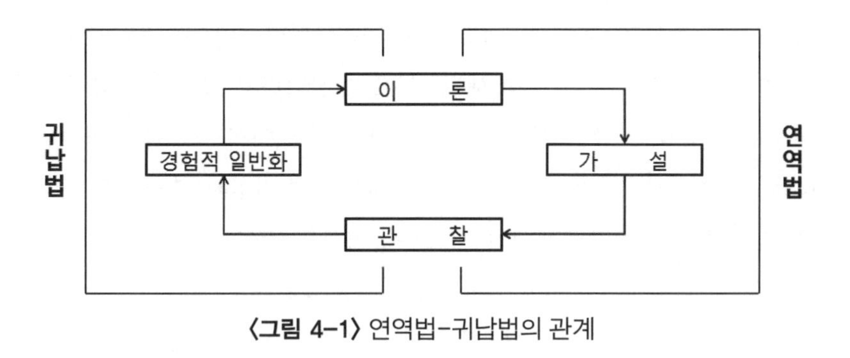

〈그림 4-1〉 연역법-귀납법의 관계

제3절 가설의 개념과 설정방법

연구문제를 해결하기 위해서는 관련되는 이론을 토대로 실제적인 검증이 필요하게 되는데, 이러한 실증검증에 앞서 가설 설정이 전제가 되어야 한다. 이에 가설의 개념(의미, 특징, 기능과 종류), 설정방법, 유용성 등을 살펴보면 다음과 같다.

---

11 W. L. Wallace, *The Logic of Science in Sociology* (Aldine · Atherton Inc., Illinois, 1971), Ch. 1.

1. 가설의 개념

1) 가설의 의미

가설(hypothesis)은 일반적으로 연구자가 제시한 연구문제에 대한 잠정적인 해답이라고 할 수 있으나, 학자들마다 다양한 견해를 제시하고 있다. 가설에 대해 나크미아스(C. Nachmias)와 크리스텐슨(D. Christensen)은 "연구문제에 대한 잠정적인 해답이며, 연구문제에 대한 최선의 예측 또는 잠정적 해답" 등으로 정의하고 있다.[12] 특히 현상에 대한 설명과 예측을 목적으로 하는 연구에 있어서 가설을 커링거(F. Kerlinger)는 "연구문제에서 제기한 현상의 두 개 이상의 변수 간의 관계에 대한 가정적 진술", 채서일은 "두 개 이상의 변수 간의 관계를 검증 가능한 형태로 서술해놓은 하나의 문장" 등으로 보고 있다.[13] 연구문제가 의문문의 형태로 표현되는 데 반해, 가설은 이러한 의문문의 연구문제에 대한 잠정적인 응답을 선언적인 혹은 가정적인 서술문 형태로 나타낸 것이다. 가설은 연구문제를 해결하기 위한 판단의 대상이 되는 사실이며 이러한 사실의 진위를 확인해봄으로써 문제에 대한 해답을 내리게 된다.

이상과 같이 가설은 두 개 이상의 변수 간의 관계에 대한 진술이며, 그러한 진술을 가설이라고 하는 이유는 그것이 아직 검증되지 않은 잠정적인 사실이고 연구자가 생각한 잠정적인 해답에 불과하기 때문이다. 연구자는 가설이 검증에 의해 확정되면 받아들이고 사실과 다르게 나타나면 기각하게 된다. 가설은 일상생활의 관찰이나 선행연구, 보편적인 신념, 탐색연구를 위한 자료 분석 혹은 기존이론으로부터 추론될 수 있다.

---

12 D. Christensen and C. Nachmias, *Research Methods in the Social Science* (New York: St. Martin's Press, 1987), p. 85.

13 채서일, 전게서, p. 77.

2) 가설의 특징

가설은 연구문제에 대한 잠정적 해답이며, 실증적인 검증을 통해 연구문제에 대한 해답을 제시하게 된다. 이러한 가설의 특징을 이론적 준거성, 명백성, 한정성, 검증 가능성의 4가지로 요약할 수 있다.[14]

첫째, 가설은 이론적 준거에 입각해야 한다(이론적 준거성). 이를 부언하면 가설은 동일 연구분야의 다른 가설이나 이론과 관련이 있어야 한다는 것이다. 연구주제와 관련된 이론들로 구성된 개념적 준거틀에 기초하여 연구문제에 대한 잠정적인 대답을 이끌어낸다는 점에서 가설은 이론과 분리될 수 없다. 또한 가설이 경험적으로 검증되면 이론으로 귀결될 수 있다는 점에서 이론의 발전을 위한 하나의 작업도구라고 할 수 있다.

둘째, 가설은 개념적으로 명백해야 한다(명백성). 즉, 가설을 구성하고 있는 용어들의 의미는 누구나 쉽게 이해할 수 있도록 보편화되고 의미의 파악이 용이하도록 명백하게 정의되어야 한다는 것이다. 또한 이들 용어가 가능한 한 조작적으로 정의되어 실증적으로 검증하는 데 어려움이 없어야 한다. 가설을 명확하게 구성하고 정의하기 위해서는 관련분야의 문헌을 검토하거나 전문가들에게 문의할 수도 있다.

셋째, 가설의 내용은 한정적이고 특정화되어야 한다(한정성). 내용이 막연하고 추상적이며 일반적인 경우에는 무엇을 검증해야 할지 알 수 없으며 검증 자체가 불가능하게 된다. 일례로 둘 또는 셋 이상의 변수 간의 관계를 알고자 하는 경우, 상관관계의 성립 자체에 대한 가설과 함께 상관관계의 방향이나 조건 등에 대해서도 한정적으로 밝힐 수 있도록 가설이 구성되어야 한다. 이러한 가설의 한정성과 특정성은 반복적인 연구의 가능성을 보장하고 조장한다.[15]

마지막으로, 가설은 경험적으로 검증될 수 있어야 한다(검증 가능성).

---

14 채서일, 전게서, pp. 75-76.

15 김광웅, 『방법론 강의』(서울: 다우문화사, 1996), p. 210.

특히 전쟁과 관련된 개인 · 국가 · 국제체제의 행위 · 태도 · 가치관 등을 대상으로 하는 군사학 연구에 있어서 가설은 추상적인 변수를 포함할 수밖에 없다. 이러한 경우 연구문제에 대한 개념을 명확히 하고 조작적으로 정의해 경험적으로 관찰되거나 측정될 수 있도록 해야 한다. 이처럼 검증 가능한 가설에 포함되어 있는 변수들은 명백하고 조작적으로 정의될 수 있어야 하며, 측정이 어렵거나 불가능한 것은 경험적으로 검증이 곤란하여 과학적인 연구의 대상이 되지 못한다.

3) 가설의 기능

가설은 연구문제에 대한 잠정적인 해답으로서, 경험적인 검증을 거쳐 그 진위가 결정되면 이론으로 인정을 받게 된다. 가설은 이론의 검증, 이론의 암시, 현상의 기술과 사회문제의 해결을 통한 현실의 개선 등과 같은 기능을 수행하고 있다.[16]

첫째, 가설은 이론을 검증할 수 있도록 한다. 즉, 군사현상을 설명하기 위해 개발된 이론을 검증 가능한 형태로 진술하여 이를 경험적으로 검증하도록 한다.

둘째, 가설은 이론을 암시한다. 어떤 가설은 특정한 이론과 관련되지 않을 수도 있으나 대체로 가설의 결과로서 이론이 정립된다. 이처럼 가설을 검증한 결과를 토대로 이론이 정립되기 때문에 가설은 군사현상을 설명할 수 있는 이론을 암시 또는 제시하는 기능을 한다.

셋째, 가설은 현상을 기술한다. 가설이 경험적으로 검증될 때마다 그 가설과 관련된 현상에 관한 정보를 얻게 된다. 따라서 군사학 연구를 위한 가설검증의 결과로서 정보의 축적은 군사현상에 대한 우리의 지식을 증대시킨다.

마지막으로, 가설은 현실개선의 기능을 수행한다. 가설검증의 결과

---

16 J. Black and Dean J. Champion, *Methods and Issues in Social Research* (New York: John Wiley & Sons, 1976), pp. 135-138.

로 획득하게 되는 과학적인 지식은 현실개선을 위한 정책과 전략을 수립하는 등 현실의 문제 해결에 도움이 될 수 있다. 더욱이 군사학 연구 같은 실증적인 연구의 경우에 이러한 군사문제의 해결 기능이 더욱 중요시되고 있다.

4) 가설의 종류

가설은 여러 기준에 따라 분류할 수 있다. 연구의 목적, 연구의 진행 과정, 변수의 수 등에 따른 가설의 종류를 살펴보면 다음과 같다.

(1) 연구목적에 따른 분류

연구의 목적에 따라 '설명적 가설'과 '기술적 가설'로 나누어볼 수 있다.[17]

먼저, 설명적 가설(explanatory hypothesis)은 '법칙적 가설'이라고 하는데, 연구대상의 속성에 관한 변수들 간의 관계를 분석하기 위해 만들어지는 가설이다. 설명적 가설은 주로 '왜(why)'라는 물음에 답할 수 있도록 하기 위해 두 변수 간의 인과관계를 나타내는 문장으로 서술된다. 이러한 설명적 가설은 결국 두 변수 간에서 실제로 일어날 수 있는 관계를 나타내기 때문에 기본적으로 '~이면(하면) ~이다(하다)' 또는 '~일수록(할수록) ~이다(하다)'라는 표현양식을 취하게 된다. 이 양식은 대체로 "만약 선행조건이 진실이라면, 결과조건도 진실이다"라는 구조, 즉 'if A, then B'의 형태를 취한다. 설명적 가설의 예로는 "가정폭력을 경험할수록 청소년 비행은 증가할 것이다", "직무만족도가 떨어진 부대원인 경우 동기부여가 덜될 것이다", "집단응집력이 저하될수록 직무효율성이 떨어질 것이다" 등을 들 수 있다.

이러한 설명적 가설의 검증을 통해 연구자는 사실들 간의 관계를 탐

17 김병진, 『현대사회과학조사방법론』(서울: 삼영사, 1991), p. 52.

색적으로 고찰할 수 있으며, 특히 선행(先行) 사실의 존재를 기초로 다른 또는 미래 사실의 발생을 미리 예측할 수 있다. 또한 경우에 따라 원인이 되는 선행사실을 조작하여 사전(事前)에 바람직하지 못한 사실의 발생을 통제하거나 바람직한 사실의 발생을 유발할 수 있게 한다.

다음으로, 기술적 가설(descriptive hypothesis)은 '식별적 가설'이라고도 하는데 현상의 기술, 즉 사실을 규명하기 위해 만들어지는 가설이다. 기술적 가설은 사실규명 혹은 사물의 성질이나 패턴을 규명하는 데뿐만 아니라 그것이 무엇이냐에 대한 잠정적인 해답을 구하는 데 주로 활용된다. 이러한 기술적 가설은 '그것이 무엇(what)이냐?'에 대한 잠정적인 해답을 나타내기 때문에 기본적으로 '무엇은 ~이다(what~ is~)'라는 표현형식을 취하게 된다. 기술적 가설의 예로는 "사무직 근로자의 인터넷 사용시간은 5시간이 될 것이다", "훈련강도는 부대단결력에 영향을 미칠 것이다" 등이 이에 해당한다.

이러한 기술적 가설 검증을 통해 연구자는 현상이나 문제를 탐색하고 이를 있는 그대로 기술하여 그 현상이나 문제를 정확하게 파악할 수 있다. 또한 연구자는 각종 대안을 탐색하고, 각종 대안 중에서 최적의 대안을 선택하는 데 필요한 정보를 획득할 수 있다.

(2) 연구 진행과정에 따른 분류

연구 진행과정, 특히 통계적 검증단계에서 가설을 검증하기 위해 연구가설과 영가설로 구분하기도 한다.

먼저, 연구가설(research hypothesis)은 '작업가설(working hypothesis)' 또는 '대립가설(alternative hypothesis)' 등으로 불리기도 하며, 사회현상에 관한 연구자의 이론으로부터 도출된 가설을 말한다. 이는 연구자가 연구문제의 해답이 입증될 때까지 그 연구문제에 대한 잠정적인 해답으로 연구자가 이론을 토대로 제시하는 가설이다.

"지적 수준이 높은 사람은 정부정책에 더 비판적인가?"라는 연구문제에 대한 잠정적인 해답으로 연구자가 "교육수준이 높을수록 문화예산에 대한 비판이 클 것이다"라는 가설을 제시했다면, 이것은 연구가설의 형식을 빌려 표현된 것이다. 이러한 연구가설은 통상적으로 'H1'이라고 표기된다.

다음으로, 영가설(null hypothesis)은 흔히 '통계적 가설(statistical hypothesis)' 혹은 '귀무가설'이라고도 하며, 통계적으로 기각하기 위해 설정되는 가설이다. 그렇기 때문에 이것은 연구가설과 달리 변수들 간의 관계가 없다고 서술한다. 위에서 소개한 예를 들어 설명하면, 영가설은 연구가설과는 반대로 "교육수준이 높을수록 문화예산에 대한 비판이 낮을 것이다" 아니면 "교육수준이 낮을수록 문화예산에 대한 비판이 클 것이다"라는 방식으로 표현된다. 연구가설이 있음에도 불구하고 영가설을 구성하는 이유는 연구자가 전수조사(enumeration)가 아닌 표본조사에 의존해서 연구할 때 표본추출오차(sampling error)가 발생할 수 있기 때문에 필요하다. 이것은 보통 'H0'라고 표기한다.

(3) 변수의 수에 따른 분류

가설은 변수로 구성되며 하나의 가설은 하나, 둘 또는 그 이상 여러 개의 변수로 제시할 수 있다. 따라서 기본적인 구성요소인 변수의 수에 따라 가설을 1변수가설, 2변수가설, 그리고 다변수가설로 구분할 수 있다. 여기서 1변수가설 또는 2변수가설을 '단순가설(simple hypothesis)'이라고 하며, 주로 'A는 ~이다' 또는 'A가 ~이면, B는 ~이다' 같은 단순한 형태를 취한다. 반면에 셋 이상의 변수를 갖는 다변수가설은 '복합가설(complex hypothesis)'이라고도 불리며, 예를 들어 'A가 ~이면 B가 ~인 조건하에 C는 ~이다'와 같이 복잡한 형태를 취한다.

(4) 기타 가설의 분류

가설은 그것이 포함하는 내용의 범위에 따라 기본가설(grand

hypothesis)과 종속가설(sub hypothesis)로 분류할 수 있다. 기본가설은 하나의 줄거리가 되는 가설을 의미하며, 이 기본가설을 여러 측면에서 검증하기 위해 시도되는 좀 더 구체적인 가설이 종속가설이다. 따라서 종속가설은 대부분 기본가설에서 도출된 것들로서, 이 종속가설의 타당성 여부는 기본가설의 타당성 여부와 직접적으로 연결된다.

또한 가설은 결정적 가설(deterministic hypothesis)과 개연적 가설(probabilistic hypothesis)로 분류되기도 한다. 결정적 가설이란 '무엇은 ~이다(하다)' 또는 '~이면(하면) ~이다(하다)'와 같이 확정적이며 단정적인 진술을 하는 것이며, 개연적 가설은 '~일(할) 것이다' 혹은 '~이면(하면) ~일(할) 것이다'와 같이 다소 강도를 약하게 하여 진술된 가설을 의미한다.

2. 가설의 설정방법

가설설정의 목적은 주어진 연구문제에 대한 해답을 잠정적으로 구하고 이를 실증적으로 검증함으로써 연구자의 주관적인 판단이나 추측을 배제하여 좀 더 정확한 해답을 구하려는 것이다. 이러한 목적을 구현하기 위한 가설설정과 관련된 방법은 다음과 같다.[18]

첫째, 독창적인 사고과정을 적용해야 한다. 연구문제를 분석하는 과정에서 연구자의 직관이나 통찰력으로 가설을 구체화할 수 있다(독창적 사고과정). 즉, 연구문제의 의문점을 기초로 하여 특정한 현상의 원인이나 다른 현상과의 관계 등을 다양한 관점으로 추측하고 다른 기존연구결과들과 비교하는 과정에서 연구문제에 대한 잠정적인 해답인 가설이 도출될 수 있다. 이러한 과정에서는 해당 분야에 대한 풍부한 지식과 경

18 박용치, 『현대조사방법론』(서울: 경세원, 1997), pp. 157-161.

험뿐만 아니라 독창적 사고력의 활용이 절실히 요청된다.

둘째, 가설을 구체화하는 첫 번째 단계는 이론으로부터 연역적인 방법으로 가설을 추론해내는 것이다(이론으로부터 연역적 추론). 이론의 진실 여부를 검증하는 하위수준으로서 가설의 중요성은 과학적 체계의 모든 최상위 수준의 가설을 모두 살펴보더라도 그것들을 믿게 되는 근거는 그것들로부터 연역된 최하위수준의 가설이 경험에 의해 확인된다는 사실에 있다.[19]

마지막으로, 일반적으로 명제에서 지정된 단위 하나에 대해 새로운 경험적 지표가 설정될 때마다 새로운 가설이 구성된다(가설의 수). 따라서 경험적 지표가 개발되는 기술과 통찰에 따라 새로운 가설이 구성될 수 있다. 그러나 이론적 모형 내에서 모든 명제가 검증 가능해야 하며, 이에 따라 가설이 구성되어야 하는 것은 아니다. 가설의 수에 관한 문제는 연구에 있어서 경제성 · 효율성의 문제와도 관련된다.

이상과 같이, 기존의 이론을 토대로 한 하나의 진술을 정설이라고 하지 않고 가설이라고 하는 이유는 아직 검증되지 않은 상태이기 때문이다. 가설의 설정방법은 위에서 제시된 절차를 준용하여 조건문 형태로 선행조건과 결과조건이 명시되어야 하므로 예를 들면 다음과 같이 나타낼 수 있다.

> '만약 ……하면, ……할 것이다'(인구밀도가 증가하면 범죄율도 증가할 것이다) 혹은 '……와 ……는 관계가 있을 것이다'(인구밀도와 범죄율은 관계가 있을 것이다)

위 가설에서 인구밀도 증가는 선행조건이고 범죄율 증가는 결과조건이다. 즉, 인구밀도가 증가할 때 범죄율도 더불어 증가한다는 것이다.

---

19 Richard B. Braithwaite, *Scienyific Explanation* (New York: First Harper Torchbook, 1960), p. 352.

3. 가설의 유용성

가설은 수많은 경험적인 검증을 거치면서 이론으로 인정받게 된다. 가설은 이론의 정립과 학문의 발전에 다음과 같은 기능을 수행한다.

첫째, 사회현상들의 잠재적인 의미를 찾아내고 현상에 질서를 부여할 수 있다. 즉, 가설은 현상에 규칙적인 질서를 도출할 수 있는 계기를 부여한다.

둘째, 연구에 대한 자극으로 새로운 연구문제를 끄집어낸다. 이는 간단명료한 가설을 설정하여 다른 변수와의 관계를 생각해보면 새로운 연구문제를 도출할 수 있다.

셋째, 경험적 검증의 절차를 시사해준다. 가설을 세우는 과정에서 필요한 체계적인 사고를 통해 검증의 절차를 생각할 수 있다.

넷째, 문제해결에 필요한 관찰과 실험의 적정성을 판단하게 한다.

마지막으로, 관련지식들을 서로 연결시켜준다. 즉, 가설을 세우기 전에 이론을 체계화하기 때문에 관련된 많은 지식을 연결시키게 된다.

이상과 같이 구체적인 정의를 내리고 적절한 가설을 세웠다면 이를 검증하기 위해 구체적인 개념을 측정해야 한다. 측정하기 위해서는 가설을 이루고 있는 각 용어들의 개념적인 정의를 계량화할 수 있도록 조작적인 정의를 내려야 한다.

제4절 바람직한 이론과 가설의 요건

연구자는 과학적 연구를 추진하는 과정에서 어떠한 이론적 토대에 기반을 둘 것인가를 놓고 고민하게 된다. 이에 바람직한 이론과 가설의 구비요건을 살펴보면 다음과 같다.

1. 바람직한 이론의 구비요건: 평가기준, 선정기준

과학이 발달함에 따라 특정 현상에 관한 이론들이 다양하게 존재하여 상호 경쟁관계에 있을 수도 있다. 이러한 경우 어떠한 이론이 우수한지를 평가하고, 연구문제에 적합한 이론을 선정할 수 있는 기준을 이해할 필요가 있다.

1) 이론의 평가기준

이론의 평가기준은 학자에 따라 다양하게 제시하고 있다.[20] 본고에서는 튠(Teune) 등이 주장한 정확성, 일반성, 간명성, 인과성의 4가지를 중심으로 살펴본다.[21]

첫째, 이론의 정확성(accuracy)이란 가능한 한 많은 변동(variation)을 설명하고 예측할 수 있어야 한다는 것이다. 특히 인과관계를 규명하는 이론의 정확성 정도는 이론에서 제시된 독립변수들에 의해 설명되는 분산의 양으로 표현될 수 있다. 독립변수에 의해 설명되는 분산이 클수록 그만큼 예측오차가 감소하여 정확성이 높다고 할 것이다.

둘째, 이론의 일반성(generality)이란 그 이론이 적용되는 현상의 범위를 의미한다. 이론의 일반성이 클수록 그 이론에 의해 설명될 수 있는 현상의 범위는 커지게 된다. 그러나 일반성이 큰 이론은 앞에서 설명한

20 이론의 평가기준에 대한 학자들의 견해는 다양하다. 맥쿨(McCool)은 타당성(validity), 경제성(economy), 검증 가능성(testability), 조직/이해(organigation/understanding), 인과적 설명(causal explanation), 예측성(predictive), 적실성/유용성(relevance/usefulness), 적용범위(powerful), 신뢰성(reliability), 객관성(objectivity), 진실성(honest theory) 등을 들고 있다.

21 남궁근, 전게서, pp. 123-124.

정확성 기준을 충족하지 못하는 경우가 대부분이다.

셋째, 이론의 간명성(parsimony)은 주어진 사건을 설명하는 데 사용되는 독립변수의 수와 관련된다. 독립변수의 수가 적으면 적을수록 간명한 이론이 된다. 경우에 따라 달라질 수 있으나, 간명한 이론은 대체로 정확성이 떨어지는 경향이 있다.

마지막으로, 이론의 인과성(causality)이란 현상을 설명하는 원인변수의 파악 정도를 말한다. 다수의 과학적 연구가 인과관계에 대한 규명을 목적으로 하고 있기 때문에 이론의 평가기준으로 포함된다.

이상과 같이 이론의 평가기준들은 그 자체로 의의를 지니고 있으나, 이들 간에는 상충 가능성도 있다. 즉, 정확성이 높은 이론을 찾게 되면 그 이론은 일반성과 간명성이 낮을 가능성이 높다. 마찬가지로 설명력이 높은 이론을 찾게 되면 그 이론은 간명성이 낮을 가능성이 높다. 따라서 위에서 제시된 이론의 평가기준 가운데 어떠한 기준에 우선순위를 두느냐 하는 것은 연구자의 연구목적에 따라 달라질 수 있다.

2) 이론의 선정기준

일정한 기준에 따라 이론을 평가한 이후에도 연구자는 특정 연구를 어떤 이론에 입각하여 접근할 것인가와 관련된 판단을 해야 한다. 즉, 이론 선정에 관한 이슈가 제기된다. 이론 선정은 다음과 같은 기준에 입각할 때 오류를 최소화할 수 있다.[22]

첫째, 지식축적에 기여할 수 있는지 여부를 고려하여 결정해야 한다. 이미 확고하게 수용된 이론이나 거부된 이론에 입각해서 연구할 경우 특정 연구의 결론은 이미 예고되어 있어서 지식축적에 기여하는 데 한계를 보일 수밖에 없기 때문이다. 즉, 연구자는 자신의 연구주제를 논쟁의 여지가 지속되는 이론에 근거하여 분석하게 되면 그 결론에 따라 준

22 정현욱, 전게서, p. 65.

거된 이론을 평가할 수 있다. 만일 논쟁의 여지가 지속되는 이론을 활용하여 연구한 결과, 그 이론이 타당한 것이라면 연구자는 자신의 연구를 통해 지금까지의 이론적 논쟁을 종식시키는 학문적 기여가 가능하다.

둘째, 연구범위를 고려하여 선정되어야 한다. 연구자가 수행하는 특정연구의 범위가 다수와 관련된 사회현상인 경우 거시이론을 활용해야 하며, 소수와 관련된 현상일 경우 미시이론을 활용하는 것이 타당하다.

마지막으로, 연구자의 학문적 선호도를 고려하여 이론을 선정할 수 있다. 기존에 축적된 이론이 방대하다 보니 특정 연구에 활용될 수 있는 이론들이 상호 충돌하는 경우가 있다(예: 성선설-성악설). 이럴 경우 연구자는 자신의 이론적 선호도나 지적 훈련 배경 등을 고려해서 이론을 선택할 수 있다.

이상과 같이 이론의 선정기준에 따라 연구활동을 함으로써 연구방법론이 엄격한 절차와 규정을 강조함에도 불구하고 학문연구를 기계적인 활동이 아니라 창조적인 활동으로 이해할 수 있다.

2. 바람직한 가설의 구비요건

일단 가설이 도출되면 가설이 좋은 가설인지 아닌지에 대한 평가를 내려볼 필요가 있다. 궁극적으로 좋은 가설이란 검증되어 지지됨으로써 문제에 대한 해답을 찾게 되고, 그 결과 기존지식체계에 추가적인 지식의 축적을 가져올 수 있는 것이라고 할 수 있다. 따라서 일단 지지된 가설이 지지되지 못한 가설보다는 과학의 발전에 있어서 더 많이 기여하므로 좋은 가설이라고도 할 수 있다.

그러나 검증하기 전이라도 가설들 중에서 좀 더 좋은 가설과 좋지 않은 가설로 분류해볼 수 있다. 즉 가설이 실증적으로 검증되기 위해 갖춰야 하는 조건들이 많은 연구들에게 지적되었으며, 이 기준들에 의해 가설을 미리 평가하는 것이 더욱 효과적일 것이다. 연구에 사용할 가설이 좋은 가설인지를 판단하려면 다음과 같은 기준에 비추어 평가해야 한다.[23]

첫째, 가설은 경험적으로 검증할 수 있어야 한다. 즉, 실증조사를 통해 가설의 옳고 그름을 판단할 수 있어야 한다.

둘째, 동일한 연구분야의 다른 가설이나 이론과 연관이 있어야 한다. 예를 들어, "수감자의 신장이 크면, 재범확률이 높다" 같은 가설은 기존 연구가설과는 전혀 상관없는 내용이므로 부적당하다.

셋째, 가설의 표현은 간단명료해야 한다. 누구나 쉽게 이해할 수 있도록 필요한 용어들만 사용해야 한다. 예를 들면, "주위가 시끄럽지 않고 조용한 강의실에서 강의를 받는 학생들의 강의 이해도가 주위가 시끄러운 강의실에서 강의를 받는 학생들의 강의 이해도보다 높을 것이다"라는 가설의 경우, "조용한 강의실에서 강의를 받는 학생들의 강의 이해도가 시끄러운 강의실에서 강의 이해도보다 높다"와 같이 간단하게 표현할 수 있다.

넷째, 연구문제를 해결할 수 있어야 한다. 가설의 옳고 그름을 판정하는 것이 곧 연구문제를 해결하는 것으로, 예를 들어 "상품인지도가 매출액에 영향을 준다"는 가설이 참으로 밝혀지면 연구문제는 해결되며, 그다음에는 상품인지도를 높이기 위한 전략의 개발이나 다른 연구가 시작된다.

다섯째, 가설은 논리적으로 간결해야 한다. 가설은 표현뿐 아니라 실질적으로 간결한 논리로 이뤄져야 한다. 가설은 이러한 체계 안에서 두 개 정도의 변수들 간의 관계를 간단한 논리로 설명할 수 있어야 한다.

여섯째, 가설은 계량적인 형태를 취하든지 계량화할 수 있어야 한다. 사회과학에서 계량적인 형태의 가설은 그리 많지 않으나 가설을 검증하

23 채서일, 전게서, p. 82.

기 위해서는 계량화할 수 있어야 한다. 앞의 예에서 매출액과 상품인지도의 관계는 인지도계수를 만들어 계량화할 수 있다. 계량화라는 것은 수식이나 숫자로 모두 바꿀 수 있어야 한다는 의미보다는 통계적인 분석을 할 수 있어야 한다는 의미라고 할 수 있다.

일곱째, 가설검증의 결과는 가능한 한 광범위하게 적용될 수 있어야 한다. 가설이 적용되는 범위가 매우 작은 영역에 국한되어 있다면 연구결과는 지식의 발전에 공헌하는 정도가 작아진다.

여덟째, 너무나 당연한 관계를 가설로 선정할 수는 없다. 즉, 경험적 검증을 할 필요가 없는 것은 가설로 적합하지 않다. 예를 들어 "시험점수가 높아지면 전체 등수가 올라간다" 같은 가설은 당연하므로 가설로서 부적당하다.

마지막으로, 가설은 동의반복적(tautological)이어서는 안 된다. 가설은 서로 다른 두 개념이나 변수의 관계를 표시해야 한다. 예를 들어, "판매량의 증가율이 타사에 비해 증가하면 시장점유율은 높아진다"라는 가설은 시장점유율이 곧 다른 기업의 판매량과 비교하여 표준화시킨 판매량을 의미하므로 동일한 개념을 지닌 두 개념 간의 관계를 나타낸 것이기 때문에 가설로는 부적당하다.

제5장

변수와 척도

연구설계를 통해 가설이 설정되면 그다음 단계는 추상적인 개념들을 경험적으로 측정 가능하도록 해야 한다. 추상적 · 이론적 세계와 경험적 세계를 어떻게 연결할 수 있는가? 이 장에서는 관찰된 현상에 대한 추상적 표현인 개념과 이를 경험적으로 측정 가능하도록 구체화시킨 변수와의 관계를 소개하고, 변수에 구체적인 수치를 부여하는 규칙인 척도의 의미를 고찰한다.

최홍석(청주대학교)

육군사관학교를 졸업하고 고려대학교에서 사회학 석사 및 박사학위를 취득했다. 현재 청주대학교 군사학과 교수로 재직하고 있다. 육군사관학교 사회과학과 교수로 재직했으며, 현재 국방정책학회 이사 겸 국방외교분과위원장, 국방부 정책자문위원으로 활동하고 있다. 연구 및 교육 관심 분야는 군대사회학, 민군관계, 군사학 연구방법론, 국방정책, 군사외교 등이다. 주요 논문으로는 "군대사회학의 현황과 전망"(1988), "한국적 상황하의 민군관계 정립"(1988), "한국군의 전문직업화 과정에 관한 연구"(1998), "창의 · 융합 인재 양성을 위한 학력 · 경력 단절 예방방안 연구"(2014), "외국군 수탁교육 발전방안 연구"(2015), "과학기술인재 경력단절 예방을 위한 국군과학부대 창설 방안"(2016) 등이 있다.

제1절 개념과 변수, 척도의 관계

1. 개념과 변수의 관계

개념(concept)과 변수(variable)는 불가분의 관계를 맺고 있다. 변수는 개념을 측정 가능한 수준에서 도출한 것이기 때문에 항상 개념이라는 토대에 근거를 두고 만들어진다. 비록 둘 사이에 밀접한 관계가 있지만 개념과 변수는 분명히 다르다.

셀티즈(Selltiz)는 개념을 "관찰된 사건들에 대한 추상적인 표현 또는 여러 가지 사실의 간략한 표현"으로 정의한다.[1] 즉, 관심의 대상이 되는 경험세계에서의 사물, 사건 및 현상의 속성을 추상화시킨 표현이라는 것이다. 커링거(Kerlinger)는 개념을 "구체적인 것으로부터 일반화시켜서 형성한 추상관념"으로 정의한다.[2] 예를 들어 '무게'는 하나의 개념으로, 이는 다소 무겁거나 가벼운 사물에 대한 다수의 관찰결과를 나타낸다.

연구문제가 선정되면 연구문제에 포함된 추상적인 개념을 구체화해야 하는데, 이와 같은 과정을 '개념화(conceptualization)'라고 부른다. 개념화 과정을 통해 개념의 명칭과 의미가 규정된다. 개념화란 인간이 어떤 현상이나 사물 등을 관찰할 때 그것을 이해하기 위해 그와 관련된 여러 가지 상호배타적인 속성들 중에서 공통적 속성들을 묶어서 여러 가지 유형으로 분류하고 그에 어떤 명칭을 붙이는 것을 말하는데, 이때 그 명칭을 언어 등의 상징기호(symbol)를 사용해서 붙여놓은 것을 '개념'이라고 한다.

---

1 Claire Selltiz, Lawrence S. Wrightsman, Stuart W. Cook, *Research Methods in Social Relations,* 3rd edition (New York: Holt, Rinehart and Winston, 1976), p. 70.

2 Fred N. Kerlinger, *Foundations of Behavioral Research,* 3rd edition (New York: Holt, Rinehart and Winston, Inc., American Problem Series, 1973), pp. 26-27.

따라서 개념이란 어떤 현상이나 사물 자체가 아니라 인간이 이들의 여러 가지 속성을 관찰하여 그중 공통된 속성들을 집약해서 그에 어떤 명칭을 붙여 표상화해놓은 것이다. 예컨대, 여러 물건들을 손으로 들어보면(관찰) 매우 무거운 것, 조금 무거운 것, 가벼운 것 등 여러 속성을 지니고 있는데, 이런 것을 묶어서 거기에 '무게'라는 이름을 붙여놓은 것이 곧 '무게'라는 개념이다. 또한, 학생들을 관찰해보면, 수학문제를 풀거나 문장의 뜻을 이해하거나 또는 논리적으로 사고하는 능력 등이 서로 다른데, 이러한 지적 능력들을 집약해서 '지능'이라는 명칭으로 표상화해놓은 것이 곧 '지능'이라는 개념이다.

인간은 바로 이와 같은 여러 가지 개념을 만들어 이를 통해 현실 세계를 인식한다. 그러면서 현실 세계를 좀 더 구체적이고 정확하게 인식하기 위해 각종 개념에 특정한 값들을 부여한다. 예를 들어 A라는 물체의 중량은 90㎏이라든지, 한국 대학생들의 평균 지능지수는 135라든지 하고 기술하는데, 이처럼 여러 가지 개념 중에서 그 속성에 여러 가지 값을 부여할 수 있는 개념, 즉 구성개념(constructive concept)을 '변수'라고 한다. 따라서 개념이라도 '군인정신'처럼 그것을 관념적으로 나타낼 수 있으나 아직은 거기에 값을 부여하거나 조작할 수 없는 개념, 즉 현상개념(phenomenal concept)은 변수가 될 수 없다. 변수란 그 속성들에 따라 여러 가지 다른 값을 갖는 것을 말하기 때문이다.[3]

구성개념이란 이처럼 수량적 값을 부여하거나 조작할 수 있도록 만들어놓은 개념으로 지능, 학력, 온도, 기압 등을 말하는데, 이들은 곧 이론의 구성요소가 된다. 따라서 과학적 이론을 형성하려면 현상개념들을 구성개념화할 필요가 있는데, 그래야만 그것들을 실증적으로 검증해서 과학적 이론을 형성할 수 있기 때문이다. 만약 그렇지 않고 이론의 구성요소인 개념들이 모호하다면 그 이론 자체도 부정확할 뿐 아니라, 그

3 차배근 · 차경욱, 『사회과학연구방법: 실증연구의 원리와 실제』(서울: 서울대학교 출판문화원, 2013), p. 27.

이론을 검증해볼 수도 없다. 따라서 개념들은 되도록 구성개념으로서의 요건을 갖춰 조작적으로 명확히 정의할 수 있어야 한다.

2. 변수와 척도의 관계

개념은 관심대상의 속성을 추상화하여 이론세계에서 의미를 부여한 것이므로 그 자체를 직접 측정할 수는 없다. 변수는 관심대상의 속성을 나타낸다는 의미에서는 개념과 같으나 경험적 세계의 속성을 나타낸다는 점에서 개념과 구분된다. 즉, 변수는 측정 가능한 개념을 말한다.

수량적 값을 부여하거나 조작할 수 있도록 만들어놓은 구성개념인 변수는 측정(measurement)을 통해 구체적 수치를 부여할 수 있다. 측정이란 추상적 · 이론적 세계와 경험적 세계를 연결시켜주는 수단이라고 볼 수 있다. 즉, 측정이란 변수를 현실 세계에서 관찰 가능한 자료와 연결시켜주는 과정이다.

측정한다는 것은 일정한 규칙에 따라 대상에 수치를 부여한다는 것이다. 이 수치는 대상 사이의 관계를 나타내게 되며 비교를 가능케 한다. 자로 여러 개의 나무의 길이를 잰다거나 저울로 여러 개의 쇠뭉치의 무게를 잰다는 것은 측정의 좋은 예다.

여기서 대상에 수치를 부여한다는 것은 측정 대상자나 대상물 자체를 측정하는 것이 아니라 측정 대상이 지니고 있는 속성에 수치를 부여한다는 의미다. 예를 들어 어떤 학생의 키와 몸무게를 측정할 때, 그 학생의 키와 몸무게라는 속성에 수치가 부여되는 것이다. 그런데 측정하고자 하는 속성인 키와 몸무게를 측정하기 위해서는 자와 저울이 필요하다. 여기에서 자와 저울은 측정을 위한 도구인데, 좋은 측정도구가 있어야 정확한 측정이 가능하다. 척도(scale)는 측정의 방법이며 도구다.

측정이 중요한 문제로 대두되는 경우는 안보관, 사기, 군인정신, 직업만족도 등의 개념과 관련된 경우다. 이러한 현상개념들과 관련된 연구를 진행하기 위해서는 현상개념들을 구체적으로 측정 가능한 형태로 나타내야 할 것이다. 따라서 측정이란 연구단위의 질적 속성을 양적 속성으로 전환하는 작업이기도 하다.

제2절 변수

1. 변수의 정의와 종류

1) 변수의 정의

변수(variable)는 관심의 대상을 가지고 있는 대상의 경험적 속성(empirical property)을 나타내면서 그 속성에 계량적인 수치를 부여할 수 있는 개념 또는 경험적으로 측정 가능한 개념을 말한다. 변수에 관한 학자들의 정의를 살펴보면, 필립스(Phillips)는 "두 가지 이상의 값(value)이나 정도(degree)를 나타내는 개념",[4] 커링거(Kerlinger)는 "숫자(numerals)나 값(value)이 부여된 일종의 기호(symbol)",[5] 나크미아스(Nachmias)는 "둘 또는 그 이상의 값을 경험적으로 분류할 수 있는 개념"이라고 정의하고 있다.[6]

이들의 주장에 의하면, 변수는 첫째, 일정한 속성을 대표하는 것이고, 둘째, 그들의 속성은 각기 특징을 지니고 있으며, 셋째, 그 특징적인

4 Bernard S. Phillips, *Social research: strategy and tactics,* 2nd edition (New York: Macmillan, 1971).

5 Fred N. Kerlinger, 전게서, p. 27.

6 Chava Frankfort-Nachmias, David Nachmias, *Research Methods in the Social Sciences,* 6th edition (New York: St. Martin's Press, 1999), p. 58.

속성은 일정한 측정단위에 의한 계량화가 가능한 것이다. 이러한 주장을 토대로 앤더슨(Anderson)은 변수를 "어떤 사물이나 대상 등에서 상호배제적 속성(mutually exclusive properties)들의 집합(set)으로, 그 속성에 따라 여러 가지 다른 값을 갖는 것"이라고 정의했다.[7] 이처럼 변수는 그 속성들에 따라 여러 가지 다른 값을 갖기 때문에 일정한 값을 갖는 상수(constant)와 구별된다.

결국, 변수는 인간이 세상의 어떤 현상이나 대상 등을 간결하게 이해하기 위해 그에 관련된 상호배제적 속성들을 서로 묶어 그에 이름을 붙여놓은 것을 말한다. 변수의 가장 중요한 특성으로 '상호배제적 속성들의 집합'이라는 점을 들 수 있다. 여기서 상호배제적 속성이란 "어떤 사물을 다른 사물과 서로 구별 짓는 특징이나 성질"로서, 이는 한 사물이 어떤 하나의 속성을 가졌으면 그와 똑같은 속성을 지닌 것은 허락하지 않는다는 것을 의미한다.

이런 상호배제적 속성의 예로 남성과 여성을 들 수 있는데, 인간은 남성 아니면 여성이지, 남성인 동시에 여성이거나 여성인 동시에 남성인 사람은 없기 때문이다. 따라서 남성과 여성은 각각 서로를 구별 짓는 상호배제적 속성이다. 그러나 이들 속성은 모두 인간의 성을 나타내는 것들이므로 남성과 여성을 하나의 집합으로 묶은 다음 이에 '성별'이라고 이름을 붙인 것이 곧 '성별'이라는 변수다. 따라서 '성별'이라는 변수는 남성과 여성이라는 상호배제적 속성들의 집합으로, 그 속성에 따라 '남성'이라는 값과 '여성'이라는 값을 갖게 되며, 이처럼 동일한 변수의 서로 다른 속성을 변수의 '값(value)'이라고 한다.

2) 변수의 종류

변수는 분류기준에 따라 여러 종류로 구분된다. 이러한 분류 가운데

7 Barry F. Anderson, *The psychology experiment: an introduction to the scientific method* (Belmont, Calif.: Wadsworth Pub. Co., 1966), p. 8.

가장 일반적인 것은 변수 간의 기능적 관계를 중심으로 독립변수, 종속변수, 중개변수 그리고 통제변수로 구분하는 것이다. 여기서 유의해야 할 것은 독립변수나 종속변수가 처음부터 정해진 것은 아니라는 점이다. 한 연구에서 독립변수로 사용되었던 것이 다른 연구에서는 중개변수나 종속변수가 될 수도 있다.[8]

독립변수(independent variable)는 인과관계에서 원인이 되어 다른 변수의 변화를 직간접으로 유발하는 변수다. 종속변수(dependent variable)는 독립변수에 영향을 받아 변화되는 변수를 말한다. 독립변수와 종속변수는 인과관계로 서로 얽혀 있기 때문에 원인변수와 결과변수라고도 한다.

독립변수와 종속변수를 명확하게 구분하기 위해서는 변수의 고정성, 변경 가능성, 변수 간의 시간적 순차성 등을 확인해야 한다. 고정성이 크고 변경 가능성이 없으며 시간적으로 먼저 발생하는 것 등은 독립변수로 선정되고, 고정성이 적고 변경 가능성이 많으며 시간적으로 나중에 발생하는 것 등은 종속변수로 선정된다.

중개변수(intervening variable)는 독립변수와 종속변수 사이에서 독립변수의 영향력을 종속변수에 전달하는 변수다. 중개변수는 독립변수와 마찬가지로 종속변수에 영향을 미칠 수는 있지만, 독자적으로 영향을 미치지는 못한다. 다시 말하면, 중개변수는 독립변수의 영향을 종속변수에 전달하는 통로 역할을 하는 변수다.

중개변수는 강의 상류와 하류 사이에 있는 댐의 역할에 비유해 설명할 수 있다. 댐은 하류의 수량에 영향을 미치지만 상류에서 물이 흐르지 않는다면 댐은 하류에 아무런 영향을 미칠 수 없다. 즉, 댐은 상류의 수량을 하류에 전달할 때 영향력을 발휘한다. 중개변수는 매개변수와 조절변수로 구분할 수도 있다.

---

8 정현욱, 『사회과학 연구방법론』(서울: 시간의 물레, 2012), p. 99.

매개변수(mediating variable)는 독립변수와 종속변수의 관계를 설명하는 데 개입되는 변수다. 독립변수의 영향을 받아 그 영향을 종속변수에 전달하는 매개변수는 독립변수의 결과인 동시에 종속변수의 원인이 된다. 매개변수의 존재는 독립변수에 절대적으로 의존하게 되어 있으므로 독립변수가 없으면 존재하지 않는다. 앞에서 설명한 강의 상류와 하류 사이에 있는 댐은 매개변수의 좋은 예다.

조절변수(moderating variable)는 독립변수와 종속변수에 미치는 영향을 강화시키거나 약화시키는 변수다. 이러한 조절변수는 처음부터 설정된 독립변수와 종속변수와의 관계에 중대한 영향을 미칠 것으로 인식되기 때문에 포함시키는 제2의 독립변수라고 할 수 있다. 조절변수는 독립변수가 없어도 존재할 수 있다는 점에서 매개변수와 차이가 있다. 조절변수의 예로 다이어트 요법(독립변수)이 체중감소(종속변수)에 미치는 영향 사이에서 운동 프로그램이 체중감소 효과를 조절하는 경우를 제시할 수 있다. 이 경우에 운동 프로그램 자체로도 체중감소 효과를 강화시킬 수 있으므로 조절변수로 기능하는 것이다.

통제변수(control variable)는 독립변수와 종속변수의 관계를 정확하게 규명하기 위해 통제되는 변수다. 통제변수는 연구자의 연구대상이 되는 변수는 아니지만 독립변수와 종속변수에 영향을 미쳐 이들 사이의 관계를 왜곡하고 독립변수의 영향을 과장하거나 축소하기 때문에 문제가 된다. 예를 들면, 흡연이 폐암에 미치는 영향을 분석할 때 폐암이 흡연의 영향만으로 나타나지는 않고 대기오염에 의해 영향을 받을 수도 있다는 것을 인지할 수 있다. 이 경우 연구자는 대기오염의 영향을 통제해야만 흡연이 폐암에 미치는 영향을 정확하게 분석할 수 있다. 이때, 대기오염은 통제변수가 된다.

2. 변수의 조작화

변수의 조작화(operationalization)는 가설에 포함된 추상성이 높은 용어를 정의(definition)를 통해 측정이 가능한 언어로 재구성하는 것을 말한다. 변수의 조작화 과정이란 변수를 관찰 가능한 현상과 관련하여 정의하여 척도를 구성하는 데 필요한 토대를 마련하는 과정을 의미한다.

변수의 조작적 정의(operational definition)는 추상적 용어로 표현된 변수를 측정하는 데 필요한 활동이나 조작을 상세하게 기술함으로써 그것에 의미를 부여하는 방법이다.[9] 즉, 변수의 조작적 정의는 개념을 측정하거나 변수를 조작할 때 연구자의 활동을 구체적으로 명시한 지침이다. 이렇게 볼 때, 결국 변수의 조작적 정의는 개념에 대한 측정 문제와 관련된 것임을 알 수 있다.

변수를 정의하는 방법은 개념적 정의와 조작적 정의로 구분할 수 있다. 개념적 정의(conceptual definition)는 측정대상이 갖는 속성에 대한 개념적 · 추상적 표현이며, 주로 사전적 정의를 의미한다. 반면에 조작적 정의는 측정대상의 속성에 대한 경험적 · 구체적 표현이라고 할 수 있다. 조작적 정의는 추상적 개념을 관찰 가능한 형태로 표현해놓은 것이다. 개념적 정의에 의해 용어로서의 추상적 개념의 의미는 분명해지고, 조작적 정의를 통해 그러한 개념을 경험세계에서 직접 측정할 수 있게 된다. 따라서 경험적 조사연구를 위해서는 변수의 조작적 정의가 반드시 필요하다.

변수의 조작화 또는 조작적 정의가 중요한 이유는 실증연구에서 이것이 담당하는 역할 때문이다. 이것은 이론구성의 세계를 실증의 세계와 연결시키는 교량적 역할을 한다. 가설에 포함된 용어들은 추상성이 높기 때문에 있는 그대로 실제현상에 결부시키거나 이들을 통해 현상을

---

9 Fred N Kerlinger, 전게서, pp. 28-32; W. J. Goode & P. K. Hatt, *Methods in Social Research* (Singapore: McGraw Hill International Editions, 1981), pp. 53-54.

측정하기가 어렵다. 그렇기 때문에 연구자들은 이들에 대한 조작적 정의를 마련한 후에야 실증의 세계로 나아갈 수 있다. 또 다른 역할은 사회과학연구의 검증 가능성을 제고한다는 것이다. 즉, 변수의 조작화를 통해 추상적인 용어가 적절하고 정확하게 정의되기 때문에 후속 연구자가 동일한 연구를 반복적으로 시행할 수 있다.

사회과학의 용어들은 추상성이 높기 때문에 자연과학의 경우와는 달리 각각의 용어에 대해 복수의 조작적 정의를 하는 것이 가능하다. 그렇기 때문에 연구자는 여러 개의 조작적 정의 가운데 가장 적합한 것을 선별해서 사용해야 한다. 가능하면 기존의 많은 연구에서 활용되어 입증된 가장 일반적이면서 보편적인 조작적 정의를 선택하는 것이 오류를 줄일 수 있다. 또한 연구자는 동일한 용어를 측정할 수 있는 다양한 조작적 정의들 간에 측정의 일관성이 유지되도록 해야 한다.

변수의 조작화 과정은 통상 4단계를 거쳐 이뤄지는데, '교육'과 '정치성향' 사이의 상관관계를 예를 들어 설명하면 다음과 같다. 연구자가 "교육수준이 높을수록 정치참여가 높아진다"는 가설을 검증하기로 했다면, 연구자는 먼저 가설 속의 핵심 용어인 '교육'과 '정치참여'라는 용어를 추출한다. 다음은 '교육'과 '정치참여'라는 추상성이 높은 용어를 정의과정을 통해 변수로 변환시킨다. '교육'은 '학교교육량', '가정교육량', '사회교육량' 등의 변수로, 그리고 '정치참여'는 '투표참여 여부'와 '정당활동 참여의 정도' 등의 변수로 전환시킨다. 다음 단계는 용어의 조작화 과정을 통해 변수를 조작적 정의로 전환시킨다. 즉 '학교교육량'을 '학교에서 공식적으로 교육받은 연수'로, 그리고 '투표참여 여부'는 '지난 19대 국회의원 선거에서의 투표참여 여부'로 전환시킨다. 마지막 단계는 연구자가 적절한 조작적 정의를 선택하는 것이다. '교육'에 관한 정의들 가운데 '학교에서 공식적으로 교육받은 연수'를, 그리고 '정치참여'에 관한 정의들 가운데 '19대 국회의원 선거에서의 투표참여 여부'를 조사연구의 조작적 정의로 선택한다. 이렇게 4단계가 마무리되면 이를 토대로 척도를 만들어 자료를 수집하는 단계로 진행할 수 있다.

3. 변수 측정의 유형과 특성

1) 측정의 정의

측정(measurement)이란 "어떤 사물이나 변수 등에 일정한 규칙(rules)에 따라 수(number)를 부여(assign)하는 것"이라고 할 수 있다.[10] 다시 말하면, 연구자가 일정한 규칙에 입각해서 실증적 속성에 숫자나 상징을 할당하는 과정을 의미하는 것이다. 앞에서 언급한 바와 같이 측정이란 추상적 · 이론적 세계와 경험적 세계를 연결시켜주는 수단이다.

측정을 하는 가장 중요한 목적은 어떤 사물이나 변수의 값을 정확하게 기술 · 설명 · 예측 · 통제하기 위해서다. 측정은 언어 대신 숫자를 사용하여 변수의 질적인 속성을 양적인 속성으로 전환시킬 수 있기 때문에 주어진 현상의 관찰을 용이하게 만든다. 또한 측정은 관찰한 자료의 과학적 분석을 가능하게 함으로써 주어진 가설을 검증하여 객관적 결론을 내릴 수 있도록 한다.

측정은 일정한 규칙에 의거하여 숫자나 상징을 변수의 특성과 연결시켜 그 자체로는 아무런 의미가 없는 1, 2, 3, …이라는 기호가 의미를 갖도록 하는 것이다. 예를 들어, 연구자가 아파트에 1점, 연립주택에 2점, 단독주택에 3점을 주는 규칙에 입각해서 주택의 특성과 숫자를 연결시켜 숫자에 의미를 부여했다면 그것이 바로 사회과학에서 말하는 측정이 된다.

앞에서 살펴본 바와 같이 측정에 들어가기 전에 측정하고자 하는 연구대상의 속성을 나타내는 개념을 좀 더 관찰 가능한 형태 또는 측정 가

---

10 S. Stevens(ed.), *Handbook of Experimental Psychology* (New york: Wiley, 1951), p. 1.

능한 형태로 정의하는 작업을 '조작화'라고 했는데, 이러한 조작화 과정도 넓은 의미에서 볼 때 측정과정의 일부라고 할 수 있다. 결국, 측정의 본질은 측정대상의 세계를 수치의 세계와 대응시키는 것이며 연구단위의 속성에 대한 양적 기술(quantitative description)이다.

2) 측정의 유형

측정이 일정한 규칙에 의거하여 관찰대상에게 숫자나 기호를 부여할 때 측정이 어떤 규칙을 활용하느냐에 따라 측정유형은 명목측정, 서열측정, 등간측정, 비율측정으로 구분된다.[11]

(1) **명목측정**(nominal measurement)

명목측정은 측정대상의 속성을 분류하거나 확인할 목적으로 수치를 부여하는 것을 말한다. 이것은 단지 구성요소의 유사성과 상이성만을 기준으로 측정대상을 분류하기 때문에 측정의 유형들 가운데 가장 단순한 것에 해당한다. 즉, 명목측정은 측정대상을 단순히 분류하거나 범주화할 목적으로 측정대상의 속성에 수치를 부여하는 것이다.

명목측정에서는 범주화된 분류기준에 입각하여 분석단위의 유사성과 상이성을 지적하는 것 자체가 곧 측정이 되기 때문에 '질적(qualitative) 측정' 또는 '불연속적(discrete) 측정'이라고도 한다. 이러한 이름이 붙여진 이유는 명목측정의 카테고리가 연속성을 결여하고 있기 때문이다.

명목측정은 단순 분류작업에 불과하지만 실증원칙, 등가성, 완전성, 상호배타성 등과 같은 조건이 충족되어야 한다.[12] 실증원칙(empirical rule)은 유사한 분석단위들은 동일한 범주에, 그리고 상이한 분석단위들

---

11 김광웅, 『사회과학연구방법론』(서울: 박영사, 1989), pp. 192-195; 김해동, 『조사방법론』(서울: 법문사, 1991), pp. 287-294; 정현욱, 전게서, pp. 110-116; Chava Frankfort-Nachmias, David Nachmias, 전게서, pp. 161-166.

12 Roger D. Wimmer, Joseph R. Dominick, *Mass Media Research: An Introduction* (CA: Wadsworth Publishing Company, 1983), p. 143.

은 상이한 범주에 할당되어야 한다는 것을 의미한다. 등가성(equality)이란 어떤 대상이 한 범주에 속해 있을 경우 그것은 그 범주에 속해 있는 다른 모든 대상과 동등하다는 것이다. 완전성(exhaustiveness)은 모든 분석단위가 반드시 어느 한 범주로 분류될 수 있어야 한다는 것을 뜻한다. 상호배타성(mutual exclusiveness)은 대상이 어느 한 범주로 분류되면 이것은 다시 어느 다른 범주에 속할 수 없다는 것을 의미한다.

명목측정의 예로는 성을 기준으로 남녀로 분류하는 것, 인종을 기준으로 백인 · 흑인 · 황인종으로 분류하는 것, 종교를 기준으로 기독교 · 불교 · 회교로 분류하는 것 등을 들 수 있다. 측정대상에 숫자를 부여할 수도 있는데, 예를 들면 남자에게 1, 여자에게 2라는 숫자를 부여하는 경우다. 이 경우 숫자는 자료를 수집하고 분석하는 데 편리하도록 하기 위한 부호로서의 의미만을 지닐 뿐이다. 따라서 숫자의 계산은 아무런 의미를 갖지 못한다.

(2) **서열측정**(ordinal measurement)

서열측정은 측정대상을 그 속성에 따라 서열이나 순위(rank order)를 매길 수 있도록 수치를 부여하는 것을 말한다. 즉 측정대상을 많고 적음, 크고 작음 등에 입각하여 분류한 후 분류된 범주를 순위별로 서열(rank)화하는 것이다. 이것은 관찰대상을 순서와 서열에 입각하여 분류하기 때문에 범주의 서열을 정할 수 있을 뿐만 아니라 범주 간의 비교도 할 수 있다.

서열측정은 분류라는 특성 외에 순위나 크기를 구별할 수 있는 특성이 추가된 측정방법이기 때문에 명목측정과는 달리 여기서 사용된 숫자는 수학적 의미를 지닌다. 예를 들면, 범주에 부여된 숫자들은 $1 < 2$, $2 < 3$, $1 < 3$, $2 < 3$ 등과 같이 순서나 서열을 부과할 수 있다. 그러나 이러한 숫자나 거리가 간격의 의미를 지니지는 않기 때문에 명목측정의 경우와 마찬가지로 가감 같은 수학적 조작은 가능하지 않다. $3 > 2 > 1$

이라는 범주 간의 서열관계는 유지되나 각 수치 간의 간격이 반드시 일정하지 않으므로 3 - 2 = 2 - 1의 관계는 성립되지 않는다. 이러한 성격 때문에 서열측정도 명목측정과 마찬가지로 불연속적(discrete) 측정으로 본다.

서열측정이 성립하기 위해서는 명목측정의 성립조건인 실증원칙, 등가성, 완전성, 상호배타성 외에도 이행성과 비대칭성이라는 두 가지 조건이 충족되어야 한다. 이행성(transitivity)이란 X > Y이고 Y > Z일 경우 X > Z라는 것을 의미한다. 비대칭성(asymmetry)이란 X > Y이고 Y > Z이면 Z는 결코 X보다 클 수 없음을 의미한다.

서열측정의 예로는 학급 석차, 선호도, 사회계층, A · B · C 등의 학점, 수여받은 학위, 변화에 대한 평가 등을 들 수 있다.

(3) 등간측정(interval measurement)

등간측정은 측정대상을 속성에 따라 분류하고 서열화하는 것은 물론, 서열 간의 간격이 동일하도록 수치를 부여하는 것을 말한다. 이 경우에는 '하나가 다른 하나보다 크다, 작다'는 것뿐만 아니라 그 둘 사이가 얼마만한 차이가 나는가를 알 수 있다.

등간측정이 이뤄지려면 측정단위(unit)가 있어야 한다. 그리고 이와 같은 단위는 일정 정도를 나타내고, 그 정도는 불변(constant)이며, 공통적인 표준으로 공인되거나 될 수 있는 것이어야 한다. 자연현상을 측정하기 위해 공인된 단위는 시간, 거리, 무게, 온도 등 상당수에 이른다.

온도는 등간측정을 나타내는 사례로 흔히 인용된다. 예를 들어 최고기온이 어제는 26℃, 오늘은 28℃라고 하자. 이때 어제와 오늘의 최고기온의 차이는 2℃이고 어제보다 2℃만큼 더 덥다고 할 수 있다. 이러한 등간척도에 의한 설명에서 20℃와 30℃의 차이는 40℃와 50℃의 차이와 같다. 그러나 40℃를 20℃보다 2배 덥다고 말할 수는 없다.

등간측정 방법은 측정대상을 분류하고 서열을 정할 수 있을 뿐만 아니라 범주 간의 거리의 차이를 측정할 수 있기 때문에 가감 같은 수학적 조작이 가능하다. 이러한 성격 때문에 등간측정은 연속적(continuous) 측정의 하나로 간주한다. 그러나 등간측정은 가감은 할 수 있으나 승제(multiply and divide) 같은 수학적 조작은 할 수 없다. 그러므로 앞에서 예시한 것처럼 40℃는 20℃보다 20℃만큼 더 덥다고는 할 수 있지만 2배 덥다고 말할 수는 없다.

이처럼 등간척도가 승제를 할 수 없는 이유는 이 척도가 임의의 영점(arbitrary zero point)만 갖고 있고 절대적 영점(absolute zero point)은 갖고 있지 않기 때문이다. 여기서 절대적 영점이란 "해당 속성이 전혀 없는 상태"를 의미한다. 예를 들어 0℃는 영상과 영하를 구분하는 기준점으로서의 0을 의미하는 것이지 온도가 전혀 없는 것을 의미하는 것은 아니다. 즉 0℃는 온도가 0℃만큼 있는 상태를 의미한다. 마찬가지로 IQ 지수가 0이라는 것은 전혀 지능이 없다는 것을 의미하는 것이 아니라 0만큼 있는 것을 의미한다.

등간측정이 성립하기 위해서는 명목측정과 서열측정의 성립조선 외에도 '부가성'이라는 조건이 충족되어야 한다. 부가성(additivity)이란 덧셈이나 뺄셈을 할 수 있는 것을 말한다. 이러한 부가성의 예로는 온도를 측정하여 30℃ - 20℃ = 10℃, 40℃ + 20℃ = 60℃ 등으로 표시하고 각각의 의미를 파악해내는 것을 들 수 있다.

(4) **비율측정**(ratio measurement)

비율측정은 측정대상을 분류하고, 순위를 정하고, 간격을 측정할 수 있을 뿐만 아니라 '절대적 영'을 측정할 수 있는 측정방법이다. 다시 말해, 비율측정은 명목측정, 서열측정, 등간측정 등이 갖는 모든 속성과 '절대적 영점'의 측정 가능성까지 갖춘 가장 세련된 측정방법이다.

비율측정의 강점은 가감뿐만 아니라 승제라는 수학적 조작도 할 수 있다는 것이다. 이러한 강점은 비율측정이 '절대적 영'을 지닌다는 것과 무관하지 않다. '절대적 영'이 있기 때문에 비율측정에서 4는 2의 2배가 될 수 있고 1은 10의 1/10이 될 수 있다. 이러한 성격 때문에 비율측정도 연속적(continuous) 측정의 하나로 본다.

실증연구에서는 비율측정이 가능한 자료들이 등간측정이 가능한 자료보다 더 많다. 그 이유는 바로 '절대적 영'이 존재하기 때문이다. 비율측정의 예로는 키, 몸무게, 시간, 넓이, 소득, 출생률, 사망률, 이혼율, 가족 수 등 다양하다. 비율측정에 의해 측정된 소득이 '0'일 경우 이것이 의미하는 바는 소득이 전혀 없다는 것이다. 교육이 '0'일 경우에는 교육을 전혀 받지 않은 상태라는 것이다.

3) 측정유형의 특성

위에서 살펴본 내용들을 정리하여 각 측정유형의 특징을 요약하면 〈표 5-1〉과 같다. 표에 제시된 것처럼 측정유형은 범주에 수치를 부여하는 규칙이 무엇인가에 따라 명목측정, 서열측정, 등간측정, 비율측정의 4가지 유형으로 구분된다. 또한 이들 유형은 또 다른 기준, 즉 부여된 수가 어떠한 속성(traits of number)을 갖느냐에 따라 불연속적 측정(discrete measurement)과 연속적 측정(continuous measurement)으로 구분된다. 불연속적 측정의 경계 안에는 명목측정과 서열측정이 있고, 연속적 측정의 경계 안에는 등간측정과 비율측정이 있다.

이와 같은 측정유형의 분류와 관련해서 유의해야 할 것은 다음과 같다.[13] 첫째, 측정대상을 불연속형보다는 연속형으로 측정하는 것이 더 정확하다는 점이다. 예를 들면, 소득수준은 저/중/고소득으로 나누어 측정하는 불연속성 측정보다는 50만 원, 100만 원, 130만 원 등과 같이 있는 그대로 측정하는 연속성 측정이 더 정확하게 파악할 수 있다. 연속성 측정은 이용 가능한 정보를 최대한 잃지 않고 확보한다는 이점이 있

13 정현욱, 전게서, p. 116.

다. 둘째, 불연속형 측정보다는 연속형 측정에 의해 수집된 자료가 통계 방법의 사용에 더 유리하다는 점이다. 따라서 사회현상을 관찰할 때 가능하면 연속형 측정을 동원해서 측정하고, 불가피한 경우에만 범주화 등의 불연속형 측정을 이용하여 측정하는 것이 권장된다.

〈표 5-1〉 측정유형의 특성

측정유형의 구분		특성				예
		분류	순위	등간격	절대 0점	
불연속적 측정	명목측정	○	×	×	×	성별, 직업
	서열측정	○	○	×	×	석차, 선호도
연속적 측정	등간측정	○	○	○	×	온도, IQ
	비율측정	○	○	○	○	소득, 점수

4. 변수의 측정오차

측정오차(measurement error)는 측정대상이 갖는 참값(true score)과 측정도구를 사용하여 측정한 결과 얻어진 측정값(measurement score) 사이의 불일치 정도 또는 그 차이를 의미한다. 어떤 대상의 속성에 대한 측정결과는 가능한 한 그 대상이 갖고 있는 일체의 속성을 동일구조적(isomorphic)으로 나타낼 수 있어야 한다. 그러나 측정대상이 갖는 내용과 측정의 결과는 항상 일정한 차이가 있기 마련이다.

예를 들면, 사람의 키나 몸무게 같은 관찰 가능한 속성을 측정하는 경우에도 측정도구(자와 거울)가 갖는 한계로 인해 실제 값을 완벽하게 측정하기 어렵다. 이와 마찬가지로 인간을 대상으로 하는 사회과학 연구에 사용되는 추상적인 개념을 측정할 때도 연구자가 고안한 측정도구를 적용하여 측정하고자 하는 개념의 속성을 나타내는 참값과 일치하는 측정값을 얻는 것은 거의 불가능하다.

인간을 대상으로 하는 사회과학은 가변성이 심한 인간을 대상으로 추상적인 현상을 측정해야 한다. 그렇기 때문에 사회과학은 동일한 현상에 대해 성격을 달리하는 측정도구를 적용하기도 하고, 동일한 측정도구에 응답자가 다르게 반응하기도 한다. 따라서 사회현상에 관한 연구는 연구대상의 속성을 객관적인 수치로 표현할 때마다 측정오차의 위험에 노출될 수밖에 없다. 이것은 사회과학적 연구결과의 과학성이 도전을 받는 원인이 되기도 한다.

측정오차는 체계적 오차(systematic error)와 비체계적 오차(non-systematic error)로 구분된다.

첫째, 체계적 오차는 측정대상에 대해 어떠한 영향이 체계적이고 반복적으로 미침으로써 그 오차가 항상 일정한 방향으로 나타나는 경향, 즉 모든 측정대상에 대해 측정결과가 실제 값보다 높게 나오거나 낮게 나오는 경향을 말한다. 이에 해당하는 예로, 설문 자체가 부적절해서 측정을 반복해도 현상의 본질을 파악할 수 없는 것, 응답자의 신분, 교육정도 등이 개입하여 질문을 일정한 방향으로 편향되게 해석하기 때문에 측정을 반복해도 동일한 결과가 나타나는 것 등을 들 수 있다. 타당도와 밀접한 관련이 있는 체계적 오차가 나타나는 경우 측정도구의 타당도는 저해된다.

둘째, 비체계적 오차는 측정대상의 일시적 사정이나 상황 때문에 나타나는 측정결과의 오차를 말한다. 즉 비체계적 오차는 측정도구 상의 오차는 없으나 응답자의 불안정성으로 인해 발생한다. 비체계적 오차의 특징은 오차의 유형, 크기, 방향성 등이 무작위적이라는 것이다. 이는 신뢰도와 관련된 개념으로 비체계적 오차가 나타나는 경우 측정도구의 신뢰도는 저해된다. 이에 해당하는 예로는 응답자가 순간적으로 질문내용을 잘못 이해하여 응답하는 것, 자료를 이기하는 코딩 과정에서 실수가 발생하는 것 등과 같은 일시적 오류를 들 수 있다.

앞에서 설명한 바와 같이, 사회과학은 학문적 특성으로 인해 항상 측

정오차에 노출되어 있다. 측정오차가 발생하는 원인을 정리하면 다음과 같다.[14]

첫째, 측정하고자 하는 개념을 다른 개념으로 측정함으로써 측정오차가 발생한다. 이에 해당하는 예로는 지능 정도를 측정하려고 했는데 지식 정도가 측정된 경우, 철학적 특면을 측정하려고 했는데 미학적 측면이 측정되는 경우 등을 들 수 있다.

둘째, 응답자마다 독특한 차이가 있기 때문에 측정오차가 발생한다. 예를 들면, 인종편견주의자와 그렇지 않은 사람은 동일한 문제에 반응을 달리할 수 있다는 것, 내향적인 사람과 외향적인 사람은 응답성향이 다를 수 있다는 것 등이다.

셋째, 측정환경에 따라 응답자의 응답이 달라지기 때문에 측정오차가 발생한다. 여기에 해당하는 예로는 전화 면접원이 남자인 경우와 여자인 경우에 따라 응답내용의 차이가 발생하는 것, 부부를 같은 장소에서 면접하는 경우와 각각 분리하여 면접하는 경우 응답내용에 차이가 발생하는 것 등을 들 수 있다.

넷째, 설문문항이 모호하거나 응답하기 어려운 경우, 혹은 응답자가 설문내용을 잘 모를 때 측정오차가 발생한다.

14 정현욱, 전게서, pp. 119-120.

제3절 척도

1. 척도의 정의와 종류

1) 척도의 정의

측정이란 연구대상이 지니는 속성의 크기를 나타내기 위해 측정대상에 일정한 수치를 부여하는 것이라고 정의한 바 있다. 여기에서 측정대상에 일정한 수치를 부여하기 위한 것이 측정도구이며, 몸무게를 재기 위한 저울이나 키를 재기 위한 자가 바로 측정도구의 사례라는 점을 지적한 바 있다. 그러므로 척도(scale)란 "측정대상에 대해 일정한 규칙을 적용하여 수치를 부여하는 데 필요한 도구"를 의미한다. 척도는 측정도구이며, 측정대상을 양적 변수로 전환시키는 역할을 한다.[15]

그런데 사회과학 분야의 경험적 조사연구에서 군인정신, 애국심, 안보관, 가치관 등의 개념은 단일문항(지표)으로 구성된 간단한 측정도구로는 측정하기 어렵다. 단일문항(지표)으로 구성된 측정도구는 신뢰도, 단일 차원성(uni-dimensionality) 여부, 측정도구의 오류 등의 문제를 가지고 있기 때문에 복합적 측정도구인 척도를 사용하게 된다.

척도란 논리적 또는 경험적으로 서로 연관되어 있는 여러 개의 문항 또는 지표들로 이뤄진 복합적 측정도구를 의미한다. 사회과학에서 이러한 척도를 사용하는 데는 다음과 같은 몇 가지 이유가 있다.[16]

첫째, 척도는 하나의 문항이나 지표로는 제대로 측정하기 어려운 복합적인 개념들을 측정할 수 있다.

둘째, 척도는 여러 개의 지표(또는 문항)를 하나의 점수로 나타냄으로

---

15 W. J. Goode & P. K. Hatt, 전게서, p. 258.

16 홍두승, 『사회조사분석』(서울: 다산출판사, 1992), p. 136; 김경동 · 이온죽, 『사회조사연구방법』(서울: 박영사, 1989), pp. 368-370.

써 자료의 복잡성을 덜어줄 수 있다. 예를 들어 군인정신이라는 개념을 변수화하여 그 정도를 측정하고, 다른 변수와의 상관관계를 분석한다고 하자. 복합개념인 군인정신을 측정하기 위해 사용한 다수의 개별문항(지표)을 전부 사용하여 어떤 가설을 검증하자면 분석이 매우 번거롭게 될 것이다. 따라서 개별문항들을 일정한 기준에 따라 묶어서 하나 또는 몇 개의 값을 가지고 군인정신을 측정하게 되면 자료의 복잡성이 크게 감소된다.

셋째, 두 번째 특징과 관련하여 척도의 단일차원성을 검증해볼 수 있다. 여러 개의 문항(지표)을 가지고 어떤 속성을 측정할 때, 이들 문항이 하나의 차원을 이루는 척도를 형성하는지를 검증할 수 있다. 하나의 척도는 단일차원성을 전제로 구성하는데, 복수의 측정지표를 사용하여 단일차원성 여부를 분석할 수 있다.

넷째, 복수의 지표로 구성된 척도를 사용하게 되면 단일문항(지표)을 사용하는 경우보다 측정의 오류를 줄일 수 있고, 측정의 타당도와 신뢰도를 높일 수 있다.

사회과학은 단순하고 구체적인 현상보다는 복잡하고 추상적인 현상에 더 많은 관심을 집중하고 있다. 다시 말해, 사회과학은 둘 이상의 질문문항을 이용해야만 측정이 가능한 현상을 연구한다. 이러한 배경 때문에 사회과학은 '척도'라는 말을 할 때 단일문항으로 이뤄진 측정수단보다는 복수문항으로 이뤄진 측정수단을 의미한다. 그러므로 척도란 하나의 질적 속성 또는 변수를 측정함에 있어서 하나의 문항(지표)에 의하지 않고 두 개 이상의 문항(지표)에 의한 혼합적인 측정방식을 사용하여 수행하는 경우를 의미한다.

척도가 중요한 이유는 척도가 사회과학의 과학성을 담보하는 중요한 초석이 되기 때문이다. 적절한 척도의 부재로 인해 변수에 대한 정확한 측정이 이뤄지지 않을 경우 변수를 설명하는 것, 변수 간의 관계를 분석하는 것 등이 불가능하기 때문에 사회과학의 존립 기반이 흔들리게 된다.

2) 척도의 종류

기존연구문헌에서 사용된 표준화된 척도가 있으면 그 척도를 사용하는 것이 바람직하다. 그런데 기존연구에서 타당성과 신뢰성이 검증된 측정도구(척도)를 찾을 수 없는 경우에는 연구자가 측정도구(척도)를 구성하여 사용해야 한다. 이러한 척도구성의 기술과 방법은 주로 태도 측정과 관련되어 개발되어왔다. 비교적 초기에 개발되어 자주 사용되고 있는 척도구성방법으로는 리커트 척도, 서스턴 척도, 거트만 척도, 어의차 척도, 보가더스 척도 등이 있다.[17]

(1) **리커트 척도**(Likert scale)

여러 가지 척도구성기법 중에서 가장 실용성이 높고 많이 사용되는 방법이다. 어떤 집단이 어떤 쟁점에 대해 갖는 태도를 측정하기 위해 구성되는 척도인데, 변수를 여러 개의 문항으로 측정한 후 해당 항목에 대한 측정치를 합산하여 변수에 대한 응답자의 점수를 얻어내는 방법이다. 이것은 보통 각 문항의 범주를 5~9개로 나눈 후 이들을 서열적으로 배열해놓고 응답자에게 하나를 택하도록 한다. 이것은 여러 문항에 대한 응답자의 점수를 합산하는 방식을 택하기 때문에 '총화평정척도(summated rating scale)'라도 불리기도 한다.

---

17 척도의 구성방법과 절차에 관해서는 국내외의 조사방법론 문헌에서 비교적 상세하게 언급하고 있다. 예를 들면, 김해동, 전게서, pp. 411-468; 김경동 · 이온죽, 전게서, pp. 368-392; W. J. Goode & P. K. Hatt, 전게서, pp. 261-295; 이관우, 『조사방법론』(서울: 형설출판사, 1990), pp. 296-312; 이만갑 · 한완상 · 김경동, 『사회조사방법론』(서울: 한국학습교재사, 1985), pp. 225-266 참조

〈표 5-2〉 리커트 척도의 예

척도문항	전혀 아니다	아니다	보통	그렇다	매우 그렇다
	1	2	3	4	5
1. 나는 나 자신에게 만족한다.					
2. 때때로 내가 쓸모없다고 생각한다.					
3. 나는 내가 싫어질 때가 있다.					

리커트 척도의 장점으로는 응답자 중심의 측정법이기 때문에 평가자가 필요 없어 척도구성이 간단하고 편리하다는 것, 평가자의 주관을 배제할 수 있다는 것, 항목에 대한 응답의 범위에 따라 측정의 정밀성을 확보할 수 있다는 것 등을 들 수 있다.

단점으로는 각 항목의 범주가 불연속적이어서 응답과 응답자 태도가 불일치할 수 있기 때문에 등간척도가 될 수 없다는 것, 여러 문항의 점수를 총점으로 처리하기 때문에 각 항목에서 응답자가 표현한 태도의 강도가 묻힐 수 있다는 것, 대표성 있는 응답자를 선정하기가 쉽지 않다는 것, 문항 간의 내적 일관성의 확보가 타당성의 확보를 담보하지 않는다는 것 등을 들 수 있다.

(2) **서스턴 척도**(Thurstone scale)

서스턴 척도는 어떤 사실에 대해 가장 우호적인 태도와 가장 비우호적인 태도를 나타내는 양 극단을 등간격(equal interval)으로 구분하여 여기에 수치를 부여하는 등간척도다. 서스턴 척도의 최종 형태는 각 문항마다 특정한 척도 값이 부여된 여러 개의 문항으로 구성된다. 이것은 응답자가 해당 문항에 동의하면 척도 값을 부여하고, 반대하면 0으로 처리한다. 각 문항마다 이러한 과정을 거쳐 동의한 문항에 대한 척도 값을 합산하고 평균하여 최종적으로 변수의 측정값을 구한다.

〈표 5-3〉 서스턴 척도의 예

가장 비우호적인 것 가장 우호적인 것

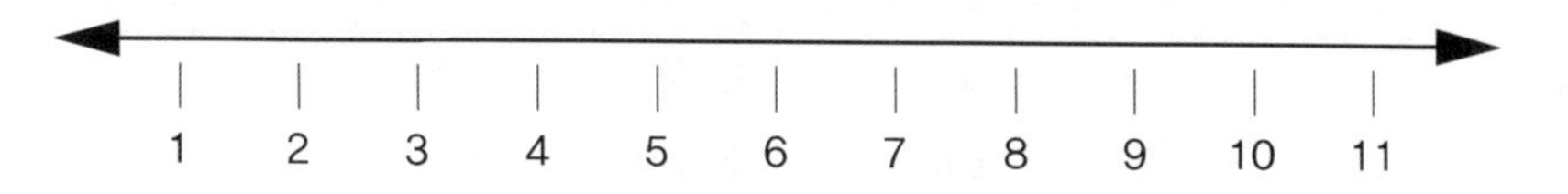

서스턴 척도의 특징은 평가자가 척도에 사용될 문항들의 척도 상의 위치를 호의성을 기준으로 판단한다는 점, 척도 값이 평가자가 판단한 척도 상의 위치를 근거로 부여된다는 점, 문항의 최종선택이 내적 일관성을 기준으로 하지 않는다는 점, 척도의 분석수준이 등간수준을 목표로 한다는 점 등이다.

서스턴 척도의 장점은 다른 형태의 서열척도보다 수준 높은 등간적 측정을 가능하게 한다는 점이다. 그럼에도 불구하고 이 척도는 최초에 문항을 구상하여 최종적으로 사용할 문항을 결정하기 위해 문항평가를 하기 위한 다수(50~100명)의 평가자(judge)가 동원되어 많은 시간과 노력이 투입되기 때문에 거의 사용되지 않고 있다.

(3) 거트만 척도(Guttman scale)

거트만 척도는 보가더스 척도를 바탕으로 체계적으로 발전시킨 것으로, 척도를 구성하는 과정에서 문항들의 단일차원성이 경험적으로 검증되도록 설계된 척도다. 이 방법은 만약 척도를 구성하는 문항들이 동일한 태도 차원을 구성하는 것이라면 이 문항들을 태도의 잠재적인 차원을 나타내는 연속체가 될 수 있도록 배치할 수 있다고 가정한다. 이와 같이 구성된 거트만 척도는 단일차원적이고 누적적(cumulative)이다. 여기서 누적적이라는 것은 강한 태도를 나타내는 문장에 긍정적인 견해를 표명한 사람은 약한 태도를 나타내는 문항에 대해서도 긍정적(또는 그 반대의 순서도 가능)이라는 논리를 적용하여 구성문항을 배열한다는 것을 의미한다.

〈표 5-4〉 거트만 척도의 예(이웃 주민에 대한 태도)

문항 / 반응자	이웃에 거주하는 것에 대한 허용	사교클럽 가입 허용	자녀와 결혼 허용	누적 총점
A	찬성(1)	찬성(1)	찬성(1)	3
B	찬성(1)	찬성(1)	반대(0)	2
C	찬성(1)	반대(0)	반대(0)	1
D	반대(0)	반대(0)	반대(0)	0
계				6

거트만 척도의 장점은 경험적 관찰과 모델의 부합도를 검토할 수 있다는 점, 응답자 개인을 서열화하기 때문에 개인 차이를 구별할 수 있다는 점, 복잡한 보정과정 없이도 서열적 수준에서 척도화할 수 있다는 점 등을 들 수 있다.

한편, 단점으로는 현실적으로 질문문항을 내용의 강도에 따라 일정한 순서로 배열하는 것이 어렵다는 점, 다차원적 측정을 위한 척도를 구성하는 것이 현실적으로 불가능하다는 점 등을 들 수 있다.

(4) **어의차 척도**(Semantic differential scale)

어의차 척도는 사람들이 개념, 대상 또는 다른 사람에 대해 어떻게 느끼는지를 간접적으로 측정하기 위해 개발되었다. 이 척도는 어떤 대상이 개인에게 주는 의미를 측정하는 방법으로 개발되었지만, 실제로는 여러 응답자가 동일한 대상을 어떻게 평가하는지를 측정하는 일종의 태도척도라고 볼 수 있다. 이 척도기법에서는 형용사를 사용하여 측정대상에 대한 주관적인 느낌을 측정한다. 대부분의 형용사는 반대말을 가지고 있으므로(예: 밝음/어두움, 단단함/부드러움, 느림/빠름) 양 극단의 반대되는 형용사를 사용하여 등급을 정하거나 척도로 사용한다. 형식면에서만 본다면, 리커트 척도와 매우 유사하다.

〈표 5-5〉 어의차 척도의 예

귀하가 시청하는 시사 프로그램에 관한 질문입니다. 해당하는 점수에 체크해주시기 바랍니다. "나는 방금 전에 시청한 시사 프로그램이……"

싫다	①-----②-----③-----④-----⑤-----⑥-----⑦	좋다
호감이 안 간다	①-----②-----③-----④-----⑤-----⑥-----⑦	호감이 간다
부정적이다	①-----②-----③-----④-----⑤-----⑥-----⑦	긍정적이다
재미없다	①-----②-----③-----④-----⑤-----⑥-----⑦	재미있다

어의차 척도의 장점으로는 연구대상을 비교하는 데 유용하다는 점, 종합적이며 경제적이라는 점, 항시 사용이 가능하고 문화적 횡단비교가 가능하다는 점, 표준화된 미터법을 사용하고 다양한 차원을 지니고 있다는 점, 전통적인 태도척도 기법들과 밀접한 관계를 맺고 있다는 점 등이다.

단점으로는 민감한 진술의 경우 응답자의 익명성을 보장해주어야 한다는 점, 일부 사람은 불편함을 느낄 수 있기 때문에 참여를 거부할 수 있다는 점, 평가대상이 되는 이슈가 30개 이내여야 한다는 점 등을 들 수 있다.

(5) 보가더스 척도(Bogardus scale)

보가더스 척도는 인종, 사회계급 같은 여러 가지 형태의 사회집단에 대한 사회적 거리(social distance)를 측정하기 위한 척도다. 이 척도는 서로 다른 인종집단의 구성원들이 다른 집단에 대해 어느 정도 우호적인지를 측정하기 위해 개발되었다. 보가더스 척도는 하나의 집단이 다른 대상 또는 집단에 대해 얼마나 거리감을 느끼는지 측정할 때 사용한다는 점에서 개인을 중심으로 집단 내 개인 대 개인 간의 친근관계를 측정하는 소시오메트리(Sociometry)와는 구별된다.

〈표 5-6〉 보가더스 척도의 예

척도문항	미국인	영국인	중국인	일본인	기타
1. 결혼하여 가족으로 받아들임					
2. 친구로 클럽에 받아들임					
3. 이웃하여 같이 지냄					
4. 같은 직장에서 일함					
5. 우리나라 국민으로 받아들임					
6. 우리나라 관광객으로 받아들임					
7. 우리나라에서 추방함					

보가더스 척도의 장점은 집단 상호 간의 사회적 거리를 측정하는 데 유용하다는 점이다. 특히 이것은 사회적 거리를 측정하는 척도에 연속체의 개념을 도입하는 데 커다란 공헌을 했다. 한편 단점으로는 문항들 간의 등간을 가정하지만 이를 경험적으로 입증하지 못한다는 점, 척도값을 구분할 수 있다고 가정하지만 실제로는 그렇지 않다는 점, 척도의 신뢰도 검증에 문제가 있다는 점 등을 들 수 있다.

2. 척도와 지표, 지수의 관계

1) 변수의 속성과 차원

척도와 지표, 척도와 지수와의 관계는 근본적으로 변수의 측정에 관한 논리의 연장선에서 살펴보아야 한다. 이 장 1절에서 변수와 척도의 관계를 간략하게 언급한 것도 일정한 규칙에 따라 측정대상(변수)에 수치를 부여하는 측정의 의미를 이해하기 위한 것이었다. 같은 맥락에서, 여기서 논의할 척도와 지표 및 지수의 관계를 이해하기 위해서는 우선 변수의 '속성'과 '차원'이라는 용어에 대한 설명이 필요하다.

속성(attribute)이란 사물의 특징이나 성질을 의미한다. 연구자의 연구대상이나 측정대상이 되는 변수는 일정한 속성들을 대표하는 것이며, 그들의 속성은 각기 특징을 가지고 있고, 그 특징적인 속성은 일정한 측정단위에 의한 계량화가 가능한 것들이다.[18] 다시 말하면, 변수는 일정한 속성들의 논리적 집합(logical groupings of attributes)이다.[19]

예를 들면, '책상'이라는 개념은 책상의 '무게'와 '높이'라는 속성적 특수성과 계량화의 가능성을 밝힐 때 하나의 변수로 취급하는 것이 가능하다. 같은 예로서, '지붕'은 하나의 개념이지 하나의 변수는 아니다. 그러나 '푸른 지붕', '붉은 지붕'이라고 하면 특수한 지붕의 속성을 나타내기 때문에 변수로 취급된다.

변수는 관계 속성을 대표하는 데 있어 두 가지 특징을 갖고 있다.[20] 첫째, 하나의 변수를 형성하는 속성들의 집합은 그 변수에 관계된 속성들을 총망라(exhaustive)해야 한다. 가령 '색채'라는 변수라면 그 속성으로 백, 청, 적, 황, 흑 등 모든 색채의 속성을 다 포함할 것이 요구된다. 둘째, 하나의 변수를 형성하는 속성의 집합은 그 변수에 관계된 속성 상호간의 중복이 있어서는 안 된다(exclusive). 이는 동일한 속성이 이중으로 포함되어서는 안 된다는 것이다. 예를 들면, '남성'이라는 변수에 남성 또는 여성의 두 속성을 대표하게 해서는 안 된다는 것이다.

차원(dimension)은 연구대상 및 개념에 있어서 '각기 독립된 기본적인 내용'을 나타내는 실상 또는 기본단위의 속성을 의미한다.[21] 즉, 차원은 개념이 갖는 의미공간에 있어 독립된 뜻을 갖는 것을 말한다. 변수를 측정한다는 의미 중 차원을 측정한다는 것은 좌표 상의 독립된 일면을 나타내는 기본내용(또는 속성)을 측정한다는 것이다.

연구자는 흔히 그 연구대상에 대한 몇 개의 차원을 측정한다. 예를

18 이관우, 전게서, p. 159.

19 E. R. Babbie, *The Practice of Social Research* (CA: Belmont, 1975), p. 87.

20 상게서, p. 88.

21 이관우, 전게서, p. 109.

들면, 한 국가가 갖는 군사력을 측정하려면 병력 수, 무기 수, 사기 그리고 전략 등을 검토하게 된다. 인간의 체력을 측정하려면 뛰는 힘, 드는 힘, 참는 힘 등을 측정한다. 차원의 측정은 기술적인 성격을 가지나 한 현상이 갖는 다원적인 측면을 측정하는 데 그 특징이 있다. 차원 측정인 경우 무엇을 측정할 것이며 또 어떻게 측정 지표를 선정할 것이냐 등의 문제는 이론적 개념을 어떻게 경험적인 지표로 바꾸는가의 문제와 직결되는 것으로 매우 중요하다.

2) 척도와 지표의 관계

사회과학에서는 추상성이 높은 개념을 측정하려고 할 때 측정대상의 차원 또는 속성을 쉽게 발견하기 어려운 것이 많다. 그러나 측정대상의 개념 또는 속성이 일단 어떤 형태로든지 규정되면 그들을 경험적으로 측정할 수 있어야 한다. 그러기 위해서는 일반적으로 그 차원 또는 속성을 적절히 대표할 수 있는 지표를 발견하지 않으면 안 된다.

지표(indicator)란 어떤 것의 존재 또는 상태 및 특성을 경험적으로 나타내는 표시물이다. 예를 들면, 월 소득이라는 변수에 대한 지표는 월급총액일 수 있고 교육수준이라는 것에 대한 지표는 대졸·고졸·중졸 등으로 나타낼 수 있다. 측정대상이 갖는 속성 또는 차원을 적절히 대표할 수 있는 지표라면 타당성과 신뢰성을 가져야 하며 용이하게 확인될 수 있어야 한다. 또한 필요에 따라 지표는 속성뿐만 아니라 속성의 관계도 나타낼 수 있어야 한다.[22]

가설에 포함된 용어들이 현상을 통해 정확하게 측정될 수 있도록 그

---

22 학자들은 지표를 개념과 측정도구로 구성된 체계로 이해하는 반면, 일반 국민은 지표라는 용어를 최종산출물인 지표통계를 의미하는 것으로 받아들이고 있다. 근래에 오면서 사회의 전체적 수준에서 국민의 삶의 상태를 계량적으로 파악하기 위해 사회지표, 경제지표 또는 정책지표를 구성하여 사용하고 있다. 일반적으로 지표체계(indicator system)란 한 체제의 조건과 변화에 대한 간결하고 포괄적이며 균형 있는 판단을 제공하는 공공 통계치(public statistics)로서 정의할 수 있다. 노화준, 『정책분석론』(서울: 박영사, 2001), pp. 426-427.

내용과 범위를 한정시키는 과정인 변수의 측정과정은 용어의 정의 → 변수와 지표의 구체화 → 변수에 대한 조작적 정의 과정을 거치게 된다.

예를 들어 설명하면, '교육'이라는 용어는 "지적 · 도덕적 훈련과 지식의 정도"로 정의할 수 있으며, 이는 다시 '학교교육', '사회교육', '가정교육'으로 세분화될 수 있다. 이렇게 용어가 정의된 다음에는 변수와 지표를 구체화하게 된다. 여기서 변수의 구체화란 용어의 정의가 담고 있는 복수의 카테고리나 가치 가운데 하나를 변수로 전환하는 것을 의미한다. 따라서 '교육'을 '학교교육의 정도'로 전환하게 된다. 지표의 구체화란 정확한 측정을 위해 변수의 추상성을 더욱 구체화하는 것을 의미한다. 그러므로 '학교교육'을 '학교교육의 연수'로 전환시키게 된다. 이렇듯 측정과정이 구체화 작업을 필요로 하는 이유는 변수가 설정되더라도 분석단위에 대한 정확한 측정을 담보할 수 없기 때문이다.

변수는 하나의 지표에 의해 측정될 수도 있지만, 이럴 경우 지표는 변수가 담고 있는 의미를 모두 포함하기에 불충분할 수 있다. 따라서 하나의 지표를 사용하여 변수를 측정하기보다는 2개 이상의 지표를 사용하는 것이 권장되기도 한다. 2개 이상의 지표에 의해 변수를 측정하는 것을 '지수' 또는 '척도'라고 부른다.[23]

3) 척도와 지수

지수(index)는 여러 항목을 결합하여 하나의 수치점수(numerical score)로 나타낸 것이다. 다시 말하면, 지수는 연구자가 하나의 구성개념에 대해 복수의 지표를 합산하거나 조합하여 하나의 점수(single score)로 전환한 것이다. 우리의 일상생활에서도 여러 가지 지수가 쓰이고 있다. 물가지수, 주가지수, 주요 범죄지수 등이 그러한 지수들이다.

---

23 넓은 의미에서 지표체계를 구성하는 '지표'라는 용어는 지표로서 나타내고자 하는 체제의 조건과 변화의 한 측면을 포착할 수 있는 개념(indicator concept), 그러한 개념을 측정하기 위한 측정도구(indicator measures), 그리고 그러한 측정도구를 적용하여 측정한 결과물인 구체적인 지표통계(indicator statistics)를 포함한다.

학술적으로도 사회경제적 지위(socio-economic status, SES), 양성평등의 정도 등을 측정하고자 하는 수많은 지수가 쓰이고 있다.[24]

척도와 지수는 사회과학이 사용하는 가장 대표적인 변수의 측정수단이다. 이 둘은 변수를 측정함에 있어서 두 개 이상의 지표(질문문항)를 결합하여 사용한다는 점, 두 개 이상의 지표를 결합시켜 하나의 측정으로 구성한다는 점, 서열변수를 측정하는 데 주로 사용된다는 점 등에서 거의 차이가 없다.

연구자는 변수를 측정하는 데 있어서 척도와 지표를 결합한다. 연구자는 보통 척도를 포함하는 몇 개의 지표를 갖는 것이 일반적이다. 그러므로 지수와 척도를 상호교환적으로 사용하고 있다.

그러나 척도와 지수는 분명한 차이점을 갖고 있다.[25] 척도는 연구자가 하나의 구성개념의 강도, 방향, 수준 또는 잠재력을 포착하기 위해 사용하는 측정도구다. 척도는 응답자의 반응 또는 관찰결과를 하나의 연속선상에 배치한다. 하나의 척도는 하나의 지표 또는 문항을 사용할 수도 있고, 여러 개의 지표 또는 문항을 사용할 수도 있다. 그리고 대부분 순서수준의 측정을 갖는다. 지수는 어떤 개념의 지표들을 하나의 점수로 나타내고자 한다. 합계점수는 여러 지표의 단순 합이다. 지표는 대부분 등간 혹은 비율수준의 측정을 갖는다.

특히 척도와 지수는 문항에 점수를 할당하는 방식에서 차이가 있다. 척도는 척도를 구성하는 속성의 특성에 따라 상이한 점수를 할당하는 반면, 지수는 지수를 구성하고 있는 각 개별속성에 대해 점수를 균등하게 할당한다. 이러한 차이로 인해 척도는 지수보다 더 많은 정보를 제공

24 물가지수(price index)는 대표적인 몇 가지 품목의 가격을 합산하여 전반적인 물가수준의 변동을 하나의 값으로 나타낸다. 주가지수는 여러 가지 품목의 주식시세를 합산하여 주식시장을 하나의 지수 값으로 나타낸다. 사회경제적 지위 지수는 개인 또는 가족단위의 사회계층적 위치를 나타내는 측정값이며, 직업, 학력, 가계소득을 나타내는 지표를 합산한 복합지수의 값으로 나타낸다. 학생들의 성적평점(GPA)도 일종의 지수다. 성적평점은 학생들이 여러 과목에서 나타낸 학업성취도를 합산하여 하나의 수치로 나타낸 것이다.

25 박희서 · 김구, 『사회복지조사방법론』(서울: 비앤엠북스, 2006), p. 192.

할 수 있을 뿐만 아니라 척도를 구성하는 속성들 사이에 존재하는 강도 구조(intensity structure)를 용이하게 파악하게 해준다.[26]

3. 척도의 신뢰도와 타당도

연구자가 척도를 구성하고 나면 구성한 척도가 반복적으로 측정해도 동일한 결과를 얻을 수 있는지, 그리고 측정대상과 척도가 부합하는지를 확인해야 한다. 이러한 확인이 필요한 이유는 2절에서 살펴본 바와 같이 어떠한 척도를 사용한다 하더라도 항상 측정오차의 가능성이 존재하기 때문이다.

1) 신뢰도

신뢰도(reliability)란 어떤 척도를 동일한 현상에 반복해서 적용했을 때 같은 결과를 가져올 수 있는 정도를 의미한다. 측정을 반복할 때 동일한 측정결과를 가져온다면 측정결과를 예측할 수 있고, 따라서 안정성이 높다고 할 수 있다.[27]

이러한 맥락에서 셀티즈(Selltiz)는 측정의 신뢰도를 "측정하고자 하는 현상을 일관성 있게 측정하는 능력"을 의미하는 것으로 정의한다.[28] 즉, 동일한 측정개념(또는 현상)에 대해 측정을 반복했을 때 동일한 측정값을 얻을 확률을 말한다. 신뢰도가 낮을 경우 측정과정이 불규칙적이고, 불안하고, 일관성이 없는 결과가 나타난다. 신뢰도가 높을 경우 측정

26 척도가 갖는 이러한 강점 때문에 사회과학연구는 변수를 측정하기 위해 지수보다는 척도를 사용할 것을 권장한다. 그러나 실제 연구는 척도보다 지수를 훨씬 더 많이 활용하고 있다. 그 이유는 척도의 작성이 지수의 작성보다 훨씬 복잡할 뿐만 아니라 때로는 불가능하기 때문이다.

27 김광웅, 전게서, p. 177.

28 Claire Selltiz, Lawrence S. Wrightsman, Stuart W. Cook, 전게서, p. 182.

과정 또는 측정수단 그 자체의 특성 때문에 하나의 지표에 의해 산출되는 수치로 나타난 결과의 변화가 거의 없다.

경험적 연구에서 신뢰도가 중요한 이유는 연구결과의 질적 수준과 해석에 직접적인 영향을 미치기 때문이다. 신뢰도의 중요성을 정리하면 다음과 같다.[29]

첫째, 신뢰도는 척도의 타당도를 확보하기 위한 전제조건이 된다. 신뢰도가 전제되지 않으면 척도의 타당도를 확인하는 것은 의미가 없다.

둘째, 신뢰도는 측정결과의 불일치가 발생한 근본적인 원인을 알려줄 수 있다. 척도의 신뢰도가 높은 것이 확인되었음에도 불구하고 수집된 자료에서 측정결과의 차이가 나타난다면, 그것은 무작위적 오차에서 비롯된 것이 아니라 체계적 오차에서 비롯된 것이라는 것을 암시한다.

신뢰도를 검증하는 방법으로는 주로 재검사법(test-retest method), 복수양식법(multiple forms technique), 반분법(split-half method), 내적일관성 분석법(internal consistency analysis) 등이 사용된다.

2) 타당도

타당도(validity)란 측정하고자 하는 것을 얼마나 실제에 가깝게 측정하고 있는가 하는 정도로서, 측정도구가 측정대상의 본질을 규명하는데 적합한 정도(goodness-of-fit)를 의미한다. 다시 말하면, 척도가 변수의 의미를 파악해내는 정도를 말한다. 이런 정의에 의하면, 어떤 척도가 의도한 것을 측정하지 못하고 대신 부적절한 것을 측정하게 되면 그 척도는 낮은 타당도를 갖게 된다.

타당도는 측정결과를 변수에 대한 추론의 기반으로 수용할지 여부를 결정하는 기준이 된다. 타당도가 높은 척도를 사용한 측정결과는 변수의 본질을 추론하는 준거로 해석된다. 이러한 해석은 사회과학의 특

29 정현욱, 전게서, pp. 139-140.

성과 밀접한 관련이 있다. 사회과학은 현상을 간접적으로 측정하고 그 결과를 토대로 추론해서 현상의 본질을 규명하기 때문에 타당도가 이런 의미를 담지 않으면 사회과학의 존립 기반이 위협받을 수 있다. 따라서 사회과학은 타당도를 변수에 대한 추론의 근거로 삼는다.

타당도가 실증적 연구에서 중요한 이유는 다음과 같다.[30]

첫째, 타당도는 척도의 적합성에 대한 판단을 할 수 있는 중요한 기제(instrument)다. 타당도는 척도와 측정대상 간의 적합성의 정도를 확인시켜줌으로써 연구자에게 척도에 대한 확신을 줄 수 있다.

둘째, 타당도는 척도의 정확성에 의미를 부여한다. 이런 맥락에서 보면, 타당성은 척도가 측정하고자 하는 개념이나 속성을 얼마나 정확히 반영하느냐의 정도를 나타내므로 결국 측정개념에 대한 개념적 정의와 조작적 정의의 타당성을 의미한다고 할 수 있다.

척도의 타당도를 검증하는 방법은 타당도에 영향을 미칠 수 있는 체계적 오차를 발견해야 하는 것이므로 매우 복잡하다. 검증방법으로는 주로 내용타당도(content validity), 기준타당도(criterion-related validity), 구성타당도(construct validity) 등이 사용되고 있다.

3) 신뢰도와 타당도의 관계

앞에서 살펴본 바와 같이 신뢰도는 "측정할 것을 정밀하게 측정했는가?" 하는 문제와 관련된 것이고, 타당도는 "측정하고자 했던 내용을 측정했는가?" 하는 문제와 관련된 것이다. 신뢰도와 타당도는 척도를 평가하기 위한 별개의 기준이다. 신뢰도와 타당도가 별개의 기준이라는 것은 이들의 동반적 관계(신뢰도가 높아지면 타당도도 높아지는 관계)보다는 상반적 관계(신뢰도가 높더라도 타당도는 낮을 수 있는 관계)를 통해 잘 나타난다.

---

30 정현욱, 전게서, p. 145.

신뢰도는 타당도의 필요조건이며 타당도보다는 갖추기 쉽다. 그러므로 신뢰도의 수준에 따라 타당도를 평가할 것인지 여부가 결정된다. 만약 신뢰도가 낮으면 타당도에 대한 평가를 하지 않는다. 신뢰도가 일정 수준에 도달한 것을 확인하게 되면 예외 없이 타당도를 평가하게 된다.

어떤 척도가 신뢰도가 높다고 하더라도 반드시 타당도가 높다고는 할 수 없다. 즉 하나의 척도로 여러 번 측정하여 동일한 결과가 나올 수 있겠지만, 그 결과가 반드시 그 구성개념의 정의와 일치한다고 볼 수는 없다. 일반적으로 신뢰도와 타당도는 보완적인 개념이지만 특수한 상황에서는 서로 충돌할 수 있다. 경우에 따라서는 신뢰도가 높아짐에 따라 타당도가 낮아지기도 하며, 그 반대의 경우도 있다.

측정도구(척도)가 매우 정확하고 관찰 가능할 때 신뢰도가 높아질 수 있다. 그러므로 추상적인 개념의 핵심적 요소와 이를 구체적으로 측정하는 방법 간에는 긴장관계가 존재할 수 있다. 추상적인 개념에 대해 매우 정확한 설문지의 질문문항을 개발하면 반복측정 시 신뢰할 수 있는 측정값을 얻을 수는 있지만 그 개념의 주관적인 측면에서의 핵심요소를 놓칠 수도 있다. 한편, 전문적 관찰자가 직접 면접을 통해 자료를 수집하면 타당도가 높은 결과를 얻을 수 있지만, 신뢰도는 낮아질 수 있다. 그러므로 측정의 신뢰도와 타당도의 문제는 9장에서 살펴볼 자료수집 방법과 관련시켜서 고찰해야 한다.

제2부

질적 연구

제6장

사례연구

사례연구는 개인, 집단, 조직, 사회, 정치, 그리고 관련된 여러 현상에 대한 이해와 지식을 제공하는 데 사용되는 것으로 일찍이 심리학, 사회학, 정치학, 인류학, 사회사업, 경영, 교육, 공동체 계획 등 다양한 분야에서 보편적인 연구방법으로 사용되고 있다. 사례연구는 군사학을 연구하는 데 있어서 매우 유용한 방법이다. 군사학 연구에서도 서베이나 통계적 방법이 아니라면 사례연구방법이 보편적으로 사용될 수 있다. 이 장에서는 먼저 군사학을 연구하는 방법으로서 사례연구가 무엇인지를 살펴보고, 사례연구의 종류, 사례연구 수행방법, 그리고 이러한 연구방법이 갖는 한계와 유용성에 대해 알아볼 것이다.

박창희(국방대학교)

현재 국방대학교 군사전략학과 교수로 미 해군대학원(NPS)에서 국가안보학 석사학위, 고려대학교에서 국제정치학 박사학위를 취득했다. 주요 경력으로 고려대학교 강사, 아태안보연구소(Asia-Pacific Center for Security Studies) 정책연수, 국방대학교 안보문제연구소 군사문제연구센터장, 국방대학교 교수부 교육기획처장을 역임한 바 있다. 연구 관심분야는 전쟁 및 전략, 중국 군사, 군사전략 등이며, 주요 저서 및 논문으로 『중국의 전략문화』(2015), 『군사전략론』(2013), 『현대 중국 전략의 기원』(2011), "중국의 군사력 현황 평가"(2013), "북한급변사태와 중국의 군사개입전망"(2010), "전략의 패러독스"(2009), 『미일중러의 군사전략』(2008, 공저), "Why China Attacks"(2008), "Significance of Geopolitics in the US-China Rivalry"(2006) 등이 있다.

사례연구는 개인, 집단, 조직, 사회, 정치, 그리고 관련된 여러 현상에 대한 이해와 지식을 제공하는 데 사용되는 것으로, 일찍이 심리학, 사회학, 정치학, 인류학, 사회사업, 경영, 교육, 공동체 계획 등 다양한 분야에서 보편적인 연구방법으로 사용되고 있다. 사례연구는 군사학을 연구하는 데 있어서 매우 유용한 방법이다. 군사학 연구에 있어서도 서베이나 통계적 방법이 아니라면 사례연구방법이 보편적으로 사용될 수 있다. 이 장에서는 먼저 군사학을 연구하는 방법으로서 사례연구가 무엇인지를 살펴보고, 사례연구의 종류, 사례연구 수행방법, 그리고 이러한 연구방법이 갖는 한계와 유용성에 대해 알아볼 것이다.

제1절 사례연구: 개념과 유형

사례란 실생활에서 벌어지는 실제 현상을 의미한다.[1] 창업사례, 경영사례, 리더십 사례, 수험생이나 취업생의 성공사례 등이 이에 해당한다. 군사학 분야에서도 북한의 군사적 도발, 쿠바 미사일 위기, 베트남 전쟁, 그리고 9·11테러 등 사례는 무수히 많다. 이러한 사례는 모두가 6하 원칙에 입각하여 서술될 수 있으며, 통상 사회과학과 군사학에서 다루는 사례들은 역사적 사례들로서 학자들에 의해 역사적 사실로 정리되고 해석된다. 즉 시계열적으로 본다면 사례는 대개 과거의 시점에 발생한 것이며, 역사적으로 전후 문맥을 갖추고 있다.

연구하고자 하는 사례는 반드시 적실성을 갖춰야 한다. 제2차 세계대전이나 한국전쟁에 대한 역사기록이 모두 옳은 것은 아닐 수 있다. 역

1 Robert K. Yin, 신경식 · 서아영 역, 『사례연구방법』(서울: 한경사, 2011), p. 45.

사기록은 그것을 기술하는 역사가들의 인식과 성향에 따라 굴절되어 나타날 수 있기 때문이다.[2] 따라서 역사적 사례를 선택할 때는 다양한 자료를 검토함으로써 가장 객관적인 사실을 받아들일 수 있도록 해야 한다. 예를 들어, 독일의 전격전에 대해 많은 학자들이 성공적이라고 평가하는 반면, 어떤 학자들은 우연 혹은 신화라고 평가할 수도 있다. 이에 대해 전격전을 연구하는 사람은 가장 객관적이고 적실하게 기록된 역사적 사례를 연구해야만 타당한 결론에 도달할 수 있을 것이다.

사례연구란 사례, 즉 "실생활에서 벌어지는 실제 현상"에 대해 조사하는 실증적인 연구다. 이때 사례연구는 드러난 현상을 다루는 데 있어서 두 가지 관점에서 유용하다. 하나는 현상을 야기한 정황 또는 맥락을 이해할 수 있다는 점이다.[3] 서베이나 실험의 경우에는 통계를 위한 현상만 다룰 뿐 정황은 고려하지 않지만, 사례연구는 주요 정황조건들에 대한 이해를 통해 실생활에서 나타난 현상을 더욱 깊게 이해할 수 있다. 다른 하나는 현상에 대한 다수의 변수 간의 관계를 심도 있게 분석할 수 있다는 점이다. 현상을 야기한 변수들을 추정하고 변수관계를 파악함으로써 새로운 결과를 도출할 수 있다. 사례연구에서는 다양한 자료들로부터 증거를 수집해야 하는데, 이를 위해서는 먼저 이론적 명제 혹은 가설을 설정한 뒤 이에 필요한 자료를 추적하는 것이 바람직할 것이다.[4]

그렇다면 사례연구에는 어떠한 유형이 있는가? 군사학이 과학으로서의 학문적 성격을 갖는다면 사례연구는 '군사이론'과 관련하여 어떠한 유형으로 구분해볼 수 있는가? 이에 대해서는 다음 6가지를 들 수 있다.[5]

2 E. H. 카, 김택현 역, 『역사란 무엇인가』(서울: 까치, 2003), p. 38.

3 이노우에 다쓰히코, 송경원 역, 『왜 케이스 스터디인가』(서울: 어크로스, 2015), pp. 32-33.

4 Robert K. Yin, 신경식 · 서아영 역, 『사례연구방법』, pp. 45-46.

5 아렌트 레이프하트, "비교정치연구와 비교분석방법", 『비교정치론 강의 1: 비교정치연구의 분석논리와 패러다임』(서울: 한울아카데미, 1992), pp. 39-43.

〈표 6-1〉 사례연구의 유형과 특징

구분	사례연구 유형	이론과의 관계
사례 중심	① 비이론적 사례연구	이론과 무관하게 역사적 관점에서 사례만 분석
	② 해석적 사례연구	이론을 통해 사례를 이해하나 이론에 대한 평가는 미실시
이론 중심	③ 가설검증 사례연구	사례를 통해 가설을 검증함으로써 이론 창출
	④ 이론확증용 사례연구	사례를 통해 가설을 검증함으로써 기존이론 확인
	⑤ 이론논박용 사례연구	사례를 통해 가설을 검증함으로써 기존이론 반박
	⑥ 예외 사례연구	예외적 현상을 보이는 사례를 통해 기존이론 수정

첫째는 비이론적 사례연구(atheoretical case study)다. 이러한 사례연구는 군사학 이론보다는 사례 자체에 대한 관심 때문에 수행되는 연구다. 따라서 비이론적 사례분석은 '역사학적 연구'와 유사하게 역사적 사실을 서술하는 데 충실하며, 군사학 이론과는 아무런 상관 없이 진행된다. 즉 비이론적 사례연구는 이미 검증된 이론에 의거하지도 않고, 이론화 작업을 위한 일반적 가설을 설정하지도 않는다. 그야말로 이론적 진공상태에 있는 셈이다.[6]

비이론적 사례연구는 이론적 가치를 갖고 있지 않지만 기본적으로 자료정보를 수집하는 작업이라는 측면에서 가치가 있다. 이러한 자료정보는 이후에 이뤄지는 다른 사례연구를 통해 이론정립에 기여하게 된다. 가령 중국혁명전쟁에서 마오쩌둥이 어떻게 국민당 군대를 상대로 싸워 이겼는지를 연구하기 위해서는 중국혁명전쟁사에서 나타난 중국공산당과 국민당 간의 전쟁사를 살펴보고, 이를 역사적 관점에서 주요 사건을 중심으로 서술할 수 있다. 이는 바로 마오쩌둥의 인민전쟁전략이나 지구전전략이라는 주제에 관한 자료정보를 제공하게 될 것이며, 향후 이러한 주제에 대한 사례를 연구하는 데 기여하게 될 것이다.

둘째는 해석적 사례연구(interpretive case study)다. 해석적 사례연구

6 아렌트 레이프하트, 전게논문, p. 40.

도 사례 자체에 대한 관심에서 비롯된다는 점에서 비이론적 사례연구와 유사하다. 그러나 이 연구는 기존에 이미 정립된 이론에 의거하여 진행된다. 즉, 이 연구는 한편으로 기존에 제시된 이론에 비추어 개별 사례를 분석하는 데 주안을 두기 때문에 비이론적 사례연구와 다르지만, 다른 한편으로는 이론화 작업과 관계없이 개별 사례를 들여다보는 데 주안을 둔다는 측면에서 비이론적 사례연구와 유사하다.[7] 예를 들어, 마오쩌둥의 중국혁명전쟁을 리델하트의 '간접접근전략' 혹은 앙드레 보포르의 '간접전략'이론에 입각하여 연구할 수 있다. 이 경우 간접접근전략이론이나 간접전략이론은 마오쩌둥의 중국혁명전쟁을 이해하고 해석할 수 있는 하나의 틀을 제공할 뿐, 이러한 사례연구를 통해 그러한 이론을 검증하거나 수정하지는 않는다.

셋째로는 가설검증 사례연구(hypotheses-generating case study)가 있다. 이는 기존의 이론과 다른 새로운 군사학 이론을 창출할 수 있는 가장 대담한 형태의 연구방법이다. 이러한 연구는 다소 모호한 잠정적 가설에서 출발하여 좀 더 명백한 가설을 정립한 후, 이를 다수의 사례에 적용하여 검증하는 형식을 갖춘다. 따라서 한 번의 연구로 완성될 수도 있으나, 여러 번의 연구로 나누어 진행할 수도 있다. 먼저 수차례의 연구를 통해 가설을 구체화한 후, 본격적으로 사례연구를 통해 이론화작업을 수행한다.[8]

이러한 연구의 목적은 기존이론이 존재하지 않는 분야에 새로운 이론을 창출하는 데 있다. 가령, 약한 행위자가 강한 행위자를 상대로 전쟁에서 승리하는 요인을 분석한다면, 연구자는 우선 약한 행위자의 '지연소모전략'이 승리요인이라는 가정하에 여러 개의 가설을 설정할 수 있으며, 이러한 가설을 중국혁명전쟁, 베트남 전쟁, 쿠바혁명 등의 사례에 적용해봄으로써 이를 입증하고 새로운 이론을 만들 수 있다. 즉, 가설검증

7 아렌트 레이프하트, 전게논문, pp. 40-41.

8 아렌트 레이프하트, 상게논문, p. 41.

사례연구는 가설의 설정 및 검증을 통해 새 이론을 만들어가는 연구다.

넷째는 이론확증용 사례연구(theory-confirming case study)다. 이는 기존에 제시된 이론을 특정 사례에 적용해봄으로써 기존의 이론을 입증하고 설명력을 더욱 높이기 위한 연구다. 이 경우 사례연구는 기존이론에서 제시하고 있는 가설들의 일부 혹은 전부를 검증하게 되며, 이러한 가설들이 입증됨으로써 기존이론의 적실성을 다시 한 번 입증하게 된다. 앞에서 언급한 해석적 사례연구가 이론적 틀에 맞추어 사례를 이해하기 위한 것이라면, 이와 달리 이론확증용 사례연구는 사례를 통해 기존의 이론을 확증하는 데 초점을 맞춘다.[9]

다섯째는 이론논박용 사례연구(theory-infirming case study)다. 이는 이론확증용 사례연구와 상반된 연구로서, 기존이론의 가설 가운데 일부 혹은 전부를 사례연구를 통해 검증한 결과 입증에 실패함으로써 기존의 이론이 갖는 설명력을 약화시키는 연구다. 물론, 하나의 사례연구로서 기존이론이 기각되지는 않지만, 이러한 연구들이 누적되어 쌓이고 급기야 대안적 이론이 나오게 되면 기존이론은 적실성을 잃게 된다.[10]

마지막으로 여섯째는 예외 사례연구(deviant case study)다. 이는 기존에 밝혀진 가설 또는 이론에서 벗어나는 사례를 연구하는 것으로, 왜 특정한 사례가 예외적 현상을 보이는가를 규명하는 데 목적이 있다. 이러한 사례연구는 기존의 가설과 이론을 약화시키며, 동시에 보다 설명력 있는 수정된 이론을 제공할 수 있다. 즉, 예외 사례연구는 가설검증 사례연구와 마찬가지로 이론적으로 큰 가치를 지닌다.[11]

이와 같이 6가지 사례분석 가운데 처음에 제시된 비이론적 사례연구와 두 번째의 해석적 사례연구는 이론의 정립과 관련 없이 사례 자체에 주안을 둔 것이고, 나머지 네 개는 이론의 정립 혹은 발전을 목적으

9 아렌트 레이프하트, 전게논문, p. 41.

10 아렌트 레이프하트, 상게논문, pp. 41-42.

11 아렌트 레이프하트, 상게논문, p. 42.

로 한다. 이 가운데 특히 가설창출용 사례연구와 예외 사례연구는 새로운 이론 창출에 가장 크게 기여할 수 있다.[12] 누구든지 사례연구를 할 경우 이 가운데 하나의 유형을 선택할 수밖에 없다. 마찬가지로 군사학 연구자도 사례를 연구한다면 이러한 6가지 유형 가운데 하나가 될 것이므로 자신이 이 가운데 어떠한 연구를 하고 있는지 이해하고 사례를 분석해야 할 것이다.

제2절 사례연구의 종류

사례연구는 많은 사례를 연구할수록 더 정확한 연구결과를 얻을 수 있다. 가령 전쟁의 원인이 무엇인지를 연구한다면 고대로부터 근대 그리고 현대에 이르는 모든 전쟁을 샅샅이 분석할 때 가장 설득력 있는 연구결과를 얻을 수 있을 것이다. 그러나 들여다볼 사례의 수가 항상 많은 것은 아니다. 연구주제가 특정 분야로 좁혀지고 연구자가 관심을 갖는 변수가 복잡하게 얽힐 경우에는 그에 부합한 사례가 몇 개 되지 않을 수 있다. 예를 들어, 농촌의 토지혁명과 공산혁명의 성공 간의 관계를 연구하거나, 전쟁과 농민 민족주의와의 관계를 연구할 경우 그 사례는 중국이나 베트남 또는 쿠바의 사례 정도로 한정될 수 있다. 또한 전략폭격과 상대국 국민의 전쟁의지 약화 간의 관계를 연구하는 사례도 제2차 세계대전이나 베트남 전쟁 정도가 될 것이다.

물론, 사례가 많다고 반드시 더 정확한 연구결과가 보장되는 것도 아니다. 몇 개의 사례를 심도 있게 분석하는 것이 더 많은 사례를 피상적으

---

12 아렌트 레이프하트, 전게논문, p. 42.

로 분석하는 것보다 훨씬 가치가 있기 때문이다.[13] 하나의 사례라도 연구가 심도 있게 진행된다면 다수의 사례를 연구하는 것 못지않게 풍부한 이론적 성과를 낼 수 있다. 예를 들어, 쿠바 미사일 위기 사례 하나로도 억제, 강압외교, 위기관리, 협상, 정책결정, 지도자의 개성 등 많은 이론을 개발할 수 있는 것과 마찬가지다.[14]

사례연구는 통상적으로 연구하고자 하는 사례의 수에 따라 단일사례연구(single case study)와 다중사례연구(multiple case study)로 나누어진다. 이때 다중사례연구에서 각각의 사례를 서로 비교하여 유의미한 결과를 도출할 수 있는데, 이를 비교사례연구(comparative case study)라고 한다. 즉, 사례연구는 크게 한 개의 사례를 연구하는 단일사례연구, 두 개 이상의 사례를 다루는 다중사례연구, 그리고 두 개 이상의 사례를 서로 비교하는 비교사례연구로 구분된다.

사례연구를 설계하는 기본 유형은 〈그림 6-1〉과 같이 4가지로 나누어볼 수 있다. 즉, 단일사례이면서 단일한 분석단위의 연구, 단일사례이면서 분석단위가 복합적인 연구, 다중사례이면서 단일한 분석단위의 연구, 그리고 다중사례이면서 분석단위가 복합적인 연구가 있을 수 있다. 여기에서 분석단위란 사례를 통해 분석하고자 하는 개념 또는 변수를 의미한다.[15] 예를 들어, 제2차 세계대전 당시 독일의 군사전략을 분석할 경우 전격전이라는 개념 하나로 접근한다면 단일분석단위를 갖는 것이며, 전격전, 전략폭격 그리고 정치심리전 등을 동시에 분석한다면 복합분석단위를 갖는 것으로 볼 수 있다.

---

13 Alexander L. George, "Case Studies and Theory Development: The Method of Structured, Focused Comparison," Paul Gordon Lauren, ed., *Diplomacy: New Approaches in History, Theory, and Policy* (New York: Free Press, 1979), p. 50.

14 Alexander L. George, *Case Studies and Theory Development*, pp. 50-51.

15 Robert K. Yin, 신경식 · 서아영 역, 『사례연구방법』, pp. 90-91.

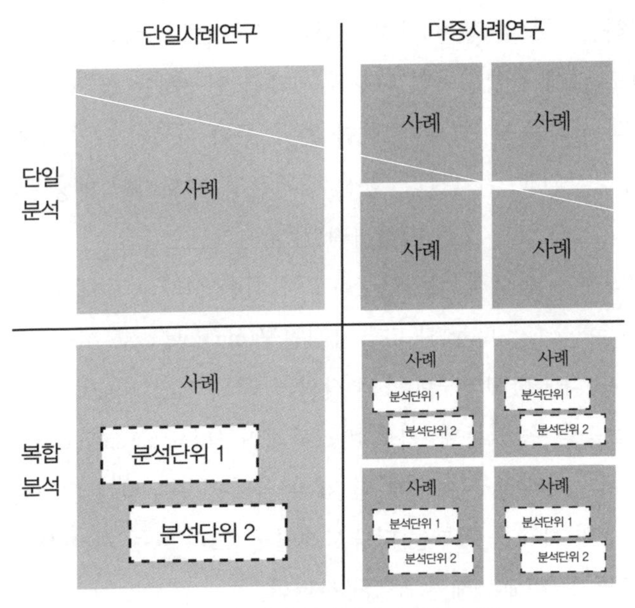

〈그림 6-1〉 사례연구설계의 기본 유형

1. 단일사례연구

단일사례를 연구할 때 첫째로 이론과 관계없이 사례만 다룰 수 있고, 둘째로 이론과 결부지어 연구할 수도 있다. 우선 연구자가 단일사례연구방법을 선택하는 이유는 사례 그 자체에 관심이 있기 때문일 수 있다. 가령 한국전쟁에서 북한의 군사전략에 관심을 갖고 이를 분석하려는 연구자는 당연히 한국전쟁만을 사례로 들여다보아야 할 것이다. 비록 중국혁명전쟁 같은 다른 사례를 언급할 수도 있으나 핵심은 한국전쟁에서 북한의 군사전략이 될 것이다. 이 경우 연구자는 앞에서 살펴본 것처럼 이론과 전혀 관계없이 역사적 측면에서 북한의 군사전략을 들여다볼 수도 있고(비이론적 사례연구), 아니면 기동전략이나 간접접근전략이라는 이론적 관점에서 북한의 사례를 이해할 수도 있다(해석적 사례연구).

물론, 단일사례라도 이론과 결부지어 연구를 진행할 수 있다. 가령 리델하트의 간접접근전략의 적실성을 연구하기 위해 제2차 세계대전에서 독일의 전격전 같은 대표적인 사례를 하나 선정하여 분석할 수 있다. 그리고 그 결과로 이론적 함의를 도출하고 간접접근전략의 설명력을 높이거나 낮출 수 있다(이론확증용 혹은 이론논박용 사례연구). 이외에도 단일사례연구는 쿠바 미사일 위기 사례와 같이 한 국가의 정책결정과 관련한 새로운 이론을 창출할 수 있으며(가설검증 사례연구), 제4세대 전쟁이론과 같이 예상치 않은 상황에서 나타나는 현상을 가지고 새로운 이론을 제기할 수도 있다(예외 사례연구).

단일사례연구는 한 번의 실험과 유사하다. 즉, 자신의 논지 혹은 검증하고자 하는 가설을 하나의 사례를 통해 입증한다. 따라서 유의미한 연구결과를 얻기 위해서는 좋은 사례를 선정하는 것이 중요하다. 비록 하나의 사례라 하더라도 쿠바 미사일 위기와 같이 그 사례가 이론을 검증하기 위한 모든 조건을 갖춘 경우 기존의 이론을 확인하거나, 반박하거나, 그 이론을 확장할 수 있기 때문이다. 하나의 사례가 대다수의 사례를 대표하는 전형적인 경우 혹은 하나의 사례가 다른 사례와 달리 매우 독특한 경우에도 사례연구는 각각의 유의미한 결과를 기대할 수 있다.[16]

단일사례연구는 단일분석단위를 가질 수도 있고 복합분석단위를 가질 수도 있다. 한국전쟁 당시 북한의 군사전략으로서 기동전략만을 분석한다면 전자에 해당한다. 이는 북한이 춘천지역을 돌파하고 한강 이남지역으로 기동하여 전방의 국군을 포위한다는 전략이 어떻게 형성되었고 이행되었는지, 그리고 그 결과는 어떠했는지를 분석하는 것으로 분석은 북한의 '기동전략' 하나로 수렴된다. 이와 달리 단일사례연구는 두 개 이상의 분석단위를 가질 수 있다. 북한의 군사전략을 분석할 때 전방지역에서의 기동전략과 함께 남한 후방지역에서의 인민봉기라는

16 Robert K. Yin, 신경식 · 서아영 역, 전게서, pp. 91-96.

두 개의 요소를 가지고 분석할 수 있다. 이 경우 사례는 하나이지만 두 요소에 의한 분석이 이뤄지게 된다.

2. 다중사례연구와 비교사례연구

다중사례연구는 두 개 이상의 사례를 들어 연구자의 주장이나 검증하고자 하는 가설을 입증하는 연구방법이다. 다중사례연구는 여러 사례를 사용하기 때문에 일반적으로 단일사례연구보다 논리가 탄탄하고 설득력이 있는 것으로 받아들여진다.[17] 한 개의 사례를 보는 것보다 두 개의 사례를 보는 것이 더 충실한 연구가 될 가능성이 높기 때문이다. 또한 기존의 가설 혹은 새로 설정된 가설을 한 번 검증해보는 것보다 두 번 검증해보는 것이 더 정확할 것이기 때문이다.

다중사례연구는 단일분석단위를 가질 수도 있고 복합분석단위를 가질 수도 있다. 만일 연구자가 역사적으로 기동전략의 성공 요인을 분석한다면, 그는 그러한 요인으로 하나의 요인을 설정하여 집중적으로 분석하거나 여러 가지 요인을 설정하여 다각적으로 볼 수도 있다. 예를 들어, 연구자는 기동전략의 대표적인 사례로 제2차 세계대전 시 독일군의 전격전 사례와 1991년 미군의 걸프전 사례를 선정할 수 있다. 이때 연구자가 기갑부대에 의한 기동력에 주안을 두고 독일군과 미군의 사례를 연구한다면 단일분석단위 연구가 될 것이며, 기동력 외에 양동, 기습, 우회기동, 심리전 등의 요소를 추가로 분석한다면 복합분석단위 연구가 될 것이다.

다중사례연구의 다른 유형으로 비교사례연구를 들 수 있다. 즉, 두 가지 이상의 사례를 비교하여 가설을 검증하고 유의미한 이론적 결과를

17 Robert K. Yin, 신경식 · 서아영 역, 전게서, pp. 101-102.

도출한다. 다중사례연구는 두 개의 사례를 연구하지만 이러한 사례들은 가설 또는 이론의 타당성을 검증하기 위해 선택된 각각의 다른 사례일 뿐 두 사례 간에 아무런 연관성을 갖지 않는다. 즉, 기동전략에 관한 가설과 개별 사례 간의 관계만 있을 뿐 독일 사례와 미국 사례 간의 관계는 없다. 그러나 비교사례연구는 각각의 다른 사례를 직접 비교해보는 방식이다. 즉, 기동전략에 관한 가설을 제시하고 이러한 가설을 중심으로 독일군의 전격전과 미국의 걸프전 사례를 비교하여 유사한 점과 다른 점을 식별함으로써 유의미한 이론적 함의를 도출한다.

여기에서 다중사례연구와 비교사례연구의 차이점을 좀 더 살펴보자. 먼저 다중사례연구의 경우 〈그림 6-2〉에서 보는 것처럼 각각의 가설을 두 개 이상의 사례를 통해 들여다보지만 각 사례를 비교하는 것은 아니다. 이때 두 개 이상의 사례는 하나의 사례만 보는 것보다 가설을 검증하는 데 더욱 정확성을 기할 수 있다는 장점을 갖는다. 물론, 사례 1이 세 개의 가설을 충족한 반면 사례 2의 경우 일부 가설을 입증하지 못할 수도 있다. 이 경우에 연구자는 그러한 이유를 분석해야 할 것이며, 두 개의 사례에서 공통적으로 입증된 가설만을 취해 기존의 이론 혹은 새로운 이론을 수정해야 할 것이다.

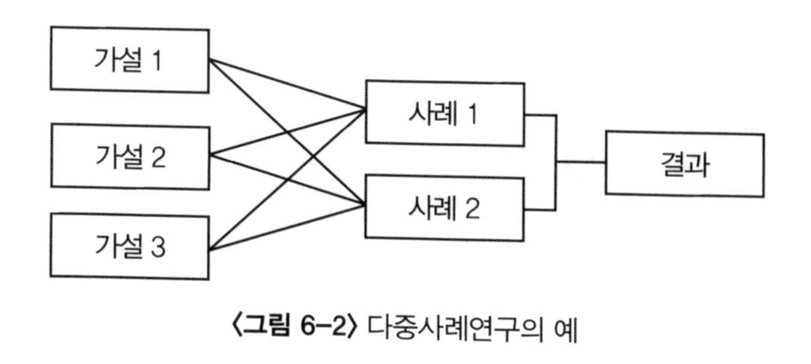

〈그림 6-2〉 다중사례연구의 예

다음으로 비교사례연구의 경우 〈그림 6-3〉에서 보는 것처럼 각각의 가설을 두 개 이상의 사례를 통해 검증하는 것은 다중사례연구와 동일하다. 그러나 각각의 사례에서 나타나는 차이점과 유사점을 서로 비교하고 그 원인과 의미를 규명한다는 측면에서 차이가 있다. 즉, 다중사례연구에서 각각의 사례는 가설을 독립적으로 검증하는 역할을 하지만, 비교사례연구에서 각 사례는 가설을 검증함과 동시에 서로 비교의 대상이 됨으로써 뭔가 유의미한 결과를 얻는 데 사용된다. 이때 중요한 것은 이러한 사례비교를 통해 "변수들 간의 실증적 관계를 발견"할 수 있다는 것이다.[18] 비교 과정에서 사례 1이 세 개의 가설을 충족한 반면 사례 2의 경우 일부 가설대로 결과가 나오지 않을 수 있다. 이 경우에 연구자는 왜 두 개의 사례에서 차이점 혹은 유사점이 발생했는지를 분석하고 이를 토대로 기존 가설 및 이론을 수정하거나 새로운 이론으로 발전시킬 수 있다.

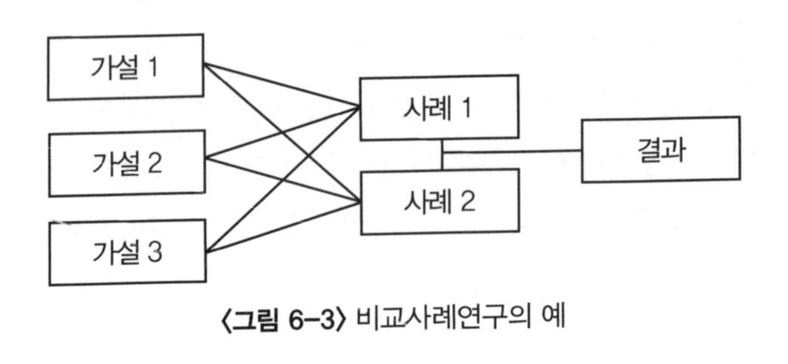

〈그림 6-3〉 비교사례연구의 예

3. 비교사례연구방법

비교사례연구를 수행하는 방법에는 두 가지가 있다. 하나는 최대유사체계이고 다른 하나는 최대상이체계다. 최대유사체계란 유사한 대상 혹은 사례를 비교하는 것으로, 사례 간의 많은 유사성에도 불구하고 나타

---

18 아렌트 레이프하트, 전게논문, p. 25.

나는 일부 상이성이 종속변수에 어떠한 영향을 주는지를 본다. 〈표 6-2〉에서 보는 바와 같이 사례 1과 2는 Y와 y라는 다른 결과를 보이고 있다. 이를 알아보기 위해 독립변수 A, B, C, D를 선정하여 두 개의 사례를 분석할 때 A, B, C는 두 사례에 모두 공통적으로 작용하고 있는 반면, 변수 D는 사례 1과 사례 2가 다르게 작용하고 있음을 알 수 있다. 또한 종속변수는 사례 1과 사례 2에서 각각 다른 결과를 나타내고 있음을 알 수 있다. 결국, 이 두 사례는 많은 유사성에도 불구하고 변수 D라는 상이성에 의해 각각 Y와 y라는 다른 결과를 보이고 있다고 결론지을 수 있다.[19]

〈표 6-2〉 최대유사체계의 논리

	사례 1	사례 2	
변수 A	A	A	사례 간 유사성
변수 B	B	B	
변수 C	C	C	
변수 D	D	d	사례 간 상이성
종속변수 Y	Y	y	

↓

사례 간 상이성 D → Y

예를 들어, 독일의 전격전과 북한의 기동전략이 유사한 형태를 보이고 있지만 독일은 성공(Y)한 반면 북한의 작전은 실패(y)로 돌아갔다. 그 원인을 분석하기 위해 몇 개의 가설을 설정하고 이를 입증하기 위해 필요한 변수를 선정할 수 있다. 대략 전차의 기동력(A), 양동과 기만(B), 후방교란(C), 후속전투력의 집중(D) 등을 변수로 선정했다고 가정하자. 이 경우 사례연구를 진행한 결과 전차의 기동력, 양동과 기만, 후방교란 등

19 김웅진, 『비교정치연구의 분석전략과 디자인: 통칙생산의 기본규준을 중심으로』(서울: 일신사, 1995), p. 95.

의 요소는 독일과 북한의 작전에서 공통적으로 적용되었으나, 후속전투력의 집중 면에서 독일은 충족한 반면 북한의 경우 주공인 춘천지구 돌파에 충분한 전투력을 집중하지 못했음을 알 수 있다. 결국 독일과 북한의 기동전략이 각각 성공과 실패로 귀결된 것은 후속전투력의 유무에 따른 것이었다고 결론지을 수 있다.

최대상이체계는 유사성이 없는 사례를 다수 선택하여 비교연구를 진행한다. 〈표 6-3〉에서 보는 바와 같이 사례 1, 2, 3은 모두 같은 결과를 보이고 있다. 이를 알아보기 위해 선정된 독립변수 A, B, C, D를 각 사례를 통해 분석한 결과 대부분의 변수가 각기 다르게 작용한 반면 변수 D가 공통적으로 작용했음을 알 수 있다. 그리고 각 사례는 서로 유사성이 거의 없음에도 불구하고 종속변수가 Y로 동일한 결과를 보이고 있음을 알 수 있다. 결국, 이 사례들은 많은 차이점에도 불구하고 각각 공통적으로 D라는 변수가 작용하여 Y라는 동일한 결과를 보이고 있음을 알 수 있다. 즉, D라는 요소가 Y라는 결과를 야기하는 것으로 결론지을 수 있다.[20]

〈표 6-3〉 최대상이체계의 논리

		사례 1	사례 2	사례 3
독립변수	A	A	a	a
	B	b	b	B
	C	c	C	C
	D	D	D	D
종속변수	Y	Y	Y	Y

↓

D → Y

20 김웅진, 전게서, p. 97.

리델 하트의 간접접근전략이론을 예로 들 수 있다. 리델 하트는 유럽 역사에 결정적인 영향을 미친 30개의 전쟁에서 있었던 280개의 전역 가운데 6개의 전역을 제외한 거의 모든 전력이 간접접근전략에 의해 승리할 수 있었다고 주장했다.[21] 그의 연구방법 가운데 몇 개의 사례를 취해 이러한 논리를 역으로 구성할 수 있다. 이러한 사례는 강대국, 중견국, 약소국 등 서로 다른 행위자들이 참여한 전쟁을 선택하고, 전역승리의 요건을 이루는 변수로 각 국가의 정치사회적 안정(A), 경제력(B), 군사력의 우열(C), 군사전략(D) 등을 선정할 수 있다. 그리고 사례연구결과 리델 하트의 연구에서 많은 사례로 제시된 것처럼 전역의 승리, 나아가 전쟁의 승리(Y)에 결정적으로 영향을 주는 변수는 다름 아닌 간접접근이라는 군사전략(D)이었다는 결론을 내릴 수 있다.

제3절 사례연구 수행방법

사례연구를 수행하는 방법은 앞에서 언급한 6가지 유형에 따라 조금씩 달라진다. 사례 자체에 관심을 둘 경우 변수관계를 엄격하게 규정한 가설을 설정하거나 검증할 필요가 없으며, 대개 단일사례연구를 수행하게 된다. 반면 이론을 창출하는 연구의 경우에는 엄격한 가설을 설정하고 변수관계를 입증해야 하며, 두 개 이상의 사례를 분석하거나 비교연구를 수행하기도 한다. 이러한 연구는 1단계로 사례연구 구상, 2단계로 사례분석, 3단계로 이론적 함의를 도출하는 순서로 이뤄진다. 여기에서는 군사학 이론을 창출하는 데 가장 대담한 방법인 '가설검증 사례연구

21 바실 리델 하트, 주은식 역, 『전략론』(서울: 책세상, 1999), p. 213.

(hypotheses-generating case study)'를 예로 들어 설명하기로 한다.

1. 1단계: 사례연구 구상

연구자는 사례연구에 들어가기 전에 어떻게 연구를 수행할 것인지를 구상해야 한다. 이는 연구를 설계할 때 이뤄지는 것으로, 특별히 사례연구를 위해서는 ① 연구질문 구체화, ② 연구의 목적 설정, ③ 가설과 변수의 구체화, ④ 적절한 사례의 선정 및 사례연구방법 결정, 그리고 ⑤ 인과관계 도출을 위한 변이 방법 및 데이터 충족 방법이 고려되어야 한다.

첫째로 연구자는 역사적 사례와 관련한 연구질문을 구체화해야 한다. 만일 연구자가 중국의 대외정책에서 보이는 호전적인 모습에 관심을 갖고 그 이유를 알고자 한다면 냉전기의 중국 역사를 읽어보고 왜 중국이 주변국에 대해 빈번하게 군사력을 사용하는지에 대해 의문을 가질 수 있다. 그리고 연구자는 "왜 중국은 주변국을 공격하는가?"라는 질문을 던질 수 있다. 즉, "중국은 항상 대외적으로 평화적이고 방어적인 대외정책을 추구한다고 하면서 냉전기 동안 왜 다른 국가들보다 더 많이 무력을 사용했는가?"라는 질문을 제기할 수 있다. 리델 하트의 간접접근전략에 대해 관심을 갖고 있는 연구자가 이 이론을 통해 제2차 세계대전 사례를 분석하고 간접접근전략이론의 적실성을 평가할 수 있다. 이 경우 연구질문은 "독일군은 어떻게 1939년 프랑스 공격에 성공할 수 있었는가?"가 될 것이다.

둘째는 연구의 목적을 설정한다. 연구자는 자신의 연구가 어떠한 목적으로 이뤄지는지를 알고 연구에 착수해야 한다. 이는 앞에서 언급한 6가지 사례연구의 유형에 관한 것으로, 수행하려는 연구가 과연 새로운 이론을 창출하기 위한 연구인지 아니면 기존의 이론을 강화하거나 기각하기 위한 것인지, 아니면 단순히 관심 있는 사례를 더욱 심도 있게 이해하기 위한 것인지를 결정해야 한다. "왜 중국은 주변국을 공격하는가?"라는 연구에 착수하면서 기존에 이에 대한 논의가 이론적 수준으로 발전하지 않았거나 기존의 이론이 있더라도 이에 만족하지 못할 경우 새로운 이론을 창출하는 연구를 시도할 수 있다. 반면에 독일의 전격전을 연구하는 경우 기존의 간접접근전략이론의 적실성을 확인하거나 이론을 약화시키는 연구가 될 것이다.

셋째는 가설과 변수를 구체화한다. 처음에 연구질문을 제기했을 때 연구자는 그러한 질문에 대한 잠정적 결론을 갖게 된다. 연구질문을 던진다는 것은 곧 많은 자료검토를 통해 기존의 연구를 확인한 후 이전에 제시되지 않거나 이미 제시되었더라도 자신이 달리 생각하는 문제에 대한 연구의 필요성을 제기한다. 따라서 연구자는 이미 이에 대한 답을 어느 정도 얻은 상황에서 연구를 시작하게 된다. 만일 연구질문에 대한 잠정적 결론 혹은 논지가 명확히 서지 않았다면 아직 연구에 착수할 준비가 되지 않은 것이다.

연구자가 생각하는 잠정결론 혹은 주요 논지는 곧 가설로 구체화된다. 예를 들어, 왜 중국이 주변국을 공격하는지에 대한 잠정결론이 "중국이 당면한 지전략적 취약성" 때문이라고 한다면 '중국의 취약성'이라는 개념을 바탕으로 가설을 구성할 수 있다. 여기에서 가설은 "중국이 지전략적으로 취약해질수록 주변국에 대한 중국의 무력사용 가능성이 높아진다"로 설정할 수 있다. 가설은 개념과 개념의 관계, 혹은 변수와 변수의 관계를 규정한다. 다만 개념은 너무 덩치가 크고 사례에서 정확히 측정하기 어렵기 때문에 좀 더 작은 단위인 변수로 나눌 필요가 있다. 즉, 가설에서 핵심 개념인 '지전략적 취약성'은 너무 모호하여 측정하기 어렵기 때문에 이를 몇 개의 변수로 나눠야 한다. '지전략적 취약성'을 변수화하면 ① 주변국의 적성화, ② 주적(미국과 소련)의 지역 영향력 확대, ③ 주변국과 주적의 중국 포위 위협으로 나눌 수 있다. 그리고 이렇게 설정된 세 개의 변수는 독립변수로서 종속변수인 중국의 무력사용 가능성과 함께 다음과 같이 세 개의 하위 가설을 구성하게 된다.

- 가설 #1: 주변국이 적성화될수록 중국의 지전략적 취약성은 증가하고 중국의 대주변국 무력사용 가능성은 증가한다.
- 가설 #2: 주적이 주변지역으로 영향력을 확대할 경우 중국의 지전략적 취약성은 증가하고 중국의 대주변국 무력사용 가능성은 증가한다.
- 가설 #3: 주변국과 주적이 반중연대를 결성할 경우 중국의 지전략적 취약성은 더욱 증가하고 중국의 대주변국 무력사용 가능성은 증가한다.

이때 각각의 독립변수와 종속변수 간의 관계를 보편적이고 실증적으로 규명하기 위해서는 검증 대상이 아닌 다른 모든 변수를 통제, 즉 상수화해야 한다.[22] 만일 위의 세 가설에 포함되지 않은 다른 변수를 통제하지 않는다면 종속변수에 진정으로 영향을 준 변수가 무엇인지 알 수 없기 때문이다. 가령 위의 3가지 변수를 검증하기 위해 사례를 분석하는 데 '우방국(동맹)의 지원'이라는 변수가 작용할 수 있다. 만일 우방국의 지원이 가능하다면 지전략적 취약성은 줄어들 것이므로 이러한 연구에서 또 다른 변수로 고려할 수 있다. 따라서 사례를 선정할 때는 우방국의 지원이 이뤄지지 않거나 약한 사례를 선정하고, 이러한 요소가 약하므로 변수로 고려하지 않는다는, 즉 상수로 본다는 입장을 명확히 해야 한다. 만일 우방국의 지원이 두드러질 경우에는 이를 변수에 포함시켜 분석해야 할 것이다.

22 아렌트 레이프하트, 전게논문, p. 26.

넷째는 적절한 사례를 선정하고 사례연구방법을 결정한다. 사례는 해당 주제에 부합한 사례를 선정해야 한다. 억제이론을 연구할 경우에는 미국의 대소련 핵억제 또는 한국의 북한도발 억제 같은 억제사례를 선정해야지 쿠바 미사일 위기 같은 강압외교 사례를 선정해서는 안 된다. 또한 사례는 변수를 측정하기 용이한 사례로 선정해야 한다. 연구자가 설정한 가설은 실제로 연구를 진행하면서 측정해야 할 변수가 포함된 것이므로 이러한 변수들이 어떻게 변화하는지를 식별하기 용이한 사례를 선정하는 것이 바람직하다. 예를 들어, 주변국에 대한 중국의 무력사용 사례는 위에서 설정한 가설을 고려하여 한국전쟁, 중인전쟁, 중소국경분쟁, 중월전쟁 등을 고려할 수 있다.

연구대상이 되는 사례들을 선정한 다음에는 사례연구방법을 결정해야 한다. 모든 사례를 볼 수도 있고, 일부 사례 혹은 하나의 사례로 한정해볼 수도 있다. 다수의 사례를 연구할 경우 각각의 사례를 독자적으로 볼 수도 있고, 이들을 비교하여 유사성과 차이점을 볼 수도 있다. 다음의 2단계 사례분석에서는 한국전쟁과 중월전쟁 두 개의 사례를 샘플로 연구하되, 비교방법이 아닌 다중사례연구방법을 적용해보도록 한다.

다섯째는 인과관계 도출을 위한 변이 방법과 데이터 충족 가능성을 판단한다. 아무리 좋은 사례라도 변수관계의 변화를 볼 수 없다면 가설검증을 할 수 없다. 또한 변수를 측정하기 위해서는 질적 및 양적 데이터가 가용해야 한다. 이러한 문제를 해결하기 위해서는 결국 사례의 선정이 중요한데, 역사적으로 충분히 규명되지 않은 최신 사례의 경우 이러한 문제에 직면할 수 있다. 반면 관련 국가에서 비밀을 해제하고 역사가들에 의해 사실이 정리된 사례의 경우 이러한 문제가 해소될 수 있다.

중국의 무력사용과 관련하여 변이 방법은 앞에서 제기한 세 개의 하위가설을 통해 이뤄질 수 있다. 즉 한국이나 베트남 등 주변국이 적성화되기 이전과 적성화될 가능성이 높아지는 상황, 그리고 적성화된 상황을 식별할 수 있고, 이러한 상황변화 속에서 중국의 무력사용 결정 여부를 파악한다면 가설검증이 가능할 것이다. 나머지 두 개의 가설도 마찬가지다. 이 과정에서 질적 및 양적 데이터는 대부분 각국의 비밀해제 문서, 공간사, 각종 연구자료 등 역사적으로 규명된 사실들을 통해 충족할 수 있을 것이다.

2. 2단계: 사례분석

제1단계로 사례분석에 대한 구상이 완료되면 이제 본격적으로 사례연구에 들어갈 수 있다. 여기에서는 사례연구를 진행하는 한 예를 들어보기로 한다. 연구질문은 "왜 중국은 주변국을 공격하는가?"이고, 이에 대한 잠정적인 결론은 "지전략적 취약성"이다. 이에 대한 세부적인 가설은 앞에서 제시한 바와 같다. 연구사례는 앞서 언급했듯이 한국전쟁과 중월전쟁이며, 이러한 사례를 통해 세 개의 변수, 즉 ① 주변국의 적성화, ② 주적의 영향력 확대, ③ 주변국과 주적의 중국 포위 여부가 중국의 지전략적 취약성을 심화시켜 무력사용 결정으로 이어지는지를 보는 것이 핵심이다. 만일 이러한 세 변수가 작용하여 중국의 무력사용 행위를 낳았다면 '지전략적 취약성'이 높아질수록 중국의 전쟁 가능성은 높아지는 것으로 결론지을 수 있다. 즉, 중국의 무력사용과 관련한 하나의 새로운 이론이 완성된다.

1) 한국전쟁 사례

- 가설 #1 검증: 주변국이 적성화될수록 중국의 지전략적 취약성은 증가하고 중국의 대주변국 무력사용 가능성은 증가한다.

한국전쟁이 발발하기 전까지 중국의 안보에 핵심적인 주변은 한반도가 아니라 대만이었다. 그러나 1950년 6월 25일 한국전쟁이 발발하면서 상황은 변화하기 시작했다. 급기야 9월 15일 인천상륙작전으로 한반도 전세가 뒤집어지면서 미군의 38선 돌파 여부는 중국의 안보와 관련하여 최대의 현안으로 떠올랐다. 이제 중국지도부는 핵심적 주변국인 북한이 붕괴하고 한반도가 적성화될 가능성에 대해 우려하지 않을 수 없었다.

10월 2일 마오쩌둥은 고위간부들을 소집하여 중국의 한국전쟁 개입 여부를 논의하기 시작했다. 마오쩌둥은 다음과 같이 한반도의 적성화가 가져올 위협을 낱낱이 열거했다. 첫째, 한반도가 미국의 수중에 떨어진다면 중국은 약 1,000마일에 이르는 북중 국경선을 수비해야 하는 부담을 안게 된다. 국경선을 따라 수많은 인원과 장비가 무한정 주둔해야 함은 물론, 중국의 산업 중심지인 만주지역이 미국의 군사적 위협에 노출될 것이다. 둘째, 미국은 압록강에 도달한 이후 어떠한 구실로든 중국을 침략할 것이다.[23] 이때 북한은 중국대륙 침략을 위한 발판이 될 것이며, 미군은 랴오닝 성을 거쳐 베이징을 공격할 수 있고 해상으로 보하이(渤海) 만을 통해 쉽게 톈진과 베이징에 위협을 가할 수 있다. 셋째, 한반도가 아니더라도 장차 대만과 베트남에서 미국과의 군사적 충돌이 불가피하다면 한반도에서 전쟁을 하는 것이 더 유리하다. 지리적으로 소련으로부터의 지원이 용이하며, 한반도 북부의 산악지대는 미군의 기계화부대와 지상화력의 효과를 감소시켜줄 것이기 때문이다.[24]

이렇게 볼 때 중국은 핵심적 주변인 북한이 붕괴되어 한반도 전체가 적성화될 것을 우려했음을 알 수 있다. 즉, 마오쩌둥은 완충지대인 북한지역이 적성화될 경우 미국과 군사적으로 대치해야 하므로 지전략적으

---

23 楚云, 『朝鮮戰爭內幕』(北京: 時事出版社, 2006), p. 116; Goncharov, Sergie N., John W. Lewis and Xue Litai, *Uncertain Partners: Stalin, Mao, and the Korean War* (Stanford: Stanford University Press, 1993), p. 180.

24 Hao Yufan and Zhai Zhihai, "China's Decision to Enter the Korean War: History Revisited," *The China Quarterly*, Vol. 121 (March 1990), pp. 106-107.

로 불리한 입장에 처할 것을 우려하여 한국전쟁에 개입할 것을 결정한 것이다.

• 가설 #2 검증: 주적이 주변지역으로 영향력을 확대할 경우 중국의 지전략적 취약성은 증가하고 중국의 대주변국 무력사용 가능성은 증가한다.

한국전쟁이 발발하기 전까지 미국의 영향력은 일본과 필리핀을 잇는 선으로 한정되는 것처럼 보였다. 한반도와 관련하여 미국은 1949년 6월 말까지 500여 명의 군사고문단을 제외한 4만 5,000명의 주한미군을 한국에서 철수시켜 다른 지역으로 재배치했다. 또한 미국은 장제스 정권에 대한 노골적 지원이 자칫 중국과 소련의 관계를 강화하는 빌미를 제공할 수 있다고 판단했으며, 이에 따라 트루먼은 1950년 1월 5일 미국이 대만에 군사기지를 설치하거나 이권을 얻으려 할 의향이 없음을 공식적으로 밝혔다. 그리고 미국은 인도차이나에 대해 반식민주의 정책을 추구함으로써 1950년 1월까지 중립적인 입장을 견지하고 있었다.

그러나 한국전쟁이 발발한 직후인 6월 27일 트루먼은 한반도에 대한 군사개입을 실시하고 대만에 7함대를 파견하여 중립화할 것을 선언했다. 이로써 미국의 영향권은 도서방위선을 넘어 중국의 영향권이 될 것으로 예상된 한반도와 대만으로 확대되기 시작했다. 이와 함께 간과해선 안 될 것은 트루먼이 한반도 및 대만에 대한 개입을 선언하면서 인도차이나에 주둔하고 있는 프랑스군에 대한 군사적 지원을 강화할 것임을 밝혔다는 사실이다. 1950년 초까지만 해도 인도차이나에 대해 중립적 입장을 견지하던 미국은 그해 1월 중국과 소련이 호치민 정부를 인정하자 다음달 남베트남의 바오다이 정부를 인정했고, 6월부터 군사적 · 경제적 지원을 제공해오고 있었다. 한국전쟁 발발을 기점으로 미국은 한때 관심 밖에 두었던 한반도, 대만, 인도차이나에 대해 본격적으로 영향력을 확대하기 시작했다. 저우언라이가 언급한 것처럼 한반도 문제는 동아시아 문제를 해결하는 열쇠로서 단순히 한반도에 국한된 문제가 아니라 대만 및 인도차이나와 관련되어 있었다.

결국, 중국의 한국전쟁 개입은 최초 일본과 필리핀에 머물 것으로 예상된 미국의 영향권이 도서방위선을 넘어 한반도와 대만으로 확대되었기 때문에 이뤄진 것으로 볼 수 있다. 중국은 한반도에 대한 영향력을 상실할 경우 북동지역, 동중국해 그리고 동남지역으로부터 미국의 군사적 위협이 가중될 것이라는 지전략적 고려에 따라 군사적 개입을 선택하지 않을 수 없었다.

- 가설 #3: 주변국과 주적이 중국을 포위할 경우 중국의 지전략적 취약성은 더욱 증가하고 중국의 대주변국 무력사용 가능성은 증가한다.

미국의 한국전쟁 개입과 대만 중립화 조치는 중국을 전략적으로 포위하는 결과를 가져왔다. 미국이 대만을 점령한 상황에서 한반도 또는 인도차이나로 진출할 경우 대만과 함께 2면 또는 3면에서 중국을 포위하게 될 것이며, 장차 미국과의 군사적 대결에서 지전략적으로 불리한 위치에 놓일 수 있었다. 즉, 전략적 세 지점—대만, 인도차이나, 한반도—가운데 대만이 적의 수중에 놓이게 된 이상 다른 두 지점이 미국의 수중에 들어간다면 중국으로서는 전략적으로 매우 불리한 입장에 처하지 않을 수 없었다. 따라서 인도차이나와 한반도는 양면전쟁을 회피하기 위해 반드시 확보해야 할 절대적인 목표가 되었으며, 이 가운데 한반도는 지전략적으로 중국의 안보에 핵심적인 지역으로 우선순위가 높았다.

2) 중월전쟁 사례

- 가설 #1: 주변국이 적성화될수록 중국의 지전략적 취약성은 증가하고

중국의 대주변국 무력사용 가능성은 증가한다.

이전까지 혈맹관계였던 중국과 베트남은 1975년 4월 베트남 통일 이후 4년 동안 치명적일 만큼 적대적인 관계로 변화했다. 1969년 국경 분쟁 이후 소련과의 갈등이 격화되자 마오쩌둥은 소련의 패권주의에 대항하는 제3세계 연대를 공식적으로 제기하고 여기에 베트남을 끌어들이려 했다. 베트남은 어느 한쪽의 편을 드는 정책을 거부하고 중립을 유지하려 했으나, 시간이 지나면서 점차 전폭적인 경제지원을 제공하는 소련에 더욱 의존하지 않을 수 없게 되었다. 1977년 말부터 베트남과 소련 간의 관계가 급속히 발전하는 동안 중월관계는 화교문제, 국경문제, 그리고 베트남-소련의 동맹조약 체결 등으로 인해 악화되어갔다. 1978년 12월 베트남의 캄보디아 침공은 중국의 우방국에 대한 공격으로 베트남이 중국의 적성국이 되었음을 보여주는 사건이었다.

- 가설 #2: 주적이 주변지역으로 영향력을 확대할 경우 중국의 지전략적 취약성은 증가하고 중국의 대주변국 무력사용 가능성은 증가한다.

인도차이나에서 미군이 철수한 후 소련은 아시아에서 집단안보체제를 구축할 것을 주장하며 인도차이나에 대한 영향력을 확대하기 시작했다. 1976년 라오스가 아시아 집단안보체제 구상을 지지하자 소련은 2,400만 달러의 차관과 함께 대대적인 인프라 건설을 지원해주었다. 중국은 이러한 소련의 접근에 대해 동남아 국가들을 위성국으로 만들고 패권을 행사하려는 음모로 간주했다. 인도차이나에 대한 소련의 영향력은 1977년 9월 베트남의 코메콘(COMECON) 가입 결정으로 인해 크게 강화되었다. 코메콘 가입은 단순한 경제협력이 아니라 사회주의 건설을 위한 협력으로, 이는 곧 소련의 정책을 지지하고 동참하겠다는 의미를 갖는다.

이러한 상황에서 베트남과 소련 간에 동맹조약이 체결된 것은 이 지역에 대한 소련의 영향력을 강화시킬 수 있었다. 소련은 베트남의 호전적 행동을 부추김으로써 중국의 주변, 특히 중국의 뒷마당에 군대를 주둔시키고 동남아시아에 대한 영향력을 확대하려 했다. 중국은 자국의 전통적 영향권이 더 이상 잠식당하는 것을 묵과할 수만은 없게 되었다. 베트남과 소련으로 하여금 인도차이나에서 영향력을 확대—가령 태국으로 전쟁을 확대—하는 것을 더 이상 보고만 있지 않겠다는 것을 경고한 것으로 볼 수 있다.

• 가설 #3: 주변국과 주적이 반중연대를 결성할 경우 중국의 지전략적 취약성은 더욱 증가하고 중국의 대주변국 무력사용 가능성은 증가한다.

소련은 베트남으로부터 군사기지를 확보하고 관계를 강화함으로써 중국을 포위해나갔다. 1976년 하이퐁(Haiphong) 항 인근에 연료를 재보급하고 선박을 정비할 수 있는 항만시설을 건설하고, 캄란 만의 항만과 공군기지를 사용할 수 있는 권리를 획득했다. 1977년 7월, 21명의 소련 군사대표단이 다낭(Da Nang)과 캄란 만을 비밀리에 방문하여 기지 사용을 위한 사전답사를 실시했다. 이에 대해 중국은 "동남아에서 항구와 군사기지를 획득하는 것은 소련이 침략과 팽창을 추진하기 위한 노력의 일환"이라고 비난했다. 중국은 베트남과 소련에게 단호한 메시지를 전달하지 않을 수 없었다.

3. 3단계: 이론적 함의 도출

이와 같이 볼 때 중국의 한국전쟁 개입 사례는 앞에서 제기한 세 개의 가설이 타당함을 입증한다. 가설 #1에서 제시된 바와 같이 핵심적 주변인 북한의 적성화는 미국과 군사적으로 대치하는 결과를 가져옴으로써 중국의 지전략적 취약성을 증가시킬 수 있었다. 가설 #2와 관련하여 전통적 영향권인 한반도 및 대만에 대한 중국의 통제력 약화와 이에 대한 미국의 영향력 증대는 상대적으로 중국으로 하여금 더 큰 군사적 압력에 직면하도록 함으로써 지전략적으로 불리한 입장에 처하도록 했다. 또한 한국전쟁이 발발한 이후의 상황은 한반도, 대만, 인도차이나에서 미국이 중국을 전략적으로 포위하여 양면전쟁 또는 삼면전쟁을 강요하는 형국을 조성했으며, 가설 #3에서 제시한 바와 같이 중국의 지전략적 취약성을 더욱 심화시켰다. 이러한 결과로 중국은 더욱 불리한 입장에 처하는 것을 방지하기 위해 한국전쟁에 개입하여 북한지역을 확보하지 않을 수 없었다.

마찬가지로 중국의 베트남 공격 사례도 세 개의 가설을 입증하고 있다. 가설 #1과 같이 핵심적 주변국인 베트남의 적성화는 '등 뒤의 비수'로 작용할 만큼 중국의 지전략적 취약성을 증가시켰다. 가설 #2와 관련하여 인도차이나에 대한 베트남과 소련의 영향력 강화는 상대적으로 중국의 영향력을 약화시켰으며, 이는 중국의 안보에 직접적인 위협으로 작용했다. 또한 소련의 전략적 포위, 즉 중국의 북방과 남방을 통한 양면에서의 군사적 압박은 가설 #3에서 제기한 바와 같이 중국의 취약성을 더욱 증가시키는 요인으로 작용했다. 결국 중국은 가설 #1, 2, 3에서 제기된 지전략적 취약성이 더욱 심화되는 것을 방지하기 위해 베트남에 대한 제한된 공격에 나서지 않을 수 없었다.

사례연구의 결과 중국은 지전략적으로 취약성을 느낄수록 오히려 주변국에 대해 군사력 사용에 나설 가능성이 높다는 것을 보여준다. 즉,

중국의 사례에서 '지전략적 취약성'과 '전쟁의 원인' 간의 인과관계를 입증할 수 있으며, 국가의 무력사용 혹은 전쟁 발발에 관한 새로운 이론으로 제시할 수 있다.

이러한 이론은 기존의 이론과 유사한 측면과 상반된 측면을 동시에 갖고 있다. 우선 취약성이 오히려 전쟁을 야기한다는 주장은 기존에 보편적으로 알려진 '전환이론(divergenary theory)'과 유사하다. 전환이론이란 과거 일본이 임진왜란을 일으켰듯이 내부적으로 취약한 상황에서 내부의 불만을 외부로 전환하기 위해 다른 국가를 공격할 수 있다는 것이다. 이 두 이론은 모두 취약한 상황이 전쟁을 야기한다는 점에서 공통점을 갖는다.

그러나 이 이론은 세력균형이론과 다른 입장에 서 있다. 세력균형이론에 의하면 어느 한 세력이 강화되어 균형이 깨지기 전에는 전쟁이 일어나지 않는다고 본다. 즉, 강한 국가가 현상을 변경시키고 패권을 장악하기 위해 약한 국가를 상대로 전쟁을 한다는 것이다. 패권전이론도 이러한 입장이다. 심지어 세력균형이론과 다른 패권안정론도 강한 국가가 패권을 장악하고 있는 한 전쟁은 일어나지 않는다고 본다. 그런데 취약성이 전쟁을 야기한다는 이론은 세력균형이론, 패권전이론 그리고 패권안정론과 다른 주장을 펴고 있다.

여기에서는 단순히 이론적 함의를 어떻게 도출하는지 예시하는 만큼 구체적으로 각 이론을 분석할 필요는 없다. 다만 사례연구를 통해 나온 결론이 다른 이론과 어떻게 다르고 유사하며, 왜 그런지를 적시해주어야 할 것이다. 또한 새로운 이론이 다른 이론과 충돌한다면 어떠한 조건하에서 좀 더 적실성을 갖는지를 밝혀줄 수 있을 것이다.

제4절 맺음말: 사례연구의 한계와 유용성

군사학을 연구하는 데 있어서 사례연구방법은 보편화되어 있지만 여기에는 엄연한 한계도 있다. 첫째로 사례별로 역사적 사실과 해석이 다를 수 있다. 가령 중국의 한국전쟁 개입을 연구할 때 중국의 군사개입 원인을 보는 시각이 다양할 수 있다. 학자들에 따라 그 원인을 혁명, 안보, 소련의 사주 등 다양하게 보고 있기 때문이다. 이 경우 어떠한 해석에 따라 연구를 진행해야 할 것인지에 대한 선택의 문제가 제기될 수 있다. 이에 부가하여 이라크 전쟁과 아프간 전쟁과 같이 최근 사례의 경우 전쟁에 참여한 국가들이 관련 비밀을 해제하지 않고 있기 때문에 정확한 사실을 반영하여 연구를 진행하기가 어려울 수 있다.

둘째, 연구하는 학자의 성향과 입장에 따라 상이한 결론에 도달할 수 있다. 즉, 같은 주제를 연구하더라도 성향이 다른 학자들 간에는 다른 시각으로 사례를 해석함으로써 전혀 다른 연구결과를 내놓을 수 있다.

셋째, 사례의 수가 너무 적을 수 있다. 특히 최대유사체계의 경우 국가들 간, 또는 주요 사례들 간에 유사성을 갖기 어렵기 때문에 사례연구 자체가 불가능할 수 있다. 예를 들어, 대만과 한국 간의 경제모델은 유사한 부분이 많기 때문에 유의미한 비교가 가능하지만, 그 외에 한국의 경제모델과 비슷한 사례는 찾기 어렵다. 따라서 그 이상의 비교사례연구가 사실상 불가능하다. 또한 군사전략 연구에서 많이 논의되고 있는 선제공격의 경우 역사적으로 본다면 사실상 이스라엘의 제3차 중동전쟁이 유일한 사례로 이를 비교하거나 연구를 확대하기가 불가능하다. 이처럼 의외로 연구대상으로 삼을 수 있는 사례를 찾기 어려울 수 있다.

그럼에도 불구하고 사례연구는 군사학 연구에서 매우 유용한 연구방법이다. 통계적 방법은 변수들 간의 '상관관계'를 규명할 수 있어도 '인과관계'를 증명할 수는 없다. 이론이란 개념 간 혹은 변수 간의 인과

관계를 설명하는 것으로, 사례연구를 통한 인과관계의 입증은 매우 중요하다. 따라서 연구자는 올바른 연구방법을 통해 앞에서 언급한 한계를 극복해야 한다. 무엇보다도 객관적 접근을 통해 편향된 연구결과를 예방해야 할 것이며, 상반된 시각을 가진 학자들과의 학술적 교류를 통해 일방적인 연구가 되지 않도록 해야 할 것이다. 비교연구를 수행할 마땅한 사례가 없을 경우에는 단일사례를 집중적으로 심도 있게 연구함으로써 유의미한 결과를 내도록 해야 할 것이다. 물론, 사례연구가 통계적 기법을 배제하는 것은 아니다. 사례연구 과정에서 통계적 기법을 사용할 경우 연구의 논리를 더욱 탄탄하게 뒷받침할 수 있을 것이다.

제7장

문헌연구 및 해석학

이 장에서는 연구방법론으로서의 문헌연구와 해석학에 대해 설명하고, 이러한 연구방법론의 기본이 되는 historiography에 대해 먼저 소개한다. 이어서 문헌연구 및 해석학 연구방법의 과정으로, 문헌자료를 어떻게 선택하고 해석하는지 알아보고, 이 과정에서 어떠한 유의사항이 있는지 살펴본다. 또한 문헌연구 및 해석학을 이용해 작성된 연구들의 사례 제시를 통해 어떻게 연구주제와 목적을 선정하고 연구결과를 도출하는지에 관해 상세히 알아본다.

김영준(국방대학교)

육군사관학교 졸업 후 영국 킹스칼리지 런던에서 안보정책학 석사학위와 미국 캔자스 대학에서 국제정치사 박사학위를 취득했다. 현재 국방대학교 교수로 재직하며 한국 국방부 및 통일부에 국방, 안보 현안에 관하여 자문해오고 있으며, 특히 연합사령관 전략자문단 위원으로 러시아 문제에 관련하여 연합사령부에 자문을 해오고 있다. 미 육군 싱크탱크인 국제군사문제연구소(Foreign Military Studies Office, FMSO) 국제선임연구원으로, 미 국방부 및 합참 등에 한반도 안보 현안에 관하여 자문을 해오고 있다.
2017년 영국 Routledge 출판사에서 "Origins of the North Korean Garrison State: People's Army and the Korean War, 1945-1953" 영문 서적을 전 세계에서 동시에 출간할 예정이다.
주요 논문으로는 "러시아 전략 사상과 푸틴의 전쟁"(국가전략, 2016), "Russo-Japanese War Complex: A New Interpretation of Russian Foreign Policy towards Korean Peninsula"(The Korean Journal of International Studies, 2015), "The CIA and the Soviet Union: The CIA's Intelligence Operations and Failures, 1947-1950"(Journal of Peace and Unification, 2015) 등이 있다.

군사학 연구방법론 중 문헌연구 및 해석학 연구방법론이 연구자들이 가장 많이 고려하는 연구방법일 것이다. 그러한 이유는 논문을 처음 작성하는 학생들에게 문헌연구 및 해석학 연구방법이란 단순히 문서를 수집하고 해석을 내리는 연구방법으로 잘못 이해되어왔기 때문에 다른 연구방법론에 비해 쉽고 용이할 것이라는 선입견을 갖고 있다. 그러나 단순히 문서를 활용했다고 해서 문헌연구 및 해석학에 의해 작성된 논문은 아니다. 그리고 그러한 연구가 학술적으로 유의미한 연구인 것도 아니다. 이 장에서는 연구자들의 문헌연구와 해석학에 대한 잘못된 이해를 바로잡고자 먼저 historiography의 정의에 대해 소개할 것이다. 그리고 문헌연구 및 해석학이 학문의 연구방법론으로서 어떻게 활용되어야 하며, 어떠한 절차와 유의사항을 고려해야 하는지 살펴볼 것이다. 연구방법론을 처음 배우는 학생의 입장에서는 예시를 통해 배우는 것이 연구방법론을 가장 쉽게 배울 수 있는 방법이기 때문에 이 장에서는 무미건조한 단계적 설명을 지양하고, 해당 연구들의 사례 제시를 통해 문헌연구 및 해석학 연구방법론이 논문작성 시 어떻게 적용되는지 설명하고 소개할 것이다.

제1절 historiography의 정의

1. historiography의 중요성

historiography란 무엇인가? 문헌연구 및 해석학 연구방법론에 대해 알아보기 전에 이 연구방법이 주로 어떠한 학문체계에 주로 쓰이는 방법론인지 살펴볼 필요가 있다. 한국 학계에는 historiography가 종종

'역사 편찬'이나 '사료 편찬' 혹은 '역사 기술' 등으로 잘못 해석되어 소개되기도 한다. 직역하자면 그러한 뜻이 일부 맞지만, historiography의 기원은 현대 학문체계의 생성과 발전과 맞물려 오래된 역사적 배경 속에서 비롯되었다.

군사학을 연구하는 학생들은 크게 두 가지 학문적 훈련을 받는 그룹으로 나눠지는데, 한 부류는 정치학, 사회학, 교육학 등을 포함한 사회과학으로 교육받는 이들, 다른 한 부류는 역사학 등의 인문학을 교육받는 이들이다. 이 밖에도 물론 산업공학이나 무기체계 등 공학의 학문적 체계를 교육받는 이들도 있다. 문헌연구 및 해석학은 그중 역사학을 연구하는 학생들이 대부분 활용하는 연구방법이고, 정치학 등의 사회과학도 중에서는 일부가 주로 활용하는 연구방법이다. 논문작성 중 문헌을 일부 인용하거나 발췌했다고 문헌연구 및 해석학 연구방법으로 논문을 작성한 것은 아니다. 한국 학계에서는 2차 사료를 포함한 기존연구의 검토를 문헌연구 및 해석학 연구방법과 혼재해서 사용하는 경우가 많기 때문에 연구자들은 기존연구 검토, 즉 2차 사료 검토(Literature Review)를 문헌 연구방법이라고 잘못 알고 있는 경우가 많다. 혹은 논문 중에 1차 사료를 분석하고 인용했다는 이유만으로 단순히 문헌연구 및 해석학에 의한 논문이라고 생각하는 경우가 많다. 실제로 이러한 잘못된 이해는 학생들뿐만 아니라 사회과학 교육을 받은 사회과학자들 사이에서도 매우 광범위하게 퍼져 있다. 그럼 과연 얼마나 많은 사회과학도, 특히 정치학자들이 문헌연구 및 해석학 연구방법으로 논문을 작성하고 있을까? 미국 학계를 기준으로 가장 큰 정치학회인 American Political Science Association(APSA)의 학술 저널인 『American Political Science Review』에서는 1980년부터 지금까지 오직 21편의 논문만 문헌연구법 및 해석학에 의한 논문으로 구분한다. 동 학술 저널에서 같은 기간 내에 단지 47개의 논문만이 문헌연구에 관해 직접적으로 언급했다. 미국 정치학이 양적 통계방법을 중시한다는 면에서 이러한 현상이 설명될 수도 있지만, 실제로 정치학자들은 문헌연구 및 해석학을 연구방법으로 대부분 사용하지 않는다는 것을 의미한다. 즉, 미국 정치학계에서도 단순히 기존연구 검토나 논문 가설 검증을 위한 문헌 언급을 문헌연구법에 의한 논문으로 보지 않는다는 것을 의미한다. 정치학을 비롯한 사회과학에서는 여전히 문헌연구 및 해석학을 통한 논문이 여전히 극소수에 불과하다. 그러나 한국 학계에서는 사회과학자들 중에 본인이 문헌연구 및 해석학으로 논문을 작성했다고 생각하는 사람이 많다. 이는 여전히 사회과학자 및 사회과학 전공 학생들 사이에서 문헌연구 및 해석학이 단순히 1, 2차 사료를 포함한 문헌을 검토하고 해석한 모든 논문이 문헌연구 및 해석학에 의한 논문이라고 잘못 인식하고 있기 때문이다. 예를 들어 미국의 새로운 혹은 기존의 국가 안보 전략서나 QDR 문서들, 혹은 중국공산당 당대회 연설문을 대상으로 이 문서들을 해석하고 분석하여 소개한 논문들이 많다. 이는 정확하게 말하면 학문적으로 유의미한 논문이라고 볼 수 없다. 이는 단순히 문서를 해석하고 요약한 것에 불과하기 때문에 현안 분석 보고서라든가 정책 제안을 위한 설명보고서에 불과하다. 이는 문헌연구 및 해석학에 의한 논문도, 학술적 성격의 논문도 아니다. 또 다른 예로 박정희 대통령의 연설문이나 오바마 대통령의 국회 연설문을 기반으로 당시 행정부의 외교 · 안보 · 정치 현안을 소개하고 전망했다면, 이는 학술적으로 무의미한 연구 논문이다. 이 또한 현안 분석 보고서나 정책 제안을 위한 설명서일 뿐이다. 그러나 앞의 문헌들을 포함해서 다양하고 포괄적인 1차 사료들을 바탕으로 기존 연구자들의 주장이나 학설, 패러다임, 즉 담론의 연장선에서 이전의 주장들을 반박하거나 기존주장을 강화시키는 새롭고 독창적인 주장을 펼친다면 이는 학술적으로 유의미한 논문이다. 그럼 어떠한 문헌연구 및 해석학을 통해 작성된 연구 논문이 기존연구 위에서 새롭게 학술적으로 기여하는 유의미한 논문이 되는 것일까? 모든 논문이 Proposal 단계에서 스스로에게 'So What(Why is it important)?'과 'What is New?'

라는 질문을 던지고 답해야 하는 것처럼 이러한 질문에 대한 대답은 historiography에 관한 이해가 전제되어야 가능할 것이다. 이러한 배경에서 historiography의 기원과 정의는 문헌연구 및 해석학에 관한 연구 절차를 소개하기 이전에 논문을 시작하는 학생들에게 반드시 설명될 필요성이 있다.

2. historiography의 기원과 정의

historiography의 어원은 국가별로 오랜 역사를 갖고 있으나, 현대 학문체계, 특히 미국 학계를 중심으로는 19세기 후반의 현대 역사학 학문의 발전과 깊은 연관이 있다. 당시 성장하던 신생 강국 미국에서는 다양한 학문이 발전되기 시작했고, 미국의 학자들은 그들 학문의 본류였던 유럽에서 많은 것을 배워가던 시절이었다. 이는 역사학을 연구하는 미국 학자들도 예외는 아니어서 미국 역사학자들은 독일에서 역사학을 연구하고 바람직한 학문체계상을 배우고자 노력했다. 역사학을 단순히 역사를 기록하고 보존하는 것이 아니라 학문으로서 체계를 갖기 위해서는 과학적인 방법(Scientific Method)이 반드시 필요했다. 당시 프랑스는 지금의 대학원 학위를 쉽게 부여하지 않은 대신에, 1880년대 후반 기준의 독일 대학원 학비는 매우 저렴했다. 이러한 실용적인 이유들을 기반으로 미국의 젊은 역사학자들—즉 나중의 하버드, 컬럼비아, 미시간, 위스콘신, 시카고, 존스홉킨스 대학의 주요 역사학자들이 되는 이들—은 독일에서 높은 학문적 체계를 배우기 위해 역사학의 과학적 기법에 대해 습득하기 시작했다. 이 당시 독일의 랑케는 자신의 과학적이고 철학적인 방법론 등을 통해 이들에게 많은 영향을 주었고, 오랫동안 미국 역사학자들에게 현대 역사학의 아버지로 여겨졌다. 그 당시 젊은 미국 역사학자들은 미국 사회의 과학과 기술 중심의 문화에 영향을 받아 과학적 연구방법을 매우 중시했고, 역사학도 반드시 엄격하게 과학적이고 사실과 증거 중심(Rigidly Scientific, Factual and Empirical)의 실증적인 학문이 되어야 한다고 생각했다. 즉 사실과 증거 중심의 사료가 기반이 된 역사학이 되어야 한다고 믿었고, 미국의 현대 역사학의 기반을 과학적인 연구방법론에 그 중심을 두었다.

독일에서 유학을 마친 많은 젊은 미국 역사학자들은 귀국해서 현대 역사학 학문체계를 구축하는 데 집중했다. 그들은 1900년에 미국역사학회(American Historical Association)를 창립하면서 박사학위를 학회 가입 선행 조건으로 내걸었다. 당시 미국 내에 200여 명 정도의 역사학 박사학위 수여자가 있었다. 미국에서도 역사를 누구나 작가로서 기술할 수 있다고 생각했기 때문에 역사학자들은 그들을 Professional Historian으로 구분 짓기 위한 노력에 집중하게 된다. 아마추어 역사가로 누구나 특정 주제에 관한 역사적 기술과 해석을 할 수 있었기 때문에 미국 역사학자들은 본인들을 그들과 구분 짓기 위한 여러 노력에 집중하게 되었다. 1890~1910년 기준으로 미국역사학회의 25%만이 대학에서 역사를 가르치고 연구하는 대학교수였다. 반면에 미국철학학회(American Philosophical Association)나 현대어학학회(American Modern Language Association)는 80~90%가 해당 전공 분야의 대학교수였다. 1907년 이전까지 미국역사학회 회장은 역사학 박사학위가 없는 아마추어 역사가였고, 1912년부터 1927년까지는 단지 역사학회 회장들 중에서 3분의 1만이 역사학 박사학위를 갖고 있었다. 이러한 시대적 배경 속에서 미국의 역사학자들(역사학 박사학위를 가진 대학교수들)은 '객관성(Objectivity)'을 전면에 내세우며 아마추어 역사가들과 자신들을 구분 지으려고 시도했다. 즉, 아마추어 역사가들과 달리 전문 역사학자들은 역사학 학문에서 가장 중요한 '객관성'이라는 가치를 달성하기 위해 문헌연구법 및 해석학을 가장 올바르게 활용하도록 고도로 훈련받은 사람들이라고 자부했다. 초기 역사학 분야의 학문시장은 역사를 좋아하는 사람들의 소규모 친목모임 같은 형태로, 리뷰(Review)를 해주는 사람과 글을 쓴 사람이 서로 너무 친하고 잘 알아서 상호 간에 편의를 봐주는 아마추어 학계 분위기였다. 이러한 분위기에 미국 역사학자들은 '과학적 방법론'을 내세워 전문 역사학을 완성시킴으로써 자신들의 권위는 물론 역사학의 학문적 권위를 세우려고 노력했다. 그전까지 사실 역사책을 기술하기 위해 역사학 박사학위라는 자격증이 반드시 필요한 것은 아니었기 때문에 누구나 아마추어 역사가로 자유롭게 글을 썼다. 이런 상황 속에서 역사학자들은 학문의 과학화와 객관성 증대를 통해 학문으로서의 권위 신장 증진에 집중하면서 역사학은 역사학자들의 특수한 학문으로 자리 잡기 시작했다.[1]

학문체계로서의 historiography의 기원은 이렇게 다양한 배경에서 시작된 Professional Historians 간의 학문적 담론의 역사와 밀접한 연관이 있다. 이러한 이유로 historiography가 History of Historians로 정의되는 것도 가능하다. 즉 아마추어 역사가들을 제외한 특정 주제에 관한 전문 역사학자들 간의 연구의 역사, 즉 담론의 역사가 된다. 그렇기 때문에 모든 연구주제는 그들만의 독특한 historiography를 갖고 있고, 문헌연구 및 해석학 연구방법을 통해 논문을 작성하려는 학자와 학생들은 이러한 historiography의 context의 연장선에서 연구주제를 선정하고 연구의 방향과 본인의 주장을 담는다. 종종 아무도 연구하지 않은 주제를 발췌해서 본인이 그 분야에 대한 선구자가 되는 경우도 있겠지만, 대부분의 경우 누군가가 직간접적으로 해당 연구에 대한 역사적 해석을 했기 때문에 본인은 연구 방향과 주제를 선정할 때 이러한 historiography의 연장선상에서 연구한다. 즉, 모든 다른 학문적 연구방법과 마찬가지로 문헌연구 및 해석학을 통해 논문을 집필하려는 학자와 학생은 모두 해당 주제에 관한 역사가들의 담론의 연장선에서 자신

---

1 Peter Novick, *That Noble Dream: The "Objectivity Question" and the American Historical Profession* (Cambridge, UK: Cambridge University Press, 1998), pp. 21-65.

의 연구를 소개하고 자신의 주장을 내놓는다.

즉, historiography에 대한 이해 없이 문헌연구 및 해석학 연구방법 절차만 습득하여 논문을 작성한다면, 문헌을 언급하거나 인용한 것만으로 자신의 논문이 문헌연구 및 해석학에 의한 논문이라고 잘못 알고 있던 기존의 착오를 반복할 수밖에 없다. 문헌연구 및 해석학에 의한 연구는 단순히 문헌을 살펴보고 이용하는 수준에서의 연구방법이 아니다. historiography의 연장선상에서 기존까지 해당 연구주제에 관한 역사가들의 담론에 대해 본인이 새롭거나 반박하는 주장을 담는 것을 의미한다. 이러한 이유로 많은 역사학도들은 논문을 작성할 때 논문작성 이전 1차 사료 문헌연구에만 최소 1년에서 2년, 길게는 수년 동안 사료 수집과 분류·해석하는 데 시간을 보내게 된다. 이러한 시간을 통해 문헌연구와 해석학에서 가장 우려될 수 있는 사료의 객관성을 유지하는 방법과 연구자의 편견을 넘어서서 포괄적으로 사료를 이용할 수 있는 경험을 쌓게 된다. 이렇기 때문에 평균적으로 역사학도의 논문작성 기간은 일반적인 사회과학도보다 2배 이상 더 길다. 사회과학도는 이렇게 긴 시간을 1차 사료를 수집하고 분류하고 해석하는 시간을 보내는 대신, 다양한 양적인(Quantitative) 연구 방법과 질적인(Qualitative) 연구방법을 습득한다. 기본적으로 이는 인문학(Humanities)과 사회과학(Social Science)이라는 학문의 기원과 차이점에서 기인한다. 이 장에서 두 학문의 기원과 차이점을 논하기에 제한되지만, 그러한 차이 때문에 historiography는 사회적 현상을 보편적인 이론의 틀로 과학적 설명을 추구하는 사회과학보다는 인문학적 성찰과 통찰을 추구하는 인문학과 더욱 밀접한 관련이 있다. 미국 정치학회의 통계대로 문헌연구 및 해석학 연구방법은 실제 사회과학도가 매우 제한적으로 사용하고 있다. 그러나 앞에서 지적한 대로 한국 사회과학계, 특히 정치학 분야에서는 여전히 연구자가 논문을 작성할 때 단순히 문헌을 살펴보고 이를 인용했다는 이유로, 본인이 문헌 연구 및 해석학 연구방법을 사용하여 논문을 작성했다고 생각하고 있다. 이는 잘못된 것으로 시정될 필요가 있다. 다음은 historiography에 대한 이해를 돕기 위해 대표적인 사례를 소개하고자 한다.

3. historiography의 사례

historiography는 각 연구주제별로 많은 사례가 있다. 이에 대한 이해를 돕기 위해 군사학을 연구하는 학생들이 가장 많이 접하고 관심을 가질 만한 사례를 소개하고자 한다. 여기서는 '냉전의 기원'에 관한 historiography를 설명할 것이고, 후반부에서는 문헌연구 및 해석학 연구방법 사례로 '한국전쟁의 기원'에 관한 연구들을 소개할 것이다.

'냉전의 기원'에 관한 historiography는 1, 2차 세계대전의 기원과 원인에 관한 것처럼 오랫동안 학계에서 그 논의가 매우 활발했다. 특히 냉전 시대에는 정치 · 사회의 흐름과 직접적으로 결부되어 '냉전의 기원'에 대한 역사 해석의 변화가 엄청난 정치적 · 사회적 파급력을 가졌다. 먼저 제2차 세계대전 종전인 1945년부터 냉전이 시작되면서 1940년대와 1950년대의 냉전 초기에는 traditionalists 관점이라 불리는, 즉 전통주의적 시각에서 바라본 '냉전의 기원'에 관한 해석이 주류를 이뤘다. 이는 소련의 대외정책의 공격적인 특성에 중점을 둔 역사적 해석이었는데, 당시 미국 내 정치 · 사회 분위기와 크게 일치했다. 이 당시 미국 사회는 스탈린의 소련을 매우 공격적인 적으로 적대시했고, 정치 · 외교적으로 서방과 제3세계에서의 공산주의 확산에 대한 경계심이 높았던 시기여서 학계에서도 냉전의 시작은 모두 소련 책임이라는 역사적 해석이 주류를 이루는 것이 자연스러웠다.

이후 1960년대와 1970년대는 베트남전 반전 시위와 여성 해방, 인권, 인종차별 반대, 성 해방 운동 등으로 진보적인 정치 · 사회 · 문화적 분위기와 함께 미국의 대외정책에 의문을 제기하는 분위기가 주류를 이뤘다. 1968혁명이 이 시대의 특징과 기존 권위체제에 저항하는 새로운 패러다임을 잘 보여주는 정치 · 사회 · 문화적 사건이라 볼 수 있다. 학계에서는 위스콘신 대학 역사학과를 중심으로 수정주의적 역사해석이 출현하면서 주류를 이루기 시작했다. 이는 비단 냉전에 대한 해석뿐만 아니라 소련의 역사와 사회에 대한 해석, 미국의 대외정책 역사 전반에 대한 해석들로 확장되면서 냉전 시작의 책임을 미국의 공격적인 패권전략으로 돌리는 역사학계 전반에 걸쳐 수정주의적 역사관이 주류를 이뤘다. 이 당시 미국 외교사와 냉전사에 수정주의 해석을 주류로 끌어올린 학자들은 위스콘신 대학 역사학과 출신들이 많아서 '위스콘신학파(The Wisconsin School)'라고도 불렸다. 이들의 선구자는 미 해군 조종사 출신인 윌리엄스 애플맨 윌리엄스(Williams Appleman Williams)로, 그의 저서 『Tragedy of American Diplomacy』에서 소련의 공격적인 대외 전략을 비난하던 기존 전통주의 역사해석을 정면으로 반박하면서 미국의 공격적 제국주의 패권전략이 냉전의 원인이라고 주장했다. 그의 박사 수제자 출신인 코넬 대학의 월터 라페버(Walter LaFeber), 러트거스(Rutgers) 대학의 로이드 가드너(Lioyd Gardner), 위스콘신 대학의 토머스 맥코믹(Thomas J. McComick) 등이 유사한 역사적 해석을 주장하면서 적극적으로 활동했다. 예를 들어 토머스 맥코믹은 그의 저서 『Creation of the American Empire』에서 임마누엘 월러스틴(Immanuel Wallerstein)의 월드 시스템 이론(World System Theory)을 통해 미국 외교 분야의 Corporatism을 밝히는 데 주력하여 미국의 공격적인 패권 외교전략에 냉전 시작의 책임이 있다고 주장했다. 수정주의 역사학자들은 이러한 역사적 해석들을 통해 자신들의 주장을 미국의 공격적 패권전략을 중단하라는 정치적인 주장으로 확대시켰다. 이러한 경향은 비단 냉전의 기원에 관한 연구에만 국한되지 않았다. 소련사 연구에서도 쉴라 피츠패트릭(Sheila Fitzpatrick)과 스티븐 코헨(Stephen Cohen) 같은 학자들이

미 · 소 교환학생의 경험을 토대로, 소련을 침략적 공격국가로 규정하는 것이 아닌 인간적인 소련의 모습에 주목하기 시작했다. 즉 악마의 제국 소련이 아닌 평범한 소련 일반 국민의 사회사 · 문화사에 초점을 맞춘 연구들로, 소련을 악의 제국으로 비난하는 전통주의 해석에 반박하는 수정주의학파를 형성해나갔다.[2] 1968혁명과 히피 문화, 베트남전 반대 시위로 대표되는 정치 · 사회의 혁명적 변화가 역사를 바라보는 관점과 인식의 대전환을 가져왔다.

냉전사 연구는 1980년대 들어 또 다른 국면을 맞게 된다. 1980년대는 1960~70년대 진보적 정치 · 사회 · 문화에 대한 보수주의와 자유주의의 반격의 시대였다. 밀턴 프리드먼(Milton Friedman)을 비롯한 시카고 경제학파가 로널드 레이건 행정부와 함께 작은 정부론의 선두에 섰으며, 영국에서는 마거릿 대처 수상이 프리드리히 하이에크(Friedrich A. Hayek)를 부활시켰다.[3] 정치 · 사회적으로 신자유주의와 보수주의가 퍼져나가면서 역사학계에도 시대적인 변화가 반영되고 있었다. 존 루이스 가디스(John Lewis Gaddies) 같은 학자는 "냉전은 전통주의자들의 주장대로 소련만의 책임이 있거나, 수정주의자들의 주장대로 미국의 책임만이 있는 것이 아니라, 미국과 소련 모두에게 책임이 있다"고 주장하면서

---

2 Sheila Fitzpatrick, *The Russian Revolution* (Oxford, UK: Oxford University Press, 1982); *The Cultural Front: Power and Culture in Revolutionary Russia* (Ithaca, NY: Cornell University Press, 1992); *Stalin's Peasants: Resistance and Survival in the Russian Village after Collectivization* (Oxford, UK: Oxford University Press, 1994); *Everyday Stalinism: Ordinary Life in Extraordinary Times - Soviet Russia in the 1930s* (Oxford, UK: Oxford University Press, 1999); Stephen F. Cohen, *Bukharin and the Bolshevik Revolution: A Political Biography 1888-1938* (New York: Alfred A Knopf, 1971); *Rethinking the Soviet Experience: Politics and History Since 1917* (Oxford, UK: Oxford University Press, 1985); *Failed Crusade: America and the Tragedy of Post-Communist Russia* (New York: W. W. Norton & Company, 2000); *Soviet Fates and Lost Alternatives: from Stalinism to the New Cold War* (New York: Columbia University Press, 2009)

3 F. A. Hayek, *The Road to Serfdom* (London: Routledge, 1944); Milton Friedman and Rose Friedman, *Free to Choose: A Personal Statement* (New York: Harcourt Brace Jovanovich, 1979)

신전통주의 혹은 탈수정주의(Post Revisionists) 학파를 확산시켰다. 그는 자신의 저서 『Strategies of Containment』에서 양측 모두의 책임을 지적했다.[4] 이처럼 1980년대는 기본적으로 수정주의학파에 대한 대응으로 시작된 변화가 양대 주류 학파 사이에서 균형을 이루려는 노력으로 귀결되었다. 1960~70년대 수정주의학파가 기존 전통주의학파에 반기를 들고, 미국의 대외정책이 소련보다 더욱 공격적이었다는 새로운 시각을 제공했다면, 1980년대의 냉전사 연구는 그 당시 대세였던 수정주의학파에 대한 대응으로, 미·소 양측 모두의 냉전에 대한 책임론을 주장하는 균형을 맞추려는 시도였다고 볼 수 있다.

1991년 소련이 붕괴되면서 냉전의 기원에 관한 연구를 포함한 냉전사 연구는 획기적인 전기를 맞게 된다. 바로 기존에 불가능했던 소련, 동유럽, 중국 등의 자료에 접근이 가능하게 된 것이다. 1990년대는 이러한 자료를 활용해서 냉전사의 황금기를 맞게 되고, 다양한 연구활동이 활성화된다. 신전통주의자였던 존 루이스 가디스는 구소련의 문서를 바탕으로 『We Now Know』에서 수정주의 학자들을 비판하면서 기존의 주장보다 소련의 공격적인 전략, 특히 스탈린의 책임을 더욱 부각하면서 냉전의 책임을 스탈린에게 돌렸다. 또한 이러한 기류와 별개로 냉전의 기원과 경과에 대해 제3세계에 주목하는 연구도 활발해졌다.[5] 노르웨이 출신이자 현재 London School of Economics and Political Science(LSE) 교수인 오드 아른 웨스테드(Odd Arne Westead)는 『The Global Cold War』라는 저서에서 미·소 혹은 중국·영국·프랑스 등의 강대국 중심이 아닌 제3세계의 냉전에 관한 연구를 진행했다.[6] 이러

4 John Lewis Gaddies, *Strategies of Containment: A Critical Appraisal of American National Security Policy during the Cold War* (Oxford, UK: Oxford University Press, 1982)

5 John Lewis Gaddies, *We Now Know: Rethinking Cold War History* (Oxford, UK: Oxford University Press, 1997); The Cold War: A New History (New York: Penguin Books, 2005); 노경덕, "냉전사와 소련연구", 『역사비평』, 2012. 11., p. 321.

6 Odd Arne Westad, *The Global Cold War: Third World Interventions and the Making of*

한 다양한 연구성과들을 중심으로 각 대학에서는 냉전연구소를 중심으로 냉전사 연구에 많은 지원을 했다.[7] 미국 정책연구소에서도 구소련 및 동유럽, 중국 등의 문서를 종합적으로 아카이브(Archive)화하는 작업을 시작했다. 미국 워싱턴 DC에 있는 우드로 윌슨 센터(Woodrow Wilson International Center for Scholars)에서는 냉전 국제 프로젝트(The Cold War International History Project)를 운영하면서 기존에 활용하지 못한 문서들을 집대성하는 데 크게 기여했다.[8] 한국전쟁과 관련한 연구분야에서는 이러한 연구의 일환으로 캐서린 웨더스비(Katheryn Weathersby)라는 학자가 구소련 문서를 통해 스탈린과 김일성, 마오쩌둥 간에 한국전쟁 전에 전쟁 준비를 해온 과정을 밝혀내어 '한국전쟁의 기원'이라는 연구분야에 중요한 업적을 남기기도 했다.[9] 또한 구소련 문서와 동유럽 문

Our Time (Cambridge, UK: Cambridge University Press, 2007); 노경덕, "냉전사와 소련 연구", 『역사비평』, 2012. 11, p. 323. 오드 아른 웨스테드 교수는 LSE의 냉전사연구센터에서 중요한 역할을 역임하고 있으며, LSE는 러트리지(Routledge)와 「Cold War History」 저널을 발간하고 있다. 오드 아른 웨스테드 교수는 또한 냉전사 연구의 영예로 여겨지는 러트리지 출판사의 『Cold War History Series』의 책임편집자 역할도 수행하고 있다.

7 The George Washington University, University of California, Santa Barbara, London School of Economics and Political Science의 3개 대학은 냉전연구소를 운영하면서 3개 대학 공동 주최로 각 캠퍼스에서 대학원생들을 초청 후원하여 냉전사 후학 양성을 하고 있다. 이 학회는 연례적으로 'International Graduate Students Conference on the Cold War'라는 이름으로 주최된다. 이 학회에는 영 · 미권 대학은 물론 전 세계 각 대학 출신의 다양한 국적의 학생들이 역사학, 정치학, 지역학, 사회학, 경제학, 종교학, 국제관계학은 물론 음대까지 폭넓은 학문 분야를 연구하고 참가한다. 3개 대학은 촉망받는 대학원생들을 초청, 숙식과 교통비를 지원하여 학회를 개최하며, 냉전사 관련 연구를 더욱 활성화시키고 있다.

8 워싱턴 DC에 있는 Woodrow Wilson International Center for Scholars라는 정책연구소는 1991년 냉전 종식 이후 구소련과 동유럽, 중국 등의 문서를 종합하여 영어로 번역, 디지털 아카이브(Digital Archive)화하는 작업을 수행해왔으며, 이는 국적과 지역을 초월한 냉전 연구를 위한 국제 공동 아카이브를 시도하는 것으로, 최근에는 구소련, 동유럽, 아프리카, 중국, 동남아 등지에서 북한 관련 문서만을 종합하는 시도인 North Korean International Documentation Project도 활발하게 진행되고 있다.

9 Kathryn Weathersby, "Soviet Aims in Korea and the Origins of the Korean War, 1945-1950: New Evidence from Russian Archives," *Cold War International History Project Working Paper* No. 8. (1993); "New Evidence on the Korean War," *Cold War International History Project Bulletin* 6/7: 30-125. (1995a); "To Attack or Not Attack? Stalin, Kim Il Sung, and Prelude to War," *Cold War International History Project*

서, 중국의 문서들이 개방되면서 다양하고 풍성한 냉전사 연구가 진행되는데, 그중 대표적인 것이 스티븐 코트킨(Stephen Kotkin), 제프리 호스킹(Geoffrey Hosking), 제프리 로버츠(Geoffrey Roberts), 데이비드 글랜츠(David M. Glantz), 보이테크 매스니(Vojtech Mastny), 세르히 플로키(Serhii Plokhy), 하세카와 쓰요시(Tsuyoshi Hasekawa), 데이비드 스톤(David R. Stone), 요람 고를리츠키(Yoram Gorlizki), 올레그 클레비누크(Oleg Khlevniuk), 블라디슬라프 주복(Vladislav Zubok)과 멜빈 레플러(Melvyn P. Leffler) 등의 연구다.[10] 중국 자료를 활용하여 냉전의 기원과

Bulletin, Vol. 5. (1995b); "New Evidence on the Korean War," *Cold War International History Project Bulletin* 11: 176-199. (1998); "Should We Fear This? Stalin and the Danger of War with America," *Cold War International History Project Working Paper* No. 39. (2002); "New Evidence on North Korea," *Cold War International History Project Bulletin* 14/15: 5-138. (2003)

10 Melvyn P. Leffler, *The Specter of Communism: The United States of the Cold War, 1917-1953* (New York: Hill and Wang, 1994); *For the Soul of Mankind: The United States, The Soviet Union, and the Cold War* (New York: Hill and Wang, 2007); Yoram Gorlizki and Oleg Khlevniuk, *Cold Peace: Stalin and the Soviet Ruling Circle, 1945-1953* (Oxford, UK: Oxford University Press, 2004); Vladislav M. Zubok, *A Failed M. Zubok: The Soviet Union in the Cold War from Stalin to Gorbachev* (Chapel Hill, NC: The University of North Carolina Press, 2007); Vladislav Zubok and Constantine Pleshakov, *Inside the Kremlin's Cold War from Stalin to Khrushchev* (Cambridge, MA: Harvard University Press, 1996); Stephen Kotkin, *Magnetic Mountain: Stalinism as a Civilization* (Berkely, CA: University of California Press, 1997); *Armageddon Averted: The Soviet Collapse 1970-2000* (Oxford, UK: Oxford University Press, 2001); *Stalin Volume 1: Paradoxes of Power, 1878-1928* (New York: Penguin Press, 2014); Geoffrey Roberts, *Stalin's Wars: from World War to Cold War, 1939-1945* (New Haven, CT: Yale University Press, 2006); Vojtech Mastny, *The Cold War and Soviet Insecurity: The Stalin Years* (Oxford, UK: Oxford University Press, 1996); Geoffrey Hosking, *Rulers and Victims: The Russians in the Soviet Union* (Cambridge, MA: The Belknap Press of Harvard University Press, 2006); Serhii Plokhy, *The Last Empire: The Final Days of the Soviet Union* (New York: Basic Books, 2014); David R. Stone, *Hammer and Rifle: The Militarization of the Soviet Union, 1926-1933* (Lawrence, KS: University Press of Kansas); Tsuyoshi Hasegawa, *Racing the Enemy: Stalin, Truman, and the Surrender of Japan* (Cambridge, MA: The Belknap Press of Harvard University Press, 2005); David M. Glantz and Jonathan House, *When Titans Clashed: How the Red Army Stopped Hitler* (Lawrence, KS: University Press of Kansas, 1995); David M. Glantz, *Stumbling Colossus: The Red Army on the Eve of World Order* (Lawrence, KS: University Press of Kansas, 1998); *Colossus Reborn: The Red Army at War, 1941-1943* (Lawrence, KS: University Press of Kansas, 2005)

경과에 대해 지안 첸(Jian Chen)과 선 즈화(Shen Zhihua), 존 루이스(John Lewis) 등의 학자도 탁월한 연구성과를 냈다.[11]

이와 같이 '냉전의 기원'이라는 하나의 연구주제에 관한 historiography도 각 시대의 정치 · 사회 · 문화의 변화와 밀접한 관계를 맺고 있고, 그러한 역사적 해석을 Evidence, 즉 Primary Source(1차 사료)를 중심으로 한 새로운 문헌의 발굴과도 직접적으로 연관이 있다. 앞으로 살펴볼 문헌연구 및 해석학은 본인의 각 연구주제에 관한 historiography 위에서 문헌연구와 해석을 통해 새로운 연구결과에 기여하는 연구방법이라고 할 수 있다. 그렇기 때문에 이러한 1차 사료 문헌연구는 2차 사료를 살펴보는 기존연구 검토와 철저하게 구분할 필요가 있으며, 연구방법으로서 역사학도를 비롯한 사회과학도에게 중요한 연구방법으로 사용될 수 있다. 다음은 문헌연구 및 해석학 연구방법론의 절차로서 연구목적과 주제 선정, 기존연구 검토 및 이론 적용 여부 검토, 1차 사료를 선택하고 활용하는 방법에 대해 살펴볼 것이다. 또한 문헌연구 및 해석학 연구방법을 통한 논문작성 시 유의해야 할 사항에 대해 살펴본다.

11 Zhihua Shen and Danhui Li, *After Leaning to One Side: China and Its Allies in the Cold War* (Washington D.C.: Woodrow Wilson Center Press, 2011); Shen Zhihua, translated by Neil Silver, *Mao, Stalin and the Korean War* (London and New York: Routledge, 2012); Chen, Jian, *China's road to the Korean War: the making of the Sino-American confrontation* (New York: Columbia University Press, 1994); Shu Cuang Zhang, *Mao's Military Romanticism: China and the Korean War, 1950-1953* (Lawrence, KS: University Press of Kansas, 1995); Xiaobing Li, Allan R. Millett and Bin Yu, eds., *Mao's Generals Remember Korea* (Lawrence, KS: University Press of Kansas, 2001); Xiaoming Zhang, *Red Wings Over the Yalu: China, the Soviet Union, and the Air War in Korea* (College Station, Texas: Texas A&M University Press, 2002); Sergei N. Goncharov, John W. Lewis, and Xue Litai, *Uncertain Partner: Stalin, Mao, and the Korean War* (Stanford, CA: Stanford University Press, 1993)

제2절 문헌연구 및 해석학 연구방법

1. 연구 절차

문헌연구 및 해석학 연구방법에서 연구설계는 기타 연구방법론과 유사한 순서로 진행한다. 연구목적을 먼저 선정하고, 이에 따른 연구주제를 선정한 후 연구 계획을 수립한다. 적용 이론이 있는 경우 이 이론에 대한 연구와 설명이 논문작성 초반에 기술될 수 있다. 이후 연구주제와 목적에 부합하기 위해 1차 사료 문헌을 선택하고, 이 문헌을 얻을 장소를 선정한다. 즉 간략하게 정리하면, 문헌연구 및 해석학 연구방법은 연구목적과 주제의 선정, 기존연구 검토 및 이론 적용 여부 결정, 이어서 본인의 연구를 뒷받침할 1차 사료의 획득과 처리로 구성되어 있다. 이 장에서는 논문작성법에서 기술할 가설의 설정 및 연구 계획 수립 등의 일반적인 과정은 생략하고, 문헌연구 및 해석학에서 핵심이 되는 과정을 중심으로 설명했다.

1) 연구목적과 주제 선정

연구목적은 논문 저자가 논문을 통해 궁극적으로 내세우기 위한 자신의 주장을 의미한다. historiography에서 살펴보았듯이, 모든 역사학자 혹은 문헌연구자는 본질적으로 수정주의자다. 즉 기존연구와 다른 새로운 주장, 혹은 기존연구를 반박하는 새로운 주장을 내세우기 위해 논문을 작성하기 때문이다. 문헌연구 및 해석학에 의한 모든 연구는 공백에서 출발하는 것이 아니라 앞에서 살펴본 냉전의 기원처럼 새로운 해석이나 사료를 근거로 참신하거나 기존의 연구를 반박하는 주장을 펼치는 것이라고 볼 수 있다. 즉, 문헌연구 및 해석학을 통한 연구는 오랜 세월 진행되어온 역사학자들 간의 담론에 참여하는 것이라고 볼 수 있다.

드문 경우이지만 연구되지 않은 분야를 연구하여 새롭게 조명받게 하는 것도 연구목적이 될 수 있다. 이러한 예로는 로렐 대처 울리히(Laurel Thatcher Ulrich)가 18세기 후반 미국 산파의 일기를 분석하여 해당 시기의 여성사, 결혼사, 가정경제사, 생활사, 의료사, 민속사, 성 풍속사 등을 밝힌 『A Midwife's Tale: The Life of Martha Ballad, Based on Her Diary, 1785~1812』가 대표적이다.[12] 이 여성학자는 1785년부터 1812년 사이 미국 북부 뉴잉글랜드 지방의 한 마을에 살던 여성 산파의 일기를 1차 사료로 분석하여 당시의 주목받지 못한 평범한 미국 일반 사람들의 삶을 조명받게 했다. 비교적 주류 대학이 아니었던 뉴햄프셔 대학에서 박사학위를 받은 이 연구자는 위대한 정치인이나 군인들의 이야기가 아닌 침묵 속에 그동안 주목받지 못한 일반인의 삶에 집중하여 당시 삶을 구현해내는 참신한 접근으로 퓰리처상을 수상했다. 이후 이러한 공로를 인정받아 하버드 대학 역사학 교수로 임용된다. 그녀 이전의 대부분의 역사학이 그동안 유명한 위인들, 즉 정치인과 군인, 과학자, 기업가 등의 삶을 중심으로 거대 담론을 펼쳐왔다. 그동안 학계의 주목을 받지 못했지만 그 시대를 더 잘 대표할 수 있는 평범하고 잊힌 일반인의 일상에 주목했다는 점에서 그녀가 한 연구의 탁월성을 확인할 수 있다. 물론 그녀의 연구 이전에 미시적인 담론에 주목하던 포스트모더니즘(Post Modernism)의 연구 경향, 즉 정치사와 외교사 위주의 연구에서 여성 및 환경, 민속생활 연구 등의 사회사와 문화사 위주로의 연구 방향의 전환이라는 학계의 시대적 변화가 그녀의 참신한 역사접근 방식에 영향을 크게 끼쳤다는 것은 명확하다.[13]

---

12 Laurel Thatcher Ulrich, *A Midwife's Tale: The Life of Martha Ballad, Based on Her Diary, 1785-1812* (New York: Vintage Books, 1990)

13 Peter Novick, *That Noble Dream: The "Objectivity Question" and the American Historical Profession* (Cambridge, UK: Cambridge University Press, 1998), pp. 415-629.

이렇듯 연구목적은 본인의 연구주제에 대한 흥미와 열정, 기존연구, 즉 historiography, 2차 사료에 대한 검토를 바탕으로 정해야 한다. 즉 연구주제는 본인의 관심사와 학회의 연구 경향, 지도교수의 조언 등을 통해 선정되어야 한다. 이 중에서 가장 중요한 것은 역시 본인의 학문적 흥미와 열정이 고려된 연구주제 선정이다. 1차 사료 검토는 때로는 시간을 오래 들인 모든 작업이 불필요해지는 경우가 많은 굉장히 길고 지루한 작업이다. 그렇게 때문에 연구 저자의 학문적 흥미와 열정이 뒷받침되지 않는다면 중도에 포기할 가능성이 높다. 이러한 점을 고려하여 학계에 참신한 연구결과를 발표할 수 있는 독창성과 본인의 학문적 흥미가 균형을 갖춘 주제를 선정해야 한다. 이에 대한 기본적인 전제는 이를 뒷받침할 1차 사료가 있어야 한다는 것이고, 기존에 많이 쓰인 사료라 할지라도 새로운 시각과 접근으로 독창적인 해석을 내놓을 수 있어야 한다는 점이다.

2) 선행연구 검토 및 이론 적용 여부 결정

위에서 언급했듯이 연구목적과 주제를 선정했다면, 1차 사료 검토에 앞서 선행연구에 대한 정밀한 검토가 필요하다. 또한 이론을 적용할 것인지를 정해야 한다. 선행연구 검토는 앞서 살펴본 대로 historiography에 대한 검토로, 기존연구자들의 Publication의 핵심 주장과 경과를 세세히 살펴보고, 이를 연구 논문 서두에 제시해야 한다. 논문작성법에 따라 논문작성 시 서론과 결론 부분에서 논문의 핵심 주장과 내용 요약이 포함되었다면, 서론에 이어지는 부분에서는 기존연구 검토를 서술해야 한다. 이때 막연한 서술 대신 어떠한 저자가 어떠한 시대적 배경에서 어떤 목적으로 어떤 책과 논문을 작성했고, 이는 결과적으로 어떠한 학문적 기여를 했는지에 관해 객관적 서술과 본인의 평가를 포함하여 작성해야 한다. 저자와 출판물의 핵심 주장에 대한 언급 없이 기존연구를 막연하게 서술하는 것은 이미 논문의 시작부터 잘못된 것이다. 문헌연구 및 해석학에 의한 연구가 기존연구자들끼리 지속적으로 유지되어온 담론에 연구자가 참여한 것이라고 정의할 때, 기존연구자들이 어떠한 흐름 속에서 자신들의 주장을 펼쳐왔는지 모르고 참여한다면, 연구자들 간의 대화에서 소외되고 엉뚱한 이야기를 하게 될 것이 자명하기 때문이다. 이런 점에서 historiography에 대한 검토는 본인의 주장을 펼치기 위해 가장 중요한 파트라고 볼 수 있다.

이론 적용은 문헌연구 및 해석학을 활용한 논문에서는 흔하게 사용되지 않는다. 종종 월드 시스템 이론(World System Theory)이나 마르크시즘 등의 정치·경제·철학 사상의 이론들이 연구자 해석의 틀로 사용되는 경우가 있다. 가장 일반적으로 활용되는 이론들 중에는 푸코의 접근법, 민족주의(Nationalism), 식민주의, 탈식민주의 및 제국주의(Colonialism, Post Colonialism and Imperialism), 인종과 성에 관한 이론(Racism, Sexism and Gender Studies), 민주주의(Democracy), 루소나 하이에크, 로크의 자유주의(Liberalism), 사이드의 오리엔탈리즘(Orientalism), 마르크시즘(Marxism) 및 그람시주의, 홉스와 마키아벨리의 현실주의, 권위주의, 사르트르나 카뮈, 키르케고르의 실존주의 및 헤겔과 칸트의 철학론 등이 있다. 물론 군사학 연구자에게는 손자나 클라우제비츠, 조미니, 마한과 리델 하트 등의 전략 사상들이 이론적 틀로 쓰일 수 있다.

이론적 틀을 적용하는지 여부 자체는 본인의 연구 질을 상승시키지도 저하시키지도 않는다. 연구자가 필요에 따라 이론을 논문 중간에 자연스럽게 인용할 수 있으며, 논문 전체에 적용하기에 유의미한 이론이 있을 때는 연구 서두에 이론적 틀에 관해 설명한다면 연구의 성과를 잘 표현할 수 있다. 수많은 고전들이 학문적 이론으로서 존재한다. 그중에는 카를 마르크스나 존 스튜어트 밀, 토머스 홉스나 마키아벨리, 장 자크 루소나 애덤 스미스, 미셸 푸코나 에드워드 사이드처럼 친숙한 사상가들이 있는 반면 위르겐 하버마스나 키르케고르, 비트겐슈타인 등 낯설게 느껴지는 사상가들도 있다. 그중 문헌연구 및 해석학 논문에서는 주로 정치 · 경제 · 철학 사상가들의 이론이 많이 쓰인다. 이는 역사학이라는 학문적 담론체계에서 이러한 사상들이 해석의 틀로서 연구자의 주장을 잘 뒷받침하기 때문이다. 학문적 담론을 형성시키고 발전시키는 것이 문헌연구 및 해석학 논문이라고 볼 때, 사상가들의 이론과 철학들은 본인의 담론을 기존연구자들의 담론과 잘 연결해줄 수 있는 매개체가 될 수 있을 것이다. 이론은 연구자들이 반드시 적용해야 좋은 것은 아니지만, 그러한 이유 때문에 잘 활용한다면 유익할 것이다. 이론을 적용할 경우 연구자는 연구 서두에 기존연구 검토와 함께 간략히 적용 이론에 대한 설명을 하고, 자신의 연구가 적용되는 이론과 어떠한 연계성을 가지는지 깊이 있게 서술할 필요가 있다. 다양한 이론의 습득을 위해 연구자는 다양한 학과에 개설된 수업에 참여하고, 풍부하고 다양한 사상서들의 검토를 통해 이론과 사상들에 대해 폭넓은 식견을 구비하는 것이 필요하다. 군사학 연구자들은 학문적 특성상 정치학 및 국제관계학과 연계하여 연구를 진행하는 것이 가장 유익할 것이다. 정치철학과 국제관계이론 등에 대해 부전공으로 습득한 후, 해당 이론들 중에서 본인의 연구에 적용 가능한 이론을 활용하는 것이 자연스러운 방법일 것이다.

3) 1차 사료 및 장소 선정

위에서 언급했듯이 연구목적과 주제를 선정하고, 선행연구 검토와 이론 적용 여부를 결정했다면, 핵심이 되는 1차 사료 선택 및 이를 획득할 장소를 선정해야 한다. 사실 연구목적 및 주제 선정 시 이미 1차 사료를 고려했기 때문에 앞서 언급한 것들은 시간적 순서대로가 아니라 모든 것이 동시에 복합적으로 연계되어 진행된다고 볼 수 있다.

1차 사료라 함은 원 사료를 말하며, 다른 연구자들의 해석이 포함되지 않은 기록된 문서들의 원안을 의미한다. 원 사료를 연구자의 관점에서 해석하고 분석한 것은 2차 사료, 참고문헌 및 기존연구라고 할 수 있다. 특히 고전 중에서 2차 사료이지만 사안에 따라 1차 사료로서의 의미를 지니는 경우가 많은데, 예를 들면 허균의 소설 원본이나 마르크스의 『자본론』 원본, 신채호 선생의 신문 칼럼 원본 등은 해당 사료가 연구대상 그 자체로 1차 사료로 볼 수 있다. 1차 사료는 어디나 존재할 수 있지만 주로 '아카이브'라는 곳에서 보관하고 있으며, 각 대학 및 지역 도서관의 Collection에서 보존할 수도 있다. 신문사의 각종 자료나 실록 등의 기록서도 모두 1차 사료다. 개인 일기와 편지, 그림과 사진, 오래된 잡지와 저널 등의 원본도 모두 1차 사료다. 이러한 1차 사료는 개인 서재나 창고에 보관될 수 있으며, 언론사 기록실에 보관되기도 한다. 문헌연구 및 해석학 연구학도들이 주로 이용하는 장소는 아카이브다. 우리나라의 경우 국회도서관, 국립기록원, 대통령 도서관 및 대학 도서관 및 연구소 Collection(연세대 이승만 연구원 등) 등이 1차 사료 보관소의 대표적인 곳이다. 미국의 경우 내셔널 아카이브(National Archives)와 각 대통령 도서관(Truman Presidential Library, Eisenhower Presidential Library, LBJ Presidential Library, George W. Bush Presidential Library 등), 각 대학 Collection 및 정책연구소(The George Washington University's National Security Archives, King's College London's Centre for Liddell Hart, Woodrow Wilson International Center for Scholars) 등이 있다. 미국의 조지워싱턴 대학 냉전연구소에서는 매년 대학 재정 지원으로 전 세계 각지의 수십 명의 대학원생을 선발하여 내셔널 아카이브에서 어떻게 1차 사료를 수집하고 활용하고 해석하는지에 대해 교육하는 프로그램도 운영하고 있다.

과학기술의 발전과 함께 디지털 문헌연구소(Digital Archives)도 세계적인 추세다. 특히 미국의 우드로 윌슨 센터는 전 세계에서 수집한 구공산권 국가의 자료들과 북한 관련 1차 사료들을 영어로 번역하여 무료로 웹사이트에 게시하고 있다. 이는 전 세계 각지에 다른 언어로 산재해 있던 1차 사료들을 종합해서 영어로 번역하고 누구나 사용할 수 있게 무료로 게시했다는 점에서 역사학계의 거대한 전기로 여겨지고 있다. 이외에 미국의 대통령 도서관에서도 대부분의 자료를 온라인으로 무료로 사용할 수 있게 디지털 아카이브화했다. 이러한 방향에는 미국의 군과 정보기관도 예외는 아니었다. CIA가 정기적으로 Freedom Information Act 법령에 근거하여 공개하는 내부문서들은 학문 연구에 많은 발전을 가져왔다. 김영준의 "The CIA and the Soviet Union: The CIA's Intelligence Operations and Failures, 1947~1950"은 한국전쟁 이전인 1947년에서 1950년간 새롭게 밝혀진 CIA의 보고서를 토대로 CIA의 한국전쟁 예측이 왜 빗나갔는지에 대해 연구한 논문이다.[14] 이 논문이 전형적으로 새롭게 발굴된 1차 사료를 바탕으로 새로운 해석을 시도한 연구의 사례라고 볼 수 있다. 여기서 분석된 CIA 보고서도 온라인에 게시한 디지털 아카이브에서 발굴한 문서들이다.

이러한 1차 사료는 본인의 연구 방향에 맞게 수집되고 선택되어야 한다. 이러한 과정은 본인의 연구가 최대한 구체적으로 범위가 좁혀져야 시간을 단축할 수 있다. 대부분 처음 연구를 시작하는 연구학도들은 야망이 커서 굉장히 광범위하고 거시적인 주제를 잡는 경향이 있는데, 그러한 주제들은 평생 마무리하지 못할 가능성이 높다. 최대한 구체적이고 좁은 범위를 선정할수록 성공적인 문헌연구 논문을 작성할 수 있다. 1차 사료 수집 기간에도 여유 있게 연구 범위를 넘어선 자료까지 복사해서 소지할 수 있으나, 시간을 제한하여 연구하지 않는다면, 어느 순간 논문작성은 시작조차 하지 못하고 많은 시간을 보낼 수 있다. 연구 시간을 제한하고, 1차 사료의 범위를 최대한 줄이는 것이 성공적인 연구 논문을 작성하는 방법일 것이다. 거창한 주제를 정해서 너무 많은 사료를 종합하다 보면 연구의 방향성을 잃기 쉽다. 이는 초기 연구자들에게 흔하게 발생하는 일이기 때문에 시행착오를 줄이기 위해서는 지도교수

14 Youngjun Kim, "The CIA and the Soviet Union: The CIA's Intelligence Operations and Failures, 1947-1950", *Journal of Peace and Unification*, Vol. 5, No. 2, Fall 2015: pp. 45-67.

나 선배 연구학도들의 조언을 받을 필요가 있다.

1차 사료 장소의 선정은 이러한 배경하에서 본인이 정할 수 있다. 디지털 아카이브는 많은 시간과 비용을 절약시켜준다는 면에서 적극적으로 활용해야 한다. 그러나 디지털 아카이브는 이런 장점 때문에 많은 사람이 활용할 수 있어 희소성과 특수성, 독창성이 떨어진다는 단점도 있다. 최대한 온사이트 아카이브(Onsite Archives)와 디지털 아카이브를 상황에 맞게 균형감 있게 활용해야 한다. 각 기관별 1차 사료 활용 방법은 다르기 때문에 방문하기 전에 웹사이트나 담당 사서에게 전화로 확인해 보고 방문해야 한다. 미국의 내셔널 아카이브의 경우 이용 카드를 만들고 이용해야 하며, 카메라로 촬영하는 것은 허용되나 문서를 만질 때는 지정된 수갑을 활용해서 손상을 입히지 말아야 한다. 연구소의 운영 시간과 제한 사항을 확인하는 것은 방문 전에 필수적인 사항이다. 특히 외국 아카이브 방문의 경우 많은 비용이 수반되기 때문에 사전조사가 필수적이며, 이전에 방문한 교수나 선배 연구자들에게 조언을 듣고 가야 할 것이다. 특정 자료들은 사전 예약하지 않으면 열람할 수 없기 때문에 어떤 자료가 필요한지 미리 조사할 사료의 사료 번호도 확인하고, 필요시 사용 열람을 사전에 신청해서 가면 사료 수집 시간을 줄일 수 있다.

1차 사료를 수집하고 해석하는 것은 굉장히 길고 지루한 작업이다. 오래된 고문서일수록 어떤 자료가 자신의 연구 논문에 유의미한지 분류하는 데 많은 시간이 든다. 이러한 이유로 역사학도들의 논문작성 기간은 일반 사회과학도들보다 2배 이상 소요된다. 하지만 본인에게 익숙한 1차 사료들은 다음에 활용하기에는 훨씬 익숙하기 때문에 사료 분류 선택 시간을 줄일 수 있다. 기존에 많이 활용된 사료도 새로운 해석으로 독창적인 연구에 기여할 수 있기 때문에 무조건 배제할 필요는 없다. 이 장에서는 구술이나 시각·청각 자료들은 제외하고, 기록을 중심으로 한 문서 1차 사료를 전제로 설명했다. 다음은 문헌연구 및 해석학 연구 시 유의해야 할 사항에 대해 설명한다.

2. 문헌연구 및 해석학 연구 시 유의사항

문헌연구 및 해석학 연구방법 시 유의해야 할 사항은 다음과 같다. 첫째로 정확성이다. 정확성이 결여된 1차 사료의 활용은 논문에 기울인 노력을 헛되게 만들 수 있다. 1차 사료를 직접 혹은 간접 인용할 시 이에 유의하고, 세심한 주의를 기울여야 한다. 특히 1차 사료의 출처를 명확하게 밝혀야 한다. 매번 1차 사료 선택 시 사료 번호 및 참조 인용 내용을 명확하게 기록해놓아야 한다.

둘째로 객관성이다. 문헌연구는 자신의 주장에 맞는 사료만 종합하는 오류를 범할 가능성이 높다. 객관성을 유지하기 위해서는 결론을 먼저 내리고 1차 사료를 수집하는 것이 아니라, 언제나 열린 마음으로 사료에 근거하여 자신의 주장을 변화시켜나가야 한다. 특정 정치적 성향이나 이데올로기, 특정 학파에 대한 반감으로 자신의 주장에만 이로운 1차 사료만 취득하는 것은 학자로서의 기본 자질을 의심받을 수 있다. 객관성을 유지하기 위해 연구자로서 항상 열린 마음으로 Evidence에 근거한 자신의 결론을 도출해야 할 것이다. 주장에 맞는 1차 사료를 찾는 것은 순서가 잘못된 것이다.

셋째로 평이성이다. 1차 사료가 고전일수록 현학적 허세에 빠질 위험이 높다. 본인의 1차 사료 획득에 대한 노력을 보상받기 위해 일부러 1차 사료를 번역 없이 독자들이 이해하기 어렵게 원전 그대로 지속 인용하는 것은 논문의 독자층을 제한할 수 있다. 간결하고 명료하게 자신의 주장을 내세우고, 이를 위해 어떤 1차 사료를 어디서 획득했고, 이는 Evidence로 어떤 의미를 지니는지 명쾌하게 설명해야 한다.

넷째로 독창성이다. 많이 활용된 1차 사료도 언제든지 새롭게 해석될 수 있다. 또한 남들이 주목하지 않은 1차 사료를 바탕으로 언제든 유의미한 학문적 기여를 할 논문을 작성할 수 있다. 앞서 언급한 "A Midwife's Tale"에서 1차 사료로 활용된 미국 산파의 일기는 그전에 아무도 주목하지 않았다. 따라서 유명 연구자를 따라 할 것이 아니라, 그들의 독창적 접근 방식에 주목해야 한다. 문헌연구자들은 이런 면에서 혁신적인 기업가와 유사한 면이 있다. 일상에서 늘 평범하게 보이던 것들에서 창조를 구현한다. 연구의 생명은 창의성이기 때문에 1차 사료를 활용한 논문도 새로운 접근과 시각에서 시작되어야 한다.

제3절 한국전쟁의 기원에 대한 사례연구

1. 한국전쟁의 기원에 관한 historiography

앞서 살펴본 것처럼 문헌연구 및 해석학을 통한 논문에는 다양한 사례가 있다. 그중에서 군사학 연구자들에게 가장 흥미롭고 가깝게 느껴지는 주제는 한국전쟁일 것이다. 한국전쟁의 기원에 관한 historiography는 냉전의 기원에 관한 historiography와 그 시대적 경과를 같이한다. 1953년 한국전쟁 종전 이후 1950년대에는 한국전쟁을 미국과 소련의 대리전 양상으로 해석했고, 김일성과 이승만도 두 강대국의 조종을 받는 재량권 없는 이들로 해석했다.[15] 한국전쟁에 직접 관여한 전 국무부장관 딘 애치슨과 사령관이었던 리지웨이 장군의 자서전 수기도 이러한 해석의 연장선이었다.[16] 이후 1960년대 들어 냉전 관련 연구자들이 미국의 대외 정책을 공격적인 패권전략으로 해석하는 경향을 지니면

15 Roy Appleman, *South to the Naktong, North to the Yalu, The United States Army in the Korean War* (Washington DC: US GPO, 1961); T. R. Fehrenbach, *This Kind of War: a study in unpreparedness* (New York, NY: Macmillan, 1963)

16 Matthew B. Ridway, *The Korean War* (New York, NY: Da Capo Paperback, 1967); Dean Acheson, *The Korean War* (New York, NY: W. W. Norton, 1971)

서 한국전쟁에 관해서도 다양한 연구가 시작되었다. 앨런 화이팅(Allen S. Whiting)은 1960년에 발간한 자신의 저서 "China crosses the Yalu: the Decision to enter the Korean War"에서 중국군의 한국전 개입에 관해 자세하게 설명했다. 해당 저서에서 저자는 중국을 미군과 한국군의 38선 돌파에 반응하는 수동적인 객체로서 대상화된 중국이 아니라, 적극적인 전략과 의지를 지닌 주체로서 주목했다.[17] 로버트 시몬스(Robert Simmons)는 1975년에 발간된 자신의 저서 "The Strained Alliance: Peking, Pyongyang, Moscow and the Politics of the Korean War"에서 기존 학계처럼 북·중·소 간의 관계를 단순한 공산주의 혈맹으로 보는 것을 뛰어넘어 삼각관계를 긴장과 갈등의 복잡한 관계로 해석하기 시작했다.[18]

이처럼 연구의 다양화가 진행되는 중에도 한국전쟁 연구에서는 여전히 한국을 제외시킨 연구가 주류를 이뤘다. 이는 브루스 커밍스(Bruce Cumings)라는 학자가 1981년에 내놓은 "Origins of the Korean War, Volume1: Liberation and the Emergence of Separate Regimes, 1945~1947"이 나온 이후 변화하게 되었다. 그의 책은 한국을 한국전쟁 연구에 중심으로 놓고 분석한 첫 연구서가 되었다. 한국인이 없는 한국전쟁 연구 학계에서 한국전쟁을 이해하기 위해서는 한국의 국내 문제와 일제 강점기부터 진행된 다양한 한국의 정치·사회·경제 변화에 대해 이해해야 한다는 저자의 시도는 새로웠다. 저자는 기존에 활용되지 않았던 미국 내셔널 아카이브에 소장된 북한 노획 문서를 바탕으로 자신의 주장을 펼쳤다. 한국전쟁 당시 평양에 입성한 미군 부대 중 정보부대는 1차 사료의 중요성을 감지하고, 북한이 후퇴하면서 버리고 간 대량의

17 Allen S. Whiting, *China crosses the Yalu: the decision to enter the Korean War* (New York, NY: Macmillan, 1960)

18 Robert Simmons, *The Strained Alliance: Peking, Pyongyang, Moscow and the Politics of the Korean War* (New York, NY: Free Press, 1975)

문서를 노획하여 미국 본토로 운송하게 된다. 수백 만장의 문서와 사진 등으로 구성된 이 노획 문서들은 한국어를 할 줄 모르는 미국 학자들에게 오랫동안 외면받다가 젊은 시절 한국에 평화유지단 일원으로 방문하여 한국어에 능통했던 브루스 커밍스라는 학자에 의해 발견되면서 세상의 빛을 보게 되었다. 그의 연구는 한국전쟁을 미 · 소 간 대리전이 아닌 뿌리 깊은 내전으로 보는 수정주의적 해석을 주장함으로써 기존 한국전쟁 연구에 획기적인 변화를 가져왔다.[19] 이후 그의 연구에 대한 끝없는 찬반 논의와 정치적 논쟁화가 진행되면서 1991년 소련 붕괴를 맞이하게 된다.

소련 붕괴 이후 중국과 러시아 출신의 학자를 포함하여 구소련과 동유럽, 중국 문서를 활용한 한국전쟁 연구의 전성기를 맞이하게 된다. 이러한 문서들을 바탕으로 한국전쟁을 중국과 소련 등 다양한 입장에서 바라본 연구들로는 앞서 언급한 지안 첸(Zian Chen), 선 즈화(Shen Zhihua), 슈 광(Shu Cuang), 존 루이스(John Lewis), 앨런 밀렛(Allan R. Millett), 윌리엄 스톡(William Stueck), 리처드 손턴(Richard C. Thornton), 와다 하루키(Wada Haruki) 및 캐서린 웨더스비(Kathryn Weathersby)의 연구들이 있다.[20]

---

19 Bruce Cumings, *The Origins of the Korean War, Volume 1: Liberation and the emergence of separate regimes, 1945-1947* (Princeton, NJ: Princeton University Press, 1981); *The Origins of the Korean War, Volume 2: The roaring of the cataract, 1947-1950* (Princeton, NJ: Princeton University Press, 1990)

20 Zhihua Shen and Danhui Li, *After Leaning to One Side: China and Its Allies in the Cold War* (Washington D.C.: Woodrow Wilson Center Press, 2011); Shen Zhihua, translated by Neil Silver, *Mao, Stalin and the Korean War* (London and New York: Routledge, 2012); Chen, Jian, *China's road to the Korean War: the making of the Sino-American confrontation* (New York: Columbia University Press, 1994); Shu Cuang Zhang, *Mao's Military Romanticism: China and the Korean War, 1950-1953* (Lawrence, KS: University Press of Kansas, 1995); Xiaobing Li, Allan R. Millett and Bin Yu, eds. *Mao's Generals Remember Korea* (Lawrence, KS: University Press of Kansas, 2001); Xiaoming Zhang, *Red Wings Over the Yalu: China, the Soviet Union, and the Air War in Korea* (College Station, Texas: Texas A&M University Press, 2002); Sergei N. Goncharov, John W. Lewis, and Xue Litai, *Uncertain Partner: Stalin, Mao, and the Korean War* (Stanford, CA:

2. 캐서린 웨더스비의 연구사례

이 중 캐서린 웨더스비의 연구는 1차 사료를 잘 활용한 대표적인 한국전쟁 기원 관련 연구다. 그녀는 우드로 윌슨 센터의 국제 냉전사 프로젝트의 총책임자로 근무하면서 1990년대에 스탈린-김일성-마오쩌둥 간의 서신들을 근거로 한국전쟁 이전에 소련이 얼마나 깊숙하게 전쟁 준비에 관여했는지를 밝혀냈다.[21] 특히 그녀의 해석은 기존 내전론의 성격을 강조한 브루스 커밍스의 연구와 대립을 이루면서 학계의 많은 주목을 받게 된다. 그녀는 러시아 역사 전문가로서 구소련 문서들을 근거로 한국전쟁은 스탈린이 깊숙이 개입하고, 김일성이 그의 지원을 이끌어내 준비하고 진행한 전쟁임을 상세하게 설명했다. 한국전쟁이라는 다양한 성격의 전쟁을 구소련 문서에 지나치게 의존한 일방적인 해석이라는 비판도 있지만, 그녀의 연구가 새롭게 발굴된 1차 사료를 근거로 해

Stanford University Press, 1993); William Stueck, *The Korean War: An International History* (Princeton: Princeton University Press, 1995); *Rethinking the Korean War: A New Diplomatic and Strategic History* (Princeton, NJ: Princeton University Press, 2002); Richard C. Thornton, *Odd Man Out: Truman, Stalin, Mao and the Origins of the Korean War* (Washington D.C.: Brassey's, 2000);Allan R. Millett, *Their war for Korea: American, Asian, and European combatants and civilians, 1945-1953* (Washington D.C.: Brassey's, Inc., 2002); *The War For Korea, 1945-1950: a house burning* (Lawrence, Kansas: University Press of Kansas, 2005); *A War For Korea, 1950-1951: They Came from North* (Lawrence: University Press of Kansas, 2010); Wada Haruki, *Kim Il Sung gwa Manju Hangil Chonjaeng* (Kim Il Sung and Anti-Japanese Battles in Manchuria) (Seoul: Ch'angjakkwa Pip'yongsa, 1992); Han'guk Chonjaeng (Seoul: Ch'angjakkwa Pip'yongsa, 1999); *Pukchoson Yugyoktae Gukkaeso* Chonggyugun Gukkaro (North Korea From Guerilla Forces' State toRegular Army's state) (Seoul: Tolbegae, 2002); *The Korean War: An International History* (Lanham, Maryland: Rowman & Littlefield, 2014)

21 Kathryn Weathersby, "Soviet Aims in Korea and the Origins of the Korean War, 1945-1950: New Evidence From Russian Archives," *Cold War International History Project working paper* 8 (1993); "To Attack or Not Attack?: Stalin, Kim Il Sung, and Prelude to War." *Cold War International History Project Bulletin* 5(1995); "New Evidence on the Korean War." *Cold War International History Project Bulletin* 6/7 (1995): 36; "New Evidence on the Korean War." *Cold War International History Project Bulletin* 11 (1998): 176-199.; "Should We Fear This?: Stalin and the Danger of War with America." *Cold War International History Project working paper* 39 (2002); "New Evidence on North Korea." *Cold War International History Project Bulletin* 14/15 (2003): pp. 5-138.

석하여 학계에 새롭게 기여했다는 점은 부인하기 어렵다. 그녀가 밝혀낸 구소련 문서들은 우드로 윌슨 센터의 디지털 아카이브를 통해 여전히 공개되고 있다. 1980년대에 브루스 커밍스가 북한 노획 문서를 기반으로 새로운 주장을 펼쳤듯이, 1991년 소련 붕괴와 함께 획득된 구소련 문서들은 학계에 새로운 연구성과가 출현할 수 있도록 기여한 것이다. 이 장에서 캐서린 웨더스비의 연구를 상세하게 다루기에는 지면상 제한사항이 많기 때문에 문헌연구 및 해석학으로 연구 논문을 작성하려는 학생들에게 그녀의 연구와 1차 사료를 상세히 읽기를 권장한다.

지금까지 살펴본 다양한 연구사례와 historiography들이 문헌연구와 해석학을 처음 접하는 학생들에게 이해하기 쉬운 길라잡이 역할을 해주길 희망한다. 이 장에서는 기존의 연구방법론 개설서처럼 연구설계 순서나 과정을 무미건조하게 서술하는 방법이 아닌, 사례 중심의 설명을 하고자 노력했다. 지면의 제한상 모든 연구사례를 상세하게 다룰 수 없었기에 그중 대표적으로 제시한 냉전의 기원과 한국전쟁의 기원과 관련해서 일독을 권유한다. 무언가 처음 배우는 이에게 모방은 가장 쉬운 학습방법이다. 모방의 대상이 좋은 사례도 있고 잘못된 사례도 있겠지만, 각 사례의 장단점을 인지하고 배운다면 가장 쉽게 배울 수 있는 방법은 역시 모방일 것이다. 단순히 1차 사료를 여러 번 인용했다고 해서 문헌연구 및 해석학에 의한 논문이 아니다. historiography의 연장선상에서, 기존연구자들의 담론 속에서 본인이 새로운 해석과 주장을 1차 사료를 기반으로 이어나가는 것이 문헌연구 및 해석학에 의한 논문이다. APSA의 통계대로 정치학자들이 내놓은 논문 중 극소수만이 문헌연구 및 해석학에 의한 논문임을 볼 때, 문헌연구 및 해석학은 가장 쉬운 연구방법이 아닌 가장 오랜 시간과 열정을 필요로 하는 연구방법임을 인지해야 할 것이다. 연구자는 연구주제와 본인이 체험한 학습 과정을 토대로 가장 적합한 연구방법을 택해야 할 것이다. 이 장이 문헌연구 및 해석학을 처음 접하는 연구자들에게 좋은 지침서가 되기를 기원한다.

제8장

비교역사학적 접근

군사학은 종합학문의 성격을 갖고 있기 때문에 역사학의 연구방법론으로부터도 많은 시사점을 받을 수 있다. 군사학 연구를 위한 비교역사학적 접근이란 역사적 본질을 이해한 가운데 군사문제에 관한 주제와 관련된 과거의 유사한 사례들을 비교분석함으로써 나타난 결과의 실상을 도출한다. 이 장에서는 찰스 틸리의 비교역사학적 접근방법을 설명하고 대표적인 사례를 제시함으로써 비교역사학적 접근방법으로 군사학을 연구하는 방법을 이해할 수 있도록 했다.

이종호(건양대학교)

육군사관학교를 졸업하고 고려대학교에서 정치학 석사, 충남대학교에서 군사학 박사학위를 취득했다. 현재 건양대학교 군사학과 교수 겸 군사경찰행정대학원 원장으로 있으며, 동북아학회 무임소 상임이사, 충남 국방산업발전협의회 위원을 맡고 있다.
연구 관심분야는 패권전쟁, 군사혁신론, 군사전략론, 제4세대 전쟁이론 등이다.
주요 저서 및 논문으로는 "청과 일본의 동아시아 패권전쟁 연구"(2011), "병자호란의 개전원인과 조 · 청의 군사전략 비교연구"(2014), "전쟁과정이론을 통해 본 러일전쟁 개전과정에 관한 연구"(2014), 『군사학개론』(2014, 공저), 『전쟁론』(2015, 공저), 『군사혁신론』(2015), 『동아시아 패권전쟁과 한반도』(2016) 등이 있다.

군사학은 전쟁을 연구하는 학문적 범주를 갖고 있기 때문에 연구범위가 인문학, 사회과학, 자연과학 등을 포괄하고 있다. 따라서 연구대상을 어떠한 관점에서 볼 것인가? 또 어떻게 접근할 것인가? 하는 문제가 매우 중요하다.

그러한 측면에서 틸리의 비교역사학적 연구방법은 군사학 학문의 연구에 많은 시사점을 주고 있다. 역사의 각 시대별 전쟁의 양상과 다양한 전투수행 방법들은 군사학도들에게 많은 지식을 제공하고 있다.

역사는 규칙, 이론, 가정, 원칙으로 결정되는 과학이 아니다. 어떤 비군사적인 요소들이 지난 시대 동안 전쟁에 어떻게 영향을 미쳤는지, 전쟁을 선포하는 결정은 어떻게 내려졌는지 등은 그 시대와 전쟁의 양상에 따라 다르게 나타나기 때문이다. 그러므로 다양한 전쟁현상을 비교분석함으로써 유사성과 상이성을 발견할 수 있으며, 그것은 우리에게 전쟁을 이해하는 데 있어서 깊은 통찰력을 제공해줄 수 있다.

제1절 비교역사학

1. 비교역사학의 이해

비교역사학 분야는 1920년대 막스 베버(Max Weber)와 에밀 뒤르켐(Emile Durkeim)의 비교사회학 연구에 영향을 받은 벨기에의 역사가 앙리 피렌느(Henri Pirenne)가 민족과 국가 중심의 편협한 역사서술을 넘어서 비교사로 나아갈 것을 주장하면서 시작되었다. 피렌느의 영향을 받은 마르크 블로크(Marc Bloch)와 오토 힌체(Otto Hinze) 등이 서유럽의 대의제도와 봉건사회들을 비교한 연구 저작들을 발표하면서 비교역사

학은 학자들의 관심 대상이 되었다.[1]

제2차 세계대전 이후 비교역사학에 대한 관심이 고조되면서 1950년대 독일에서는「사에쿨룸(Saeculum: Jahrbuch für Universalgeshichte)」, 프랑스에서는「세계사학지(Cahiers d'Histore mondiale)」, 영국에서는「과거와 현재(Past and Present)」가 창간되어 비교역사학 분야의 논문들이 많이 게재되기 시작했다.

이때 미국에서는 소련과의 체제경쟁과 세계패권이라는 정략적 필요에 의해 인도학, 일본학, 중동학 같은 지역연구(area studies)가 활발하게 이뤄졌는데, 이는 거대기업, 대학과 연구단체의 재정적 후원하에 진행된 국제적 규모의 비교역사학적 연구 프로젝트라고 할 수 있다. 이와 같은 연구결과물들은 1958년에 창간된「사회와 역사의 비교연구(Comparative Studies in Society and History)」,「역사와 이론(History and Theory)」등에 최근까지 지속적으로 게재되고 있으며, 특히「역사와 이론」은 1990년대 이래 비교역사학에 관한 이론적 · 실천적 문제와 관련된 주제에 대해 다양한 토론의 장을 제공하고 있다.

비교역사학의 연구대상도 연구의 깊이와 함께 폭넓게 확대되어왔다. 레이몬 그루(Raymond Grew)와 프레드릭슨(G. F. Frederickson)의 조사에 따르면 비교역사학의 연구대상은 주로 각 지역과 국가들의 역사에 대한 거시적 비교뿐만 아니라 시민혁명, 사회주의 혁명, 민주주의, 민족주의, 파시즘, 패권전쟁의 과정, 근대화의 발전경로, 노동운동, 교육제도 등과 같은 정치 · 경제 · 사회 · 군사 문제뿐만 아니라 각 지역의 경계를 넘나드는 문화적 교류와 상호작용 등 모든 분야에 걸쳐 있다.[2]

비교역사학 분야가 짧은 시간에 이렇듯 모든 역사적 현상을 다룰 정

---

1 Peter Burke, *History and Social Theory* (Cambridge, Polity Press, 1992), pp. 23-24.

2 George F. Frederickson, "From Exceptionalism to Variability: Recent Developmentsin Cross-National Comparative History," *Journal of American History*, Vol. 82. (1995), pp. 587-604.

도로 확장되어온 것은 한 지역의 역사나 하나의 역사적 현상을 탐구하는 것보다는 관심주제와 관련된 다른 여러 지역의 역사들을 상호비교하거나 유사한 역사적 현상들을 서로 비교해봄으로써 역사인식이나 역사 이해에 더 유용하다는 것이 입증되었기 때문이다.

마르크 블로크는 "비교는 역사연구에 있어서 하나의 방법이다. 비교방법(comparative method)은 한 개 또는 몇 개의 사회적 정황들로부터 유사점을 제공하는 것으로 보이는 두 개 혹은 그 이상의 현상들을 선택한 다음 그들의 진화과정을 분석하여 유사성(the likeness)과 상이성(the differences)을 도출하고 이를 설명하는 것이다"라고 주장하고 있다.[3]

세계적으로 저명한 비교역사학자들의 역사학적 비교방법론에 대한 주장을 요약해보면 다음과 같다.

〈표 8-1〉 비교역사학자들의 역사학적 비교방법론

구분	역사학적 비교방법론
덴 브라임부셰 (A. A. van Den Braembussche)	비교역사학에서 비교방법은 동일한 역사과정과 구조들 사이의 동일성과 차이를 함께 설명하려는 전략이다.
위르겐 코카 (Jürgen Kocka)	역사연구에서 비교를 시도하는 것은 역사현상의 동일성과 차이를 설명하거나 그것들을 더 폭넓은 결론을 위해 이용하려는 것이다.
크리스 로렌츠 (Chris Lorenz)	역사의 비교란 민족적 맥락에서 특수한 것으로부터 보편적인 것을 이끌어낼 수 있는 유일한 절차이자 민족적 역사 서술 전통 간의 차이와 유사성을 확인하고 설명해주는 유일한 방법이므로 비교사적 접근은 역사학에서 추구해야 할 길이다.

출처: 김택현, "비교사의 방법과 실제", 수선사학회, 『사림(성대사림)』 28권(2007), pp. 4-5.

블로크의 제자인 페르낭 브로델(Fernand Braudel)은 블로크의 비교역사학에 대해 아래와 같이 설명하고 있다.[4]

---

3 Marc Bloch, "A Contribution Towards a Comparative History of European Societies," *Land and the Work in Medieval Europe* (New York, Harper Torchbooks, 1969), p. 51.

4 고원, "마르크 블로크의 비교사", 『서양사론』 93권(2007), pp. 167-168.

마르크 블로크의 역사학적 비교방법은 프랑스 문명을 한편으로는 유럽적 틀 속에서 위치를 정하는 것이고, 다른 한편으로는 개별적인 프랑스로 해체한다. 왜냐하면 다른 나라와 마찬가지로 프랑스도 뿌리 깊은 문명들이 결합된 덩어리이기 때문이다. 이러한 비교분석에서 가장 중요한 것은 가장 작은 것에서부터 가장 큰 것에 이르는 이들 요소의 상호관계를 파악하는 것, 그것들이 전체에 어떻게 영향을 주는지 또는 아닌지를 이해한다.

즉, 블로크가 주장하는 역사학적 비교란 현재를 구성하는 다양한 세력들이 역사의 시간 속에서 어떻게 서로 만나서 상호작용하며, 결국 하나의 전체를 구성했는지 그 복잡한 상호작용의 과정을 분석한다.

2. 찰스 틸리(Chales Tilly)의 비교역사학

1) 역사사회학자들의 비교연구

미국에서 1960년대 민권운동과 반전운동을 경험한 새로운 세대의 사회학자들은 자본주의와 서구의 지배하에서 세계 여러 지역의 사회들이 어떻게 역사적으로 변형되었는지에 관심을 갖고 '역사적 사회학'이라는 새로운 연구분야를 개척했다.

당시 미국의 보수적인 사회학을 지배하는 '통계학적 방법(statistical sociology)'의 대안으로 내세운 것이 바로 '비교방법'이었다. 이들은 사회학 발전의 '역사학적 전환'을 이뤄내면서 1980년대 들어와 미국 사회학회 내에서 비교역사사회학 분과를 설치했다.

찰스 틸리(Charles Tilly), 테다 스카치폴(Theda Skocpol), 배링턴 무어(Barrington Moore)로 대표되는 이들은 주로 여러 국가의 혁명 혹은 민주주의와 독재의 사회적 기원 같은 비교대상을 역사적으로 관찰하고 분석함으로써 유사성과 상이성을 발견했으며, 그것의 원인을 밝혀내려는 노력을 했다. 지금까지 비교방법이 여러 학문분과 사이에서 유행하고 있는 것은 이들 역사적 사회학자들의 공헌이 매우 크다고 할 수 있다.

비교역사사회학자들은 각자 나름대로 비교역사학적 방법론을 몇 가지로 구분하고 있다. 예를 들어 테다 스카치폴은 ① 하나의 이론의 병행 논증, ② 대조 타입, ③ 거시 인과적 분석의 3가지 방법론으로 구분했으며, 찰스 틸리는 ① 개별화 비교, ② 보편화 비교, ③ 변이발견 비교, ④ 포괄화 비교의 4가지 방법론으로 구분하고 있다.

그리고 배링턴 무어와 임마누엘 월러스틴(Immanuel Wallerstein)은 밀(J. S. Mill)이 주장했던 '차이의 방법'과 '일치의 방법' 및 이른바 '일반화의 수준'을 구분 축으로 삼아 비교역사학적 방법을 5가지 형태로 구분하고 있다. ① 차이의 방법을 이용하여 개별사례들에서의 독특한 특징들을 구별하는 대조 형태, ② 차이의 방법도 사용하지만 주로 일치의 방법을 이용하여 역사적 현상의 성격이나 응집력에서 일반성을 찾아내는 일반화 형태, ③ 차이의 방법과 일치의 방법을 모두 사용하여 인과적 요소들을 찾아내거나 인과적 가설들의 오류를 찾아내는 거시인과적 형태, ④ 검토되는 사례들을 하나의 체계 내의 여러 지점에 위치하는 것으로 보고 그 사례들의 특징들을 다양한 관계들의 한 기능으로서 혹은 하나의 전체로서 설명하는 포괄적 비교방법을 이용하는 형태, ⑤ 전적으로 일치의 방법에 따라 최고의 일반화 수준에서 어떤 법칙을 찾아내는 보편화 형태 등이다.

그중에서 찰스 틸리의 비교역사학적 방법론을 다음 절에서 논의해 보고자 한다.[5]

2) 찰스 틸리의 비교역사학적 방법론

찰스 틸리는 사회변동의 본질을 밝히기 위해 거대구조와 폭넓은 과

---

5 김택현, "비교사의 방법과 실제", 수선사학회, 『사림(성대사림)』 28권(2007), pp. 11-12.

정에 대한 대규모 비교를 시도했다. 이 같은 역사적인 비교분석을 가능하게 하는 분석수준으로 세계사적 · 세계체제적 · 거시사적 · 미시사적 분석수준을 들고 있는데, 틸리는 이 중에서 거시사적 분석에 주목하고 있다.

거시사적 비교분석방법을 적용하게 되면 국가, 지역적 생산양식, 관계망 및 범주망 같은 '거대 구조'와 특정 세계체제 내에서 프롤레타리아트화, 도시화, 자본축적, 국가형성 그리고 관료제화 같은 '폭넓은 과정'들에 대한 효과적인 분석이 가능해진다고 주장한다.

틸리의 비교역사학적 방법은 이러한 단위들과 과정들 그리고 이들의 조합을 통해 나타나는 제일성(齊一性)과 변이를 밝혀낸다. 그가 제시한 비교연구의 4가지 가능한 유형은 개별화 비교, 보편화 비교, 변이발견 비교, 포괄화 비교다.

틸리는 비교연구 유형과 대표적인 사례들을 예시함으로써 설명을 더욱 쉽게 하고자 노력했다.

예를 들면 개별화 비교는 벤딕스(Reinhard Bendix)의 『왕이냐 인민이냐』, 보편화 비교는 스카치폴(Theda Skocpol)의 『국가와 사회혁명』, 변이발견 비교는 무어(Barrington Moore)의 『독재와 민주주의의 사회적 기원』, 포괄화 비교는 로칸(Stein Rokkan)의 『시민, 사회, 정당』을 통해 설명하고 있다.

틸리는 사회현상에 대한 역사학적 비교분석의 4가지 유형이 갖는 상대적 가치는 궁극적으로는 존재론과 인식론에 근거한다고 주장하면서 핵심적인 논쟁의 중심은 국민국가체계의 창출과 세계자본주의체계의 형성과정에 두고 있다.

틸리의 비교연구방법은 오늘날 우리 사회의 구조와 발전과정에 대해 분석하고 그 과정의 기원을 추정하기 위해 통상적으로 사용하는 도식들의 강점과 약점들을 도출하는 데 유용하다. 그리고 우리 사회의 보편성과 특수성을 파악하는 데 새로운 도구가 되고 있다.

3. 군사학 연구방법론으로서의 비교역사학

군사학은 전쟁을 연구하는 학문적 범주를 갖고 있기 때문에 연구범위가 인문학, 사회과학, 자연과학 등을 포괄하고 있다. 따라서 연구대상을 어떠한 관점에서 볼 것인가? 또 어떻게 접근할 것인가? 하는 문제가 매우 중요하다.

그러한 측면에서 틸리의 비교역사학적 연구방법은 군사학 학문의 연구에 많은 시사점을 주고 있다. 마이클 하워드(Michael Howard) 교수는 "군사문제 연구는 전쟁의 본질과 전쟁이 사회에 끼친 영향을 민간인이 이해하도록 해야 하는 것이 아니라 장교들의 직업수행능력을 높이도록 해야 한다"고 하면서 전쟁의 역사연구를 통해 전쟁의 본질과 전투방법을 더 잘 이해할 수 있다고 주장했다. 저명한 현대 전략가의 한 사람인 리델 하트는 "역사는 이정표로서의 한계가 있다. 정확한 방향을 가르쳐주지만 자세한 방법이나 수단에 대해서는 알려주지 않는다"라고 하면서 역사연구의 중요성과 한계를 분명히 하고 있다.

역사의 각 시대별 전쟁의 양상과 다양한 전투수행 방법들은 군사학도들에게 많은 지식을 제공하고 있다. 프랑스 대혁명 시기 나폴레옹의 군대와 프리드리히 대왕 시대의 전투방식이 어떻게 달랐는지 질문할 수 있다. 물론 유사성과 상이성이 분명히 있다. 군대의 규모가 더 커지고, 전장이 더욱 확대되었으며, 군대의 병참문제는 더 복잡해졌다. 그리고 프랑스 군인은 국민군대의 특성에 따른 집단의식이 생겨나서 포기하지 않는다고 확신했으므로 더욱 복잡해진 군대 조직 속에서도 매우 굳건하게 자신의 임무를 수행했다.

프리드리히 대왕의 군대는 기본적으로 왕실의 군대였으며, 용병 중심으로 구성되어 고비용 군대였지만 매우 효과적으로 운용되었다.

그러면 나폴레옹 시대의 군사활동은 지금 시대와 어떤 연관이 있는가? 나폴레옹 시대의 문제해결책들을 지금 시대의 문제에 그대로 적용하는 것이 아니라 나폴레옹이 징집과 모병제로 문제에 접근했다면 우리는 이것을 보고 오늘날 우리의 문제에 대해 어떻게 접근해야 하는지를 생각하게 해준다.

역사는 규칙, 이론, 가정, 원칙으로 결정되는 과학이 아니다. 어떤 비군사적인 요소들이 지난 시대 동안 전쟁에 어떻게 영향을 미쳤는가? 전쟁을 선포하는 결정은 어떻게 내려졌는가? 프리드리히 대왕과 나폴레옹은 링컨이나 루스벨트 대통령보다 전쟁을 결정하는 데 어려움이 적었다. 왜냐하면 독재체제에서는 지도자가 민주주의 절차를 거치지 않고 독단적인 결정을 내리기가 훨씬 쉽다. 그럼에도 불구하고 이 네 명의 지도자는 모두 다른 사람의 의견을 중시하고 잘 수렴했다. 프리드리히 대왕의 경우를 보면 그는 프러시아 사람들보다 타국의 군주들의 의견에 더 관심이 많았다.

경제 및 금융문제는 전쟁수행에 매우 중요한 분야다. 프리드리히 대왕은 7년전쟁 기간 중 영국으로부터의 금융지원에 크게 의존했다. 나폴레옹은 경제력이 전쟁 승리의 중요한 기반이 된다는 것을 이해하고 있었으며, 동시에 해군력이 없으면 영국을 침략할 수 없다고 평가하고 있었다. 대륙봉쇄는 영국을 유럽대륙으로부터 고립시켜 영국제품의 수출을 차단했다. 이러한 계략은 많은 결함도 있었으나 세계제국 영국의 경제력에 큰 타격을 가했다.

정치적 · 사회적 요소도 전쟁수행에 중요한 기능을 한다. 프리드리히 대왕은 잠재적인 적들에 대해 내부교란을 하는 데 매우 신중했다. 남북전쟁에서 링컨은 적절한 시기에 남부 주들의 노예해방이라는 비장의 카드를 꺼내 남북전쟁에 대한 대외명분을 굳건히 했다. 제2차 세계대전 시기에 루스벨트 대통령은 일본의 진주만 기습공격으로 일어난 국민의 울분을 이용하여 총력전 체제로 들어갈 수 있었다.

전쟁수행에 영향을 미치는 많은 요소 중에서 가장 핵심적인 것들을 선택하여 연구대상이 되는 여러 전쟁을 상호 비교분석하게 되면 매우 유용한 결과를 얻을 수 있다.

예를 들어 미국 육군사관학교에서 사용하는 '연속성의 맥락(threads of continuity)'이라는 도구에서 제시하는 10가지 요소, 즉 ① 군 이론과 교리, ② 군 전문의식, ③ 지도력, ④ 전략, ⑤ 전술, ⑥ 병참과 행정, ⑦ 과학기술, ⑧ 정치적 요소, ⑨ 사회적 요소, ⑩ 경제적 요소 등은 다양한 전쟁 및 전투현상을 비교분석하는 데 유용한 도구가 된다.

비교역사연구에서 얻은 지식은 전쟁문제에 대한 통찰력을 제공할 것이다.

제2절 비교역사학적 연구방법론

이 절에서는 찰스 틸리가 제시한 비교연구의 4가지 가능한 유형, 즉 개별화 비교, 보편화 비교, 변이발견 비교, 포괄화 비교에 대해 설명하고자 한다.

틸리는 4가지 비교연구 유형에 대한 이해를 돕기 위해 대표적인 사례들을 예시하면서 우리 사회의 구조와 발전과정에 대해 분석하고 그 과정의 기원을 추정하기 위해 주로 사용하는 도식들의 강점과 약점들을 도출하고 있다.

1. 개별화 비교

개별화 비교는 한 가지 특정현상의 구체적 실례들을 각 사례의 특수성을 파악하기 위해 대비시킨다.

몽테스키외(Montesquieu)는 세계의 상이한 지역들을 대상으로 기후, 지형, 사회생활, 정치라는 측면에서 비교하면서 지역별 특수성을 파악하려고 노력했다. 그는 환경이 성격을 결정하고, 정부형태는 그 같은 사회적 환경에 처한 사람들의 성격과 상관관계가 있으며, 각각의 정부형태는 나름대로의 법률적 형태에 기반을 두고 있다는 것을 보여주었다. 또한 그는 민족성, 정부형태, 법률 간에 상응관계를 이루지 못했을 때 정부의 권위가 약화된다는 상응이론(Theory of Correspondence)을 주장했는데, 이는 개별화 비교를 쉽게 이해할 수 있게 해준다.

또한 대표적인 개별화 비교의 저작으로는 벤딕스의 『왕이냐 인민이냐』를 들 수 있다. 그는 이 책에서 영국과 독일의 정치생활에서 나타나는 변화를 대비시킴으로써 독일 노동자들이 국가정책결정에서 배제된 반면 어떻게 영국 노동자들은 상대적으로 완전한 참여를 획득하게 되었는지를 밝혀내고자 했다.

2. 보편화 비교

보편화 비교는 한 현상의 모든 사례가 본질적으로는 동일한 규칙을 따른다는 것을 확증하고자 한다.

하나의 예를 들면 국가성장 또는 도약의 필요·충분조건들을 특정화하거나 모든 산업화 과정에 있는 국가가 거쳐야 하는 단계들을 밝혀냄으로써 경제성장의 자연사(naturalhistory)를 설정하려는 것 등이다.

대표적인 보편화 비교의 저작으로는 스카치폴의 『국가와 사회혁명』을 들 수 있다. 스카치폴은 이 책에서 프랑스, 러시아, 중국의 혁명에 대해 비교를 시도했다. 이 비교분석을 통해 사회혁명의 핵심적인 필요충분조건—국가와 계급구조의 급격한 변화—을 확인하려고 했다.

스카치폴은 프랑스, 러시아, 중국 혁명 간의 비교를 통해 변이의 원리를 발견하기보다는 궁극적으로 이 국가들이 처한 환경 속에서 유사성을 확인하고자 했다. 즉 그는 프랑스, 러시아, 중국은 성공적인 사회혁명의 3가지 사례이며, 이 사례들이 많은 차이점에도 불구하고 유사한 인과적 유형을 보여주고 있다고 주장했다.

3. 변이발견 비교

변이발견 비교는 각 사례 간의 체계적인 차이점을 검토함으로써 한 현상의 특성 또는 강도에서 나타나는 변이의 원리를 확증하고자 하는 비교라고 할 수 있다.

한 예를 들면 상이한 유형의 여러 농촌사회들의 정치적 행위 발생을 노동자들의 소득원, 지배계급의 소득원, 그리고 정부의 탄압 등과 어떻게 연관되었는지를 밝히는 것 등이다.

대표적인 변이발견 비교의 저작으로는 배링턴 무어의 『독재와 민주주의의 사회적 기원』을 들 수 있다. 무어는 이 책에서 3가지 주요 문제를 다루고 있다. 첫째, 현 체제들이 민주적인 것으로부터 권위주의적인 것까지 광범위하게 걸쳐 있다고 본다면, 한 나라가 현재 같은 체제에 도달한 것은 과거의 어떤 양상들이 영향을 미쳤기 때문인가? 둘째, 토지계급(지주와 농민)은 대혁명의 성격과 결과 속에서 어떠한 역할을 했는가? 셋째, 지방에서 일어난 어떠한 변화가 다양한 형태의 대중정치의 길을 열어놓았는가? 이 같은 3가지 문제는 모두 상호 연관되어 있다. 무어는 이 3가지 문제를 중심으로 각국의 20세기 정치 · 사회적 발전 노선을 비교분석한 결과를 토대로 모두 4가지 범주로 구분했다.

- 자본주의적 민주주의: 미국, 영국, 프랑스
- 상이한 유형의 파시즘: 독일, 일본

· 상이한 유형의 사회주의: 러시아, 중국
· 지체된 민주주의: 인도

무어는 자신의 관찰을 4가지 범주로 단순화시키면서 자본주의적 민주주의는 구토지계급을 변형시키거나 폐지시킨 부르주아지 혁명으로부터 발생했으며, 파시즘은 부르주아지가 비교적 취약한 사회구조 속에 구토지계급이 일소되지 않은 상태에서 자본주의가 발전하며 성장했고, 사회주의는 농민반란에 의해 붕괴된 농업관료제에 의해 상업적 · 산업적 성장이 질식당함으로써 발전했으며, 지체된 민주주의는 중요한 농촌변혁이 실패함으로써 출현했다고 주장했다.

4. 포괄화 비교

포괄화 비교는 폭넓은 구조 또는 과정으로부터 비교분석을 시도하는 방법이다. 포괄화 비교는 구조와 과정 내의 위치를 선정하고, 그 위치 간의 유사성과 상이성을 그것들이 전체와 갖는 관계와 관련하여 설명한다. 즉 상이한 각 사례를 동일체계 내의 다양한 위치에 배치하고, 그것이 전체 체계와 갖는 다양한 관계에 따라 각각의 특성을 설명해준다.

따라서 포괄화 비교는 많은 전문인력이 동원되어야 착수할 수 있다. 연구인력은 모두 비교에 착수할 때부터 전체 체계를 머릿속에 도해할 수 있고, 또 그것의 작용에 관한 이론을 이해할 수 있어야 한다.

예를 들어 임마누엘 월러스틴의 세계체계분석을 들 수 있다. 그는 자본주의 세계체계 내의 특정지역(주로 영국, 스페인 등 패권국가)의 경험은 전체 체계와의 관계에서 그 지역이 차지하는 위상(중심부, 주변부, 반주변부)에 의존하므로 각 지역은 상호 연계된 관계에 따라 설명이 가능하다고 주장하는데, 이것은 포괄화 비교방법의 한 형태라고 할 수 있다.

대표적인 포괄화 비교의 저작으로는 로칸의 『시민, 사회, 정당』을 들 수 있다. 로칸은 이 책에서 "유럽의 많은 나라들은 어떻게 상이한 정치적 구조를 갖게 되었는가?"라는 질문에 답을 해나가는 과정을 보여주고 있다.

그러한 과정의 역사적 설명과 비교분석을 통해 로칸은 세계적 규모의 변이를 개괄하고 있으며, 거기서 그가 추출한 변수는 ① 세속적 · 종교적 분화, ② 언어적 통합 및 분리, ③ 도시 관계망의 분화 및 독립, ④ 토지 소유의 집중 및 분산 등이다.

로칸은 포괄화 비교를 통해 다음과 같은 내용을 주장했다. 첫째, 넓은 의미에서 유럽 각지의 국가형성자들은 유사한 목적을 추구했다. 둘째, 그 같은 목적을 달성하기 위한 수단과 인접 국가의 위협 및 호의에 따라 그들이 처하게 되는 전략적 문제는 대륙 내에서 그들이 어떠한 위치를 차지하고 있느냐에 따라 체계적으로 달랐다. 셋째, 그 같은 수단과 전략상의 차이 때문에 조성된 상이한 국가형성방법들은 지역별로 상이한 정치구조를 산출했다.

제3절 비교역사학적 연구방법론을 적용한 연구사례

이 절에서는 비교역사학적 연구방법론을 적용하여 연구한 대표적 연구사례들을 예시하고자 한다. 비교연구의 4가지 유형 중에서 군사학 분야의 연구에서 유용한 연구방법은 개별화 비교, 보편화 비교, 변이발견 비교의 3가지로 보인다.

따라서 3가지 연구방법론을 적용한 연구사례 중에서 개별화 비교는 이경화 박사의 "북한과 쿠바의 혁명군부에 대한 비교연구", 보편화 비교는 이종호 교수의 『군사혁신론』, 변이발견 비교는 권영근 박사의 『한국군 국방개혁의 변화와 지속』 등을 살펴보고자 한다.

연구사례 첫 번째는 이경화 박사의 "북한과 쿠바의 혁명군부에 대한 비교연구"다.

이 연구는 북한과 쿠바의 혁명군부의 체제유지에 있어서 군의 역할이 어떻게 상이하고 유사한지를 비교역사학적 방법으로 분석한 것으로, 틸리가 제시한 개별화 비교방법의 한 형태라고 할 수 있다.[6]

이경화는 사회주의 군부의 성격 형성 및 변모과정을 3가지 유형으로 분류했다. 첫 번째 유형은 혁명군부가 개혁개방의 발전노선을 선택함으로써 군부를 전문직업화한 중국과 베트남 형이다.

두 번째 유형은 최초부터 전문직업 군부를 지니고 있던 소련과 동유럽 국가 형이다. 이들 국가는 체제전환을 단행하거나 붕괴했다.

세 번째 유형은 혁명 노선을 지속하고 있으며, 혁명적 군부성격을 유지하고 있는 북한과 쿠바 형이다.

그러나 북한과 쿠바의 군부 역할은 다소 상이한 형태로 발전되어왔다. 이 연구에서는 사회주의권 붕괴 시점에서 동일한 위기 대응방식(체제위기에서 군부의 부상)을 보이는 북한과 쿠바를 비교함으로써 유사성과 상이성의 요인을 대조함으로써 북한 정권의 특성이 가진 본질을 설명해 보려는 시도를 하고 있다.

연구사례 두 번째는 이종호 교수의 "군사혁신론: 선진국 군사혁신을 통해 본 한국 국방개혁의 올바른 방향"에 관한 연구다.

이 연구는 19세기에서부터 20세기의 미국, 독일, 일본의 성공적인 군사혁신 사례를 비교분석함으로써 군사혁신의 본질을 규명하고, 군사혁신의 전략적 성공요인을 도출하여 향후 한국의 국방개혁의 올바른 방향에 대한 통찰력을 제공하고 있다. 따라서 비교역사학적 연구방법으

6 이경화, "북한과 쿠바의 혁명군부에 대한 비교연구", 고려대학교 박사논문(2014)

로 분석한 것으로, 틸리가 제시한 보편화 비교방법의 한 형태라고 할 수 있다.[7]

이종호는 비교역사학적 관점과 관련한 이론들로부터 군사혁신의 전략적 성공요인을 첫째, 과학기술과 전력체계의 결합, 둘째, 군 구조와 편성의 혁신성, 셋째, 국민 · 지휘관과 군대 · 정부의 삼위일체, 넷째, 전쟁수행개념과 교리변화에 대한 수용성 등으로 도출했다.

도출된 전략적 성공요인을 기초로 미국, 독일, 일본의 군사혁신 사례를 비교분석한 결과 그 유사성과 상이성을 밝혀냈으며, 이는 향후 우리의 국방개혁에 많은 시사점을 주고 있다고 주장했다.

연구사례 세 번째는 권영근 박사의 "한국군 국방개혁의 변화와 지속"에 관한 연구다.

이 연구는 한국군의 역대 국방개혁 중에서 818계획, 국방개혁 2020, 국방개혁 307의 역사적 궤적을 재조명함으로써 그 변화와 지속의 함의에 있어서 어떠한 요인이 영향을 미쳤는지를 비교분석한 것이다.

특히 국방개혁의 3가지 사례에서 몇 가지 공통점이 있으나 또한 차이점이 발견되는 데 어떠한 근본적인 요인이 작동하고 있는지를 밝히려 했다. 즉, 각각의 국방개혁이 상이한 방향으로 진행된 역사적 사실을 통해 한국군 국방개혁의 변화와 지속을 설명하고 있다. 따라서 비교역사학적 연구방법으로 분석한 것으로 틸리가 제시한 변이발견 비교방법의 한 형태라고 할 수 있다.[8]

권영근은 이 연구에서 첫째, 대통령의 선호와 국방부(육군)의 선호가 같으며, 대통령이 해군과 공군의 저항을 수용하면 통합절충형 국방개혁안이 국무회의에 상정된다. 둘째, 대통령의 선호와 국방부(육군)의 선호가 같으며, 대통령이 해군과 공군의 저항을 수용하지 않으면 통합형 국방개혁안이 상정된다. 셋째, 대통령의 선호가 국방부(육군)의 선호와 배

7 이종호, 『군사혁신론』, 건양대학교 군사학술총서 01(논산: 디자인 세종, 2015).

8 권영근, 『한국군 국방개혁의 변화와 지속』(서울: 연경문화사, 2013).

치되는 경우 합동절충형 국방개혁안이 상정된다고 주장했다.

이를 통해 한국군의 국방개혁 추진의 본질을 규명하려고 시도했다.

군사학 분야에 있어서 비교역사학적 연구방법은 아직 초기 연구단계이지만, 일부 군사학 연구자들의 연구산물은 우리에게 많은 영감과 통찰력을 제공해준다.

앞으로도 학제 간의 협동연구를 통해 비교역사학적 연구방법이 군사학 연구의 중요한 학문적 연구영역으로 발전되기를 기대해본다.

제3부

양적 연구와 추론

제9장

설문조사와 초점집단 면접

하나의 연구주제에 대한 해답을 찾기 위해서는 많은 방법을 통해 자료를 수집할 수 있다. 정성적 연구와 정량적 연구의 차이는 분석 대상이 되는 자료의 특성에 따라 구분되기도 하는데 정량적 연구의 경우 일반적으로 수량화되어 있는 양적 자료, 실험을 통해 얻어지는 실험자료, 설문조사 자료 및 관측자료 등을 대표적으로 사용한다.

이 중에서 가장 많이 사용되고 있는 것이 바로 설문조사방법이라고 할 수 있다. 설문조사방법은 응답자에게 질문에 답하게 하는 방식으로 많은 데이터를 얻어 이를 분석하는 양적 조사방법이다. 즉, 설문조사를 통해 얻은 자료는 정량적으로 분석이 용이하기 때문에 여러 학문 분야에서 활용되고 있다.

반면에 초점집단 면접은 인위적으로 토론집단을 구성하여 참가자 간의 토론 등을 통해 나온 내용을 분석하는 연구방법이다. 이러한 방법은 일반적으로 정성적인 방법에서 많이 사용된다. 하지만 정량적 방법과의 연계를 통해 연구의 성과를 제고하기도 한다.

박민형(국방대학교)

육군사관학교를 졸업하고 영국 The University of Leeds에서 국제정치학 박사학위를 취득했다. 현재 국방대학교 안전보장대학원 군사전략학과 교수로 재직 중이며 안보문제연구소 동북아연구센터 센터장, 한국방위산업학회 이사를 맡고 있다. 연구 및 교육 관심 분야로는 국방정책, 군사동맹, 위기관리 분야 등이며 해당 분야에서 수많은 연구를 진행하고 있다. 주요 저서 및 논문으로는 "북중동맹 55년 평가: 한국의 전략적 함의"(2016), "An Alternative of Autonomy-Security Trade-off Model"(2015), "A Strategic Cooperation between the ROK and the US under the New Operational Cooperation Design"(2013), 『비교군사전략론』(2014, 공저), 『대전략의 수립』(2013, 역저) 등이 있다.

제1절 자료수집

연구자가 연구를 진행하기 위해서는 연구를 위한 문제가 필요하다. 즉, 어떠한 문제를 가지고 연구를 진행해야 하는 것인가를 가장 우선적으로 결정해야 한다. 일반적으로 사회현상을 다루는 학문은 사회학, 경제현상을 다루는 학문은 경제학이라 할 수 있다. 물론, 군사학은 군사 및 국방 분야에서 나타나는 현상을 다루는 학문이라고 할 수 있다. 따라서 군사학 분야에서 연구를 진행하기 위해서는 군사 및 국방 분야와 관계된 연구문제를 발굴해야 한다.

이렇게 문제를 결정하고 나면 이 문제에 대해 어떠한 방법으로 연구를 진행할 것인가를 결정해야 하는데, 이것을 '방법론의 결정'이라고 한다. 일반적으로 방법론은 정량적 연구방법(Quantitative Method)과 정성적 연구방법(Qualitative Method)으로 구분할 수 있다. 정량적 연구방법은 연역적 추론이 가능하고 설명적 성격이 강하다는 특징을 가지고 있으며 가설 검증 및 보편적 법칙을 발견하기 위해 활용된다. 반면에 정성적 연구방법론은 귀납적 추론이 가능하고 탐색적 성격이 강하다는 특징을 가지고 있으며 변수 간의 관계의미 해석에 중점을 두고 있다. 이 두 가지 연구방법을 특성, 연구목적, 자료수집, 분석방법에 따라 비교하면 아래 〈표 9-1〉과 같다. 특히, 자료와 관련하여 두 방법론을 비교해보면 정량적 연구방법은 정성적 연구방법에 비해 구조화(수량화)되어 있는 자

〈표 9-1〉 정성적 연구와 정량적 연구 비교

구분	정성적 연구	정량적 연구
특성	귀납적 추론, 탐색적 성격	연역적 추론, 설명적 성격
연구목적	기초가 되는 원인에 대한 이해	사실의 확장(인과관계 등)
자료수집	구조화되어 있지 않음	구조화되어 있음
분석방법	통계분석 미사용	통계분석 사용

료를 사용하며 이를 통계적 방법을 통해 분석하여 연구결과를 도출한다는 특징이 있다.

연구방법론이 결정되고 나면 연구를 위한 자료를 수집해야 한다. 자료수집 단계에서 가장 중요한 것은 어떤 자료를 어떻게 수집하느냐의 문제라고 할 수 있다. 왜냐하면 좋은 자료는 연구의 질을 결정짓는 가장 중요한 요인이기 때문이다. 특히, 다른 학문분야에 비해 자료 획득이 용이하지 않은 군사학의 경우 어떠한 자료를 획득하느냐는 더욱 중요한 문제라고 할 수 있다.

이와 함께 우리가 중요하게 고려할 것이 또 하나 있는데, 획득한 자료를 '어떻게 관리할 것'이며 '어떻게 사용하는가'의 문제다. 특히, 최근에 발달하고 있는 인터넷 기술로 인해 연구자들은 수많은 자료를 쉽고 빠르게 획득할 수 있게 되었다. 하지만 방대한 자료를 얻을 수 있게 된 반면 관리의 문제가 발생할 수 있다. 또한 획득한 자료를 효과적으로 분류하는 문제도 대두될 수 있다. 즉 어떠한 자료가 연구에 도움이 되는 자료인지, 어떠한 자료가 신뢰성이 있는 자료인지 등 연구자가 자료에 대해 고민할 부분이 많이 생겨났다. 따라서 이러한 자료들 중에서 연구에 실질적으로 도움이 되는 자료를 어떻게 분리해내고 이것을 연구에 어떻게 활용하는지는 연구의 성과를 결정짓는 또 다른 중요한 문제라고 할 수 있다. 이에 이 장에서는 자료수집에 대해 간략히 알아보고 자료를 수집하기 위한 방법으로 연구자들이 가장 즐겨 쓰는 방법이라고 할 수 있는 설문조사와 초점집단 면접에 대해 살펴보도록 하겠다.

1. 자료의 개념

자료란 연구과정에서 직접 또는 간접으로 이용되는 일체의 정보를 말하며 문서 또는 구두 등 어떤 형태이든 상관하지 않는다.[1] 이러한 자료에 대한 구분은 다양하다. 그중 몇 가지를 살펴보면, 일반적으로 자료는 형태에 따라 정량적 자료(quantitative data)와 정성적 자료(qualitative data)로 분류가 가능한데, 정량적 자료는 관측된 실수 값들을 의미하며 정성적 자료는 질적 특성에 근거하여 분류될 수 있는 자료들을 의미한다. 예를 들어 설문조사에서 어떤 문항에 대한 응답이 숫자 대신 '좋다' 또는 '나쁘다' 등의 자료는 정성적 자료이며, 정량적 자료의 경우는 '좋다'라는 응답에는 2점, '나쁘다'라는 응답에는 1점을 부여해서 수치화한 자료를 말한다.[2]

정량적 자료의 경우 과학적으로 분석이 용이하기 때문에 상대적으로 명확한 연구결과를 얻을 수 있다는 장점이 있다. 하지만 계량화하기 어려운 요인에 대한 분석이 제한된다는 단점이 있다. 예를 들어, 각국의 군사력을 평가하는 연구를 진행한다면 각국이 보유하고 있는 무기 보유량, 무기의 성능, 병력의 수 등을 수치화하여 이를 비교한다면 좀 더 객관적인 연구결과를 얻을 수 있다. 하지만 수치화할 수 없으나 군사력 결정에 중요한 요인이라고 할 수 있는 군의 사기, 리더십, 전략·전술 등이 고려되지 않는다는 단점이 있다.

자료는 관측방법에 따라 분류하기도 하는데 횡단면 자료(cross section data)는 관심의 대상이 되는 특정변수를 일정 시점에서 여러 개체별로 관측하여 만든 자료를 의미하며, 시계열 자료(time series data)는 관심의 대상이 되는 특정변수를 시간순서에 따라 일정 기간 관측하여 만든 자료를 의미한다. 패널 자료(panel data)는 관심의 대상이 되는 특정변수를 여러 개체별로 시간순서에 따라 일정 기간 관측하여 만든 자료를 의미한다. 예를 들어, 복무제도에 관한 연구를 진행하고 있는 과정에서 현재 군 복무 예비자들의 복무제도에 대한 성향과 관련된 자료를 가지고 있

---

1 김렬, 『사회과학도를 위한 연구조사방법론』(서울: 박영사, 2013), p. 264.

2 차배근·차경욱, 『사회과학 연구방법: 실증연구의 원리와 실제』(서울: 서울대학교 출판문화원, 2013), p. 206.

다면 그것은 횡단면 자료라고 할 수 있으며, 지난 10년간 예비자들의 성향이 축적된 자료를 가지고 있다면 그것은 시계열 자료라고 할 수 있다. 또한 군 복무 제도에 대한 복무 예비자, 제대자, 일반 국민 등에 대한 축적된 자료를 가지고 있다면 그 자료는 패널 자료라고 할 수 있다. 자료는 성격에 따라 1차 자료와 2차 자료로 구분하기도 한다. 1차 자료는 연구자가 수행 중인 연구의 목적에 맞게 직접 수집한 자료로서 연구문제를 해결하기 위해 사전에 작성된 연구설계를 통해 측정, 관찰 또는 질문지 등의 방법으로 수집된 자료를 말한다. 반면 2차 자료는 '기존자료'라고 불리기도 하는데, 이는 다른 사람이나 조직이 그들의 필요에 의해 만든 자료로서, 연구자가 자신이 수행 중인 연구문제를 해결하기 위해 사용하는 자료를 말한다. 일반적으로 이미 발표된 간행물이나 보고서, 통계자료, 학술논문 등이 포함된다.[3] 연구자가 자신의 연구에 대한 독창성을 높이기 위해서는 1차 자료를 연구에 많이 사용하는 것이 바람직하다.

2. 자료수집방법

자료수집은 연구자가 연구목적에 맞는 정보를 얻기 위해 문헌, 데이터 등을 모으는 일체의 행동을 말한다. 예를 들어, 국방개혁에 대한 연구를 진행한다면 기존의 국방개혁과 관련된 연구논문과 정책보고서, 국방개혁에 대한 찬반 의견이 개진된 신문, 해외의 사례 등과 일반 국민의 생각 등에 대한 설문 등을 실시할 수 있는데, 이러한 것들을 모으는 행위를 '자료수집'이라고 할 수 있다.

여기서 한 가지 주의할 점이 있다. 최근 연구자들은 일반적으로 자료수집을 위해 인터넷 등의 검색을 주로 실시하여 방대한 자료를 모으는

3 김렬, 『사회과학도를 위한 연구조사방법론』(서울: 박영사, 2013), pp. 264-265.

경우가 있는데, 이러한 자료들은 일반적으로 2차 자료에 해당하는 경우가 많다. 하지만 이러한 자료를 이용한 연구는 연구의 독창성 면에서 뛰어난 평가를 받을 수 없다. 따라서 군사학 연구자들은 2차 자료와 함께 다른 연구자가 사용하지 않은 자료, 즉 1차 자료 획득 노력도 꾸준히 병행해야 한다. 물론, 정성적인 1차 자료 획득은 상대적으로 어려울 수 있다. 하지만 이러한 노력으로 연구된 결과는 학문적 독창성은 물론 군사학의 기본 토대를 강화하는 데도 기여하게 될 것이다. 여기서 한 가지 주의할 점은 군사자료의 경우 군사보안과 연계된 자료들이 다수 존재하고 있기 때문에 주의할 필요가 있다.

한편, 정량적 분석을 위한 자료수집방법에는 3가지 방법이 가장 많이 사용되고 있는데 관찰, 실험, 설문이다. 우선, 직접적인 관찰은 자료를 수집하는 가장 간단하고 편리한 방법으로 연구의 대상이 되는 변수를 직접 관측하는 것을 말한다. 자료수집을 위한 관찰은 '일상적인 관찰'과는 다른 개념인데, '일상적인 관찰'은 사전에 관찰목적을 결정하지 않고 관찰을 수행하는 반면 자료수집행위로서의 관찰은 사전에 관찰 목적을 정하고 관찰을 진행한다.[4] 즉, 연구자가 군대 문화에 대해 연구하고자 할 때 자신이 수년 전에 군인으로서 일상생활에 단순히 참여한 경험은 좋은 자료로 보기 어렵다. 이러한 조직에 대한 관찰이 좋은 경험이 되기 위해서는 명확한 목적의식을 가지고 군이라는 조직을 바라보고 그것을 경험했을 때만이 좋은 자료라고 할 수 있다. 따라서 관찰을 통해 자료를 얻기 위해서는 주관을 배제하고 일정 기간 동안 연구대상을 연구목적에 맞게 지속적으로 관찰해야 한다.

둘째, 실험을 통해 자료를 수집하는 방법이 있는데 이는 하나 또는 그 이상의 독립변인들에 대해 의도적으로 실험하는 사람에 의해 조작·통제된 상태에서 종속변수에 대한 효과를 측정한다. 즉, 특정한 요인을

4 정현욱, 『사회과학 연구방법론』(서울: 시간의 물레, 2012), p. 206.

제외한 다른 요인들을 통제하면서 유용한 정보를 얻는 방법이다.[5] 다른 요인들을 배제하는 이유는 일반적인 모든 현상은 단지 하나의 요인만으로 발생하지 않고 여러 가지 요인이 복합적으로 작용해서 발생하기 때문이다. 따라서 다른 요인들을 배제하지 않는다면 그 요인이 주는 영향력을 입증할 수 없다. 다시 말해, 이러한 방법은 다른 요인들은 배제하고 특정 요인이 종속변수에 어떻게 영향을 주는지 확인하는 연구에서 많이 사용된다. 실험의 경우 일반적으로 국방과학 분야에서 주로 사용되는 방법이라고 여겨지고 있는데, 사회과학 측면에서도 인간, 조직 등의 행동 등 여러 분야에서 충분히 사용 가능한 방법이다.

세 번째 방법은 설문조사로 모집단을 설정하여 특정 항목에 대한 정보를 얻기 위해 사용되는 방법을 말한다.[6] 설문조사는 통상 면접조사, 전화조사, 우편조사, 인터넷 조사 등의 방식으로 진행된다. 설문조사에 대한 자세한 사항은 다음 절에서 설명하도록 하겠다.

3. 자료의 정리 및 저장[7]

일반적으로 많은 연구자들은 자료 정리에 많은 시간을 할애하지 않는다. 하지만 연구를 위해 획득된 자료는 자료 자체만으로는 그 의미가 크지 않을 수 있다. 즉, 획득된 자료가 어떻게 정리되느냐에 따라 자료의 가치가 바뀔 수 있다. 따라서 같은 자료라고 하더라도 이를 효과적으로 정리하면 더욱더 의미 있는 자료가 될 수 있을 것이다.

뿐만 아니라 자료를 정리하는 과정에서 분석에 필요한 자료와 불필

5 장택원, 『세상에서 가장 쉬운 사회조사 방법론』(서울: 커뮤니케이션북스, 2013), p. 65.

6 연구대상을 이론적으로 특정화한 총합체를 '모집단(population)'이라 하며, 모집단으로부터 측정대상으로 선택된 일부를 '표본(sample)'이라고 한다.

7 John Creswell, 조홍식 외 역, 『질적 연구방법론: 다섯 가지 접근』(학지사, 서울: 2015), p. 210.

요한 자료를 구분할 수 있기도 하며, 그 과정에서 새로운 연구주제를 발굴할 수도 있다. 예를 들어 한국의 군사전략에 대한 연구를 위해 수많은 자료를 수집할 수 있다. 이러한 자료를 시간별, 관련 요인별로 정리하다 보면 각 시대별 특성을 발견할 수 있고 특정 요인과의 연계성도 확인할 수 있게 된다. 이러한 과정은 결국 연구자에게 자신의 연구에 필요한 핵심 자료가 무엇인지를 인지하도록 도와주어 연구 과정에서 불필요한 시간 낭비를 줄일 수 있다. 또한, 자료 정리를 통해 새로운 주제 발굴의 기회를 가질 수 있어 연구 영역의 확대라는 긍정적 효과를 가져올 수도 있을 것이다.

더욱이 획득된 자료를 잘 정리하지 않는다면 유사한 자료가 필요할 때 이를 다시 획득하기 위해 노력함으로써 시간을 다시 소비해야 하는 일이 벌어질 수 있다. 따라서 최초 획득된 자료에 대한 철저한 정리를 통해 추후 연구 확장 시 발생할 수 있는 재사용에 대비할 필요가 있다. 특히, 정량적 방법의 경우 자료 보관을 철저히 하지 않을 경우 연구결과에 치명적 오류가 발생할 수 있다. 즉, 정량적 방법은 수치화되어 보관되는 자료가 대부분인 관계로 데이터에 오류가 발생할 경우 연구 전체에 대한 신뢰도에 큰 영향을 줄 수 있게 된다. 예를 들어, 국방 정책에 대한 국민의 만족도에 관한 연구를 정량적으로 실시하기 위해 설문조사 방법을 사용했다고 가정할 경우, 이를 통해 얻은 자료들을 정량적 데이터로 변환하는 과정은 매우 중요하다. 즉, 각각의 항목에 대한 점수 척도를 명확하게 정리할 필요가 있을 뿐만 아니라 신분별, 직업별, 연령별, 성별 등 다양한 분석의 기준 척도 등도 오류 없이 정리되어야 한다. 만약 이 과정에서 작은 오류가 있다면 전체 연구의 신뢰도는 매우 큰 타격을 입게 된다. 따라서 정량적 분석 간 자료 저장을 위해서는 아래 원칙을 준수할 필요가 있다.

첫째, 컴퓨터를 통해 자료를 저장할 때는 항상 백업 복사본을 만들어야 한다. 백업본을 만들 경우 연구 진도에 따라 일정별 정리도 필요하다.

이는 자료 손실을 예방함은 물론 추후 오류를 인지했을 시 이를 명확하게 찾아내는 데 매우 유용하기 때문이다. 둘째, 수립된 정보 유형별로 목록을 만들어야 한다. 유형별 목록은 연구자의 연구 효율성을 극대화할 수 있고 연구 확대 시 매우 유용하게 사용될 수 있다. 셋째, 자료 유출을 방지하기 위해 보안조치(비밀번호)를 강구할 필요가 있다. 이는 특히 군사학 연구자의 경우 더욱 중요하다고 할 수 있다. 자신도 모르는 사이에 군사비밀 등이 유출될 수 있으니 연구가 종료되어 공식적인 절차를 거쳐 출판이 되기 전까지는 모든 자료를 매우 조심스럽게 다룰 필요가 있다. 넷째, 자료 간의 혼란을 방지하기 위해 명확한 구분이 가능한 자료명을 사용해야 한다. 연구가 진행될수록 자료의 양이 급격하게 증가하게 되는데, 이러한 자료들을 구분하기 위해서는 자료를 대표할 수 있는 단어를 이용하여 정리할 필요가 있다. 다섯째, 획득된 날짜를 명기하여 최신자료가 어떤 것인지 구분할 수 있어야 한다.

제2절 설문조사

1. 설문조사의 개념 및 목적

설문조사는 많은 학문 분야에서 가장 널리 사용되고 있는 연구방법이라고 할 수 있다. 이러한 연구방법은 18세기 이전 영국에서 사회복지 분야 연구에 활용되면서 시작된 것으로 알려지고 있으며 이후 사회학, 인류학, 경제학, 정치학, 행정학, 통계학 등 여러 분야에서 매우 활발히 사용되고 있다.[8]

일반적으로 설문조사는 해당 문제에 관계된 모든 인원에게 실시(전수조사)하여 그들의 의견을 종합 분석하는 것이 최선이라 할 수 있다. 왜냐하면 표본의 크기가 클수록 표본에 의한 추정이 더욱 정확해지기 때문이다. 그러나 사회가 다양화·다원화되면서 점차 사회문제가 복잡해짐에 따라 관련 인원들에 대한 전체 설문은 사실상 불가능하다. 즉, 모집단(population)의 수가 무한대에 가까운 경우 전수조사는 시간적·비용적 측면을 고려했을 때 실시되기 어렵다. 따라서 일반적으로 설문조사는 모집단을 대표할 수 있는 표본(sample)을 추출하여 연구를 진행하게 된다.

물론, 표본조사의 경우 모집단을 완벽하게 대표하는 표본을 선정하는 일이 쉬운 일은 아니다. 하지만 전수조사에 비해 표본조사는 비용 및 시간적인 면에서 장점이 있으며 현실적이라는 장점을 가지고 있다. 따라서 일반적으로 설문조사라 함은 표본 설문조사를 주로 사용하는데, 표본조사는 모집단의 부분집합인 표본을 조사하는 것을 의미한다.

일반적으로 이러한 설문조사를 실시하는 목적은 크게 두 가지로 나눌 수 있다. 첫째, 현상이나 사실을 탐색하고, 둘째 미래의 사건이나 상황에 대해 예측하기 위함이다. 즉, 조사 대상의 일부(혹은 전부)를 조사해서 조사 대상의 전체 특성을 알아내어 하나의 주제에 대해 일반화할 수 있는 사실을 마련하는 것과 이를 통해 미래를 예측하는 것이라 할 수 있다. 예를 들면, 병사들의 선호 음식에 대한 연구를 실시하기 위해 몇 개 부대의 병사들에게 설문을 실시하여 거기서 얻은 데이터를 바탕으로 전체의 성향을 분석하고 이를 통해 미래 병사 급식체계를 발전시키는 전략을 도출하는 연구 과정이 있을 수 있다.

8 김렬, 전게서, pp. 249-263.

2. 표본추출 과정

설문조사의 효과를 높이기 위해서는 표본을 어떻게 추출하느냐가 매우 중요한 문제라고 할 수 있다. 즉, 표본추출이 설문조사의 성패를 좌우한다고 해도 과언이 아니다. 따라서 표본추출은 매우 신중하게 이뤄져야 한다. 일반적으로 표본추출 과정은 아래 〈표 9-2〉와 같은 과정을 거쳐 진행된다.[9] 우선, 실제 연구의 목적에 부합하는 모집단을 규정해야 한다. 예를 들어, 직업군인의 직업 만족도에 대한 연구를 진행한다면 전체 직업군인으로 설정할 것인지, 아니면 10년 이상 근무한 직업군인으로 할지를 명확하게 설정할 필요가 있다.

이렇게 모집단의 규정이 끝나고 나면 표본추출틀을 결정하게 되는데 여기서 말하는 표본추출틀이란 "표본을 추출하기 위해 사용되는 모집단의 목록, 즉 표본추출단위가 수록된 목록"을 의미한다. 따라서 위에

〈표 9-2〉 표본추출 과정

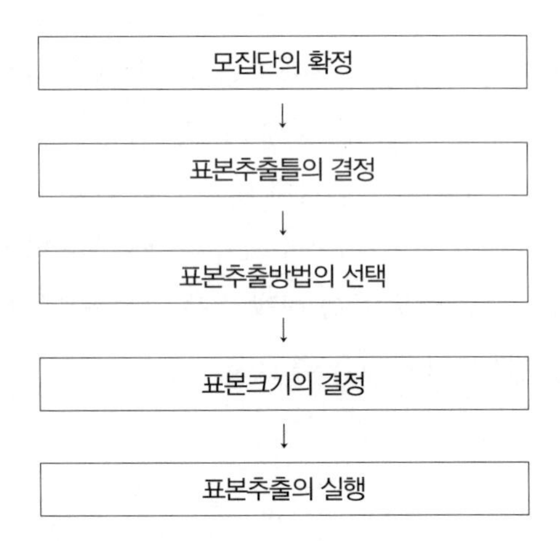

출처: 김렬, 『사회과학도를 위한 연구조사방법론』(서울: 박영사: 2013), p. 113.

9 김렬, 『사회과학도를 위한 연구조사방법론』(서울: 박영사: 2013), p. 113.

서 제기한 연구에 대한 표본추출단위는 직업군인이 근무하는 각 조직의 목록과 더 나아가 개인 명단이 될 수 있다.

표본추출틀이 결정되고 나면 표본을 어떻게 추출할 것인가를 선택하게 되는데 모집단의 요소들이 모두 동일한 확률로 표본을 추출하는 방법을 확률표본추출, 동일한 확률을 적용하지 않는 표본 추출방법을 비확률표본추출이라고 한다. 동일한 확률을 적용하지 않는다는 것은 연구자가 연구목적 달성을 위해 특정 부분에 가중치 등을 주어서 추출하는 것을 말한다. 예를 들어 위에서 제시한 연구의 경우 모든 지역의 직업군인을 동일한 확률로 추출하는 방법이 있을 수 있고, 전방지역 2, 재경지역 1, 후방지역 2 등의 비율로 추출하는 방법이 있을 수 있다.

표본추출방법이 결정되고 나면 얼마만큼의 표본을 추출해야 하는지를 결정한다. 물론 정해진 표본 수는 없다. 연구자가 연구목적을 달성할 수 있으면서 경제적·시간적으로 가용한 범위 내에서 최대 표본을 선정하는 것이 가장 좋다. 왜냐하면 표본 수가 많을수록 전수조사에 근접한 결과를 얻을 수 있기 때문이다.

3. 설문조사의 장단점

설문조사의 장단점은 여러 가지가 있을 수 있으나 일반적으로 다음과 같은 사항들이 제시되고 있다. 장점으로는 첫째, 짧은 시간에 많은 자료를 수집할 수 있다. 이는 설문의 대상이 되는 사람들과의 1:1 면접을 통해 그들의 생각을 얻는 방식에 비해 동시에 많은 사람들의 의견을 얻을 수 있다는 점에서 시간 절약이 된다는 것을 의미한다. 둘째, 많은 자료를 수집하는 데 비해 비용이 적게 든다. 설문은 일반적으로 동시다발적으로 진행되기 때문에 예산 측면에서도 불필요한 비용을 절약할 수 있다. 예를 들어, 표본으로 1개 부대가 선정되었을 경우 연구자는 한 번의 부대방문을 통해 적게는 수십 명에서 많게는 수백 명에게 설문 자료를 획득할 수 있다. 셋째, 수집된 자료의 분류와 해석이 용이하다. 일반적으로 설문조사는 수치화된 응답을 유도한다. 따라서 이렇게 수치화된 자료는 통계 프로그램을 통해 변수와 변수 간의 관계 등을 쉽게 살펴볼 수 있다는 장점이 있다. 넷째, 수립된 자료를 통해 정량화된 값을 도출할 수 있다. 이는 연구결과가 수치화된다는 것을 의미한다. 예를 들어 "몇 %의 사람들이 어떠한 정책에 반대한다", "반대이유는 A가 몇 %, B가 몇 %, C가 몇 %다" 등의 주장이 가능하다.

반면 단점으로는 첫째, 응답자가 질문을 잘못 이해하는 경우가 발생할 수 있다. 즉, 응답자의 지적 능력에 따라 질문에 대한 이해가 달라질 수 있는데 그럴 경우 유의치 못한 응답이 도출될 수 있다. 하지만 설문조사의 경우 이것을 구분하기가 쉽지 않다. 물론, 기본적으로 응답자의 데이터 설정 시 이를 보완하는 기제를 설정한다면 약간의 보완은 가능하다. 둘째, 질문지 구성 시 전문성이 요구된다. 뒤에서 살펴보겠지만 질문지 작성 시 많은 사항이 고려되어야 한다. 따라서 질문을 구성할 시에는 연구분야의 전문성을 가지고 있는 사람에게 반드시 조언 등을 구할 필요가 있다. 예를 들어, 군사학 분야 석·박사 과정 학생이 설문조사 방법을 통해 연구를 진행할 예정이라면 해당 지도교수, 학과 통계 담당 교수 또는 정량적 연구방법론 담당 교수 등에게 조언을 받을 필요가 있다. 셋째, 일방적인 의사소통이 이뤄진다. 이는 응답자가 설문과정에서 의문 사항이 생길 경우 이를 해결할 수 없다는 것을 의미한다. 즉, 응답자는 설문지만을 통해 정보를 얻어야 하므로 의사소통체계가 원활하지 않다. 물론 이러한 문제는 대면설문 시에는 어느 정도 의문사항을 현장에서 해결해줄 수 있어 보완이 가능하다. 하지만 우편 또는 인터넷을 이용한 설문조사 시에는 별다르게 보완할 수 있는 방법이 없다. 넷째, 낮은 회수율로 자료의 정확성 문제가 발생할 수 있다. 일반적으로 설문의 경우 불특정 다수, 익명성 등이 보장되어야 한다는 특성이 있어 응답자의 응답률 또한 상대적으로 높지 않다. 따라서 응답률을 높이기 위해서는 연구자가 이에 대한 고민을 할 필요가 있다. 다섯째, 서술식 질문에 대한 자료 분석이 곤란하다. 이것은 정량적 연구의 전체적인 단점과도 연계되어 있다. 즉, 수치화된 자료만을 얻게 됨으로써 정성적인 자료 해석이 제한된다. 예를 들어, 2개국의 군사력을 비교한다고 했을 때 무기체계의 수량을 통한 비교도 의미가 있을 수 있으나 수치화시킬 수 없는 전략, 상무정신 등도 매우 중요한 요소다. 하지만 이런 것들은 정량화시키기 매우 어렵다. 여섯째, 설문에 대한 응답이 응답자의 언어 능력에 따라 달라질 수 있고 응답자의 불성실 답변이 있을 수 있다.

4. 설문조사의 종류

설문조사는 다양한 방법으로 이뤄지고 있다. 이러한 방법의 선택은 연구자가 처한 상황에 따라 달라질 수 있다. 군사 분야의 경우 주제에 따라 병사들과 관련된 주제는 많은 수의 설문이 필요하겠지만 전략 혹은 상위 정책의 경우에는 이에 대한 전문성이 요구되므로 소수의 설문이 필요하기도 하다. 또한 시간 및 비용적으로 여유가 있는 경우와 그렇지 못할 경우의 설문조사 방법에도 차이가 있을 수 있으며 응답자와 연구자의 지리적 거리 또한 방법 결정에 중요한 요인이 될 수 있다. 따라서 일반적으로 방법 선정에 영향을 주는 요소로는 시간, 비용, 응답자와의 거리, 주제 등이라고 할 수 있으며 이러한 요인들을 고려하여 최근에 가장 많이 사용되고 있는 설문조사 방법으로는 아래의 4가지를 들 수 있다.

1) 인터뷰

설문조사의 가장 전형적인 방법이라 할 수 있다. 이것은 연구자가 사전에 준비된 질문을 가지고 응답자에게 질문을 하고 이에 응답자가 대답하는 방식으로 이뤄진다. 이러한 방식의 장점으로는 융통성, 복잡한 질문에 대한 용이한 처리, 높은 응답률 등이 있으며 단점으로는 과도한 비용 및 시간 소요, 연구자의 편견, 낮은 익명성 등이 있다. 군사학 분야에서 이 방법을 이용할 경우, 단점에서 특히 주목해야 할 것은 바로 익명성 분야라고 할 수 있다. 일반적으로 군 조직은 상명하복의 경향이 가장 강하게 나타나는 특성을 가지고 있다. 따라서 인터뷰를 통한 설문조사 시에는 계급과 직책 등에 따라 자신의 실제 의견을 제시하지 않을 수 있다. 따라서 이러한 방법을 선택할 경우에는 익명성에 대한 응답자의 의문을 반드시 해소시켜줄 필요가 있다. 한편, 이러한 방법에 적합한 연구주제로는 고도의 전문성과 상위 차원의 의사결정이 필요했던 것들이라고 할 수 있다.

2) 우편설문조사

우편설문조사는 연구자료를 수집하기 위해 미리 표본으로 추출된 응답자에게 우편을 통해 인쇄된 설문지를 보내어 조사하는 설문방식이다. 이러한 방법은 비용절감, 편리성, 익명성, 연구자의 편견 감소, 광범위성 등의 장점이 있으나 낮은 회수율, 긴 시간 소요, 잘못된 응답에 대한 수정 불가 등의 단점이 있다. 특히, 우편조사의 응답률은 10% 정도로 알려지고 있는데 이는 1,000명의 응답지를 얻기 위해서는 1만 명에게 설문지를 보내야 한다는 것을 의미한다.[10] 따라서 우표를 부착한 설문 회수용 봉투 동봉, 응답 시 인센티브 제공 등 응답률을 어느 정도 높이기 위한 노력이 필요하다.

이러한 방법이 주로 사용되는 연구주제는 군 전반에 걸쳐 영향을 줄 수 있는 일반적인 것들이 해당된다. 하지만 최근에는 인터넷의 발달로 인해 이 방법에 대한 선호도가 많이 감소하고 있다.

---

10 차배근 · 차경욱, 『사회과학 연구방법: 실증연구의 원리와 실제』(서울: 서울대학교 출판문화원, 2013), p. 495.

3) 전화조사

전화조사는 일정한 훈련을 받은 전화 조사원을 통해 전화면접을 실시하는 것으로 대면 인터뷰에 비해 신속한 자료수집, 적은 비용, 익명성 보장, 광범위한 접근성 등의 장점이 있으나 신뢰성 감소, 응답자의 제한성, 낮은 응답 비율 등의 단점이 있다. 특히, 낮은 응답률의 경우 조사원의 태도, 목소리, 성별 등에 따라 차이가 나며 조사 시간과도 매우 깊은 연관이 있다. 예를 들어, 젊은 남자를 대상으로 하는 전화조사의 경우 상냥한 여성 조사원일 경우 응답 비율이 훨씬 높게 나타나며, 조사 시간의 경우 가정주부는 오전 10시에서 12시, 직장인의 경우 오후 7시에서 9시가 가장 적당하다.[11] 군사학 분야에서 이러한 조사방법은 군과 국민과의 관계 혹은 대국민 의식조사 등의 경우에 적절하다.

4) 인터넷 설문조사

최근에는 인터넷 기술의 발달로 인해 인터넷을 통한 설문조사방법이 널리 사용되고 있다. 인터넷 설문조사는 표본의 수가 많아져도 추가 비용이 전혀 들지 않는다는 장점이 있으며 지리적 이격 문제가 전혀 없다는 것도 장점이라고 할 수 있다. 또한 응답지의 회수가 빠르고 수고가 적게 든다는 장점도 있으며, 응답자들의 응답도 편리하게 이뤄진다. 단점으로는 인터넷을 사용할 수 있는 사람들에게만 가능하다는 것이며 설문의 신뢰성에 대한 문제가 제기될 수 있다. 특히, 이 방법의 경우 조직 내부 특성상 인터넷 활용이 자유롭지 못할 경우 많은 제한사항이 발생할 수 있다는 단점도 가지고 있다. 특히, 군의 경우 인터넷 사용이 자유롭지 못하여 현재 복무하고 있는 응답자에게는 사용이 매우 제한되는 방법이라고 할 수 있다. 따라서 이러한 방법을 통해서는 군 외부의 응답자들과 연계된 주제들이 적당하다고 할 수 있다. 또한, 일반적으로 인터

11 구동모, 『연구방법론』(파주: 학현사, 2013), p. 70.

넷을 주로 사용하는 40대 이하를 대상으로 한 주제에 적당하다.

5. 설문조사의 단계

설문조사를 실시하는 과정은 연구주제에 따라 다양하다. 하지만 일반적으로 다음의 6가지 과정을 거쳐 실시된다. 여기서 중요한 점은 좋은 설문조사가 되기 위해서는 전체 과정에 있어서 타당성(validity), 신뢰성(reliability), 공정성(fairness)이 확보되어야 한다는 점이다.[12]

1) 문제설정

설문조사를 통해 연구자가 알고 싶은 것이 무엇인지를 결정하는 단계다. 즉, 연구주제에 대한 의미 있는 데이터를 획득하기 위해 명확하게 연구문제를 설정하는 단계라고 할 수 있다. 또한 추후 가설 검증을 위해 측정해야 할 변수와 현상의 서술을 위해 필요한 속성들을 규명하는 단계이기도 하다. 군사학 분야에서는 특히 축적된 데이터가 부족하고 자료를 획득할 수 있는 방법이 제한되므로 이를 극복할 수 있으면서도 의미 있는 연구가 될 수 있는 것을 문제로 설정할 필요가 있다. 또한, 기존에 많은 연구가 진행된 문제보다는 연구가 많이 진행되지 않은 문제를 선택해야 연구의 독창성을 유지할 수 있다. 이를 위해서는 기존연구들에 대한 심도 깊은 검토가 필요하다.

2) 설문대상 설정

연구목적에 부합하는 설문대상을 설정하는 단계다. 병사들의 복지

12 여기서 말하는 타당성은 "측정하려고 의도하는 것을 정확히 측정하고 있는가?"의 문제이며 신뢰성은 "하나의 설문지를 가지고 조사할 때마다 같은 결과를 가져올 수 있느냐?"의 문제이고, 공정성은 "조작 및 불순한 의도가 없는 것"을 의미한다.

에 대한 연구를 진행한다면 주 설문대상은 병사들이 될 것이며, 지역별로 어떻게 나눌 것인지, 계급별로는 어떻게 나눌 것인지를 결정한다. 대상의 설정은 매우 중요하다. 왜냐하면 잘못 선정된 표본은 모집단을 대표할 수 없기 때문이다. 예를 들어, 직업군인 자녀들의 교육 실태에 대한 연구를 진행하는 과정에서 표본을 직업군인이 많이 거주한다는 이유만으로 대전 및 계룡시 일대에서 선정한다면 이는 의미 있는 결과 도출이 되지 않는다. 왜냐하면 이 지역은 대도시 인근에 위치하고 있어 상대적으로 복지 혜택을 잘 누리지 못하는 격오지 근무 군인들의 의견을 포함시킬 수 없기 때문이다. 따라서 지역별 · 신분별 · 계급별 등 여러 가지 요인에 대한 비율을 고려하여 설문대상을 설정해야 한다.

3) 설문방법 설정

위에서 제시한 4가지 설문조사방법인 인터뷰, 우편조사, 전화조사, 인터넷 조사 중에서 하나를 설정한다. 설문방법을 설정하기 위해서는 현재 연구자의 상황을 정확히 파악해야 하며 연구결과에 가장 적은 제약을 줄 수 있는 방법을 강구할 필요가 있다. 설문방법이 결정되어야만 설문지의 형식, 양, 표현방식을 결정할 수 있다. 필요하다면 두세 가지 방법을 조합하여 사용할 수 있다. 만약에 현역 병사들의 설문이 필요한 연구과제라면 인터넷 및 전화조사는 적당하지 않다. 왜냐하면 군의 특성상 병사들은 인터넷 및 전화사용이 자유롭지 않기 때문이다. 이는 장교 및 부사관의 경우도 마찬가지다. 반면, 익명성을 보장해야 정확한 데이터를 얻을 수 있는 연구주제의 경우에는 대면하는 형태의 설문조사인 인터뷰 방식은 효과적이지 못하다. 따라서 연구자는 자신의 연구주제에 따라 효과적인 방법이 무엇인지를 염두에 두고 설문조사에 임해야 한다.

4) 질문지 작성

질문지는 명확하고, 가치중립성을 가지고 작성할 필요가 있다. 또한 연구목적에 부합하는 변수 간의 관계를 측정하기 위해서는 어떠한 내용이 포함되어야 하는지를 결정해야 한다. 또한, 질문을 개방형(open)으로 할 것인지 또는 폐쇄형(closed)으로 할 것인지를 결정해야 한다.[13] 예를 들어, 군 생활 간 업무시간과 군 복무의 만족도에 대한 연구를 진행하고자 한다면 폐쇄형 질문이 더 효과적이다. 즉, 양 변수 간의 관계를 계량화할 수 있는 문항을 구성해야 한다.

설문지 질문들을 배치할 경우, 통상 설문지에는 여러 가지 질문이 포함되어 있는데 처음에는 되도록 응답하기 쉬운 질문을 배치하고 나중에는 약간의 집중이 요구되는 질문을 배치하는 것이 일반적이다. 왜냐하면 처음부터 난해하고 어려운 질문이 나오면 응답자가 전체 설문 모두에 대한 응답을 포기하거나 불성실하게 응답할 가능성이 높기 때문이다.

이러한 질문지 작성에는 많은 기본 원칙이 존재할 수 있지만, 일반적으로 간단성(simplicity), 명확성(clearness), 이해성(intelligibility) 등이 중요하다. 이는 간단하고 공통적인 언어를 사용하고 응답자가 처리할 수 있는 질문을 작성해야 한다는 것을 의미한다.[14] 만약 전문가들을 상대로 하는 설문이라면 전문적인 용어를 사용하더라도 설문에는 큰 어려움이 없을 수 있다. 하지만 일반 국민 또는 비전문가 그룹들에게 국방 현안에 대한 문제를 설문할 경우에는 되도록 그들이 이해하기 쉬운 용어를 가

---

13 개방형 질문의 장점은 자유로운 의견을 수렴할 수 있고 예상치 못한 응답을 찾을 수 있다는 것이며, 단점은 응답을 유형화하고 통계처리하기 어려우며 상대적으로 응답률이 낮다. 반면 폐쇄형 질문의 경우 장점은 응답이 용이하고 통계치로 처리하기 쉽다는 것이며, 단점은 객관식 문항을 만들기 어렵고 심층적 자료를 얻기 어렵다. 장택원, 『세상에서 가장 쉬운 사회조사 방법론』(서울: 커뮤니케이션북스, 2013), p. 34.

14 홍성열, 『사회과학도를 위한 연구방법론』(서울: 시그마프레스, 2010), pp. 90-110. 한편, 프레드 커링거(Fred N. Kerlinger)는 설문지 작성 시 유의할 사항으로 7가지를 제시하고 있다. "첫째, 설문이 연구문제 및 연구목적과 밀접한 관계를 가지고 있는가? 둘째, 설문의 형식이 올바르고 적합한가? 셋째, 설문이 응답을 유도하고 있는가? 넷째, 설문이 명료한가? 다섯째, 설문이 응답자가 갖고 있지 않은 지식이나 정보를 요구하지는 않는가? 여섯째, 설문이 응답자에게 저항감을 주는 개인적인 정보나 응답하기 민감한 내용 등을 요구하고 있지는 않은가? 일곱째, 설문이 편향성을 띠고 있지는 않은가?" 자세한 내용은 Fred N. Kerlinger, *Foundation of Behaviordal Research* (New York: Holt, Rinehart and Winston, 1973) 참조

지고 설문을 실시해야 한다. 왜냐하면 군사용어의 경우 이를 경험해보지 않은 응답자에게는 매우 난해할 수 있기 때문이다.

5) 예비조사

설문조사지가 완료되면 모의집단을 형성하여 예비조사를 실시한다. 하지만 많은 연구자가 연구자 스스로 최종 확인을 하는 것으로 이를 대체하는 경우가 많다. 물론 시간적 여유가 없을 경우 연구자에게는 이 과정에 대한 필요성과 중요성이 크게 느껴지지 않을 수도 있다. 하지만 그럴 경우에라도 최종점검 차원에서 소수의 제3자에게 모의 설문을 받아 볼 필요가 있다. 왜냐하면 이 과정을 통해 설문지의 오류를 측정하여 잘못된 문항을 수정하거나 삭제 · 추가 · 순서 변경 등을 실시할 수 있어 높은 신뢰도를 가진 설문지를 작성할 수 있기 때문이다.

6) 편집 및 인쇄

예비조사에서 나타난 문제점들을 수정하고 이에 대한 최종점검을 실시하는 단계다. 최종점검을 마치고 난 이후에는 응답자가 편안한 마음으로 응답할 수 있도록 양질의 인쇄를 실시할 필요가 있다. 일반적인 설문조사의 경우 설문지를 이용하게 되는데, 이럴 경우 설문지의 질적인 면도 고려해야 할 필요가 있다. 왜냐하면 양질의 설문지는 그렇지 못한 설문지에 비해 응답자가 설문에 더 진지하게 임하게 해주기 때문이다. 따라서 되도록 좋은 용지를 사용할 필요가 있다. 또한, 인터넷을 통한 설문의 경우에도 전문적인 편집과 다양한 기법들을 통해 좀 더 전문성 있는 설문이 될 수 있도록 해야 한다.

이와 같이 마지막 단계를 거친 설문지는 기본적으로 다음과 같은 요소를 포함해야 한다. 첫째, 표지 인사말, 둘째 질문지 응답에 필요한 일반적 유의사항, 셋째 연구주제와 관련된 질문, 넷째 마지막 인사말 등이다. 〈표 9-3〉은 지금까지 설명한 것들을 포함하여 작성된 설문지다.

6. 설문조사의 적용

사실, 현재까지 군사학 분야는 하나의 포괄적이고 일관성 있는 과학적 이론을 갖고 있지 못하다. 특히, 통계적 확률로 표현되기에도 많은 제한 사항이 따른다. 왜냐하면 정량화시키기 어려운 요소들이 많이 존재하고 있는 것이 군사학 분야이며, 자료에 대한 접근성도 다른 학문에 비해 떨어지기 때문이다. 따라서 이론화 작업은 아직 시작단계에 있으며 심지어 강렬한 논쟁도 여전히 부족한 실정이다.

하지만 이러한 척박한 학문 분야가 발전하기 위해서는 수많은 이론과 연구가 경합하면서 현상에 대한 다양한 분석 및 이해를 가능하게 해야 한다. 이러한 점에 기여하기 위해 미래 군사학은 현재의 정성적 연구방법에 치우친 연구에서 벗어나 정량적 연구방법을 활발히 진행할 필요가 있다. 그렇다고 해서 정성적 방법이 유용성이 없다는 것은 아니다. 학문으로서의 군사학이 발전하기 위해서는 여러 가지 방법론으로 연구가 진행되어야 한다. 정량적 연구방법을 진행하기 위해 가장 쉬우면서도 좋은 방법이 바로 지금까지 설명한 설문조사라고 할 수 있다. 따라서 설문조사방법을 잘 활용하여 의미 있는 결과를 도출한다면 추후 군사학 분야 발전에 많은 기여를 하게 될 수 있을 것이다. 물론, 이러한 설문조사를 실시함에 있어 몇 가지 유의할 사항이 있다. 우선, 전체를 대변할 수 있는 표본을 잘 설정해야 하며, 이 표본들이 성실하게 응답할 수 있는 설문방법을 설정해야 하고, 신뢰성을 높여줄 수 있는 설문지의 구성 및 편집 등이 반드시 수반되어야 할 것이다.

〈표 9-3〉 설문지 작성 예

설문지 유형	A	B	○○○○ 설문조사(○○용)	ID				

안녕하십니까?
국토방위와 군 발전을 위하여 수고하시는 귀하의 노고에 경의를 표합니다.
본 설문은 안보 및 국방정책 수립을 위한 기초자료로 활용하기 위하여 군인 여러분을 대상으로 병역제도에 대한 설문을 실시하고자 합니다.
귀하께서 응답하신 내용은 다른 여러 사람들의 응답과 함께 통계적으로만 처리되고, 통계법 33조에 의거 비밀이 절대 보장됩니다. 또한 분석결과는 오로지 연구목적을 위해서만 사용됩니다. 바쁘시더라도 국방정책 수립에 참여한다는 생각으로 성의껏 작성해 주시기 바랍니다.
설문에 응해주신 데 대하여 진심으로 감사드립니다. 귀하의 건승을 기원합니다.

2016년 10월

○○대학교 ○○연구소

먼저, ○○님께서 면접할 대상에 속하는지 아닌지를 알아보기 위한 질문을 몇 가지 드리겠습니다.

SQ1. 귀하의 소속 군은?

응답란 [ ]

1) 육군　　2) 해군(해병대 포함)　　3) 공군

SQ2. 현 계급은?

응답란 [ ]

1) 이병　　2) 일병　　3) 상병　　4) 병장

SQ3. 군 복무 기간은?

[|] 년 [|] 개월째

SQ4. ○○님의 연세(나이)는 올해 만으로 어떻게 되십니까?

만 [|] 년

다음은 **병역제도 및 병영문화**와 관련된 질문입니다. 귀하의 생각과 가까운 항목을 응답란에 응답해주시기 바랍니다.

문1. 우리나라의 병역제도인 **국민개병제**에 대해 어떻게 생각하십니까?

〈참고〉 대한민국은 모든 국민이 군복무를 해야 하는 '국민개병제'를 시행하고 있습니다.

- **국민개병제**
국민 모두가 병역의 의무를 지는 제도
- **지원병제**
본인 희망에 따라 군에 복무를 지원하는 제도

1) 국민개병제의 원칙은 지켜져야 한다.
2) 국민개병제의 원칙을 보완하여 실시해야 한다.
3) 점진적으로 지원병제를 도입해야 한다.
4) 전면적인 지원병제로 전환해야 한다.

문2. 귀하는 **현재 병무부조리**는 이전에 비하여 어떻다고 생각하십니까?

1) 많이 줄어든 것 같다
2) 조금 줄어든 것 같다
3) 별 차이가 없다
4) 조금 많아진 것 같다
5) 훨씬 더 많아진 것 같다

※ **병무부조리**: 병역과 관련된 법을 어기거나 부당한 처분을 받은 경우
예) 고의에 의한 신체손상으로 병역을 면제받은 경우, 금품수수 등 병역 부조리를 저지른 경우

문3. 귀하는 **최근의 병영환경 개선(병영생활관, 식사 등)**에 대해 어느 정도 만족하십니까?

1) 매우 만족한다
2) 만족하는 편이다
3) 그저 그렇다
4) 만족하지 않는 편이다
5) 전혀 만족하지 않는다

문4. 병영문화 개선을 위해 **우선 추진해야 할 사항**은 무엇이라고 생각하십니까?

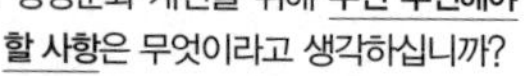

1) 복무에 따른 보상과 혜택의 증대
2) 병사 복지, 문화 활동 여건 개선
3) 개인학습시간 보장
4) 바른 인성 및 기본자세 함양
5) 장병 자기계발 여건 확대
6) 가족 및 친구와의 소통여건 보장
7) 개인생활 보장 확대
8) 기타(내용기술:)

문5. 귀하는 **병영생활 중**에서 다음의 측면에 대해 어느 정도 만족하십니까?

	매우 만족한다	만족하는 편이다	보통이다	만족하지 않는 편이다	전혀 만족하지 않는다	응답란
1) 독서 여건	1	2	3	4	5	
2) 정보화 환경(컴퓨터 등)	1	2	3	4	5	
3) 자기계발(어학 등)	1	2	3	4	5	
4) 체육활동	1	2	3	4	5	
5) 자유시간	1	2	3	4	5	

문6. 귀하는 **상관의 리더십에 대해 어느 정도 만족**하십니까?

응답란

1) 매우 만족한다
2) 만족하는 편이다
3) 보통이다
4) 만족하지 않는 편이다
5) 전혀 만족하지 않는다

문7. 귀하는 **군 복무 경험이 전역 후 사회생활에 어떤 영향**을 미칠 것이라고 생각하십니까?

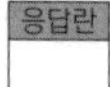

1) 매우 도움이 될 것이다
2) 어느 정도 도움이 될 것이다
3) 별 영향이 없을 것이다
4) 도움이 되지 않을 것이다
5) 전혀 도움이 되지 않을 것이다

문8. 귀하는 군 복무 경험이 **한국 역사 인식 및 국가관**에 대해 어떤 변화를 가져왔다고 생각하십니까?

1) 매우 긍정적으로 변화되었다
2) 긍정적으로 변화된 편이다
3) 큰 변화가 없다
4) 부정적으로 변화된 편이다
5) 매우 부정적으로 변화되었다

다음은 **국방정책 및 국방현안**에 관련된 질문입니다. 귀하의 생각과 가까운 항목을 응답란에 응답해주시기 바랍니다.

〈중략〉

♣ 끝까지 성의 있게 응답해주셔서 진심으로 감사드립니다 ♣

제3절 초점집단 면접

1. 초점집단 면접의 개념

초점집단 면접(Focus group interview)이란 인위적으로 토론집단을 구성한 후 연구자가 그들에게 토의 주제를 제공하여 참가자 간의 집단 토론에서 나타나는 내용을 분석하는 연구방법을 말한다. 초점집단 면접은 참여자들의 다양한 의견을 들을 수 있고 그들 각자의 해석을 들을 수 있다는 점에서 연구자에게 새로운 시각을 제공해주는 방법이라 할 수 있다. 즉, 이러한 방법은 연구자와 응답자의 1:1 인터뷰에 비해 다양한 의견이 도출된다는 장점이 있으며 특히 참여자 간의 상호작용을 통해 발전적인 의견과 생각을 도출할 수 있다는 장점이 있다. 따라서 초점집단 면접은 참여관찰과 인터뷰의 중간적인 성격을 가지고 있다고 할 수 있다.[15]

일반적으로 초점집단 면접의 장점으로는 첫째, 참여관찰에 비해 비교적 적은 비용으로 빨리 할 수 있어 연구 수행이 용이하고, 둘째 연구 주제를 탐색해보고 가설을 만들어낼 수 있으며, 셋째 집단 상호작용에서 자료를 수집할 수 있다. 반면 단점으로는 첫째, 연구 환경이 인위적이며 자연스러운 상황이 아니고, 둘째 인터뷰에 비하면 연구자의 통제가 약하고 집단 구성원들의 시각이 강조되며, 셋째 개인행동과 집단행동이 다를 수 있으므로 자료가 개인 구성원들의 실제적인 생각과 행동을 반영하는지 알 수 없다는 점이 지적되고 있다.[16]

---

15 참여관찰이란 연구자가 연구하고자 하는 주제와 관련된 집단에 직접 참여하여 동시에 관찰하는 것을 의미한다. 예를 들어 병사들의 의식을 조사하기 위해 실제로 병사가 되어 생활하는 등을 의미한다. 반면 인터뷰란 연구를 위해 해당하는 사람들과 직접적으로 질문하고 이것에 대한 대답을 통해 분석자료를 도출하는 행위를 말한다.

16 윤택림, 『문화와 역사 연구를 위한 질적연구방법론』(서울: 아르케, 2013).

이러한 초점집단 면접은 사회학에서 출발한 연구방법으로 로버트 머튼(Robert Merton)은 제2차 세계대전 동안 정치적 선전의 효과를 검토하기 위해 초점집단 면접을 시행했다. 이러한 방법은 특히 마케팅 분야에서 많이 사용되고 있는데, 새로운 상품이 미래에 얼마나 소비될 것인가를 알아보기 위한 예측을 하는 데 많이 사용되고 있다.

초점집단 면접과 유사한 개념으로는 델파이기법과 명목집단기법 등이 있다. 델파이기법은 미국의 랜드사(Rand Corporation)가 개발한 것으로 알려져 있는데, 하나의 문제에 대해 여러 전문가의 독립적인 의견을 수집한 다음, 이 의견들을 다시 정리하여 전문가들에게 배부하고 합의가 이뤄질 때까지 상대의 아이디어에 대해 논평하는 것을 말한다. 많은 전문가들을 한자리에 모이게 할 필요 없이 그들의 평가를 얻을 수 있다는 데 큰 장점이 있다. 하지만 합의에 도달하기까지 많은 시간이 소요될 수 있고 응답자에 대한 통제가 어렵다는 단점이 있다. 한편, 명목집단기법은 사람들을 모이게는 하되 특정 시간 동안 의사소통을 시키지 않고 자신만의 의견을 종이에 기록한 후 이를 발표하게 하여 이에 대한 토론을 실시하는 방법이다. 그리고 토론 후에는 투표로 우선순위를 결정한다. 이 방법의 장점은 상대적으로 소요시간이 적게 든다는 것이지만, 합의에 이를 수 없다는 단점이 있다.

또한, 초점집단 면접은 일반적인 토론회와도 구분된다. 둘 모두 하나의 주제를 가지고 참가자들의 의견을 들어보는 형태에서는 동일한 측면이 있으나 실시하는 목적의 측면에서는 서로 다르다. 초점집단 면접의 경우 하나의 주제에 대한 학술적 데이터를 얻는 것을 주목적으로 하는 반면 일반적인 토론회는 정책에 대한 참여자들의 의견을 들어 정책의 방향성을 설정하는 것이 주목적이라고 할 수 있다. 또한, 전자의 경우는 획득된 데이터를 연구자의 시각으로 해석하는 과정이 필수적이지만 후자의 경우는 그렇지 않다. 따라서 군사학 분야의 연구를 실시하기 위해 시행되는 초점집단 면접과 국방정책 토론회는 다르다고 할 수 있다.

2. 초점집단 면접의 실행

1) 초점집단의 구성

다양한 데이터를 얻기 위해서는 가능한 한 많은 수의 집단이 필요하다. 물론 하나의 집단을 통해서도 좋은 자료를 얻을 수는 있다. 하지만 집단의 수가 많을수록 얻어지는 의견의 다양성도 높아지고 전체적인 의견의 방향성도 확인할 수 있어 비용과 시간이 허락하는 한 많은 초점집단에 대한 연구가 필요하다.

그렇다면 초점집단은 어떻게 구성해야 하는가? 초점집단의 구성은 연구의 목표와 연구문제가 영향을 주는 범위에 따라 다를 수 있다. 즉, 연구주제가 특정 집단에 한정되어 있어 그들 사이의 관계를 규명하는 것이 목표라면 초점집단은 상대적으로 적게 구성할 수 있다. 하지만 광범위한 사회 문제를 연구하기 위해서는 성별, 직업별, 연령별 등 다양한 초점집단의 구성이 필요하다.

2) 초점집단의 크기 및 진행시간

집단의 크기는 정확하게 규정지어진 것은 아니다. 하지만 참가자들이 의견을 충분히 밝힐 수 있는 정도가 가장 바람직하다. 너무 많은 수의 참가자들로 구성된다면 의견 개진이 불가능한 참가자가 발생한다거나 너무 산만해져서 한 주제에 대해 집중적으로 토론이 제한되는 경우가 발생할 수 있다. 반면 너무 소수의 참가자들로 구성된다면 참가자 간의 의견 개진 또는 토론이 원활하게 이뤄지지 않는 경우가 발생할 수 있다. 따라서 일반적으로 6~10명 정도가 적당하다고 할 수 있다. 물론 최초 계획 시 참가자들의 불참에 대비하여 예비 참가자들을 반드시 확보할 필요가 있다.

초점집단의 토의시간도 정해진 것은 없지만, 참가자들의 집중력 발휘를 고려하여 결정해야 한다. 일반적으로 참가자들에게 10~20분 정도의 발언시간이 가장 적절하다. 왜냐하면 이것보다 짧은 시간을 부여했을 경우 발언의 질적인 부분에서 문제가 발생할 수 있으며 너무 길어질 경우 다른 참가자들의 집중력을 방해할 수 있기 때문이다. 따라서 6~10명의 참가자를 기준으로 했을 때 1~3시간 정도 사이를 계획하는 것이 타당하며, 필요 시 중간에 쉬는 시간을 가져 분위기 전환을 유도할 필요가 있다.

3) 참가자의 선택

초점집단 면접을 위해서는 어떠한 참여자를 선택하는가도 매우 중요한 문제다. 연구하고자 하는 주제에 대해 전문성을 갖고 있거나 경험을 지니고 있어 연구자의 부족한 부분을 보완할 수 있는 인원이 가장 적합한 참가자라 할 수 있다. 또한, 다른 참가자들과의 관계를 위해 토론에 적합한 참가자가 필요하다. 즉, 자신만의 의견을 지나치게 강조한다거나 너무 편향된 인식을 가지고 있는 사람은 다른 사람들에게 토론에 대한 참여의지를 감소시켜 전체적인 토론을 원활치 않게 할 수 있다.

참여자의 선택 시 성별, 민족, 나이, 계층 등도 고려할 필요가 있다. 예를 들어 여성들에 대한 전반적인 사회 문제를 다루는 주제를 연구하기 위해서는 각 세대별 여성들을 참가자로 할 필요가 있다. 즉, 참가자들은 되도록 동질의 집단으로 구성하는 것이 주제에 더욱 부합한 결과를 얻을 수 있다. 왜냐하면 논의가 진행되면서 세대, 신분, 성별에 따른 생각 차이나 역할의 차이 등으로 인해 연구주제에서 벗어난 논쟁이 발생할 수 있기 때문이다.[17] 이는 계급별 구조가 뚜렷한 군에서는 더욱 명심해야 한다. 예를 들어 군 내부 문제에 대한 연구주제를 다룰 시 병사, 부사관, 장교들을 하나의 집단으로 구성하여 실시한다면 계급 등으로 인해 효과적인 토론이 제약받을 수 있다. 특히 병사들의 경우 간부들과 같

17 이군희, 『사회과학 연구방법론』(서울: 법문사, 2009), p. 164.

은 자리에 있다는 것만으로도 토론에서 자신의 의견을 정확히 말하지 못하는 경우가 많다. 따라서 연구자는 이런 점을 고려하여 참가자를 선택할 필요가 있다.

4) 중개자의 역할

초점집단 면접에서 중개자의 역할은 매우 중요하다. 일반적으로 중개자는 연구자가 수행할 수 있지만 필요 시 전문적인 중개자를 이용할 수도 있다. 여러 명과의 인터뷰와 토론을 진행하다 보면 주제에서 벗어나는 경우가 종종 발생하기도 하며 참여자 간의 의견 대립 등이 자주 발생한다. 특히, 연구에 도움이 되지 않는 분야에 대해 전체 토론이 이뤄질 수도 있다. 따라서 연구목적에 부합되도록 인터뷰 및 토론을 이끌기 위해서는 이에 대한 충분한 역량을 가지고 있는 중재자가 필요하다. 예를 들어 한국의 국방개혁에 대한 연구를 진행하기 위해서는 이에 대한 경험이 있는 고위직들에 대한 인터뷰가 필요한데, 이럴 경우 이들을 잘 통제할 수 있는 노련한 중재자가 필요하다. 즉, 참가자들로부터 전문성을 인정받을 수 있는 중재자가 필요하다. 경험이 없는 사람이 노련한 참여자들 사이에서 중재자 역할을 잘못 할 경우 좋은 결과물을 획득하기가 오히려 어려울 수 있기 때문이다. 따라서 참가자 선택과 동일하게 중개자 선택도 매우 신중을 기해야 한다. 물론 여기서 중요한 것은 중개자가 너무 과도하게 인터뷰 내용이나 토론에 개입하지 않는 것인데, 자신의 의견이 참가자들과 다르더라도 참가자들과 논쟁을 벌여서는 안 되며 특히 자신의 의견을 참가자들에게 반영시키려고 노력해서도 안 된다.

3. 초점집단 면접의 적용

이상에서 나온 초점집단 면접에 대한 내용들을 정리하면 아래 〈표 9-4〉와 같다. 그렇다면 이러한 초점집단 면접을 통해 얻은 자료들을 연구에 어떻게 활용해야 할까? 이 자료를 연구에 활용하기 위해서는 우선 이러한 방법이 가지고 있는 장단점을 정확히 알고 있어야 한다. 초점집단 면접이 가지는 장점은 앞에서도 말했듯이 폭넓은 의견을 들을 수 있다는 점이다. 또한 여러 참여자들이 다른 사람의 의견을 들으면서 자신의 의견을 개진함으로써 좀 더 독창적이고 창의적인 의견들도 제시될 수 있다. 하지만 이러한 방법의 가장 큰 문제는 10명 내외의 그룹에서 얻은 결과를 일반화시킬 수 없다는 것이다.[18] 또한 똑같은 결과에 대한 연구자별 해석의 차이가 발생할 수 있다는 점도 있다. 따라서 초점집단 면접을 통해 얻은 자료는 신중하게 사용하여 논지를 전개할 필요가 있다. 즉, 이러한 방법을 통해 얻은 데이터는 연구자의 해석이 매우 중요하다.

〈표 9-4〉 초점집단 면접 진행 방식

초점집단의 구성	다양한 집단의 구성
초점집단의 크기	6~10명
토의시간	1~3시간
참가자의 선택	동질적인 구성원
중재자	전문성 및 사전지식 보유

앞에서도 언급했듯이 초점집단 면접은 대표적인 정성적 연구방법 중 하나로 정량적 방법으로는 알 수 없는 사항들에 대한 정보를 획득할 수 있는 좋은 방법이다. 특히, 역사적 사실에 대한 직접적 증언을 확보함

18 이군희, 『사회과학 연구방법론』(서울: 법문사, 2009), p. 170.

으로써 연구의 수준을 높일 수 있는 자료획득이 가능하다. 하지만 이러한 방법이 단순히 정성적 방법에만 적용되는 것은 아니다. 특히, 정량적 방법과 연계되어 실시한다면 연구의 수준을 한 단계 높일 수 있을 것이다. 예를 들어, 하나의 분야에서 정량적 방법으로 얻어낸 결과가 정성적 방법으로 입증된다면 그 결과에 대한 신뢰성은 다른 결과에 비해 훨씬 높아지게 된다. 예를 들어, 설문조사방법으로 얻은 데이터를 기초로 하여 가설을 검증하는 연구를 시행함과 동시에 여기에서 얻은 결과를 초점집단 면접을 통해 재확인하거나 재입증한다면 연구에 대한 신뢰도 및 독창성은 더욱 강화될 것이다.

한편, 연구자가 진행하고 있는 연구에 초점집단 면접에서 얻은 결과를 활용하기 위해서는 무엇보다 참가자들의 기본적인 인적사항이 논문에 명시되어야 한다. 또한 참가자들의 발언을 논문에 직접 인용하기 위해서는 큰따옴표를 통해 인용이 가능하며 참가자들의 대립된 의견은 표 등을 통해 연구자가 분석하여 정리한 후 이에 대한 출처(참여자, 참여일시 등)를 반영하면 된다. 단, 초점집단 면접 참여자들에게 사전에 연구에 사용될 것임을 공지하여 인용을 허락받을 필요가 있다.

제4절 소결론

이 장에서는 정량적 연구방법을 실행하기 위해 가장 많이 사용되고 있는 방법 중의 하나인 설문조사방법과 정성적 연구방법을 위해 주로 사용되나 양적 연구와 연계하여 사용할 수 있는 초점집단 면접 방법에 대해 개략적으로 알아보았다.

설문조사방법을 실행하기 위해서는 이 장에서 제시된 것들보다 좀 더 다양한 분야에서 고려되어야 할 것들이 많이 있다. 표본에 대한 추출법, 무응답 대체방법, 효과적인 설문지 작성방법, 회귀분석방법 등 여러 가지 추가 주제들이 많다. 특히, 설문조사를 통해 나온 수치들을 통계적으로 처리하기 위해서는 통계처리 프로그램 등에 대한 숙달도 필요하다. 따라서 군사학을 연구하는 학도로서 설문지를 통한 정량적 연구를 진행하고자 한다면 이 장에서 제시한 개론적 내용의 이해를 바탕으로 추가적인 것들을 지속적으로 습득하여 좀 더 가치 있는 연구를 진행해야 할 것이다.

앞에서도 언급했듯이 군사학은 앞으로 더욱 발전할 가능성이 많은 학문이다. 혹자는 군사학을 일컬어 '종합과학'이라고 한다. 이는 군사학 분야가 국방과학, 군사이론, 군사전략 등 자연과학, 공학, 사회과학의 특징을 두루 가지고 있기 때문이다. 따라서 이러한 종합적인 학문인 군사학을 연구하기 위해서는 다양한 방법론적 접근이 필요하며 이를 위해 연구자들은 방법론에 대한 공부를 꾸준히 진행해야 한다.

제10장

양적 연구의 기법과 논리: 기술통계와 기술적 추론

군사학을 연구함에 있어서 통계분석을 이용하여 연구하는 방법은 사회과학 분야에서 일반적으로 통용되는 통계분석방법과 동일하거나 유사하다고 가정하고자 한다. 통계분석에 의한 군사학 연구방법을 새롭게 제시하기보다는 기존의 정치학이나 행정학, 경영학 등의 사회과학에서 사용된 통계분석방법이 그대로 적용 가능하다고 본다. 따라서 이 장에서는 군사학을 연구하는 하나의 방법으로서 통계학의 일부분인 "양적인 변수에 대한 기술적 통계와 그 추론"에 대해 정리하고자 한다. 여기에 정리된 내용은 새로운 통계분석 이론이 아니라 이미 저술된 통계분석 책자, 특히 채구묵의 『사회과학 통계분석』(경기: 양서원, 2012)에서 많은 부분을 직접 또는 재인용하여 작성했음을 밝힌다.

김종열(영남대학교)

육사를 졸업하고 주로 무기체계의 개발 획득과 관련된 정책 부서에서 경험을 쌓았으며, 주미 군수무관을 역임했다. 주요 학력은 미 해군대학원에서 무기체계공학 석사학위를, 미 플로리다대학에서 재료공학 박사학위를 취득했다. 현재는 영남대학교 군사학과 교수로 재직 중이다. 주요 논문은 "중국의 무기수출 증가 현상에 대한 분석"(2015), "일본의 무기개발 생산과 수출 변화 분석"(2016), "미국의 제3차 국방과학기술 상쇄전략에 대한 분석"(2016) 등 다수이며, 연구 관심분야는 국방획득체계, 군사과학기술, 무기 거래와 국제관계 등이다.

제1절 군사학 연구방법과 통계분석

1. 통계분석의 유용성, 한계점, 종류

1) 통계분석에 의한 군사학 연구방법

군사학의 여러 분야를 연구하거나 국방조직의 어떠한 정책을 결정함에 있어서 현재 상황의 실상을 파악하고 미래에 대비한 방안을 제시하거나 예측할 경우 통계적인 실증적 분석을 이용하는 경우가 많다. 예를 들어 한국군의 적정 국방비 규모는 어느 정도여야 하는가? 국방비에서 가장 효율적인 투자비와 운영유지비의 비율은 어느 정도인가? 위관급 장교의 봉급수준은 선진국 대비 어느 정도인가? 병사들의 군 입대 전후의 국가안보 의식수준은 어느 정도 변화하는가? 등에 대한 연구를 할 경우다. 군사학이라는 학문을 하는 사람도 이러한 상황을 실증적 · 수량적으로 정확하게 분석하고 파악해야 할 필요가 있다. 정책결정자라면 이런 문제에 접했을 때 가능한 한 불확실성을 줄여서 정확한 실상을 파악하여 정책결정에 반영하기를 원할 것이다. 통계분석은 이와 같은 연구에 있어서 수집된 수적인 데이터(data)를 대상으로, 또는 언어적 진술이 숫자로 치환된 자료를 대상으로 정확한 관계와 실상을 분석하고 사실을 규명할 수 있도록 도와주는 양적 분석이다.

통계학(statistics)이란 의미 있는 결과를 얻기 위해 수로 셀 수 있는 양적인 자료들을 정리해서 기술(description), 분석(analysis) 및 해석(explanation)하는 과학적 방법이다.[1] 즉 ① 주변에서 일어나는 여러 가지 군사적 현상들을 수량화할 수 있을 때 통계분석기법을 활용할 수 있다. ② 통계분석기법은 양적 자료들의 기술, 분석, 해석을 통해 의미 있

---

1 채구묵, 『사회과학 통계분석』(경기: 양서원, 2012), pp. 15-16.

는 결과를 도출해내기 위한 수단 또는 도구다. ③ 이러한 통계기법에 내재해 있는 원리는 논리적이고 체계적이어서 과학적인 방법이다. 통계학이 논리적이고 체계적인 원리에 바탕을 두고 이뤄져 있기 때문에 독자적인 연구대상이 되기도 한다. 통계학은 그 자체가 독자적인 하나의 학문이지만, 다른 여타 학문 분야에서는 그 학문을 연구하는 방법의 일환으로 널리 활용되고 있다. 즉 통계학은 학문을 하는 방법, 수단으로 이용되고 있다. 군사학을 함에 있어서도 하나의 연구방법으로서 통계학은 매우 유용하다고 하겠다.

이처럼 군사학이라는 학문을 하는 데 있어서 통계학은 각종 군사현상을 분석하고 미래를 예측하는 좋은 수단인데, 또한 통계학은 국방 관련 정책결정과 군 조직의 의사결정에 있어서 합리적인 정책대안 결정과 의사결정을 하는 데 도움을 줄 수 있는 분석도구라고 할 수 있다. 연구중심의 학문을 할 때나 정책 업무에 있어서 의사결정을 하는 데 통계기법을 활용하면 쉽고 정확하게 진리나 사실을 밝혀낼 수 있을 것이며, 현명한 정책 대안에 대한 의사결정을 할 수 있다.[2]

일반적으로 조사에 의한 양적 연구과정의 단계는 ① 연구주제의 설정, ② 가설의 구성 및 조작화, ③ 조사설계, ④ 자료수집, ⑤ 자료분석 및 해석, ⑥ 보고서 작성으로 나눌 수 있다. 수집한 수량화된 자료를 분석하고 해석하는 ⑤단계에서 필요한 지식은 통계학을 통해 얻을 수 있다. 이때 통계학의 역할은 수집된 양적 자료를 분석해서 어떤 의미를 찾아내는 과정에 적절한 절차와 지침을 제공한다. 수집된 자료를 잘못 분석했을 때는 좋은 자료를 확보해놓고도 의미 있는 결론을 도출해내지 못하고, 제대로 잘 분석했을 때는 다른 사람이 찾아내지 못한 의미 있는 결론을 도출해낼 수 있다. 양적 자료의 분석 및 해석은 연구과정에서 매우 중요한 단계다. 최근에는 여러 가지 다양한 통계기법이 개발되어 사

2 채구묵, 전게서, pp. 17-18.

용되고 있으며, 특히 컴퓨터의 발달은 다양한 통계기법의 활용을 더욱 촉진시켜주고 있다. 또한 오늘날은 정부, 공공기관, 연구소 등에 의해 많은 통계자료가 공개되고 있다. 설문조사 같은 조사방법에 의한 자료수집 절차를 거치지 않더라도 연구에 필요한 자료를 쉽게 얻을 수 있는 경우가 많으며, 이러한 기존자료를 이용하여 적절한 통계기법만 활용하면 의미 있는 결과를 찾아낼 수 있는 경우가 많다.

2) 통계분석의 한계점[3]

최근 사회과학 분야를 연구함에 있어서 과학적 · 실증적 연구방법이 강조됨에 따라 통계학의 사용이 급속도로 증가하고 있다. 경제학, 사회학, 행정학, 사회복지학, 심리학, 교육학, 보건학 등 거의 모든 사회과학에서 통계학이 널리 활용되고 있다. 군사학 분야도 예외는 아니다. 그러나 통계기법을 이용하여 군을 포함한 사회현상을 연구하는 데는 여러 가지 제한점이 있다.

첫째, 정치, 경제, 사회, 문화적 요인 등이 다양하게 결합된 사회현상을 몇 가지 수량화가 가능한 개념들에 의해 분석하는 경우 피상적인 연구가 되기 쉽다. 예를 들어 러시아 혁명과 중국 혁명을 비교 연구한다고 할 경우 몇십 년간에 걸쳐 복잡하고 다양한 요인에 의해 영향을 받으면서 전개되어온 혁명운동을 몇 가지 수량화가 가능한 개념들 간의 관계로 설명할 경우 피상적인 연구가 되기 쉽다. 이런 주제를 연구할 경우에는 통계학을 이용한 양적 분석을 이용하기보다 역사적 분석기법을 활용하는 것이 적절하다.

둘째, 통계학은 양적 측정이 가능한 개념에 한해 분석할 수 있다. 양적 측정이 불가능한 개념에 대해서는 추상적인 개념을 적절히 대변하면서 측정 가능한 대체개념을 개발해야 하는데, 실상 이러한 작업은 그렇

---

3 채구묵, 전게서, pp. 21-22.

게 쉽지 않다. 실제로 사회현상을 설명하는 개념 중에는 수량화할 수 없는 추상적인 개념들이 많이 있다. 따라서 통계학을 이용하기 위해서는 그러한 개념들을 대변하면서 수량화가 가능한 대체개념을 찾아야 한다. 추상적인 개념을 완전히 대변하면서 수량화가 가능한 대체개념을 찾는 것이 쉽지 않은 경우가 많다.

셋째, 수집된 기초자료에 따라 분석결과가 달라질 수 있다. 통계학은 수집된 기초자료가 주어지고 이를 받아들인 상태에서 자료를 분석하고 의미를 찾아내는 기법이다. 따라서 기초자료에 따라 결과가 달라질 수 있다. 주어진 기초자료가 부정확할 때는 통계처리에 의해 얻어진 결과도 부정확하게 된다.

넷째, 자료의 처리와 사용하는 통계기법에 의해 분석결과가 달라질 수 있다. 자료를 처리하는 방법과 사용하는 통계기법이 달라지면 분석결과가 약간씩 다를 수 있다. 그래서 연구자는 자료를 처리하고 여러 가지 통계기법을 이용하여 분석한 후 자신이 원하는 결과가 나오는 것을 이용할 수 있다. 이러한 문제점 때문에 통계기법은 거짓말을 잘하는 도구라고 일컬어지기도 한다. 그러나 이러한 한계점이 있음에도 그 효율적 분석능력 때문에 통계학은 사회과학의 여러 분야에서 연구방법의 수단으로 널리 활용되고 있다.

3) 통계분석의 분류

통계학은 크게 기술통계학(descriptive statistics)과 추리통계학(inferential statistics)으로 구분된다. 기술통계학은 수집된 자료를 의미 있는 형태로 정리하여 기술하는 것으로 도수분포, 집중치, 분산치 등을 계산하여 제시하는 것이 이에 속한다. 예를 들면 설문조사 시 각 문항에 대해 응답 카테고리별 응답자 수와 비율을 표나 그림으로 나타낸다든지, 문항별 응답의 평균점수 또는 분산의 정도 등을 나타내는 방법이다. 이때 조사대상은 모집단(population)이거나 표본(sample)일 수 있다. 가령 육군 영관급 장교의 영어 실력을 파악하기 위해 육군 전체 영관급 장교들의 토익성적을 조사하거나, 아니면 2~3개 사단의 영관급 장교의 토익성적을 표본으로 추출하여 그들의 각 점수대별 빈도 및 비율, 평균, 표준편차 등을 요약·정리하는 방법이 이에 해당한다.

추리통계학은 연구자가 조사한 자료를 분석하여 어떠한 결론 또는 추론을 내릴 수 있도록 한 통계기법이다. 추리통계학은 일반적으로 모집단에서 추출한 표본을 분석하여 모집단의 특성을 추론하는 데 사용되며, 모집단 전체를 조사하여 모집단의 특성을 나타내는 변수 간의 관계를 추론할 때도 사용된다.

예를 들어, 2개 이상의 집단 또는 변수 간의 관계를 검증하는 통계기법이다. 이 방법은 두 변수 간의 관계에 대해 가설을 세워놓고, 통계분석을 하여 가설의 진위를 판단한다고 하여 '가설검증'이라고도 한다. 이 경우 모집단에서 추출한 표본을 대상으로 검증하는 경우와 모집단 전체를 대상으로 검증하는 경우가 있다. 표본을 대상으로 한 검증이란, 예를 들어 한국군 위관급 장교와 영관급 장교의 영어 실력의 차이가 나는지를 알아보기 위한 분석이다. 위관급 장교와 영관급 장교의 토익성적에 대해 2~3개 사단에서 일정 수의 표본을 추출하여 조사한 후 그 결과를 분석하여 변수 간의 관계를 검증하는 경우다. 이 경우 통계기법을 이용하여 일정한 신뢰수준(예: 95%)을 가지고 위관급 장교와 영관급 장교 간 토익점수에 차이가 있는지 없는지, 위관급 장교의 점수와 영관급 장교의 점수 간의 상관관계가 있는지 없는지, 있다면 상관관계 정도는 어느 정도인지 등을 판별할 수 있다.

오늘날에는 추리통계학이 통계학의 주류를 이루고 있다. 그 이유는 첫째, 적은 비용과 시간으로 신속히 조사하고 모집단에 대한 특성을 정확하게 추론할 수 있는 통계기법들이 개발되었기 때문이다. 둘째, 학문을 위한 조사의 경우 조사결과에 대한 데이터의 정리 기술(description)보다 변수 간의 관계 검증을 위한 통계기법의 활용이 더 많이 요구되고 있기 때문이다.

기술통계와 추리통계에 대해 간략히 요약하면 아래 표와 같다.

〈표 10-1〉 기술통계와 추리통계 비교

구분	기술통계분석	추리통계분석
목적	변수들의 데이터를 정리하고 제시	· 1개 변수 추리: 표본으로부터 모집단의 특성 추론 · 2개 이상 변수 간의 관계검증: 상관관계분석, 인과관계분석(회귀분석) 등
통계치	비율, 평균, 표준편차 등	신뢰수준, 유의수준, 상관계수, 회귀계수 등

이 장에서는 군사학을 연구하는 데 있어서 필요한 기술통계 분야를 정리하고자 한다. 가장 많이 활용될 수 있는 부분이고 가장 기초적인 통계분석 분야다. 즉 각종 수집 데이터의 정리와 제시 방법, 수집된 표본 데이터에 대한 평균경향치와 분산경향치 계산방법, 그리고 정상분포곡선에 의한 확률과 모집단의 평균치 신뢰구간을 추정하는 방법에 대해 정리하고자 한다. 추리통계학에 대한 주요 내용은 11장에서 다뤄질 것이다.

제2절 기술통계분석

기술통계학(descriptive statistics)은 수집된 자료를 독자들이 알기 쉽게 의미 있는 형태로 정리하고 기술(묘사)하는 것이라 할 수 있다. 데이터의 정리는 데이터를 보기 쉬운 형식이나 의미를 쉽게 이해할 수 있는 형식으로 제시하는 데이터 정리방법에 대한 것, 이러한 데이터의 기술적 통계량을 계산하고 분석하는 것이 포함된다. 데이터를 정리하는 방법은 표(table)에 의한 방법과 도표(graphic)에 의한 방법이 있고, 기술적 통계량은 산술평균치로 대변되는 집중경향치와 표준오차로 대변되는 분산경향치를 말한다. 여기에서는 자료정리방법과 기술적 통계치를 계산하는 방법, 그 통계치가 의미하는 바에 대해 살펴보고자 한다.

1. 자료(data)의 정리

1) 표(table)에 의한 도수분포(frequency distribution)

사회현상에 관한 연구를 하고자 할 때 연구자는 설문조사, 면접, 관찰, 실험 등 여러 가지 방법에 의해 자료를 수집한다. 이렇게 수집된 자료는 독자들이 이해하기 쉽도록 요약·정리되어야 하는데, 이 경우 도수분포표(또는 빈도분포표)가 많이 사용된다. 표에 의한 도수분포표는 수집된 자료를 카테고리별 또는 계급별로 분류하여 정리한 표다. 즉 문항의 응답 카테고리별로 얼마나 많은 사례들이 있는지, 또는 몇 %인지를 요약·정리해서 표로 나타낸 것이다. 도수분포표를 작성하는 방법은 수집된 자료의 변수의 성격에 따라 약간씩 다르다.

(1) 명목변수의 도수분포표

육군 장교의 학력을 분석하고자 할 경우, 육군의 장교 전체를 조사하는 것이 어려우므로 1,000명의 표본을 추출하여 조사한 결과를 다음과 같이 표로 만들 수 있다. 이때 학력을 전문대 졸업, 대학 졸업, 대학원(석사) 졸업, 대학원(박사) 졸업으로 구분한다면 이는 명목변수다. 표 〈10-2〉는 명목변수에 대한 도수분포표로 가장 간단한 형태다. 이 표는 2개의 칸(column)으로 구성되어 있다. 첫 번째 칸은 분석카테고리로 학력을 나타내고, 두 번째 칸은 각 학력별 빈도를 나타내고 있다. 일반적으로 빈도는 f(frequence)로 표시하며, 총 빈도는 N(number)으로 표시한다. 대부분 대학 졸업이라는 것을 쉽게 알 수 있다.

〈표 10-2〉 장교 학력 수준의 도수분포표(예)

학력(X)	빈도(f)
전문대졸	90
대학졸	600
대학원졸(석사)	295
대학원졸(박사)	15
계(N)	1,000

위관장교와 영관장교 간의 학력에 대해 차이가 어느 정도인가를 분석해보기 위해 위관과 영관 각 500명을 선정하여 조사했다. 이때 계급에 따른 도수분포표를 〈표 10-3〉과 같이 만들 수 있다. 조사대상이 각각 500명이기 때문에 각 학력별 빈도를 비교해봄으로써 그 차이를 쉽게 분석할 수 있다. 〈표 10-3〉을 통해 위관장교보다 영관장교의 학력이 높다는 것을 쉽게 알 수 있고, 석사학위에 있어서 차이가 많음을 알 수 있다.

〈표 10-3〉 장교 계급별 학력분포표(예)

학력	계급별 빈도(f)	
	위관	영관
전문대졸	70	20
대학졸	290	310
대학원졸(석사)	135	160
대학원졸(박사)	5	10
계(N)	500	500

〈표 10-3〉의 경우 계급별 총 빈도가 동일하기 때문에 계급 간의 학력 현황을 쉽게 비교해볼 수 있다. 그러나 다음의 〈표 10-4〉와 같이 계

급 간의 총 빈도가 다른 경우에는 빈도만 비교해서는 계급 간의 학력에 차이가 있는지를 쉽게 알 수 없다. 이 경우 계급 간 학력에 차이가 있는지를 검증하기 위해서는 비율 또는 백분율을 이용한다. 즉 계급별로 각 학력별 비율 또는 백분율을 구한 후, 그 비율 또는 백분율을 비교함으로써 계급 간에 차이가 있는지를 쉽게 알 수 있다. 비율은 각 카테고리의 빈도를 총 빈도로 나누어 구하며, 백분율은 비율에 100을 곱하여 구한다. 비율은 숫자(예: 0.25)로, 백분율은 %(예: 25%)로 표시한다.

〈표 10-4〉 장교 계급에 따른 학력분포표(계급 간에 총 빈도 N이 다른 경우)

학력	위관		영관	
	빈도(f)	백분율(%)	빈도(f)	백분율(%)
전문대졸	105	15	30	10
대학졸	434	62	150	50
대학원졸(석사)	140	20	90	30
대학원졸(박사)	21	3	30	10
계	700(N)	100	300(N)	100

위의 표에서 영관급 장교의 박사학위자 비율은 영관장교의 총 빈도 300명 중 30명이므로 비율은 30/300=0.1이며, 백분율은 10%다. 〈표 10-4〉에서 계급 간 학력의 백분율을 비교해봄으로써 영관장교의 석사학위 백분율은 30%로 위관장교의 석사학위 백분율 20% 보다 높음을 쉽게 알 수 있다. 빈도뿐만 아니라 백분율로 나타냄으로써 여러 집단을 쉽게 비교할 수 있을 뿐만 아니라 한 집단 내에서의 카테고리별 분포도 쉽게 알 수 있다.

(2) **서열변수의 도수분포표**

육군 장교들의 준법의식을 알아보기 위해 새벽시간 운전 중에 신호 등을 위반하고 지나치는 정도를 조사하여 〈표 10-5〉와 같은 도수분포표를 만들었다. 이 경우 준법수준에 대한 각 응답 카테고리는 서열을 이루고 있어 '서열변수'라고 할 수 있다. 서열변수의 도수분포표를 만들 때는 명목변수의 경우와 다른 몇 가지 특징이 있다. 우선 서열변수의 경우에는 응답 카테고리가 반드시 높은 가치로부터 낮은 가치로, 또는 낮은 가치로부터 높은 가치로 정렬되어야 한다. 그리고 누적빈도와 누적백분율을 구할 필요가 있다.

〈표 10-5〉 준법의식 수준분포표

준법의식	빈도(f)	백분율(%)	누적빈도	누적백분율(%)
전혀 없다	200	40	200	40
매우 가끔 있다	250	50	450	90
자주 있는 편이다	40	8	490	98
매우 많이 있다	10	2	500	100
계	500(N)	100		

위의 〈표 10-5〉에서 누적빈도와 누적백분율을 이용하면 육군 장교 500명 중 450명은 준법의식의 수준이 높다고 볼 수 있으며, 이는 전체의 90%라는 것을 쉽게 알 수 있다. 누적빈도란 그 계급에 속한 빈도를 포함하여 그 이상 또는 그 이하의 계급에 속하는 모든 빈도를 합한 것이며, 누적백분율은 그 계급에 속한 백분율을 포함하여 그 이상 또는 그 이하의 계급에 속하는 모든 백분율을 합한 것이다. 위의 〈표 10-5〉에서의 누적빈도와 누적백분율은 다음과 같이 구할 수 있다. "매우 가끔 있다"까지의 누적빈도는 200+250=450명, "매우 가끔 있다"까지의 누적백분율은 40%+50%=90%다.

(3) 등간변수 및 비율변수의 도수분포표

등간변수와 비율변수 같은 연속적 변수의 경우에도 서열변수와 같이 도수분포표를 만든다. 즉 〈표 10-6〉에서와 같이 첫째, 응답 카테고리가 높은 가치로부터 낮은 가치로 또는 낮은 가치로부터 높은 가치로 정렬되어야 하며, 둘째 누적빈도, 누적백분율을 만들 필요가 있다. 그러나 연속적 변수의 경우 카테고리가 너무 많아 카테고리별로 모든 빈도와 백분율을 구하면 보기에 산만하고 비효율적이다. 예를 들어, 표본으로 수집한 육군 위관장교들의 토익점수를 도수분포표로 만들어 제시하고자 한다. 토익점수는 600점에서 900점까지 각 점수별로 빈도가 분산되어 있으며, 매 점수에 소수의 빈도만 있기 때문에 점수의 분산경향이나 한 학생이 전체에서 차지하는 위치를 알아보기가 쉽지 않다. 이 경우 모든 점수에 따라 빈도를 도수분포표에 나타낸다면 복잡하기만 할 뿐 별 의미가 없다(이를 '단순도수분포표'라고 한다). 따라서 이러한 경우에는 카테고리를 묶어서 몇 개의 그룹으로 분류한 '그룹도수분포표'를 만들 필요가 있다.

〈표 10-6〉 위관장교 토익점수 그룹도수분포표(예)

토익점수(X)	중간점(m)	빈도(f)	백분율(%)	누적빈도(cf)	누적백분율(c%)
850~899	874.5	25	5	500	100
800~849	824.5	45	9	475	95
750~799	774.5	150	30	430	86
700~749	724.5	100	20	280	56
650~699	674.5	75	15	180	36
600~649	624.5	50	10	105	21
550~599	574.5	40	8	55	11
500~549	524.5	15	3	15	3
계		500(N)	100		

① 계급의 수(Number of Class)

계급이란 몇 개의 카테고리 또는 관찰치를 하나의 범주로 묶어놓은 것이다. 위의 〈표 10-6〉에서 계급이란 500~549, 550~549, …을 의미하며 모두 8개의 계급이 있다(여기서 계급은 위관, 영관 같은 계급이 아님). 계급의 수를 몇 개로 정할 것인가는 연구의 목적, 자료의 성격에 따라 달라진다. 더욱 정확하게 자료를 파악하기 위해서는 계급의 수를 늘려야 하며, 개략적으로 전체적인 양상을 파악하고자 할 때는 계급의 수를 줄이는 것이 좋다. 그러나 계급의 수가 4개 이하가 되거나 20개 이상이 되지 않도록 하는 것이 바람직하다.

② 계급구간(Class Interval)

계급구간은 하한계와 상한계 사이의 간격을 의미한다. 〈표 10-6〉에서 첫 번째 계급구간은 850~899로 표시되어 있으나 엄격한 의미에서 계급구간은 849.5~899.5, 즉 849.5 이상 899.5 미만이다. 이때 849.5를 '하한계(lower limit)'라 하며, 899.5를 '상한계(upper limit)'라 한다. 따라서 계급구간은 상한계에서 하한계를 뺀 값 50(899.5 - 849.5)이다. 주의할 점은 하한계, 상한세가 850, 899가 아니며, 계급구간이 49(899~850)가 아니라는 것이다.

계급구간을 얼마로 정하느냐 하는 것은 계급의 수를 정하는 경우와 마찬가지로 연구의 목적에 따라 다르다고 할 수 있다. 계급구간이 작으면 원자료(raw material)에 가깝게 도수분포표가 작성되어 정확한 정보를 제공해주지만, 자료의 전체적인 성향을 파악하는 데 불편을 줄 수 있다. 반면 계급의 구간이 크면 자료에 대한 정확한 정보를 보여주지 못하지만 전체 자료를 쉽게 볼 수 있도록 해준다.

③ 중간점

그룹도수분포표는 원자료를 제공하지 않고 원자료를 몇 개의 계급으로 분류하여 만든 도수분포표이기 때문에 그룹도수분포표를 이용하여 산술평균, 표준편차 등을 계산할 때 각 그룹을 대표하는 수를 어떻게 정할 것인가, 또 그룹도수분포표를 이용하여 원자료를 어떻게 역으로 측정할 수 있을까 하는 문제가 제기될 수 있다. 이러한 문제를 해결하기 위해 중간점이 이용된다. 중간점은 구간의 한가운데를 의미한다. 중간점은 상한계와 하한계를 더하여 2로 나누거나, 구간의 최댓값과 최솟값을 더하여 2로 나눈 값과 같다. 예를 들어 〈표 10-6〉의 첫 번째 구간의 중간점은 (849.5+899.5)/2=874.5 또는 (850+899)/2=874.5다. 중간점은 산술평균, 표준편차 등을 구할 때 구간을 대표하는 수로 사용된다.

2) 도표(graphic)에 의한 도수분포표

표에 의한 도수분포표는 수집된 자료를 의미 있게 요약·정리해서 표로 나타낸 것인 반면, 도표에 의한 도수분포표는 수집된 자료를 이해하기 쉽게 그림이나 그래프로 나타낸 것이다. 표에 의한 도수분포표의 경우 자료의 특성을 쉽게 파악하기 어려운 경우가 있고, 통계적 지식이 부족한 사람은 이해하기 어려울 수도 있으며, 많은 사람들에게 읽기에 귀찮다는 생각을 갖게 할 수 있다. 표에 의한 도수분포표의 이런 단점을 보완한 것이 도표에 의한 도수분포표다. 도표에 의한 도수분포표는 정밀성이 부족하다고 할 수 있겠지만, 자료의 특성을 일목요연하게 보여주고, 독자들로 하여금 쉽고 편하게 이해할 수 있도록 해주는 장점을 가지고 있다. 자료를 시각적으로 제시할 때 더욱 분명하고 쉽게 내용을 알 수 있게 된다. 이런 장점으로 도표에 의한 도수분포표는 각종 조사결과 보고서에 널리 활용되고 있다. 여기서는 도표의 기본적인 형태로 막대그래프(bar graph), 원형그래프(pie chart), 히스토그램(histogram), 꺾은선그래프(polygon)를 제시하는 방법을 알아보고자 한다. 표에 의한 도수분포표의 경우와 마찬가지로 도표에 의한 도수분포표의 경우도 변수의 성격에 따라 사용하는 도표가 다르다.

(1) **명목변수와 서열변수의 도표**

명목변수와 서열변수 같은 비연속적 변수의 경우에는 막대그래프와 원형그래프가 많이 이용된다.

① 막대그래프(bar graph)

비연속적 변수의 경우 가장 널리 사용되는 것이 막대그래프다. 각 문항 카테고리의 빈도 또는 비율을 막대 모양의 크기로 나타내는 방법이다. 막대그래프의 경우 막대의 크기를 비교해봄으로써 쉽게 각 카테고리별 크기를 비교해볼 수 있다. 〈그림 10-1〉은 〈표 10-2〉의 장교 학력의 분포에 대한 빈도를 막대그래프로 나타낸 것이다.

도표의 횡축(x축)은 학력을 나타내고 종축(y축)은 각 학력에 대한 빈도를 나타내며, 빈도수가 클수록 막대가 커짐을 쉽게 알 수 있다. 〈그림 10-1〉을 통해 대학졸업자가 600명으로 제일 많고, 대학원 졸업, 전문대졸업 순으로 학력수준이 나타남을 알 수 있다. 막대그래프의 각 카테고리별 간격은 같아야 한다. 이 방법은 각 막대 간에 간격이 있다는 점, 즉 막대들이 붙어 있지 않다는 점에서 뒤의 히스토그램과 다르다.

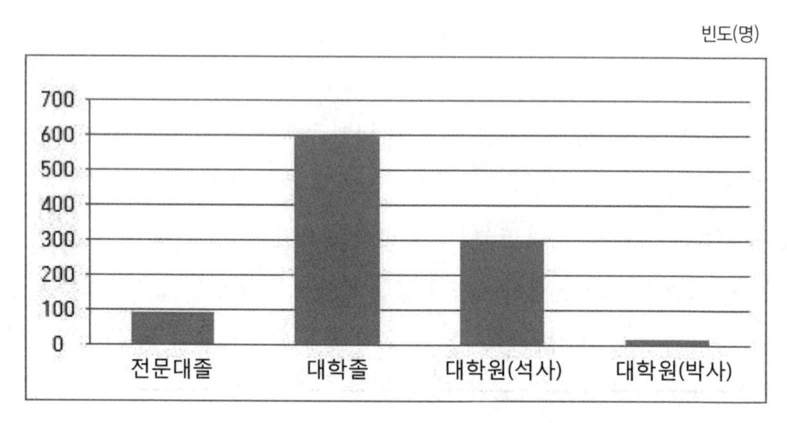

〈그림 10-1〉 장교 학력분포의 막대그래프

또한, 막대그래프는 한 변수의 다른 변수에 대한 영향을 나타낼 수도 있다. 예를 들면 〈표 10-4〉의 계급에 따른 학력분포(계급 간의 총 빈도가 다른 경우)를 막대그래프로 나타낼 수 있으며, 이를 그래프로 나타낸 것이 〈그림 10-2〉다(왼쪽 막대가 위관급, 오른쪽 막대가 영관급을 나타냄).

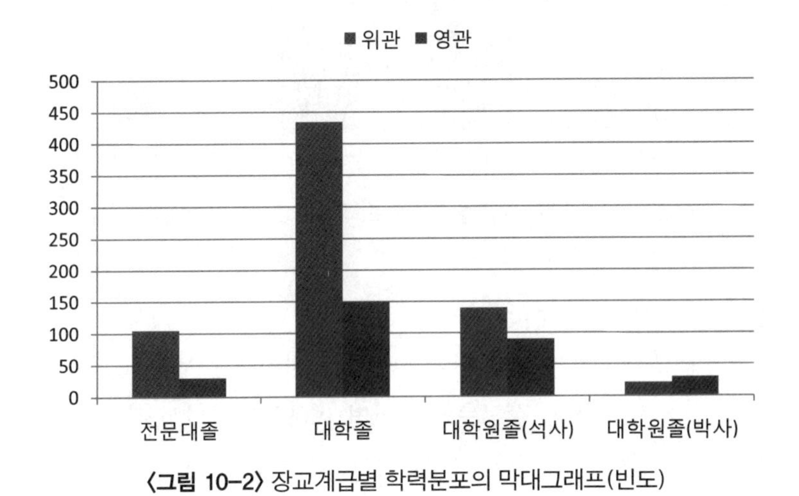

〈그림 10-2〉 장교계급별 학력분포의 막대그래프(빈도)

〈그림 10-2〉의 경우 모든 카테고리에서 위관급 장교가 영관급 장교보다 막대가 크게 나타나 있어 계급에 따른 학력을 비교하기가 어렵다. 위관장교의 표본 700명이 영관장교의 표본 300명보다 크기 때문에 계급에 따라 학력이 어느 정도인지 파악하기 어렵다. 따라서 집단별로 표본의 크기가 다른 경우는 빈도를 이용한 막대그래프 대신 백분율을 이용한 막대그래프를 이용하는 것이 바람직하다. 〈표 10-4〉에 있는 데이터의 백분율을 막대그래프로 표시하면 〈그림 10-3〉과 같다.

〈그림 10-3〉을 통해 계급 간의 학력 차이를 쉽게 파악할 수 있다. 즉 위관급 장교의 경우에는 전문대와 대학 졸업자가 영관장교보다 많음을 알 수 있고, 영관급 장교의 경우에는 석사와 박사학위자가 위관장교보다 많음을 쉽게 알 수 있다.

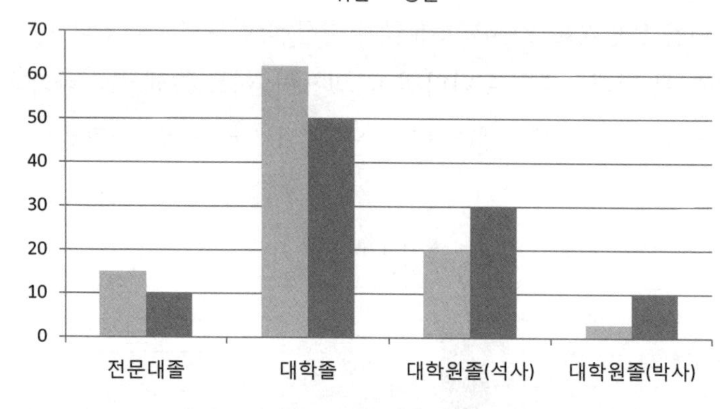

〈그림 10-3〉 장교 계급별 학력분포의 막대그래프(백분율 %)

② 원형그래프(pie chart)

각 문항 카테고리의 응답 비율을 원에서 차지하는 부분으로 나타내는 방법이다. 원 전체의 각도는 360°이며 100%다. 따라서 각 카테고리의 %에 3.6을 곱하여 그 응답 카테고리가 차지하는 부분을 구한다. 예를 들어 〈표 10-4〉에서 위관장교의 대학원(석사) 졸업자의 백분율이 20%이며, 이때 차지하는 각도는 20×3.6°=72°다. 〈표 10-4〉를 원형그래프로 나타내면 〈그림 10-4〉와 같다. 원형그래프는 응답 카테고리별 상대적 비율을 비교하고자 할 때 많이 사용된다.

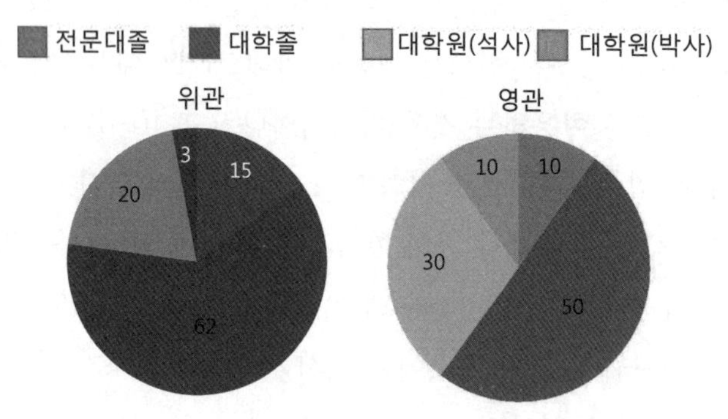

〈그림 10-4〉 장교 계급별 학력분포 원형그래프(단위: %)

(2) 등간변수와 비율변수의 도표

등간변수나 비율변수같이 연속적 변수의 경우에는 히스토그램이나 꺾은선그래프가 주로 사용된다.

① 히스토그램(histogram)

히스토그램도 일종의 막대그래프이지만, 막대그래프와 다른 점은 막대들의 간격이 붙어 있다는 점이다. 이 방법은 주로 연속적 변수에 많이 사용되는데, 그 이유는 연속적 변수의 경우 변수가 연속적 성격을 가지고 있기 때문에 막대가 붙어 있는 형태로 그리는 것이 합당하다. 예를 들면 〈표 10-6〉의 경우 토익점수 699점과 700점은 서로 다른 그룹에 속하지만 699.5점, 699.8점, … 등 다른 점수들이 연속되어 있을 수 있고, 아니면 전혀 없을 수 있다. 즉, 그룹 간의 간격이 붙어 있다고 할 수 있기 때문에 막대들의 간격이 붙어 있다. 〈표 10-6〉을 히스토그램으로 그려 보면 〈그림 10-5〉와 같다.

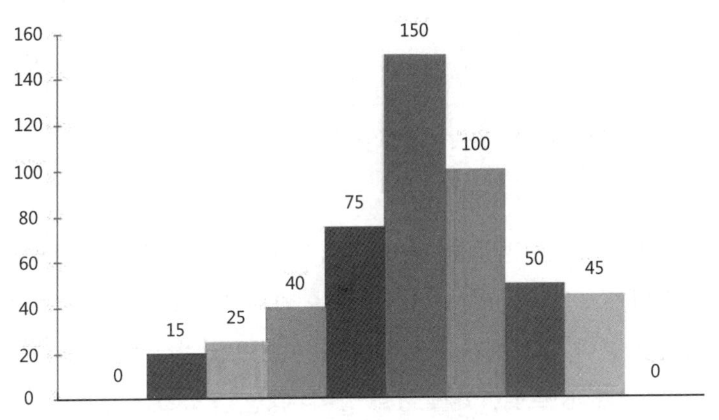

〈그림 10-5〉 위관장교 토익점수의 히스토그램

② 꺾은선그래프(polygon)

꺾은선그래프는 각 카테고리별 빈도를 선으로 나타낸 그림으로, 히스토그램의 각 중간점을 이어서 그릴 수 있다. 꺾은선그래프는 각 카테고리 간의 빈도 차이를 비교하기보다는 카테고리 간 빈도의 연속적인 변화를 파악하는 데 많이 사용된다. 따라서 비율, 등간변수 등 연속적인 변수에 많이 이용되며, 때때로 서열변수의 경우에도 사용된다. 〈표 10-6〉을 꺾은선그래프로 그리면 〈그림 10-6〉과 같다. 그림을 통해 토익점수 774.5점대가 제일 많으며, 왼쪽인 그 이하의 점수대에 많은 빈도수가 있음을 쉽게 알아볼 수 있다.

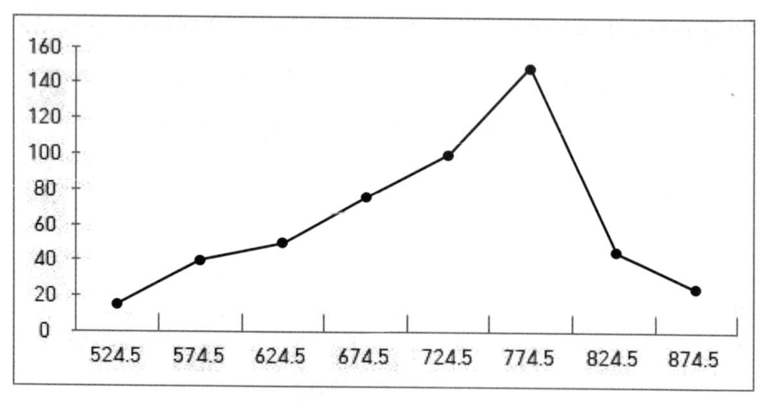

〈그림 10-6〉 위관장교 토익점수의 꺾은선그래프(빈도)

꺾은선그래프는 백분율 및 누적백분율 분포를 그리는 데도 사용될 수 있다. 〈표 10-6〉의 누적백분율을 꺾은선그래프로 그리면 〈그림 10-7〉과 같으며, 누적백분율을 통해 어느 토익점수(예: 724.5) 이하 또는 이상의 장교들이 몇 %인가를 쉽게 알 수 있고, 토익점수 분포의 경향도 쉽게 파악할 수 있다. 토익점수의 분포 경향을 보면 저점수대에서는 인원이 많고 완만하게 증가하다가 중간점수대에서 누적백분율의 증가폭이 비교적 많음을 보여주고 있다.

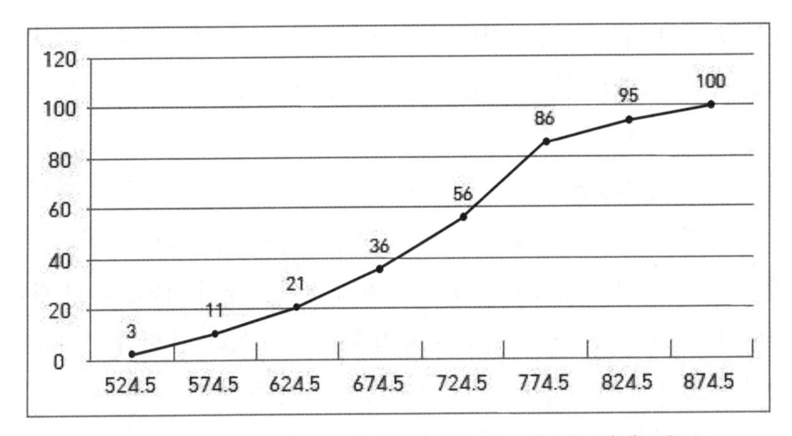

〈그림 10-7〉 위관장교 토익점수의 꺾은선그래프(누적백분율)

2. 집중경향치

연구자들은 한 집단 또는 자료의 특성을 하나의 수치로 나타내기를 원하는 경우가 많이 있다. 이런 경우 집중경향치(measure of central tendency)를 사용한다. 예를 들어, 우리 부대 병사들의 기록사격에서 명중 발수는 몇 발인가? 육군 장교의 평균 토익점수는 얼마일까? OECD 국가들이 투자하는 국방비의 규모는 어느 정도인가? 육군 영관급 지휘관의 리더십스타일은 어떤 형태를 보이는가? 이러한 질문에는 흔히 사용되는 '평균'이라는 개념이 내포되어 있다. 평균은 이러한 질문에서 광범위하게 사용되며 관찰집단의 전형적이거나 대표적인 것이 무엇인가를 묻고 있다. 이러한 평균의 의미는 통계적으로 집중경향치에 대한 비공식적인 용어이고 부정확한 용어다.[4] 정확하고 올바른 용어는 '평균'이 아니라 '집중경향치'를 사용해야 한다. 집중치란 자료의 특징을 대표할 수 있는 것을 하나의 수치로 나타낸 것, 즉 자료가 집중되어 있는 위치

4 Edward W. Mimum, Robert C. Clarke, Theodore Coladarci, 김아영 · 차정은 옮김, 『통계분석 논리의 기초』(서울: 박학사, 2008), pp. 55-58.

또는 중심이 되는 위치를 하나의 수치로 나타낸 것이다. 집중치를 나타내는 방법으로 최빈값, 중앙값, 산술평균 등이 있다.

1) 최빈값(Mode)

최빈값은 자료의 분포에서 가장 많은 빈도를 가진 관찰값이다. 즉, 최빈값은 어떤 도수분포에서 빈도가 가장 많이 발생한 카테고리의 관찰값이다. 최빈값은 구하기 쉽다는 장점을 가지고 있다. 최빈값은 카테고리별 빈도만 알면 사용할 수 있으므로 모든 종류의 변수, 즉 명목변수, 등간변수, 비율변수에서 사용될 수 있다.

최빈값을 구하는 방법은 자료가 단순도수분포인 경우와 그룹도수분포인 경우 약간 다르다. 최빈값뿐만 아니라 중앙값, 산술평균을 구하는 방법도 단순도수분포와 그룹도수분포의 경우 약간 다르다.

단순도수분포가 그룹도수분포와 다른 점은 단순도수분포의 경우 원래의 관찰값이 변형되지 않고 그대로 나타나 있다는 점이다. 앞의 〈표 10-6〉의 경우 토익점수가 850~899점 사이에 속하는 장교 수는 25명이지만, 25명 장교 각각의 점수는 정확히 얼마인지 알 수 없다. 이와 같이 원래의 정확한 값을 알 수 없을 때 이를 '그룹도수분포'라 한다. 즉 관찰값이 상한계와 하한계 없이 하나의 숫자로 나타나 있을 때 이를 '단순도수분포'라 하며, 상한계와 하한계로 나타나 있을 때 이를 '그룹도수분포'라 한다.

〈표 10-6〉과 같은 그룹도수분포표의 경우 최빈값을 구하는 절차는 다음과 같다. 〈표 10-6〉에서 가장 많은 빈도는 150명이다. 마지막으로, 빈도수가 가장 많은 경우에는 계급의 중간점을 구한다. 빈도수가 제일 많은 계급을 '최빈계급'이라고 하며, 그 계급의 중간점이 최빈값이다. 〈표 10-6〉에서 빈도수가 제일 많은 계급은 750~799이며, 이 계급의 중간점 774.5가 최빈값이다. 즉, 육군 장교의 토익점수는 774.5를 득점한 장교의 수가 제일 많다고 할 수 있다.

2) 중앙값(Median)

중앙값은 자료를 순서대로 정리해놓았을 때 중간의 위치에 있는 사례의 관찰값이다. 따라서 총 빈도가 N개일 때 $(N+1)/2$번째에 있는 사례의 관찰값이 중앙값이다. 중앙값은 모든 사례를 고려한다는 점에서 최빈값보다 더 정확성을 확보할 수 있다. 중앙값은 관찰값을 순서대로 배열해놓을 수 있을 때만 구할 수 있기 때문에 서열변수, 등간변수, 비율변수에서만 사용될 수 있다. 명목변수의 경우에는 관찰값을 순서대로 정리해놓을 수 없기 때문에 중앙값을 구할 수 없다. 수집된 자료가 단순도수분포인지, 그룹도수분포인지에 따라 중앙값을 구하는 방법이 다르다.

그룹도수분포의 경우에는 다음과 같이 중앙값을 구할 수 있다.

$$\text{중앙값} = L \pm \left(\frac{(N+1)/2 - cf}{f}\right) i$$

L: $(N+1)/2$가 속한 계급의 하한계 또는 상한계
(하한계를 사용할 경우 +, 상한계를 사용할 경우 −)
N: 총 빈도, cf: L 이전까지의 누적 빈도
f: 중간위치가 속한 계급의 빈도, i: 계급구간

〈표 10-6〉을 이용하여 중앙값을 구해보고자 한다. 중간위치는 $(N+1)/2$이므로 〈표 10-6〉에서 중간위치는 $(500+1)/2=250.5$다. 250.5번째 위치에 있는 장교의 점수가 중앙값이다(실질적으로는 250 또는 251번째 위치). 250.5번째 위치의 계급구간은 700~749이므로 상한계는 749.5($=L$)로 중앙값은 이보다는 작은 점수다. L 이전까지의 누적빈도는 220($=cf$)이고, 중앙값이 속한 위치의 빈도는 150($=f$)이다. 계급구간은 50($=-i$)이므로 이 계급의 상한계로부터 30.5($=250.5-220$)번째 장교의 점수가 중앙값이 된다.

$$\text{중앙값}=749.5-\left(\frac{(500+1)/2-220}{150}\right)50=739.3$$

3) 산술평균(Mean)

집중치 산정으로 많이 사용되는 방법이 산술평균이다. 학문을 하는 경우나 일상생활에서 보통 '평균'이라고 할 때는 '산술평균'을 의미한다. 산술평균($\overline{X}$)은 모든 사례의 관찰값(X)을 더한 다음 총 빈도(N)로 나누어 계산한 값이다. 산술평균은 모든 경우의 관찰값, 특히 극단치에 있는 값들이 잘 반영된다는 점에서 최빈값이나 중앙값보다 한 집단의 중심점을 잘 나타낸다고 할 수 있다. 산술평균은 등간변수, 비율변수에서만 사용될 수 있다. 명목변수, 서열변수의 경우에는 척도 간의 간격을 수량화하기가 곤란하기 때문에 산술평균을 사용할 수 없다. 그러나 서열변수의 경우 응답 카테고리 간의 등간격성을 가정하여 산술평균을 사용하기도 한다.

단순도수분포의 경우에는 각 사례에 대한 정확한 관찰값을 알 수 있기 때문에 관찰값을 합하여 총 빈도로 나누어 산술평균을 구할 수 있다. 예를 들어 아래와 같은 10명의 토익점수 결과에 대한 산술평균을 구해보자.

토익점수(10명에 대한 단순도수분포)

670, 700, 720, 730, 750, 800, 820, 850, 900, 910

산술평균($\overline{X}$)은

(670+700+720+730+750+800+820+850+900+910)/10=785

그러나 그룹도수분포표의 경우 각 계급을 대표하는 값으로 계급의 중간점이 이용된다. 따라서 그룹도수분포의 경우 산술평균($\overline{X}$)은 다음 공식으로 표시할 수 있다.

$$산술평균: \overline{X} = \frac{\Sigma f_i m_i}{N}$$

(f_i: 각 계급의 빈도, m_i: 중간점, N: 총 빈도수)

예를 들어 〈표 10-4〉에서 장교들의 토익점수에 대한 산술평균을 구해보자.

$$산술평균(\overline{X}) = \frac{874.5 \times 25 + 824.5 \times 45 + 774.5 \times 150 + 724.5 \times 100 + 674.5 \times 75 + 624.5 \times 50 + 574.5 \times 40 + 524.5 \times 15}{500}$$

$= 720.5$

4) 최빈값, 중앙값, 산술평균의 비교[5]

연구자는 최빈값, 중앙값, 산술평균 중 어느 것을 집중치로 사용할 것인지를 결정해야 할 때가 있다. 이 경우 주로 변수의 종류, 분포형태, 연구자의 목적 같은 사항들이 고려된다.

(1) 변수의 종류

연구에 이용된 변수의 종류에 따라 집중치로 사용될 수 있는 것이 다르다. 최빈값은 단순히 각 응답 카테고리별 빈도만 알면 구할 수 있기 때문에 모든 종류의 변수, 즉 명목변수, 서열변수, 등간변수, 비율변수에 사용될 수 있다. 특히 명목변수일 때는 최빈값만 사용할 수 있다. 예를 들어 한국인의 종교, 한국인이 좋아하는 색상 등을 조사할 때 집중치로서 최빈값만 사용할 수 있다.

중앙값을 구하기 위해서는 각 응답 카테고리의 순서를 알아야 한다. 따라서 서열변수, 등간변수, 비율변수일 때는 중앙값을 구할 수 있지만

5 채구묵, 전게서, pp. 71-74 직접 인용

명목변수일 때는 중앙값을 구할 수 없다. 예를 들어 어느 대학 학생들의 IQ, 성적 등의 집중치를 구하고자 할 때는 중앙값을 사용할 수 있다. 그러나 학생들이 믿는 종교에 대한 집중치를 구하고자 할 때는 중앙값을 사용할 수 없다.

산술평균은 척도가 등간격이고 수량화할 수 있는 경우에만 구할 수 있기 때문에 등간변수와 비율변수에만 사용될 수 있으며, 명목변수와 서열변수에는 사용될 수 없다. 그러나 서열변수의 경우 때때로 등간격성을 인정하여 산술평균을 사용하기도 한다.

결론적으로 명목변수일 때는 집중치로서 최빈값을 사용할 수 있고, 서열변수일 때는 최빈값, 중앙값을 사용할 있으며, 등간변수 및 비율변수일 때는 최빈값, 중앙값, 산술평균을 사용할 수 있다.

(2) 분포형태

연구자가 집중치로 어떤 방법을 선택할지 결정하는 데 영향을 미치는 다른 요인은 수집된 자료의 분포형태다. 자료의 분포형태는 수없이 많다. 그러나 크게 정규분포(symmetric distribution), 부적편포 또는 왼쪽꼬리분포(negatively skewed distribution), 정적편포 또는 오른쪽꼬리분포(positively skewed distribution)의 3가지가 주요 형태라고 할 수 있으며, 분산의 형태에 따라 최빈값, 중앙값, 산술평균의 위치가 다르다.

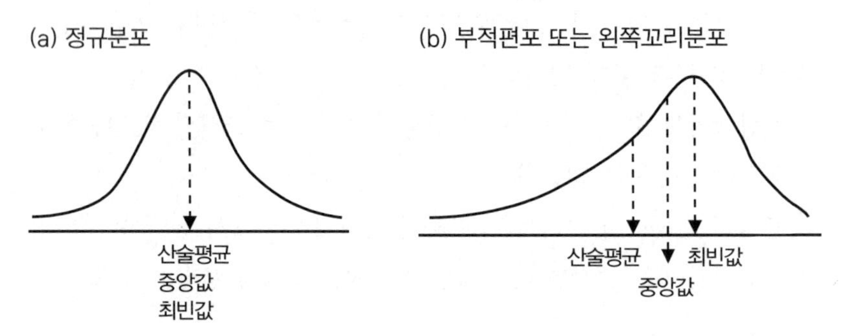

〈그림 10-8〉 분포형태와 집중경향치

〈그림 10-8〉 (a)와 같이 좌우대칭인 정규분포곡선에서는 최빈값, 중앙값, 산술평균이 같다. 빈도가 가장 큰 꼭짓점이 최빈값이며, 꼭짓점을 중심으로 좌우대칭이기 때문에 중앙값 및 산술평균도 꼭짓점과 일치한다.

〈그림 10-8〉 (b)의 경우는 꼬리가 왼쪽으로 뻗어 있다고 해서 '왼쪽꼬리분포'라고 한다. 왼쪽꼬리분포의 경우 왼쪽에서 오른쪽으로 산술평균, 중앙값, 최빈값 순서로 위치하게 된다. 즉 최빈값이 제일 크고, 그다음이 중앙값, 산술평균 순이다. 분포의 꼭짓점은 빈도가 제일 크다는 것을 의미하기 때문에 이 점이 항상 최빈값이다. 왼쪽꼬리분포의 경우에는 자료 중의 일부분이 매우 작은 관찰값을 가진다는 것을 의미하며, 이 작은 관찰값이 산술평균에 크게 영향을 미쳐 산술평균값이 작아진다. 한편 작은 관찰값을 가진 소수의 사례들은 중앙값에는 약간, 즉 빈도수만큼만 영향을 미치며, 최빈값에는 영향을 미치지 않기 때문에 산술평균, 중앙값, 최빈값 순서로 놓이게 된다.

앞에서 〈표 10-6〉의 장교 토익점수 도수분포표는 〈그림 10-6〉의 그래프에서 보듯이 분포형태가 부적분포인 왼쪽꼬리분포임을 알 수 있다. 집중경향치를 계산한 결과를 보면 장교 토익점수의 산술평균은 720.5점, 중앙값은 739.3점, 최빈값은 774.5점이다. 산술평균, 중앙값, 최빈값의 순서임을 알 수 있다.

(3) **연구자의 목적**

연구자가 최빈값, 중앙값, 산술평균 중 어떤 값을 사용할 것인가를 결정하는 데 영향을 미치는 또 다른 요인은 연구자의 연구목적, 가치관 등이다. 매우 간단한 예를 들어 위관 장교의 월 봉급이 〈표 10-7〉과 같다고 할 경우, 월 봉급에 대한 산술평균은 200만 원이며, 중앙값은 200만 원, 최빈값은 100만 원이다.

만일 연구자가 봉급을 지급하는 측을 지지하는 입장이라면, 정부가

월 봉급을 많이 준다는 인상을 주기 위해 가장 높은 집중경향치인 산술평균을 이용할 것이다. 즉, 위관장교들의 월평균 봉급이 200만 원이라고 발표할 수 있다. 만일 연구자가 봉급의 수급자에게 유리한 보고서를 작성하고자 하는 입장이라면, 위관장교들이 월 봉급을 적게 받는다는 인상을 주기 위해 가장 낮은 집중경향치인 최빈값 100만 원을 이용할 수 있다. 그러나 연구자들은 3가지 값을 모두 구할 수 있는 경우 3가지 집중경향치를 제시하고, 독자들이 판단하도록 하는 것이 바람직하다.

〈표 10-7〉 위관장교의 월 봉급(예시)

월 봉급	빈도	집중경향치
100만 원	3	산술평균 = 200만 원 중앙값 = 200만 원 최빈값 = 100만 원
200만 원	2	
300만 원	1	
400만 원	1	
계	7	

3. 분산경향치

앞에서 다룬 집중경향치는 어떤 집단의 특성을 하나의 수치로 표시할 때 많이 사용된다. 그러나 집중치만으로는 그 집단의 자료가 어떻게 분산되어 있는지를 잘 모른다. 예를 들어 도하하려는 강의 수심이 평균 1m라고 안심하고 걸어서 건널 수는 없다. 수심이 3m인 지점도 있을 수 있기 때문이다. 평균치가 도하하는 강의 전체적인 수심에 대해서는 말해주지 않는다는 점이다. 그래서 데이터가 집중치로부터 어느 정도 어떻게 분산되어 있는지를 나타내는 수치인 분산치(variability)가 필요하다. 분산치는 자료의 퍼짐 정도, 분포의 분산 정도를 나타내는 것으로 어떤 결정을 내릴 때 매우 중요한 수치가 될 수 있다. 예를 들어, 도하하는 강의 수심에 대한 데이터의 분산치가 〈그림 10-9〉의 A와 같이 수심 1m를 중심으로 작은 경우에는 걸어서 도하를 시도해볼 수 있을 것이다. 반면에 강 수심에 대한 데이터의 분산 정도가 〈그림 10-9〉의 B와 같이 퍼져 있다면, 즉 분산치가 크다면 수심이 2~3m인 지점도 있어서 배를 이용해야 할 것이다.

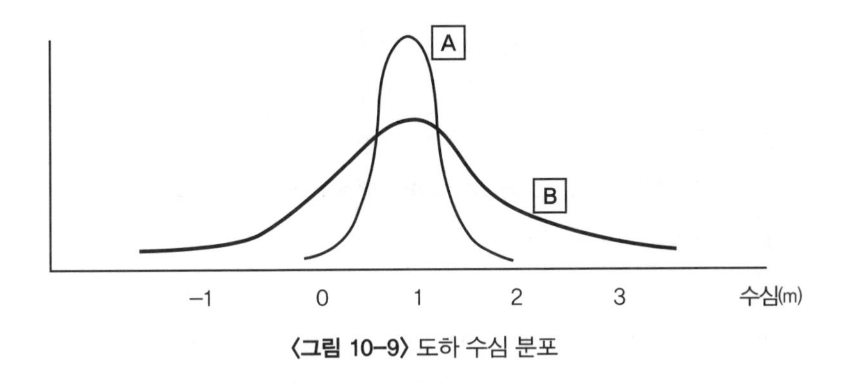

〈그림 10-9〉 도하 수심 분포

분산치를 측정하는 방법으로는 범위, 평균편차, 분산 및 표준편차 등이 있다. 범위, 평균편차, 분산 및 표준편차를 구할 때 주의할 점은 이들 값들은 항상 관찰값을 기준으로 구해야지 빈도를 기준으로 구해서는 안 된다는 점이다.

우선, 범위는 자료의 분산치를 나타내는 가장 간단한 방법으로 자료의 관찰값 중 가장 큰 값에서 가장 작은 값의 차이다. 예를 들어, 〈표 10-6〉의 위관장교 토익점수 그룹도수분포표에서 범위를 구한다면 가장 큰 관찰값의 중간점인 874.5에서 가장 작은 관찰값의 중간점인 524.5를 뺀 값이다. 즉, 874.5-524.5=350이다.

1) 평균편차(Mean Deviation)

평균편차는 관찰값들이 평균적으로 산술평균으로부터 얼마나 떨어져 있는가를 나타내는 값이다. 즉, 관찰값과 산술평균과의 차이들의 평균이다. 원래 관찰값으로부터 평균을 빼봄으로써 각 관찰값이 산술평균으로부터 얼마나 떨어져 있는가를 알 수 있다. 그러나 각 관찰값에서 산술평균을 뺀 값을 더하면 평균의 특성상 그 합계는 0이 된다. 따라서 각 관찰값(X)에서 산술평균($\overline{X}$)을 뺀 값에 절댓값을 취한 후 이들 값을 더하여 합계를 구한 다음 총 빈도(N)로 나눈 값을 평균편차(MD)로 사용한다.

$$\text{평균편차 } MD = \frac{\Sigma f\,|X - \overline{X}|}{N}$$

f: 각 관찰값의 빈도

X: 각 사례의 관찰값(그룹도수분포의 경우에는 계급의 중간점 m)

$\overline{X}$: 산술평균, N: 총 빈도수

예를 들어 〈표 10-6〉의 위관장교의 토익점수에 대한 그룹도수분포의 평균편차를 구해보자. 산술평균 $\overline{X}$=720.5점이므로 아래 〈표 10-8〉과 같이 계산하여 평균편차를 구할 수 있다.

〈표 10-8〉 평균편차 계산

점수(X)	중간점(m)	빈도(f)	$m - \overline{X}$	$f\|m - \overline{X}$
850~899	874.5	25	154	3,850
800~849	824.5	45	104	4,680
750~799	774.5	150	54	8,100
700~749	724.5	100	4	400
650~699	674.5	75	−46	3,450
600~649	624.5	50	−96	4,800
550~599	574.5	40	−146	5,840
500~549	524.5	15	196	2,940
계		500(N)		34,060

평균편차 MD=34,060/500=68.12다. 이는 장교들의 토익점수가 산술평균 점수인 720.5로부터 평균적으로 68.12점 떨어져 있다는 것을 의미한다.

2) 분산 및 표준편차(variance and standard deviation)

분산이란 각 관찰값이 평균으로부터 떨어진 거리를 제곱한 것을 평균한 값이며, 표준편차는 분산을 제곱근한 값이다. 분산과 표준편차는 평균으로부터 많이 떨어진 값, 즉 극한값에 비중을 많이 줌으로써 분산 형태를 더욱 민감하게 나타낸다고 할 수 있다. 따라서 분산치를 측정하는 값으로 가장 많이 사용된다.

분산은 S^2으로 표시하며 이는 표준편차(standard deviation) S의 자승이라는 의미다. 분산이란 각 관찰값이 평균으로부터 떨어진 거리를 제곱한 것의 평균이기 때문에 이것을 원래의 단위로 원위치시킬 필요가 있으며, 이를 위해 분산의 제곱근 값을 구할 필요가 있다. 이 제곱근의 값을 '표준편차'라 부른다. 즉, 표준편차는 원래 단위(제곱한 것이 아닌)로 계산하여 산술평균으로부터 얼마나 떨어져 있는가를 나타낸 값이다. 따라서 분산과 표준편차를 구하는 공식은 다음과 같다.

$$\text{분산 } S^2 = \frac{\Sigma f(X-\overline{X})^2}{N}$$

$$\text{표준편차 } S = \sqrt{\frac{\Sigma f(X-\overline{X})^2}{N}}$$

f: 각 관찰값의 빈도

X: 각 사례의 관찰값(그룹도수분포의 경우에는 계급의 중간점 m)

$\overline{X}$: 산술평균, N: 총 빈도수

예를 들어 〈표 10-6〉의 위관장교 토익점수 그룹도수분포에 대한 분

산과 표준편차를 구해보자. 아래 〈표 10-9〉와 같은 계산을 통해 분산과 표준편차를 구하면 된다.

〈표 10-9〉 분산과 표준편차 계산

점수(X)	중간점(m)	빈도(f)	$m-\overline{X}$	$f(m-\overline{X})^2$
850~899	874.5	25	154	592,900
800~849	824.5	45	104	486,720
750~799	774.5	150	54	437,400
700~749	724.5	100	4	1,600
650~699	674.5	75	−46	158,700
600~649	624.5	50	−96	460,800
550~599	574.5	40	−146	852,640
500~549	524.5	15	196	576,240
계		500(N)		3,567,000

분산 $S^2=3{,}567{,}000/500=7{,}135$이고, 표준편차 $S=\sqrt{7{,}135}=84.47$이다.

3) 각 분산치의 비교

범위는 제일 큰 관찰값과 제일 작은 관찰값에 의해서만 영향을 받고 다른 관찰값에 의해 영향을 받지 않기 때문에 분산의 정도를 정확하게 나타내지 못한다는 단점이 있다. 평균편차는 각 관찰값이 평균적으로 산술평균으로부터 얼마나 떨어져 있는가를 나타내는 값으로, 평균편차 계산에는 모든 관찰값이 반영되므로 범위보다 좀 더 정확하게 분산의 정도를 나타낸다고 할 수 있다.

분산 및 표준편차는 분산의 정도, 특히 평균으로부터 많이 떨어진 극한값들을 좀 더 잘 반영한다는 점에서 평균편차보다 분산의 정도를 더 잘 나타낸다고 할 수 있다. 표준편차가 평균편차보다 분산의 정도를 좀 더 정확하게 나타낸다고 할 수 있다. 즉, 표준편차는 평균으로부터 많이 떨어진 극한값들을 좀 더 잘 반영함으로써 분산 형태를 더욱 민감하게 반영한다. 따라서 표준편차가 분산치를 측정하는 값으로 가장 많이 사용된다.

제3절 정규분포의 확률과 모집단의 평균치 추론

표본으로부터 모집단의 특성을 추론하는 것은 일반적으로 추리통계에 속하지만, 단순한 추론은 기술통계 영역으로 취급되기도 한다. 여기에서는 표본의 분산경향치와 표준정규분포를 이용하여 관찰값에 대한 확률을 추정하고 모집단의 평균치를 추정하는 간단한 예를 들어보고자 한다. 어떤 모집단의 변수를 측정하여 수집된 표본 데이터는 통상적으로 정상분포(정규분포)곡선의 양상을 띠는 경우가 많다. 이럴 경우 표본 도수분포가 정규분포곡선, 즉 연속적인 확률분포일 경우에 확률과 평균치를 추론해볼 수 있다. 정상분포에서 확률계산을 간편하게 하기 위해 고안된 것이 표준정규분포곡선이다. 표준정규분포곡선(Z분포표)의 개념과 이를 이용한 관찰값의 확률과 모집단의 평균치를 추론하는 방법을 알아보자.

1. 정규분포와 확률 추정

정규분포 또는 정상분포(Normal Distribution)는 표본을 통해 모집단의 특징을 파악하는 가장 일반적인 분포형태다. 사회현상이나 자연현상에 대한 자료들의 분포는 통상적으로 정규분포와 유사한 형태를 가진다. 정규분포의 특징은 완만하고 평균을 중심으로 좌우대칭인 종 모양을 하고 있다. 정규분포곡선은 아래 〈그림 10-10〉과 같이 X축에 닿지는 않고 산술평균과 표준편차에 의해 위치와 모양이 결정된다. 어떠한 표본의 빈도분포가 이상적인 정규분포라면, 평균치에서 시작하여 표준편차의 배수만큼의 아래와 위로 이동하면 다음과 같은 사실을 발견하게 된다.

$\overline{X} \pm 1S$ 점수들의 68.26%를 포함한다.
$\overline{X} \pm 2S$ 점수들의 95.44%를 포함한다.
$\overline{X} \pm 3S$ 점수들의 99.72%를 포함한다.

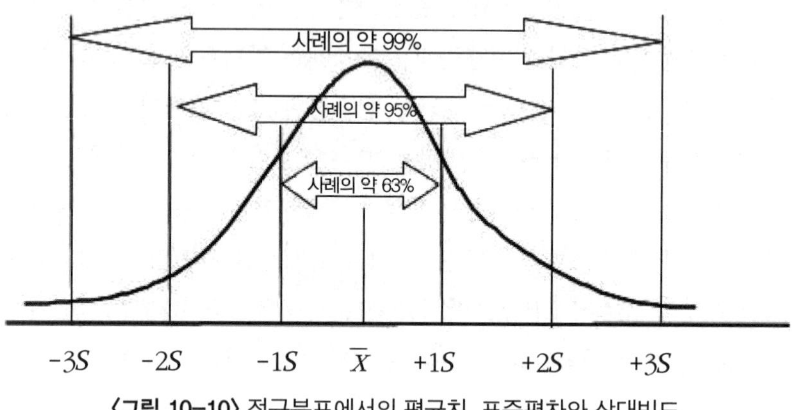

〈그림 10-10〉 정규분포에서의 평균치, 표준편차와 상대빈도

정규분포는 연속확률분포곡선으로 표시할 수 있고, Z값으로 표시되는 표준정규분포곡선(Standard Normal Distribution) 또는 Z분포곡선으로 변환이 가능하다. 표준정규분포곡선은 확률계산을 간편하고 쉽게 계산할 수 있도록 해준다. 표준정규분포는 평균을 0($\mu=0$)으로 하고 표준편차가 1($\sigma=1$)이 되도록 표준화한 것이다. 표준정규분포에서 각 관찰값(X)은 그 값이 그 분포의 평균치로부터 몇 배의 표준편차나 떨어져 있는

가를 표준점수 Z로 나타낸 것이다. 즉, 표준편차를 측정단위로 사용하여 해당 분포의 평균치를 기준으로 관찰값의 위치를 표현한 것이다. 〈그림 10-11〉은 통상적인 정규분포와 표준정규분포의 관계를 보여주는 그림이다. 이때 Z값은 표준점수로서 평균으로부터 몇 표준편차가 떨어져 있는가를 나타내는 수로, 다음과 같이 계산된다.

$$Z = \frac{X - \overline{X}}{S}$$

(Z: 표준점수, X: 각 사례 측정치, $\overline{X}$: 표본 평균치, S: 표본 평균편차)

따라서 표준정규분포는 아래 그림과 같이 평균과 표준편차가 다른 여러 가지 정규분포를 똑같은 평균(=0)과 표준편차(=1)로 표준화시킨다는 뜻이다.

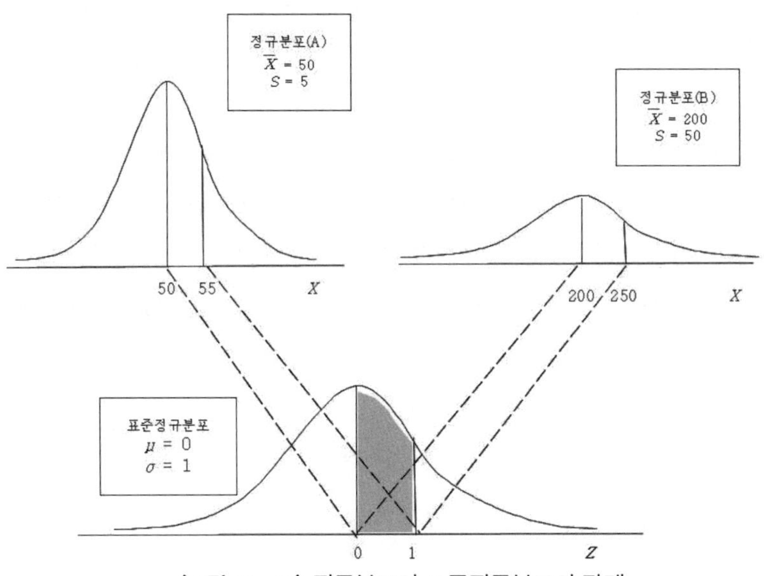

〈그림 10-11〉 정규분포와 표준정규분포의 관계

이와 같이 여러 가지 다른 정규분포를 하나의 표준정규분포로 변환하여 확률변수 Z와 면적으로 표시할 수 있으며, 이를 나타낸 표가 Z분포표다(부록). Z분포표는 Z값과 확률(회색 부분 면적)을 계산한 표다. $Z=1$일 때 면적은 0.3413, $Z=2$일 때 확률은 0.4772, $Z=3$일 때 0.4986, $Z=3.9$일 때 0.5000이다. 표준정규분포의 곡선 이하 전체 넓이를 1로 보고, 각각의 Z값에 따른 회색 부분의 면적이 Z분포표에 표시되어 있다. 이는 회색 부분이 전체 넓이에서 차지하는 비율과 같고, 전체 1에 대한 확률을 의미한다.

예시: 관찰값의 확률 추정

앞 장에서 예로 제시된 통계 사례로 위관장교의 토익성적의 경우, 평균치($\overline{X}$)=785, 표준편차(S)=85다. 만약 이 표본통계분포가 정규분포 형태이며, 육군(모집단) 위관장교들의 토익성적 분포를 대표한다고 가정하자.

① 785(=$\overline{X}$)+85(=1S)=870점 이상인 사례의 비율은 얼마인가?

정상분포곡선의 특성으로부터 구할 수 있다. 〈그림 10-10〉에서 보는 바와 같이 평균치 785점 이하가 50%, 785점에서 870점 사이가 68%의 절반인 34%다. 따라서 870점 이상은 100%-(50%+34%)=약 16%다.

② 900점 이상의 사례는 몇 %인가?

표준정규분포표인 Z분포표(부록 10-1)로부터 구할 수 있다.

먼저, Z값을 구하면, $Z=\dfrac{X-\overline{X}}{S}=\dfrac{900-785}{85}=1.35$

Z분포표를 이용하여 $Z=1.35$일 때 면적(확률)은 0.4115다. 따라서 900점 이상인 위관장교의 비율은 (0.5-0.4114=0.886)으로 88.6%다.

2. 모집단의 평균치 추정

아무리 주의 깊게 표본을 추출해도 표본(sample)이 모집단(population)의 특성을 완전히 대변할 수는 없다. 즉, 표본의 평균치와 분산치는 모집단의 평균치와 분산치와 항상 차이가 발생한다. 그래서 모집단의 평균치를 추정하는 방법에는 평균치를 하나의 값이 아닌 범위형으로 나타내는 신뢰구간을 사용하게 된다. 즉, 표본 평균에 의한 모집단의 평균을 추정할 때 신뢰구간 또는 오차범위를 활용한다. 앞의 예시처럼 위관장교 토익점수로 추출된 표본의 평균치가 785점인데, 이는 모집단인 장교 전체의 평균치와 일치한다고 할 수 없다. 모집단을 완전히 대변할 수 있는 표본은 있을 수 없기 때문이다. 우선 표본을 여러 개 수집하여 표본평균치와 표준편차를 구한다. 다음으로 신뢰구간을 표시하여 모집단의 평균치를 나타낼 수밖에 없다. 표본 측정치가 일반적인 정상분포라면 표본평균들의 68.26%가 ±1 표준편차(모집단의 표준편차 σ) 안에 놓이게 된다. $\pm 1\sigma$ 범위 내에 모집단의 평균이 놓일 확률이 68.26%다. 68.25% 신뢰구간(오차범위)을 $\pm 1\sigma$로 표시하여 모집단의 평균치는 하나의 고정값이 아닌 범위형태로 추정한다. 신뢰구간을 식으로 표시하면 다음과 같다.

$$\text{신뢰구간} = \overline{X} \pm Z \cdot \sigma_{\overline{X}}$$

($\overline{X}$: 표본 평균치, Z: 표준점수, $\sigma_{\overline{X}}$: 표본평균들의 표준편차)

예시: 모집단 평균치의 신뢰구간 추정

① 68.26% 신뢰구간 추정하기

앞의 예시에서 위관장교 토익성적 표본의 평균치가 785점이다. 이것을 표본평균치라고 가정하고, 모집단의 표준편차가 표본의 표준편차와 같다고 가정할 경우,[6] 평균치 785점에 대한 68.26% 신뢰구간을 다음과 같이 추정할 수 있다.

68.26% 신뢰구간 = 785 ± 1표준편차 = 785 ± 85 = 700~870

② 95% 신뢰구간 추정하기

95%의 신뢰도를 얻기 위해서는 먼저 Z분포표에서 *Z*값을 구해야 한다. 95% 신뢰도를 확보하려면, Z분포표(부록 10-1)에서 한쪽 면적이 0.475(47.5% × 2 = 95%)여야 하고, 이때 *Z*값은 $Z = 1.96$이다. 따라서 95% 신뢰구간은 다음과 같이 추정할 수 있다.

95% 신뢰구간 = 785 ± 1.96 × 85 = 785 ± 166.6 = 618.4~951.6

6 모집단의 표준편차를 계산하는 방법은 이 교재의 범위에서 벗어나므로 생략함

〈부록 10-1〉 Z분포표(표준정규분포표)

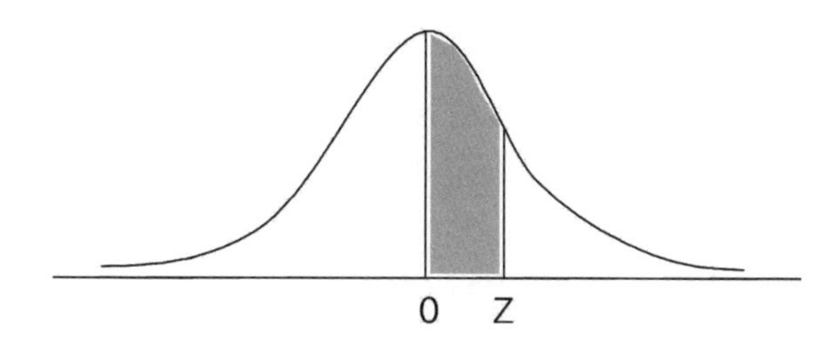

Z	0.00	0.01	0.02	0.03	0.04	0.05	0.06	0.07	0.08	0.09
0.0	.0000	.0040	.0080	.0120	.0160	.0199	.0239	.0279	.0319	.0359
0.1	.0398	.0438	.0478	.0517	.0557	.0596	.0636	.0675	.0714	.0753
0.2	.0793	.0832	.0871	.0910	.0948	.0987	.1026	.1064	.1103	.1141
0.3	.1179	.1217	.1255	.1293	.1331	.1368	.1406	.1443	.1480	.1517
0.4	.1554	.1591	.1628	.1664	.1700	.1736	.1772	.1808	.1844	.1879
0.5	.1915	.1950	.1985	.2019	.2054	.2088	.2123	.2157	.2190	.2224
0.6	.2257	.2291	.2324	.2357	.2389	.2422	.2454	.2486	.2518	.2549
0.7	.2580	.2611	.2642	.2673	.2704	.2734	.2764	.2794	.2823	.2852
0.8	.2881	.2910	.2939	.2967	.2995	.3023	.3051	.3078	.3106	.3133
0.9	.3159	.3186	.3212	.3238	.3264	.3289	.3315	.3340	.3365	.3389
1.0	.3413	.3438	.3416	.3485	.3508	.3513	.3554	.3577	.3599	.3621
1.1	.3643	.3665	.3686	.3708	.3729	.3749	.3770	.3790	.3810	.3830
1.2	.3849	.3869	.3888	.3907	.3925	.3944	.3962	.3980	.3997	.4015
1.3	.4032	.4049	.4066	.4082	.4099	.4115	.4131	.4147	.4162	.4177
1.4	.4192	.4207	.4222	.4236	.4251	.4265	.4279	.4292	.4306	.4319
1.5	.4332	.4345	.4357	.4370	.4382	.4394	.4406	.4418	.4429	.4441
1.6	.4452	.4463	.4474	.4484	.4495	.4505	.4515	.4525	.4535	.4545
1.7	.4554	.4564	.4573	.4582	.4591	.4599	.4608	.4616	.4625	.4633
1.8	.4641	.4649	.4656	.4664	.4671	.4678	.4686	.4693	.4699	.4706
1.9	.4713	.4719	.4726	.4732	.4738	.4744	.4750	.4756	.4761	.4767
2.0	.4772	.4778	.4783	.4788	.4793	.4798	.4803	.4808	.4812	.4817
2.1	.4821	.4826	.4830	.4834	.4838	.4842	.4846	.4850	.4854	.4857
2.2	.4861	.4864	.4868	.4871	.4875	.4878	.4881	.4884	.4887	.4890
2.3	.4893	.4896	.4898	.4901	.4904	.4906	.4909	.4911	.4913	.4916
2.4	.4918	.4920	.4922	.4925	.4927	.4929	.4931	.4932	.4934	.4936
2.5	.4938	.4940	.4941	.4943	.4945	.4946	.4948	.4949	.4951	.4952
2.6	.4953	.4955	.4956	.4957	.4959	.4960	.4961	.4962	.4963	.4964
2.7	.4965	.4966	.4967	.4968	.4969	.4970	.4971	.4972	.4973	.4974
2.8	.4974	.4975	.4976	.4977	.4977	.4978	.4979	.4980	.4980	.4981
2.9	.4981	.4982	.4983	.4983	.4984	.4984	.4985	.4985	.4986	.4986
3.0	.4987	.4987	.4987	.4988	.4988	.4989	.4989	.4989	.4990	.4990
3.1	.4990	.4991	.4991	.4991	.4992	.4992	.4992	.4992	.4993	.4993
3.2	.4993	.4993	.4994	.4994	.4994	.4994	.4994	.4995	.4995	.4995
3.3	.4995	.4995	.4996	.4996	.4996	.4996	.4996	.4996	.4996	.4997

제11장

양적 연구의 기법과 논리: 추리통계와 인과적 추론

양적 연구는 '부분'으로부터 수집된 제한된 정보를 바탕으로 '전체'의 특성을 유추해나가는 과정을 말한다.

정한범(국방대학교)

국방대학교 교수로 재직 중이다. 고려대학교에서 학사와 석사학위를 취득하고 미국의 University of Kentucky에서 박사학위를 취득했다. 국방대학교 안보문제연구소 동북아 연구센터장과 한국정치학회 대외협력이사, 한국국제정치학회 기획이사 등을 역임했다. 현재 한국국제정치학회 연구이사, 한국정치외교사학회 총무이사, 한국평화연구학회 총괄연구이사, 한국라틴아메리카학회 기획이사 등으로 활동하고 있으며, 국방부 정책과제 심의위원, 코리아정책연구원 자문위원과 군사연구, 국제학논총, 사회과학연구방법논총 등의 편집위원을 맡고 있다. 주요 논문으로 "트럼프현상으로 본 미국의 고립주의 연구"(2016), "동북아: 전통적 강자들의 귀환과 위기 시나리오"(2016) 등이 있으며, 저서로는 『국가안전보장론』(2016), 『국제관계학: 인간과 세계 그리고 정치』(2015), 『전쟁론』(2015) 등이 있다.

군사학, 더 나아가 국제정치학 연구자들은 군사적 현상이나 크게는 정치안보현상에 대한 문제를 파악하고, 이를 해결할 수 있는 방안을 제시할 소임이 있다. 따라서 이러한 현상들에 대한 올바른 분석능력과 정책적 대안의 제시는 이 분야를 연구하는 학자들에게는 아무리 강조해도 지나침이 없을 것이다. 이러한 문제의 진단과 해결을 위해 연구자들은 자료를 수집하고 분석하는 절차를 거친다. 그러나 항상 모든 경우에 있어서 이러한 자료들이 충분하게 제공되는 것은 아니다. 그렇다면 어떻게 부족한 정보를 가지고 만족할 만한 대안을 제시할 수 있을까? 특히, 우리가 분석할 수 있는 현상이 '전체'가 아닌 '부분'일 경우에 이러한 불완전한 정보를 가지고 전체의 문제를 진단하는 것은 가능한 것일까? 그렇다면 이러한 과정은 어떻게 정당화될 수 있는가? 이것을 해결해줄 수 있는 방법이 바로 양적 접근법이라고 할 수 있다. 이 장에서는 과학적 접근방법으로서 '유추'의 방법을 제시하고자 한다.

제1절 양적 연구방법의 과학성

과학적 연구방법은 군사학 연구의 목표를 달성하는 하나의 접근방법으로 제시될 수 있다. 여기서 과학적 연구라는 것의 의미는 연구대상에 대한 서술적 또는 인과적 유추가 적절하게 이뤄지기 위한 일련의 과정을 의미한다. 서술적 유추(descriptive inference)는 부분에서 발견된 현상을 통해 전체의 현상을 추론하는 것을 의미하며, 인과적 유추(causal inference)는 부분에서 발견된 현상과 현상 간의 인과적 관계를 통해 전체의 인과적 관계를 추론하는 것을 의미한다. 한편, 이러한 부분으로부터 전체로의 추론 과정은 일정한 기준을 충족함으로써 타당성(validity)

을 갖춰야 한다. 그러므로 과학적 연구방법은 서술적 측면에서나 인과적 측면에서 '사실에 대한 근사치'에 접근하는 유추의 방법으로 정의될 수 있으며, 이는 다른 말로 '바람직한 연구방법'으로 정의될 수도 있다.[1]

1. 과학적 연구방법

과학이란 "객관적 방법을 통해 어떤 주어진 현상의 이면에 내재되어 있는 법칙이나 진리를 밝혀내는 것"이라고 정의할 수 있다. 과학의 목표도 실험이나 관찰 같은 다양한 방법을 통해 획득한 자료들을 기반으로 객관적인 진리를 얻는 데 있다. 이러한 객관적인 지식을 획득하는 활동은 대략 서술(description), 설명(explanation), 예측(prediction)의 3가지 단계로 구분할 수 있다. 서술은 주어진 현상을 있는 그대로 객관적으로 묘사하는 것이다. 설명은 이러한 현상이 나타나게 된 과정을 밝혀내는 것이다. 이러한 서술과 설명은 현실 세계에 이미 나타난 현상에 관한 활동이다. 마지막 단계인 예측은 이러한 설명을 바탕으로 미래의 발생 가능한 현상들을 예언하는 것을 말한다. 그러므로 과학은 주어진 현상에 대해 설명함으로써 미래의 사건에 대해 믿을 만한 예측을 제시하는 것이라고 할 수 있다. 이처럼 설명을 통해 믿을 만한 예측을 제시하는 활동은 일반적인 법칙을 수립하는 것과 관련이 있다.

이와 같이 과학적 활동은 현상을 설명하고 미래를 예측하기 위해 일반적인 이론이나 법칙을 확립하는 행위다. 여기서 설명이란 잘 알려지지 않은 현상을 이해하기 쉬운 언어나 매개를 통해 이해하기 쉽도록 하는 행위다. 이때 과학적 설명이 되기 위해서는 이미 확립된 경험적 법칙들을 이용해야 한다. 예측은 잘 알려지지 않은 미지의 현상에 대해 보편

1 Gary King, Robert O. Keohane, & Sidney Verba, *Designing Social Inquiry: Scientific Inference in Qualitative Research* (Princeton: Princeton University Press,1994), pp. 7-8.

적 법칙을 통해 진술한다. 그러므로 이러한 이론적 일반화나 법칙의 수립에 있어서 과학적 방법론은 매우 중요하다.

과학적 방법론은 문제해결의 접근방법의 하나로, 문제를 해결해나가기 위해 객관적이고 정확한 증거를 제시하여 결론을 도출하는 논리적 방법을 의미한다. 이러한 절차를 통해 도출된 정보를 과학적 지식이라고 할 수 있다. 현실에서 가장 널리 쓰이는 과학적 방법론은 연역적 방법(deductive approach)과 귀납적 방법(inductive approach)을 들 수 있다.

귀납적 방법은 연구자가 현재까지 축적된 경험과 지식을 바탕으로 주어진 현상에 대해 객관적으로 관찰하고 자료를 수집한다. 이렇게 수집된 자료를 분류하여 집단 간의 상호작용을 분석하고 규칙성을 도출할 수 있다. 이렇게 많은 사례들로부터 일정한 규칙성을 도출해내는 과정을 '일반화'라고 한다. 이러한 귀납적 법칙을 통해 미래의 사건을 예측할 경우에는 그 적용 범위가 시간적으로나 공간적으로 매우 제한적일 수 있기 때문에 유의해야 한다. 다시 말해, 귀납적 접근을 통해 도출된 경험적 일반화(empirical generalization)는 보편적으로 적용 가능한 과학적 법칙(scientific law)과는 엄밀하게 구분된다.[2]

귀납적 방법을 통한 지식은 사실로부터 유도된 것이며, 이에 대한 진위 여부는 논리가 아니라 경험을 토대로 이뤄진다. 그러므로 귀납적 접근을 통한 과학적 지식은 객관성, 신뢰성, 유용성을 지닌다는 장점이 있지만, 경험적 지식을 얻을 수 없는 현상들에 대해서는 어떠한 지식이나 예측력을 생산해낼 수 없다는 문제점을 안고 있다.

연역적 접근방법은 인간의 감각기관을 통한 경험이나 관찰을 통하지 않고서 지식을 얻는 것을 말한다. 이러한 접근방법을 통하면 인간은 관찰할 수 없는 현상들까지 자신의 사고와 지각을 통해 논리적으로 설명할 수 있게 된다. 실제로 현대의 과학적 발견들의 상당수는 인간이 직

2 이희연 · 노승철, 『고급통계분석론: 이론과 실제』 제2판(고양: 문우사, 2013), p. 3.

접 경험하지 못한 것들을 논리적으로 예측함으로써 이뤄졌다. 연역적 방법에 의하면, 연구자는 자신이 현실 세계에서 관찰할 수 있는 현상들과 직관을 토대로 세계에 대한 모델을 수립하게 된다. 이러한 모델을 토대로 가설이 설정되고, 이러한 가설을 검증하기 위해서는 실험적 설계를 통해 수집된 자료가 사용된다.

이때 잠정적 가설을 검증할 데이터는 통계적으로 분석하고 통계적 유의성 검정을 통해 그 입증 여부가 결정된다. 통계분석의 결과가 잠정적 가설을 뒷받침하는 경우 가설이 입증되어 이러한 모델에 대한 타당성이 부여된다. 이렇게 검증된 가설이 다른 사례나 데이터에도 반복적이고 긍정적으로 적용되면 비로소 법칙이 되며 이론적으로 체계화된다. 이렇게 체계화된 이론은 현재 잘 알려지지 않은 현상이나 사건에도 높은 설명력과 예측력을 가지게 된다. 다시 말해, 높은 일반화가 가능해진다.

연역적 방법론은 지식은 경험에 의해서만 정당화될 수 있다고 하는 실증주의 철학을 바탕으로 하고 있다. 이에 따르면, 이론의 정당성은 이론을 바탕으로 한 예측의 성공에 달려 있다고 한다. 실증주의는 자연과학의 급속한 발전에 영향을 받았는데, 콩트(Comte)는 비록 사회현상이 자연현상보다 훨씬 복잡하기는 하지만 자연과학이 자연법칙을 발견하는 것과 마찬가지로 사회에 대한 과학적 접근법이 사회법칙의 발견을 가져오게 될 것이라고 주장했다. 그러므로 실증주의에서 가장 중시하는 것은 경험적 데이터의 수집과 이를 반복적으로 적용할 수 있는 과학적 연구방법이다.

논리실증주의에 따르면, 모든 현상에는 객관적 질서가 존재하며, 이러한 법칙들은 반드시 객관적이고 실증적인 절차를 통해 검증되어야 한다. 다시 말해, 과학적 지식의 근본은 검증 가능성과 객관성의 담보다. 이처럼 과학적 실증주의의 핵심은 가설의 검증이라고 할 수 있다. 순수한 진술은 그 진위를 판별할 수 있어야 할 뿐만 아니라, 검정된 진술만이 과학적 연구를 위해 의미 있는 정보를 제공한다.

이처럼 과학적이고 신뢰성 있는 지식의 획득을 위해 객관적이고 과학적인 연구방법이 필요하다.

2. 양적 연구방법의 필요성

과학적 일반성은 경험적으로 축적된 데이터를 바탕으로 이들을 추상화시켜서 어떤 공통된 원리를 찾아내는 것으로 시작한다. 현실 세계에서 객관적으로 관찰된 현상들이 어느 정도 타당성을 가진다고 인식될 때, 추상적으로 예측되는 현상과 현상들 간의 관계를 과학적으로 검증할 필요성을 인식하게 된다. 과학적 방법론을 도입하기 위해서는 먼저 사회현상을 이론적으로 설명하기 위한 개념적 틀을 구축하는 것이 필요하다. 개념적 틀이 만들어지면 전체적인 연구의 구도가 만들어지는데, 이를 바탕으로 이론과 가설을 형성하게 된다. 이론이 현상을 일반화하기 위한 관념적 추상의 표현이라면, 데이터는 현상을 가장 구체적이고 경험적으로 표현할 수 있는 매개다.

이때, 개념적 틀을 바탕으로 한 이론을 검증하기 위해 변수와 변수의 관계를 구체적으로 명시해주는 가설을 구축하는데, 이러한 가설을 과학적으로 검증해줄 수 있는 매개가 데이터다. 이처럼 변수와 변수의 관계를 경험적 데이터를 통해 검증함으로써 과학적인 이론이나 법칙이 성립할 가능성이 높아지게 된다. 즉, 연구자가 관찰을 통해 확립한 개념적 틀을 일반적 이론으로 발전시키기 위해 경험적 데이터를 활용한 양적 방법이 유용하게 사용된다. 이처럼 객관적 자료를 바탕으로 한 이론은 연구자의 주관적 판단에 의한 오류를 방지할 수 있는 장점이 있다.

과학적 일반성은 보편성을 갖는 설명력을 추구하는데, 보편성이란 환경적으로 동일한 여건이 갖춰졌을 경우, 언제나 같은 결과가 반복될 수 있는 것을 말한다. 그러나 사회과학에서는 자연과학에서와 달리 일반적 이론을 정립하는 것이 쉽지 않은데, 특정 관찰 대상이 가지고 있는 역사성이나 문화적 특수성들이 일반이론을 도출해낼 수 있는 환경적 보편성과 모순되기 때문이다.

이론적 토대를 바탕으로 양적 모델을 정립하는 방식은 대략 두 가지 정도로 분류할 수 있다. 첫째는 특정한 사건이나 관찰로부터 일반법칙을 도출해가는 것이고, 둘째는 반대로 일반법칙으로부터 특수한 사건을 규정한다. 대부분의 사회과학 연구는 첫 번째 방식을 채택하는데, 이는 이론적 토대 위에서 이론적 모델을 구축하고 이를 구체화하여 계량모델을 설정한다. 이러한 이론적 모델을 기본으로 필요한 데이터를 수집하여 가설을 검증하고 모수를 유추하게 된다. 제시된 가설이 채택되면 추정된 모수에 대해 추론을 하게 되고 현실 세계에 대한 예측이나 정책을 수립하게 된다.[3]

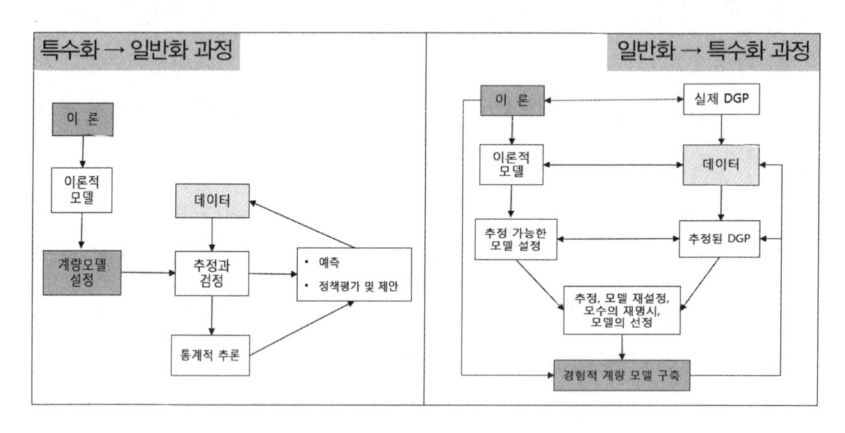

〈그림 11-1〉 이론과 데이터 간의 관계 속에서 일반화와 특수화 과정을 통한 모델 설정 비교[4]

---

3 이희연 · 노승철, 전게서, p. 9.

4 상게서, p. 10 그림 인용

3. 군사학에서 양적 연구의 활용

사회가 점점 더 지식 기반 중심으로 변화해가면서 새로운 정보의 창출과 활용이 국가 경쟁력의 원천이 되어가고 있다. 최근 자연과학에서뿐만 아니라 사회과학의 영역에서도 이러한 정보의 중요성이 강조되면서 새로운 지식의 창출 수단으로서 통계의 사용이 급증하고 있다. 특히, 사회과학이 문제의 해결을 궁극적 목적으로 하기 때문에 수집된 데이터를 활용하여 문제를 정확하게 진단하고 그에 대한 처방을 내리는 것이 매우 유용한 작업으로 평가받고 있다.

최근 빅데이터의 활용 영역이 확대되면서 사회과학의 전 영역에서 통계의 중요성이 새삼 주목받고 있듯이 군사학에서도 양적 방법을 활용한 정보의 축적이 요구되고 있다. 군사적 영역에서 인간 활동의 복잡한 현상들을 통계적 프로그램을 통해 분석하고 과학적이고 객관적으로 해석하는 것은 정책적으로 의사결정을 하는 데 있어서 매우 유용한 과정이 될 것이다. 예를 들면, 크게는 과거의 여러 전쟁으로부터 수집된 데이터를 이용하여 원인을 도출해낼 수도 있고, 국방정책에 대한 국민여론의 정보를 축적함으로써 향후 국민적 의식의 추세를 예측해볼 수도 있을 것이다. 향후 병력자원의 추세를 예측하여 정책에 반영한다든지, 국방비의 증감추세에 대해 대안을 제시할 수도 있을 것이다.

제2절 양적 인과분석의 원리

1. 통계학의 기초 개념들

1) 모집단과 표본

양적 연구를 수행하는 데 있어서 가장 기초적으로 필요한 개념이 모집단(population)과 표본(sample)이다. 양적 연구에서 모집단이란 연구의 대상이 되는 '전체'를 의미한다. 통계학에서 '모집단'이라는 용어는 매우 중요한 의미를 가진다. 연구대상이 되는 사람이나 개체들의 집합을 의미한다. 일반적으로, 모집단의 특성을 말하는 경우에는 모집단을 구성하고 있는 각 개체의 특성을 일일이 기술하는 것이 아니라 모집단 전체의 집합적인 특징을 의미한다.

모집단을 구성하는 개체의 수는 상황에 따라 매우 다르다. 예를 들어, 한 국가의 군의 신체적 조건을 연구하고자 할 때는 전체 군인이 모집단이 되는 것이고, 육해공 각 군 사병들의 흡연율을 조사하고자 할 때는 각 군의 사병들이 모집단이 된다. 모집단의 숫자가 작을 때는 모집단 전체를 조사해서 그 특성을 파악하는 것이 가장 좋은 방법이다. 그러나 모집단이 너무 클 때는 시간적 · 공간적 제약과 비용상의 문제로 모집단 전체를 조사하는 데 제한이 따른다.

물론, 우리나라에서 5년마다 실시되는 인구센서스는 모집단의 규모가 매우 큼에도 불구하고 모집단 전체를 조사하는 전수조사다. 그러나 대부분의 경우에는 이와 같은 전수조사가 불가능한 경우가 많다. 특히, 모집단이 무한한 경우나 유한하더라도 그 규모가 큰 경우에는 전수조사가 매우 어렵다. 예를 들면, 전국의 고3 학생들을 대상으로 병역의무에 대한 의식조사를 한다면, 현실적으로 인력의 한계로 인해 1년 이내에 이러한 조사를 마치지 못하게 되고 이 학생들은 대학생이 될 것이다.

이러한 모집단 전체 자료를 수집하는 데 대한 어려움으로부터 표본의 필요성이 제기된다. 전수조사를 통한 자료의 수집이 시간적 · 공간적 · 비용적인 측면에서 비효율적이라고 판단되면 모집단을 어느 정도 대표하는 관찰대상군을 선정해서 조사하게 되는데, 이를 '표본'이라고 한다. 표본은 반드시 모집단의 일부여야 하고, 표본조사의 목적은 모집단의 특성을 알아내기 위한 것이다. 다시 말해, 추출된 표본의 평균값으로 모집단의 평균을 유추한다. 따라서 표본을 추출할 때는 모집단의 특성을 가장 잘 나타내는 방식으로 해야 할 것이다.

2) 모수와 통계치

모수 또는 모수치(parameter)란 모집단이 가지고 있는 본래의 속성을 의미한다. 만약, 연구자가 모집단에 대한 전수조사를 실시하게 될 경우에는 모든 개체의 측정값을 구한 뒤 이 데이터를 이용해서 평균, 분산 등의 기술통계를 구할 수 있는데, 이들 전수조사를 통해 얻어진 지표들을 '모수'라고 한다. 일반적으로 모집단의 속성을 밝혀내기 위해서는 모집단 전체를 관찰대상으로 삼아야 하지만, 대부분의 사회과학에서 이러한 전수조사는 시간과 비용상의 이유로 불가능하다.

전수조사가 어려울 경우에는 표본을 통해 모수를 추정하게 되는데, 이처럼 모수추정을 위해 추출된 표본을 바탕으로 계산된 평균이나 분산, 표준편차 등을 '통계치' 또는 '통계량(statistic)'이라고 한다. 이러한 통계치는 모수를 추정하기 위해 사용되는데, 이때 사용되는 통계치를 '추정치(estimate)'라고 한다. 이와 같이 모수와 통계치는 구별되어야 하기 때문에 이들 모수와 통계치를 표기하는 방법도 다르다.

예를 들면, 군 사병 전체의 신장을 알기 위해 전 장병의 신장을 측정하여 구한 평균이나 표준편차는 모수가 되는 것이고, 시간과 비용상의 문제로 일정한 수의 장병을 표본으로 삼아 측정한 평균이나 표준편차는 통계치 또는 추정치가 된다. 일반적으로 모수는 희랍문자로 나타내고,

통계량은 라틴문자로 표기하는 것이 정석이다.

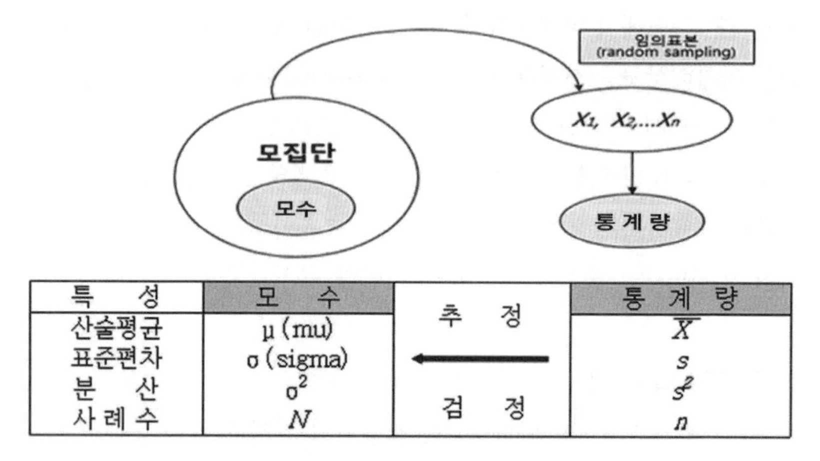

특 성	모 수		통 계 량
산술평균	μ (mu)	추 정	$\bar{X}$
표준편차	σ (sigma)	←	s
분 산	σ^2		s^2
사 례 수	N	검 정	n

〈그림 11-2〉 모수와 통계량의 차이와 표기[5]

3) 기술통계와 추리통계

통계는 크게 기술통계(descriptive statistics)와 추리통계(inferential statistics)로 분류할 수 있다. 통계의 가장 기본적인 기능은 관찰된 현상들을 이해하기 쉽도록 요약하는 것이다. 기술통계는 수집된 데이터를 이용하여 대푯값, 산포도, 분포형태와 같이 알기 쉬운 정보로 재가공하는 것인데, 여기에는 평균이나 분산, 표준편차 등이 있다. 기술통계는 이처럼 수집된 데이터를 간단하고 편리하게 서술하는 것으로 '서술통계'라고도 한다.

기술통계는 방대한 양의 데이터를 간단히 요약하는 장점이 있으나, 많은 양의 데이터를 지나치게 단순화하여 많은 정보를 다 담아내지 못하는 한계를 지닌다. 예를 들어 두 가구의 평균소득을 구할 때, A, B 두 가구의 소득이 40 : 60인 경우와 10 : 90인 경우를 모두 50이라는 평균

5 이희연 · 노승철, 전게서, p. 30 그림 인용

으로 나타냄으로써 실제 가구의 소득을 제대로 파악하지 못하거나 불평등의 문제를 간과하는 오류를 범할 수 있다. 따라서 기술통계를 이용할 때는 세심한 주의를 기울여야 한다. 이러한 기술통계에서는 데이터가 표본인지 모집단인지를 따지지 않기 때문에 모집단에 대한 추론과는 전혀 관련이 없다.

추리통계는 표본에서 얻은 자료를 바탕으로 모집단의 속성을 추정하는 통계를 의미한다. 사회과학의 대부분 분야에서 이뤄지는 실증연구는 모집단 전체를 조사하는 것이 어렵기 때문에 표본에서 산출된 통계치를 이용하여 모수를 추론하는 과정을 거치게 된다. 따라서 사회과학 연구에서는 추리통계가 매우 중요하며, 추리를 통해 표본의 통계치를 일반화하는 과정을 거치게 된다. 추리통계는 확률이론에 기초하고 있는데, 연구자는 연구질문에 따라 가설을 설정하고 표본을 추출하여 가설을 검증하게 된다.

한편, 추리통계는 다시 모수통계(parametric statistics)와 비모수통계(nonparametric statistics)로 구분할 수 있다. 모수통계학에서는 모집단 측정값의 분포가 정규분포라는 가정을 하며, 측정되는 자료의 성질도 연속적인 척도인 경우가 대부분이다.[6] 예를 들면, 군 장병들의 신장은 평균에 가까울수록 많은 수가 있고 평균에서 멀어지는 장신이나 단신일수록 적어지는 것을 예상할 수 있다. 이때 사용되는 척도는 센티미터와 같이 연속하는 숫자다. 반대로, 비모수통계학에서는 모집단 측정값에 대한 가정이 따로 필요하지 않으며, 표본의 크기가 작아도 되고 연속되는

---

6 연속적 척도에 관한 내용은 이 책의 5장 참조. 데이터란 분석하고자 하는 세계에 대해 체계적으로 수집된 정보를 의미한다. 이러한 데이터가 범주화만 가능한 것인지 아니면 다른 특정한 속성을 부여할 수 있는지 여부에 따라 질적 데이터(qualitative data)와 양적 데이터(quantitative data)로 분류된다. 질적 데이터는 군인이나 민간인과 같이 범주화만 가능한 데이터를 의미한다. 반면 양적 데이터는 질적 데이터를 제외한 나머지 유형의 데이터로서 다양한 속성을 수량화(quantification)한 데이터다. 예를 들어, 만족도와 같이 순서를 부여할 수 있는 데이터, 온도와 같이 단위의 의미가 동일한 데이터, 그리고 국방비와 같이 절댓값 0이 존재하는 데이터 등이 있다.

숫자가 아닌 척도로 측정되어도 무방하다. 비모수통계는 이처럼 모집단의 분포나 측정값의 척도에 대한 기준이 엄격하지 않기 때문에 사용하기 편리하며 대체로 분석방법도 간편하다. 다만, 모집단의 정규분포를 가정하는 모수통계학이 모수를 추정하는 데 더 신뢰할 수 있기 때문에 모수통계학이 더 선호되는 경향이 있다.[7]

4) 연구의 타당성과 무작위추출

추리통계는 직접적으로 측정할 수 없는 모수를 표본의 측정값을 이용해서 추정하는 것이기 때문에 추정값이 타당성을 가지는 것이 매우 중요하다. 이러한 연구의 타당성에는 외적 타당성(external validity)과 내적 타당성(internal validity)이 있다. 외적 타당성이란 추정값을 이용한 연구결과를 얼마나 일반화할 수 있는가 하는 것이고, 내적 타당성은 연구의 핵심이 되는 변수들 간의 관계 외의 다른 요인들이 제대로 통제되었는가와 관련이 있다.

외직 타당성은 통계분식의 특성상 표본으로부터 추출된 측정값이 모수의 특성을 표현해야 하기 때문에 이러한 표본의 측정값이 얼마나 모수를 제대로 대표할 수 있느냐 하는 대표성(representativeness)의 문제다. 그러므로 표본 자체가 얼마나 모집단을 잘 대표해서 추출되었는가가 중요하다. 이런 관점에서 수집된 표본을 모집단의 '소우주'로 비유하기도 한다. 만약 수집된 표본이 모집단의 소우주가 아닌 경우, 이로부터 발견된 결과는 일반화할 수 없다.[8] 반대로, 표본이 모집단을 잘 대표해서 추출되었다면 그 연구는 일반화의 가능성이 높아진다. 예를 들어, 군 장병들의 군복지에 대한 만족도를 측정할 때, 육해공군을 적절히 분배하고 선임병들과 후임병들, 전방과 후방, 각 병과별로 고른 분포를 보이는 표본으로부터 얻은 추정값이 그렇지 않은 표본으로부터 얻어진 추

7 박정식 외, 『현대통계학』 제5판(서울: 다산출판사, 2010), p. 8.

8 Fishkin and Luskin (1999), p. 14.

정값보다 군 장병들의 의사를 잘 대변하여 일반화의 가능성이 높아진다.

내적 타당성은 연구자가 연구질문에 대한 답을 구하기 위해 독립변수와 종속변수 간의 관계를 연구하는 동안에 연구 외적인 요소들이 연구결과에 영향을 미치지 않도록 하기 위해 사용되는 개념이다. 종속변수에 영향을 주는 독립변수 외에 다른 변수들이나 매개변수가 통제되지 않으면 연구결과가 왜곡된다. 이러한 매개변수의 간섭을 통제하기 위해서는 실험을 시작하기 전에 환경적 요소를 동일하게 하여 시작하는 방법이 있고, 통계적인 기법을 이용하여 매개변수의 효과를 제거하는 방법도 있다.

이와 같은 외적 타당성과 내적 타당성은 상호 중첩되는 내용이 아니기 때문에 어느 하나가 충족되었다고 해서 다른 하나가 충족되거나 배제되는 것이 아니다. 그러므로 과학적 연구를 위해서는 이러한 외적 타당성과 내적 타당성을 동시에 충족해야 한다. 다시 말해, 종속변수에 대한 독립변수의 효과를 정확히 잡아냄과 동시에 연구결과를 표본 이외의 다른 집단에도 적용할 수 있어야만 좋은 연구가 된다.

한편, 연구의 외적 타당성을 확보하기 위해 사용하는 가장 보편적인 방법은 표본을 추출할 때 어떤 의도를 갖지 않고 무작위로 추출한다. 단순무작위추출(simple random sampling)은 모집단의 모든 구성원이 표본에 추출될 확률이 동일하고, 하나의 구성원에 대한 추출이 다른 구성원이 추출될 확률에 영향을 미치지 않아야 한다. 예를 들면, 60만 명의 군 장병 중에서 6,000명의 표본을 무작위로 추출할 때, 각각의 군 장병이 표본에 추출될 확률은 1/100로 모두 동일하다. 이러한 무작위추출을 위해 가장 널리 쓰이는 방법이 난수표를 이용한 것이다.

이외에도 데이터를 수집하는 과정은 지식의 축적에 기여할 수 있는 방법으로 이뤄져야 한다. 이것은 킹(King), 코헨(Keohane), 버바(Verba)가 지적한 바와 같이 연구의 신뢰성과 관련된 문제인데, 어떤 방식으로 표본이 추출되었으며, 어떠한 과정을 통해 데이터가 수집되었는지를 자세히 보고하고 기록해야 한다. 그래야만 다른 연구자에 의해 재검증이 가능하며 관련 분야의 지식축적이 가능하기 때문이다.[9]

2. 통계적 추리

바람직한 연구방법으로서 과학적 접근방법은 최소한 다음의 4가지 속성을 가지고 있다.

- 첫째, 과학적 접근방법의 목표는 유추에 있어야 한다. 과학적 연구는 현재 주어진 자료에 대한 서술에 그치는 것이 아니라, 주어진 자료를 기반으로 주어지지 않은 것에 대한 유추에 목표를 두고 있다. 따라서 과학적 접근방법은 취합된 표본을 근거로 모집단을 유추하는 것에 목표를 두어야 한다.
- 둘째, 유추의 과정은 공개되어야 한다. 과학적 접근방법은 연구가 어떠한 과정을 거쳐 진행되었는지 명확하게 공개되어야 한다. 이와 같은 연구과정의 공개성 확보는 연구에 대한 재검증을 가능하게 함으로써 지식의 축적을 가능하게 한다.
- 셋째, 유추의 결과는 불확실하다. 표본을 근거로 모집단의 특성을 유추하는 과학적 접근방법은 근본적으로 불확실성을 전제하고 있다. 따라서 유추의 결과에 대한 불확실한 정도를 보고하는 것은 자연스러운 것이며, 오히려 불확실한 정도를 보고하지 않는 것에 문제가 있다.
- 넷째, 과학적 접근방법은 수단이지 목표가 아니다. 과학적 접근방법은 일련의 절차를 준수함으로써 유추의 타당성을 확보하고자 한다. 이때 일련의 절차는 주제나 학문 분야에 관계없이 적용될 수 있다. 따라서 과학적 접근방법을 적절한 유추에 이르기 위한 수단으로 간주해야지 목표나 주제로 간주해서는 안 된다.[10]

또한, 바람직한 분석은 분석기법이 데이터가 생성되는 과정에 적합하게 이뤄지고, 유추의 범위가 명확해야 한다.[11] 즉, 연구주제와 수집된

9 King, Keohane, Verba (1994), pp. 23-26.

10 Ibid., pp. 8-9.

11 Gary King, *Unifying Political Methodology: The Likelihood Theory of Statistical Inference* (Ann Arbor: University of Michigan Press, 1998).

표본에 맞게 유추되어야 한다. 예를 들어, 연구주제가 '대한민국 군인의 전투력 향상 요인'이라면, 분석에서 발견된 사항들을 일본이나 미국 등의 군인들에게까지 확대하는 것은 바람직하지 않다.

1) 확률적 표본추출

연구를 위해 모집단을 사용하지 않고 표본을 추출하는 이유는 다양하다. 비용, 시간, 공간상의 이유가 되기도 하고 모집단 자체가 무한하기 때문이기도 하고, 어떤 경우에는 모집단이 불분명할 때도 있다. 그러나 대부분의 경우 표본에 의존하여 모집단의 속성을 유추한다면 오차가 발생할 수밖에 없다. 그러므로 이러한 오차를 최소화하는 것이 표본추출에서 중요한 요건이 된다.

표본추출의 오차는 편의(bias)와 우연성(chance)에 의해 발생하는데, 편의에 의한 오차는 체계적(systematic)이 반면에, 우연성에 의한 오차는 비체계적(nonsystematic)이다. 우연에 의한 오차는 표본의 크기를 증가시킴으로써 감소시킬 수 있는 반면에, 편의에 의한 체계적 오차는 과학적 표본추출방법을 통해서만 줄일 수 있다. 이 중에서 연구결과에 오류를 가져올 수 있는 편의에 의한 오차가 더 위험하다.

예를 들면, 간부들에 대한 직무연수의 효과를 측정하기 위해 1명의 표본을 추출하게 되면 우연히 IQ가 매우 높은 간부를 추출할 가능성이 생기고, 이로 인한 측정값은 모집단 평균과 매우 달라지게 된다. 그러나 표본의 크기를 20 이상으로 크게 늘릴 경우 이와 같은 예외적인 구성원이 우연히 포함된다고 하더라도 그 평균에 대한 영향이 작아진다. 한편, 직무연수의 효과를 측정하기 위해 평소 수업태도가 좋은 간부들을 추출하여 조사하는 경우에는 표본의 크기를 아무리 늘린다고 해도 편의 때문에 발생하는 표본추출오차는 줄어들지 않는다.

표본을 추출하는 방법은 크게 확률적 표본추출 방법과 비확률적 표본추출 방법으로 구분된다. 확률적 표본추출 방법(probability sampling method)은 모집단의 구성원 각각이 표본에 포함될 확률이 사전에 '알려져' 있는 경우를 의미하며, 비확률적 표본추출 방법(nonprobability sampling method)은 모집단의 특정한 구성원이 표본에 포함될 확률이 사전에 '알려지지 않은' 경우를 의미한다.[12]

예를 들어, 연구주제가 '해병대원을 대상으로 한 병영생활 만족도' 조사라고 하자. 만약 연구자가 '전체 해병대원 명단'을 확보하고 있어 그 명단을 기준으로 특정 숫자의 병사들을 표본에 포함시키고자 한다면, 각각의 병사들이 표본에 포함될 확률은 1/n로서 표본에 추출되기 전에 이미 알려져 있다. 그렇지만 연구자가 비용과 시간 등의 제약으로 인해 초계근무를 마치고 복귀하는 병사들만을 상대로 설문조사를 할 경우에는 특정 병사들만이 설문대상자가 될 수 있어서 각각의 병사들이 표본에 추출될 확률은 사전에 알려지지 않게 된다. 즉, 특정 병사가 표본에 포함될 확률은 해당 시간에 초계근무를 서고 있는 경우와 그렇지 않은 경우에 따라 달라진다. 더 나아가 이러한 방식은 특정 집단의 병사들이 표본에 포함될 가능성을 원천적으로 배제하기 때문에 표본이 대표할 모집단은 해병대 전체 병사가 아니라 초계근무를 마치고 복귀하는 해병대 병사로 재정의된다. 그렇지만 모집단에 대한 이와 같은 재정의도 배제되는 집단이 초계근무를 서는 병사들만을 의미하는지, 오전에 근무를 서는 병사들만을 의미하는지, 또는 다른 집단들도 배제되는지가 명확하지 않기 때문에 모집단을 설정하는 데 어려움이 크다. 달리 이야기하면, 비확률적 표본추출 방법에 의해 추출된 표본은 표본이 대표하는 모집단의 범위가 명확하지 않기 때문에 표본의 대표성이 결여된다.[13]

비확률적 표본추출 방법과 달리, 확률적 표본추출 방법에 의해 추

12 Louis M. Rea and Richard Allen Parker, *Designing and conducting survey research: a comprehensive guide* (San Francisco: Jossey-Bass Publishers, 1997).

13 Chava Frankfort-Nachmias and David Nachmias, *Research Methods in the Social Sciences* (Worth Publishers, 2000), p. 167.

출된 표본은 모집단을 대표할 수 있다. 즉, 확률적 표본추출 방법에 의해 추출된 표본은 모집단 모수에 대한 올바른 추정치를 생성할 수 있다는 뜻이다. 이와 같이 표본을 대상으로 파악된 추정치가 모집단 모수와 유사한 경우, 표본의 대표성(representative sample)이 확보되었다고 할 수 있다. 확률적 표본추출 방법에는 단순무작위추출(simple random sampling), 층화추출(stratified sampling), 군집추출(cluster sampling), 체계적 추출(systematic sampling) 등이 있다.

2) 표집추출과 표집분포

위에서 살펴본 것처럼 "확률적 표본추출 방법에 근거하여 표본을 추출함으로써 체계적 오차의 가능성을 제거했다 할지라도 어떻게 하나의 표본에 근거한 추정치를 가지고 모집단의 모수를 추정하는 것이 정당화될 수 있을까?" 하는 의문이 제기될 수 있다. 이러한 방법론적 문제를 해결해주는 것이 바로 표집분포이론(sampling distribution theory)이다.

먼저 표집분포(sampling distribution)란 무작위적으로 표본을 추출했을 때, 추출된 표본의 평균값이 분포할 확률적 빈도를 의미한다. 이때 무작위 추출(random sampling)을 하는 이유는 표본으로부터 도출된 결과가 과학적으로 인정받기 위해 모집단의 구성원이 표본에 추출될 가능성을 고르게 유지하기 위한 것이다. 표본의 평균값 같은 표본의 통계치는 상호 배타적이고 반복적으로 추출된 표본들로부터 얻어진 평균치를 말한다. 그러므로 표집분포란 모집단으로부터 무작위적으로 추출된 상호 배타적이고 반복적인 표본의 평균값이 나타낼 확률분포를 의미한다.

일반적으로 확률적 표집분포에 의한 통계치는 다음과 같은 특징을 가지고 있다. 우선, 표본이 커질수록 표본 평균값들의 평균은 모집단의 평균(μ)에 가까워진다. 표본의 추출을 계속해서 반복할수록 이러한 표본들로부터 구해진 평균값들의 평균은 (우리가 알 수는 없지만) 모집단의 원래의 평균에 매우 가깝게 다가가게 될 것이다. 둘째로, 이른바 중심극한정리(Central Limit Theorem)에 따르면, 표본의 크기(sample size)가 30개(혹자는 20개) 이상으로 충분히 크다는 전제하에 이와 같은 표본 평균값들을 그래프 상에 표시하면 그 값들의 분포는 정규분포에 매우 가깝게 나타날 것이다. 중심극한정리에 따른 표집분포의 이러한 정규분포의 경향성은 비록 모집단의 분포가 정규분포가 아니어도 상관없이 나타난다. 중심극한정리에 따르면, 표본의 크기가 충분히 크기만 하다면, 모집단의 분포 모양에 상관없이 표집분포는 정규분포를 나타낸다고 한다.[14] 셋째, 표본의 추출을 통해 얻어진 표집분포의 표준편차, 즉 표준오차(standard error)는 모집단의 표준편차(standard deviation)보다 더 작아지는 특성이 있다.[15]

- 표본 평균값의 평균은 모집단 평균에 근접
- 중심극한정리(Central Limit Theorem): 표본 평균값들의 분포는 표본의 크기(sample size)가 충분히 크면 정규분포에 근접
- 표집분포의 표준편차인 표준오차는 모집단의 표준편차보다 작음

14 이에 대한 자세한 설명은 아래 참조

15 Rea and Parker (1997), p. 104.

3) 중심극한정리[16]

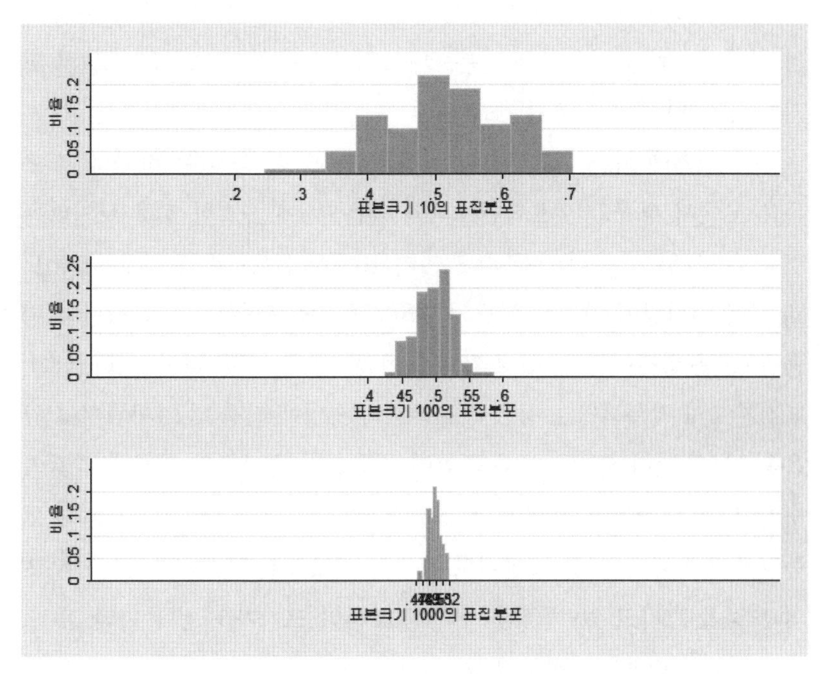

〈그림 11-3〉 중심극한정리

0~1까지 소수점으로 구성된 숫자 모집단을 가정해볼 수 있을 것이다. 이때, 각 숫자를 추출하여 표본을 만들고 그 평균값을 구하는 작업을 반복한다고 가정하자. 수학적으로 모든 숫자는 한 번만 존재하기 때문에 각각의 숫자가 추출될 확률은 모두 동일하다. 이러한 숫자 모집단의 평균은 당연히 0.5가 될 것이다. 표준편차는 모집단의 크기에 차이가 있으나 0.3 값에 근사할 것이다. 이러한 모집단에서 표본추출을 반복하여 각 표본평균값들의 표집분포를 구성하면, 〈그림 11-3〉과 같은 분포가 나타날 것이다. 〈그림 11-3〉의 세 그림은 모집단에서 100개의 표본

16 엄기홍, 『정치학 연구방법론으로의 초대』(글고운, 2013).

을 추출하여 그 평균값들의 분포를 그린 것이다. 맨 위의 그래프는 표본의 크기가 10인 경우에 나타나는 표집분포이고, 가운데 그래프는 표본의 크기가 100인 경우의 표집분포다. 그리고 맨 아래 그림은 표본의 크기가 1,000인 경우의 표집분포다.

표본크기에 따른 위의 3가지 표집분포에서 볼 수 있는 바와 같이 모든 분포에서 평균값은 모집단에서와 같은 0.5에 근접한 값을 보인다는 것을 알 수 있다. 특히, 표본의 크기가 10에서 100으로, 그리고 1,000으로 점점 커져감에 따라 표본들의 평균값들, 즉 표집분포가 모집단의 평균인 0.5를 향하여 점점 더 가깝게 모여들고 있는 것을 알 수 있다. 한편, 표집분포의 전체적인 모양은 정규분포의 모양에 점점 더 가까워지고 있음을 알 수 있다. 잘 아는 바와 같이 모집단인 숫자들의 집합은 각각의 숫자가 단 한 번씩만 존재하는 균일분포다. 즉, 각 숫자의 빈도는 모두 동일하게 '1'이다. 이런 상황에도 불구하고 표집분포는 대체로 정규분포의 모양을 그리고 있을 뿐만 아니라, 표본의 크기가 커짐에 따라 그 모양도 정규분포에 근접하고 있다.

표집분포의 표준편차, 다시 말해 표준오차는 중심극한정리가 규정한 대로 모집단의 표준편차 0.3보다 작은 것을 알 수 있다. 표본의 크기가 10인 표집분포의 표준오차의 경우도 0.3보다 훨씬 작은 0.09였고, 표본의 크기가 100인 표집분포의 표준오차는 0.03, 표본의 크기가 1,000인 표집분포의 표준오차는 0.009 등으로 점점 더 작아지는 것을 알 수 있다.

3. 모수의 추정과 가설의 검증

1) 표준정규분포

이론적으로는 비록 연구자가 모집단의 모수를 전혀 모른다고 하더라도 모집단으로부터 표본을 무한히 추출할 수만 있다면, 연구자는 표집분포의 평균값을 통해 모집단의 모수를 추정할 수 있다. 그러나 대부분의 경우에 연구자는 이러한 표본추출을 계속해서 반복할 만한 여유가 없다. 그래서 대부분의 경우에는 일반적으로 한 번의 표본만을 추출하여 이 측정값으로부터 모수를 추정한다. 여기에서 단 한 번의 표본추출만으로 모집단의 모수를 추정할 수 있는가 하는 의문이 제기될 수 있다.

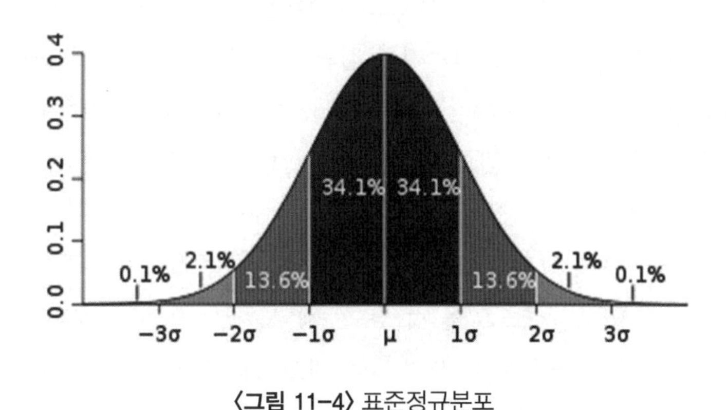

〈그림 11-4〉 표준정규분포

앞에서 논의한 대로 표집분포는 정규분포를 따른다. 일반적으로 정규분포는 이해의 편의를 위해 일정한 공식을 통해 표준정규분포(standard normal distribution)로 전환할 수 있다. 우리가 단 하나의 표본만으로 모집단의 모수를 유추할 수 있는 근거는 바로 이 표집분포가 정규분포라는 점 때문이다. 표준정규분포를 이용하는 이유는 연구자가 표준정규분포 상의 표준편차 값을 지정하는 것만으로도 표집분포 상의 표본평균값들이 포함되는 영역을 설정하여 가설을 검증할 수 있기 때문이다. 〈그림 11-4〉에 제시된 바와 같이, 표집평균을 중심으로 1 표준편차(즉, $\pm 1\sigma$)는 전체 표본평균값들의 68%를 포함한다. 마찬가지로, 표집평균을 중심으로 1.96 표준편차($\pm 1.96\sigma$)는 전체 표본평균값들의 95%를 포함하는 영역을 나타낸다. 또, 표준편차를 $\pm 2.575\sigma$로 설정하면, 전체 표본평균값들의 99%에 해당하는 영역이 포함된다는 것을 알 수 있다.

2) 가설의 검증: 신뢰구간 검증

양적 연구에서 가설을 검증하는 방법은 크게 두 가지로 구분할 수 있다. 첫 번째 형태는 가설에서 예측하고 있는 모집단의 모수가 표본을 통해 유추된 모수의 추정치 구간 내에 있는지를 검증하는 것이고, 다른 하나는 가설에서 제시된 모집단의 모수가 적절하다는 전제하에 추출된 표본이 얼마나 예외적일 수 있는가를 검증하는 것이다. 첫 번째 가설검증 방법을 '신뢰구간(confidence interval)을 통한 검증'이라고 하며, 두 번째 제시된 방법을 '유의성 검증(significance test) 방식'이라고 한다. 여기에서 주의해야 할 것은 양적 연구에서 검증은 어디까지나 모수를 추정하는 것이기 때문에 정확한 모수의 수치를 제시하는 것이 아니라 대개 예상되는 모수를 포함하고 있을 것으로 추정되는 구간을 제시한다.

다음의 예를 들어 두 가지 방법을 비교해보자. 만약, 공군사병들의 신체조건에 대한 연구에서 공군사병들의 평균키가 175㎝라는 가설을 검증한다고 가정하자. 이때 표본의 수는 100명이고 이로부터 얻어진 평균값은 170㎝, 그리고 표준편차는 7.5㎝였다고 하자.

- 연구주제: 공군사병들의 평균키
- 가설: 평균키=175㎝
- 표본의 평균 170㎝, 표준편차 7.5㎝
- 표본크기 100

이때 신뢰구간 구축방식은 다음과 같은 수식을 통해 가설을 검증한다. 우선, 95%($=\pm 1.96\sigma$) 신뢰수준에서 가설을 검증하면 다음과 같다.

$$170 - 1.96^{*}\frac{7.5}{\sqrt{100}} \leq \mu \leq 170 + 1.96^{*}\frac{7.5}{\sqrt{100}}$$

$$168.53 \leq \mu \leq 171.47$$

신뢰도 또는 신뢰수준이란 구간으로 제시된 추정치가 실제 모집단의 모수(μ)를 포함할 가능성을 말한다. 신뢰구간이란 앞서 논의된 표준정규분포를 이용하여 구축된 구간으로서, 제시된 신뢰수준에서 모집단 모수를 포함하는 구간이다. 단, 신뢰수준(즉, Z값)은 가설 검증 이전에 설정되어야 한다.

예를 들어, 위의 가설에서처럼 공군사병들의 평균키가 175㎝로 제시된 반면, 표본에서 파악된 평균키는 170㎝라고 하자. 따라서 가설검증은 표본에서 파악된 평균키인 170㎝의 정보를 근거로 구축된 신뢰구간이 모집단 모수(즉, 175㎝)를 포함하는지 여부가 된다. 만약 표본의 정보를 근거로 구축된 신뢰구간이 모집단 모수를 포함하고 있다면, 제시된 가설은 기각되지 않으며, 그렇지 못할 경우 가설은 기각된다.

위의 식에서 표본의 신뢰구간은 '$168.53 \leq \mu \leq 171.47$'이 된다. 95% 신뢰수준에서 구축된 신뢰구간(168.53~171.47)을 근거로 할 때, 가설에서 제시된 모수(175㎝)는 그 구간 안에 포함되지 않았기 때문에 공군사병들의 평균키가 175㎝라는 가설은 기각된다. 즉, 연구자는 공군사병들의 평균키는 175㎝가 아닐 가능성이 크며, 모집단의 평균키는 95% 신뢰수준에서 168.53~171.47㎝ 구간 어딘가에 존재한다고 판단할 수 있다.

3) 가설의 검증: 유의성 검증

양적 연구에서 또 하나의 가설검증 방식은 유의성 검증을 통한다. 유의성 검증이란 연구자가 가설을 통해 제시한 모수가 적절하다는 전제하에 현재 추출된 표본으로부터 나온 통계치가 얼마나 예외적일 가능성이 있는가를 측정하는 검증이다. 유의성 검증을 하기 위한 첫 단계는 연구자가 추출된 표본으로부터 도출된 측정값이 어느 정도일 때를 '예외적' 이라고 판단할 것인지를 설정한다. 이때, 예외적이라고 생각되는 확률인 유의수준(probability value, p-value 또는 p값)은 연구자가 가설을 통해 제시한 수치가 모수를 추정하는 값으로 적절하다는 가정하에 표본 추정치가 통계적으로 발생할 가능성을 의미한다. 따라서 표본에서 도출된 모수의 추정치가 연구자가 사전에 설정한 유의수준보다 작을 경우 가설을 기각한다.[17] 일반적으로 사용되는 유의수준은 0.10, 0.05, 0.01 등이다. 예를 들어, 가설에서 모집단의 모수로 제시된 값을 기준으로, 추출된 표본이 나타날 가능성이 매우 적은 경우에는 이를 예외적인 현상으로 간주하고 주어진 가설을 기각(rejection)할 수 있다. 반대로, 표본이 예외적이지 않다고 여겨질 만큼 큰 확률을 보일 경우에는 가설을 기각할 수 없다.

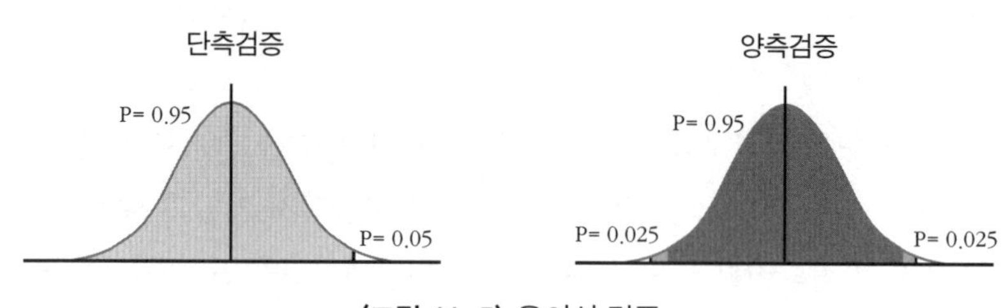

〈그림 11-5〉 유의성 검증

한편, 유의수준을 설정할 때 유의할 점 중 하나는 가설에서 예외적이라고 인식하는 영역을 확률분포의 양쪽에 설정하는 양측검증(two tailed test)을 수행해야 하는지, 한 방향으로만 설정하는 단측검증(one-tailed test)을 해야 할지를 먼저 판단해야 한다. 양측검증과 단측검증을 판단

17 Alan Agresti and Barbara Finlay, *Statistical Methods for the Social Sciences* 3rd Edition (N.J.: Pearson, 1997), p. 145.

하는 문제는 이론에서 제시하고 있는 내용을 근거로 결정하는 것이며, 양측검증의 경우에 유의수준 값은 확률분포의 양쪽에 설정되며, 단측검증의 경우에는 확률분포의 어느 한쪽에만 설정한다. 단측검증보다는 양측검증이 일반적이며, 특별한 이유가 없는 한 양측검증을 수행한다.

앞에서 언급한 대로 모든 표준정규분포의 Z값은 일정한 확률과 매칭되기 때문에 모집단 모수가 적절하다는 전제하에 표본 추정치가 나타날 수 있는 확률을 계산해준다. 이런 면에서 표준정규분포의 표준편차, 즉 Z값이 모집단 모수로부터 표본추정치의 거리를 표준화하는 데 사용된 것처럼 Z값에 매칭되는 p값은 표준정규분포의 유의확률에 따라 산출된다. 이때 표본의 크기가 30개 이하라면, 유의확률은 t 분포에 따라 산출된다. t 분포의 경우, 자유도(degree of freedom)는 '표본의 크기-1'로 계산한다.

4) 가설의 검증: 표본의 크기

표본추출을 통해 모집단의 속성을 유추하는 데 있어 고려해야 할 중요한 사항 중 하나는 표본의 크기다. 유효한 양적 연구가 되기 위해서는 최소한의 표본의 크기가 있다. 이때, 표본의 크기는 모집단의 모수를 정확히 추정할 가능성과 정비례한다. 예를 들어, 모집단 전체를 표본으로 삼을 경우는 표본이 모집단을 정확히 추정할 가능성은 100%다. 이 경우에는 표본의 모집단에 대한 대표성이 확보될 뿐만 아니라, 불확실성도 대부분 제거된다. 하지만 실제 사회과학에서의 연구환경은 모집단 전체를 추출한다는 것이 불가능한 경우가 대부분이며, 심지어 표본의 크기도 매우 제한적일 수밖에 없다.

표본의 크기는 연구자가 원하는 신뢰수준이나 오차범위와 수학적으로 밀접한 관계에 있기 때문에 사전에 이에 대한 결정을 해야 한다. 신뢰수준과 오차범위는 별개의 동떨어진 관계가 아니라 상호 비례적인 관계에 있기 때문에 신뢰수준을 높이게 되면 오차범위도 커지고, 신뢰구간의 폭도 덩달아 넓어질 수밖에 없다. 신뢰수준이 95%인 경우에는 오차범위가 1.96이고, 신뢰수준이 99%로 높아지게 되면 오차범위 역시 2.545로 증가하게 된다. 그러므로 연구자는 신뢰수준을 높일 것인지, 오차범위를 줄여서 신뢰구간의 폭을 좁힐지 결정해야 한다.

이처럼 신뢰수준과 오차범위에 대한 결정이 이뤄지면, 표본의 크기는 결정된 오차범위에 따라 계산된 대로 정하면 된다. 표본의 크기를 정하는 방법은 모집단의 크기, 모수의 척도의 종류에 따라 달라지는데, 여기에서는 지면관계상 생략하기로 한다.[18]

제3절 유추와 양적 인과분석의 기법

인과적 추론의 최소한의 조건은 원인과 결과, 즉 독립변수와 종속변수를 명확하게 제시하고 그 관계를 논리적으로 설명할 수 있어야 한다. 인과적 추론의 기본적인 목적은 가설에서 제시된 독립변수와 종속변수 간의 관계를 통계적 기법을 통해 경험적으로 검증하는 것이기 때문이다. 통계적으로 독립변수와 종속변수의 관계를 검증하는 방법은 매우 많지만, 여기에서는 가장 기본적인 인과적 추론 기법들을 알아보도록 한다.

18 측정되는 모집단의 모수가 등간척도인 경우와 비율척도인 경우에는 표본의 크기를 구할 때 사용되는 표준편차의 공식에 약간의 차이가 있다. 자세한 내용은 통계학 저서 참고

1. 유추통계와 통계적 독립성

먼저 유추통계(inferential statistics)란 무엇인가에 대해 논의해보자.

유추통계란 표본을 통해 구해진 수치인 표본통계를 토대로 구성된 모집단 모수의 추정치다. 먼저 표본의 통계치를 구한 다음, 이것을 토대로 모집단의 모수를 유추하는 방식이다. 유추통계를 활용하는 절차는 일반적으로 모집단 모수에 대해 연구가설을 부정하는 영가설(null hypothesis) 또는 귀무가설을 제시하는 것으로 시작한다. 이때 영가설은 일반적으로 두 변수 간에 아무런 인과적 관계가 없다는 가정을 한다. 오히려 통계적으로 제시된 두 변수가 서로 독립성을 가지고 있다고 가정한다. 이러한 영가설의 논리는 통계학의 기본적 논리를 그대로 반영하고 있다. 통계학에서 우리가 증명할 수 있는 것은 제시된 두 변수 간의 관계가 '있다'는 것이 아니라 '없다'는 것일 뿐이라는 것이 통계의 원리다. 즉, 이렇게 통계학적으로 두 변수의 연관성을 부정하는 엄격한 검증을 거치고 나서도 제거되지 않은 가설들은 서로 밀접한 관계가 있을 가능성이 높을 수밖에 없다는 것이 과학적 접근방법의 인식론이다.

유추통계의 목표는 말 그대로 유추를 통한 가설검증에 있다. 가설검증을 목적으로 하고 있기 때문에 가설검증의 핵심개념인 통계적 독립성의 개념에 대해서도 논의할 필요가 있다. 통계적 독립성이란 독립변수와 종속변수 간에 아무런 인과관계가 없음을 의미하는데, 독립변수의 값이 변화한다고 해도 종속변수의 값에는 전혀 영향을 주지 않는다. 다시 말하면, 독립변수에 대한 정보를 수집한다고 해도 종속변수의 값을 예측하는 데 도움이 되지 않는다. 그러므로 위에서 언급한 영가설은 연구대상 변수들 간에 바로 이러한 통계적 독립성을 가정한다.

예를 들어, 병사들의 출신학교와 전투력과의 관계가 통계적으로 독립적이라는 진술은 병사들이 어느 학교를 나왔느냐 하는 것은 병사들의 전투력에는 아무런 영향을 미치지 않음을 의미하며, 따라서 이들 두 변수 사이에는 관계가 없다는 것을 의미한다. 다시 말해, 병사들의 출신학교를 아는 것이 해당 병사들의 전투력을 예측하는 데 전혀 도움이 되지 않음을 의미하기도 한다. 반면, 병사들의 신체조건과 전투력 간의 관계가 통계적으로 독립적이지 않고 정비례 관계에 있다는 진술은 병사들의 신체적 조건이 좋아짐에 따라 병사들의 전투력이 향상됨을 의미한다. 따라서 병사들의 신체적 조건을 아는 것은 병사들의 전투력을 예측하는 데 도움을 줄 수 있다는 의미이기도 하다.

2. 범주형 변수 간의 관계에 대한 검정

연구자가 관계성을 검증하고자 하는 변수들 중 한 개 이상의 변수가 명목척도인 경우 사용되는 유추통계는 통계적 독립성의 가정을 전제한 상태에서 현재 추출된 표본이 나타날 확률이 일반적인가, 예외적인가를 계산하는 방식의 연구다. 통계적 독립성이라는 가정하에 일정한 기각확률을 설정해놓은 다음, 현재와 같은 표본이 나타날 통계적 확률을 계산하여 그 값이 기각확률보다 높으면 영가설이 기각(棄却)되지 않는다. 다시 말해, 현재 연구되고 있는 표본은 통계학적으로 충분히 현실적인 표본이라는 것이고, 그 표본을 통해 얻어진 추정치는 신뢰할 만한 수치다. 반면에, 현재와 같은 표본이 나타날 통계적 확률이 사전에 설정해놓은 기각확률보다 낮은 경우에는 그 영가설이 기각된다. 다시 말해, 현재의 표본은 통계적 독립성을 가정했을 때, 매우 예외적인 경우다.

이와 같은 통계적 검증의 논리가 적용된 유추통계 기법 중 하나가 카이제곱(Chi－quare, x^2) 검정이다. 카이제곱 검정은 서로 연관되어 있을 것으로 예상되는 두 개의 변수 중 한 개 이상의 변수가 명목척도인 경우 두 변수 간의 통계적 독립성 여부를 검증하는 데 사용되는 기법이다. 연구대상인 두 개의 변수가 모두 명목척도 변수인 경우뿐만 아니라, 하나의 변수는 명목척도, 다른 변수는 순서척도일 경우에도 연구대상인 두 변수가 통계적으로 독립된 관계인지 여부를 검증할 수 있는 통계적 기법이다.

〈공식 11-1〉 카이제곱 검정

$$x^2 = \Sigma[\{관측치(f_o) - 기대치(f_e)\}^2 / 기대치(f_e)]$$

카이제곱 검정은 두 변수가 통계적으로 독립적일 때 예상되는 변수의 발생 빈도수(f_e)와 실제로 관측된 표본의 빈도수(f_o) 간의 차이가 일반적이라고 할 수 있는가를 바탕으로 한 검증방식이다. 즉, 표본을 통해 관측된 변수의 빈도수와 통계학적으로 독립성을 가정했을 경우 예상되는 빈도수가 너무 큰 차이를 보인다면, 통계적 독립성이라는 가정하에 이러한 표본이 나타날 가능성은 극히 낮으며, 따라서 통계적 독립성이라는 가정(영가설)이 기각될 수밖에 없다. 이때 '극히 낮은 가능성'의 기준은 일반적으로 유의수준(p값) 0.05(즉, 5/100)가 사용되며, 조금 더 엄격한 검증을 원할 경우에는 0.01(즉, 1/100)이 사용되기도 한다.[19]

카이제곱 검정의 해석은 다음과 같다. x^2의 값이 크다면, 두 변수가 서로 독립적이라는 것을 가정했을 때 예상되는 빈도수와 표본에서 실제로 관측된 빈도수 간의 차이가 크다는 것을 의미한다. 이때, x^2 값이 지나치게 크다면, 두 변수가 독립적 관계라는 가설(영가설)은 현재의 표본을 토대로 볼 때 실현 가능성이 매우 떨어진다. 즉, 두 변수 간 독립성이라는 모집단의 가정이 적절한 것이라면, 현재 분석되고 있는 표본의 빈도수는 대단히 예외적인 것으로 볼 수밖에 없다. 따라서 연구자는 현재

19 카이제곱 검정의 결과값인 x^2은 자유도=(행의 수-1)(열의 수-1)을 가진 카이제곱 분포(chi-square distribution)를 그린다. 자유도(degree of freedom)는 미지수가 변화할 수 있는 자유의 정도를 의미하며, 카이제곱 검정의 경우 각 칸에 들어갈 확률이 변화할 수 있는 자유의 정도다.

의 결과에 대한 두 가지 판단 중에 하나를 선택해야 한다. 첫째는 이러한 결과가 표본만의 결과가 아니고, 원래 모집단에 대한 가정(영가설)이 틀렸을 것이라는 점이다. 둘째는 원래 모집단의 성질을 제대로 반영하지 못한 현재의 표본이 대단히 예외적일 것이라는 주장이다. 이때, 통계학은 "모집단에 대한 가정은 '가정'에 불과한 반면, 표본은 실제 모집단에 근거한 표본이기 때문에 원래 모집단에 대한 가정이 틀렸을 것"이라는 전자를 더 신뢰한다.

이를 요약하면, 모집단의 독립성을 가정했을 때 변수의 빈도수와 실제 관측된 표본 상의 빈도수 간의 차이가 커서 x^2의 값이 사전에 설정된 통계적 유의수준(예를 들어, 0.05%)을 넘어설 경우, 애초 가정했던 모집단의 독립성이라는 영가설이 기각된다. 여기서 한 가지 유의할 점은 x^2 검정에서 x^2의 값은 두 변수 간의 관계 유무만을 측정할 뿐 상관관계의 강도를 측정하지는 않는다. 카이제곱 값이 나타내는 것은 두 변수가 통계적으로 관계가 없다는 가정이 적절하다는 전제하에 현재의 표본이 나타날 확률일 뿐이다.[20]

카이제곱 검정을 사용할 때 또 한 가지 유의할 점은 표본의 크기에 민감하다는 점이다. 따라서 카이제곱 검정은 표본의 크기가 다른 두 집단을 비교하는 데 한계가 있고, 이러한 문제점을 해결하기 위해 제시된 검증방법이 카이제곱 값을 표준화시킨 크래머의 V(Cramer's V)다. 이 수치를 이용하면, 서로 크기가 다른 표본들을 비교할 수 있게 된다.

3. 그룹 간 비교에 대한 검정

성별로 선호하는 업무부서에 차이가 있을까? 각 군별로 직업군인 간에 실질 소득에 차이가 있을까? 이러한 질문은 군사학에서 제기될 수 있

20 엄기홍(2013).

는 연구주제다. 여기에서는 이와 같이 그룹 간 비교를 목적으로 개발된 통계기법들을 알아보자. 연구대상 집단들을 비교할 때는 비교대상 집단이 두 개인지, 셋 이상인지에 따라 다른 통계기법이 동원된다. 비교대상 집단이 둘일 경우에는 평균검정이나 비율검정이 사용되는 반면에, 비교대상 집단이 세 개 이상일 경우에는 분산분석을 사용하게 된다.

1) 그룹 간 비율 검정

두 그룹 간의 비교는 다양한 형태로 발생한다. 예를 들어, 남녀 군인 간의 위탁교육지원 비율 비교, 남녀 군인별 1인당 병력유지비용 비교 등 다양한 형태가 있다. 이러한 다양한 비교형태들은 각 그룹의 비율(proportion)에 대한 비교와 각 그룹의 평균(mean)에 대한 비교로 분류할 수 있다. 남군 집단에서의 위탁교육지원 비율과 여군 집단에서의 위탁교육지원 비율 간의 비교 등에는 비율검정(difference in proportions test) 기법이 사용되며, 남군 1인당 병력유지비용과 여군 1인당 병력유지비용 간의 비교 등 평균 간의 비교에는 평균검정(difference in means test) 기법이 사용된다.

연구대상인 두 집단을 비교하는 가장 단순한 방식은 주어진 변수에 대한 한 집단의 측정값과 다른 집단의 측정값에 차이 유무를 판단한다. 그러므로 두 그룹 간의 차이를 검증하기 위해서는 두 그룹 간의 차이를 모수로 설정한 후, 표본의 측정값을 통해 이 모수가 '0' 인지를 알아봐야 한다. 예를 들어, 연구주제가 '남녀 군인 간 성별과 위탁교육지원 비율 간의 관계'라고 하자. 남군의 위탁교육지원 비율을 π_1이라 하고 여군의 위탁교육지원 비율을 π_2라 할 때, 이 연구주제는 $\pi_1 - \pi_2$가 '0'인지의 여부로 정리될 수 있다. 이를 가설의 형태로 정리하면 다음과 같다.

영가설 H_0: $\pi_1 - \pi_2 = 0$

대안가설 Ha: $\pi_1 - \pi_2 \neq 0$

그룹 간 비율 검정에 있어서 가설검증은 신뢰구간을 통한 방식과 유의성 검증을 통한 방식을 이용할 수 있는데, 추정치가 모수에 얼마나 근접해 있는가와 추정치에 대한 표본오차가 얼마나 확실성을 지니고 있는가가 중요한 사항이다. 이때, 표본의 크기가 충분히 클 경우, 추정치는 모수에 근접하면서 정규분포를 형성하게 된다.[21]

2) 그룹 간 평균검정

비율검정이 서로 다른 두 집단 간의 비율이 같은지 여부를 검증하는 것이라면, 평균검정은 서로 다른 두 개의 독립적 표본의 평균들이 서로 다른지 같은지를 검증하는 방법이다. 비율검정에서는 분석척도가 이진수(binary number)이기 때문에 '0' 또는 '1' 같은 두 개의 값만 갖는 반면, 평균검정에서는 분석척도가 등간척도 이상의 변수이기 때문에 사칙연산이 가능하다는 점이 다르다.

이처럼 평균검정과 비율검정은 분석척도가 다르다는 점 외에는 모든 논리가 유사하다. 평균검정에서도 연구대상 집단 간의 차이를 모수로 설정한 다음 표본의 관측값을 통해 이 모수가 '0'인지를 검증한다. 예를 들어, 연구주제가 '남녀 군인별 1인당 병력유지비용'이라고 하자. 남군 1인당 병력유지비용을 $\mu1$이라 하고 여군 1인당 병력유지비용을 $\mu2$라고 할 때, 연구주제는 $\mu1-\mu2$가 '0'인지 여부로 정리될 수 있다. 이를 가설의 형태로 정리하면 다음과 같다.

영가설 H_0: $\mu1-\mu2 = 0$

대안가설 Ha: $\mu1-\mu2 \neq 0$

평균검정에서도 표본의 크기가 충분히 크다면, 표본의 추정치는 모

21 엄기홍(2013); Agresti and Finlay (1997), p. 217.

수에 근접하면서 정규분포를 형성하게 된다.[22] 따라서 평균검정도 정규분포의 속성에 근거하여 신뢰구간을 통한 방식과 유의성 검증을 통한 방식으로 가설을 검증한다.

3) 세 그룹 이상의 비교

한편, 세 개 이상의 집단을 비교할 경우에도 두 집단 간의 '차이'를 모수로 설정한 후 그 차이의 표본오차를 계산하여 가설검증을 할 수는 있지만, 이렇게 하는 것은 여러 가지 제한사항이 있다. 그래서 세 개 이상의 범주를 지닌 변수에 대해서는 새로운 검증방법이 필요한데, 이를 위해 개발된 방법 중 하나가 분산분석(Analysis of Variance 또는 ANOVA)이다. 분산분석은 세 개 이상의 집단 간 평균에 대한 분석으로, 논리적으로는 분석되는 모든 그룹의 평균이 같은지 여부를 판단한다. 이러한 분산분석은 몇 가지 전제를 가정하는데, 그것은 각 그룹의 분포가 정규분포라는 점과 각 그룹의 분산이 같다는 등분산성, 그리고 각 그룹은 독립적 표본이라는 것 등이다. 분산분석을 그래프로 나타내면 다음과 같다.

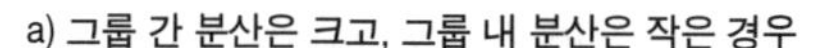

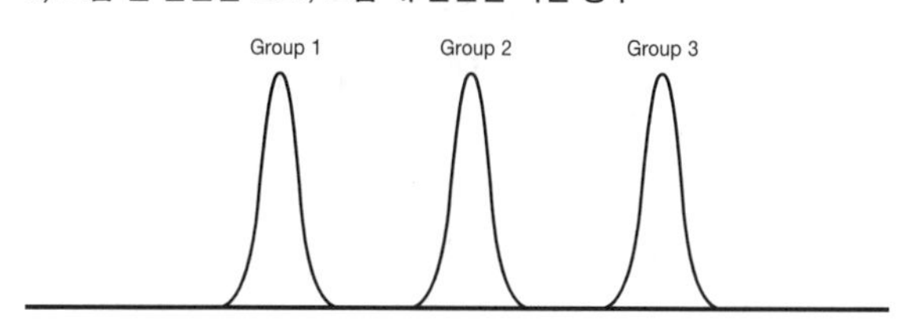

b) 그룹 간 분산은 작고, 그룹 내 분산은 큰 경우

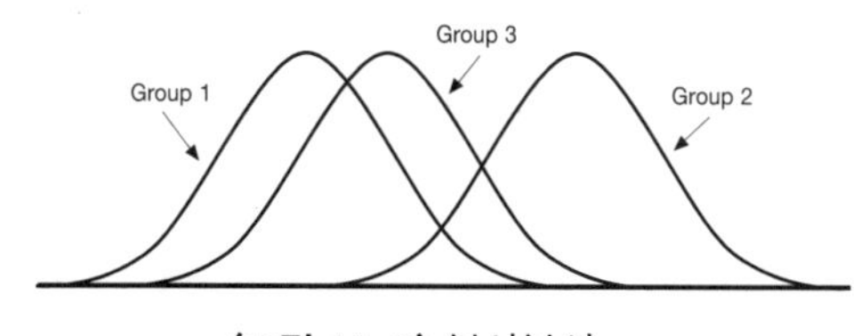

〈그림 11-6〉 분산분석

22 Agresti and Finlay (1997), p. 212.

분산분석은 '그룹 간' 분산 그리고 '그룹 내' 분산의 두 가지 서로 다른 분산을 기초로 하고 있다. 그룹 간 분산이라 함은 그룹 전체의 평균에서 각각의 그룹평균이 얼마나 차이가 나는지를 말하는 것이고 , 그룹 내 분산은 각 그룹 내의 관측값들이 각 그룹의 평균으로부터 얼마나 차이가 나는지를 검증한다. 〈그림 11-6〉에서 a)는 그룹 내 분산은 작은 반면, 그룹 간 분산은 크다. 〈그림 11-6〉에서 b)는 그룹 내 분산은 큰 반면, 그룹 간 분산은 작다. 이와 같은 경우, b)에 비해 a)가 그룹 간 서로 다른 평균을 가질 가능성이 더 높다고 할 수 있다.

분산분석의 통계치를 'F값'이라고 하는데, 그룹 간 분산(BSS: between sum of squares)이 분자에, 그룹 내 분산(WSS: within sum of squares)이 분모에 위치하기 때문에 각 그룹의 평균이 다를수록 F값은 커지게 된다. 분산분석에서 F값은 분자자유도=g-1과 분모자유도=N-g를 지닌 F 분포를 그린다.

〈공식 11-2〉 분산분석

$$F_{g-1, N-g} = \frac{BSS / (g-1)}{WSS / (N-g)}$$

g: 그룹의 개수

$n_1, n_2, \cdots, n_g$: 각 그룹의 표본크기

N: 표본의 전체 크기($=n_1+n_2+ \cdots +n_g$)

i: 관측치

4. 회귀분석

회귀분석은 독립변수와 종속변수 간의 관계를 측정하는 다양한 값들을 그래프 상에 제시하고 이러한 다양한 값을 예측할 수 있는 '예측선'을 찾아내는 분석기법이다. 연구자는 이러한 예측선을 발견함으로써 독립변수 한 단위의 변화가 종속변수에 '평균적'으로 얼마만큼 영향을 미치는지를 예측할 수 있다.

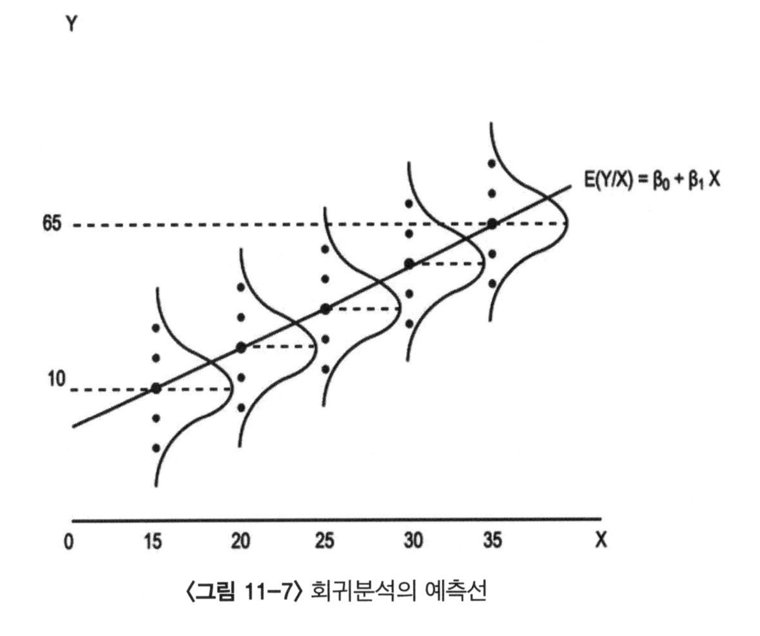

〈그림 11-7〉 회귀분석의 예측선

〈그림 11-7〉의 독립변수는 부대에서 집까지의 거리(X축)이고, 종속변수는 출근에 걸리는 시간(Y축)이다. 집까지의 거리와 출근시간의 조합은 '•'로 표시되어 있다. 회귀분석의 목적은 이러한 관측치들을 대상으로 독립변수인 부대에서 집까지의 거리가 종속변수인 출근시간에 미치는 영향력을 가장 잘 반영하는 '예측선'을 찾는 데 있으며, 이를 통해 부

대에서 집까지의 거리 한 단위의 변화가 출근시간에 미치는 영향의 정도('종속변수의 변화')를 파악하는 데 있다.

<그림 11-7>을 좀 더 자세히 보면, 독립변수인 부대에서 집까지의 거리를 기준으로 출근시간이 일정한 분포를 형성하고 있음을 알 수 있다. 예를 들어 부대에서 집까지의 거리가 15㎞인 경우, 이 값을 기준으로 출근시간이 일정한 분포를 형성하고 있다. 이와 같은 경우는 부대에서 집까지의 거리가 25㎞인 경우, 30㎞인 경우, 그리고 35㎞인 경우 모두 그러하다. 즉, 부대에서 집까지의 거리가 동일할지라도 출근시간은 다양한 양상을 보이고 있다.

그렇지만 부대에서 집까지의 거리가 커짐에 따라 출근시간의 평균도 상승하고 있음을 목격할 수 있다. 즉, 부대에서 집까지의 거리가 동일한 군인들의 출근시간은 다양한 양상을 보이고 있지만, 부대에서 집까지의 거리는 출근시간에 평균적으로 정비례의 영향을 미치고 있다. 따라서 회귀분석은 부대에서 집까지의 거리가 출근시간의 '평균'에 미치는 영향력을 파악하고자 하는 것으로 이해될 수 있다. 즉, 회귀분석은 독립변수 한 단위의 변화가 종속변수에 '평균적으로' 어느 정도 영향을 미치는지를 파악하는 데 목적이 있다. 궁극적으로는 여기에서 파악된 예측선을 통해 표본에 포함되지 않은 종속변수의 값을 예측하는 데 목적이 있다.

회귀분석은 종속변수에 미치는 독립변수의 영향이 일정한 패턴을 가지고 있다고 가정하는데, 이 중 가장 일반적으로 가정되는 형태는 선형적 관계(linear form)다. 이러한 전제에 따라 회귀분석 모델의 기본모델은 <공식 11-3>과 같다.[23]

23 엄기홍(2013).

〈공식 11-3〉

$$Y_i = f(X_i) = \alpha + \beta X_i$$

Y: 종속변수

X: 독립변수

'i': 관측치

α: 절편(intercept)

β: 기울기 계수(slope coefficient)

이와 같은 다양한 양적 기법들을 사용하면, 연구대상인 독립변수와 종속변수 간의 관계를 쉽게 찾아낼 수 있는 장점이 있다. 물론, 양적 방법에 매몰되다 보면, 연구대상에 대한 심층적인 분석이 어려울 수 있다는 문제가 있기는 하지만, 양적 연구는 변수 간의 관계를 과학적으로 입증할 근거를 제시해주는 역할을 한다.

제4부

논문작성법

제12장

논문작성법

인간에게 글은 매우 효율적이고 긴요한 의사소통 수단 중의 하나다. 글은 말과는 달리 시간과 공간의 제약을 받지 않으면서 정확성과 영구성을 갖는다. 글을 통한 소통은 그 목적에 따라 시, 수필, 소설, 논문 등 다양한 형태가 있다. 그중에서 연구과정을 통해 얻어진 자기의 주장과 사상을 명확히 표현한 글이 논문이다. 시나 수필, 소설 등은 어느 정도 타고난 재능이 필요하지만 논문은 타고난 재능이 다소 부족하더라도 자기의 연구분야에 대한 작성요령을 터득하면 누구라도 잘 쓸 수 있다.
군사학연구를 통해 제시되는 최종적인 산물은 논문 형식이다. 아무리 가치 있는 연구결과를 창출해냈다고 하더라도 독자들에게 전달되지 못하거나 전달되더라도 의사전달 형태가 부적절할 경우 이해력이 떨어지고, 활용성 면에서도 기여할 수 없다. 논문은 객관적이고 논리적 연구과정을 통해 얻은 결과를 일정한 형식을 갖춰 표현되어야 한다. 이 장에서는 군사학의 학위논문을 중심으로 논문작성 과정과 형식을 살펴본다.

김재철(조선대학교)

육군사관학교를 졸업하고 조선대학교에서 정치학 박사학위를 취득했다. 현재 조선대학교 군사학과 교수로 재직하면서 조선대학교 군사학연구소장과 통일교육위원, 동북아학회 부회장을 맡고 있다. 주요 연구분야는 군사전략, 군비통제, 통일안보 등이며, 저서로는 『무기체계의 이해』(2012), 『군사학개론』(2014, 공저), 『전쟁론』(2015, 공저), 『국가안전보장론』(2016, 공저) 등이 있으며, 다수의 논문이 있다.

제1절 논문의 개념 · 요건 · 구성

1. 논문의 개념과 종류

1) 논문의 개념

논문이란 특정한 주제에 관해 연구자가 자신의 의견 및 주장이 포함된 학문적 연구결과를 일정한 형식과 논리적 과정에 맞추어 체계적으로 작성한 글을 말한다. 어떤 주제에 관해 자기의 의견을 적기 위해서는 그 주제에 관한 깊은 연구가 없으면 불가능하다. 이러한 측면에서 논문은 연구의 기록이며, 과학적 문학이라고 할 수 있다.[1]

논문은 자기의 연구결과를 논리적으로 정리하여 결론을 내릴 수 있도록 작성되어야 한다. 논문의 내용이 아무리 논리적이라 하더라도 타인의 업적을 이리저리 뜯어맞춘 것이라면 좋은 논문이라 할 수 없다. 요컨대, 바람직한 논문은 새로운 발견을 하거나 창작한 자신의 의견과 주장이 있어야 한다. 단지, 자신의 새로운 발견과 창작을 위해서는 선인들이 구축해놓은 이론 및 선행연구결과와 연구방식 등을 인용할 필요는 있다.

논문을 작성하는 데 있어서 가장 바람직한 것은 논문의 내용을 구성하는 재료와 연구의 방법이 모두 새로운 것이라야 한다. 그러나 이것이 쉽지 않을 경우, 최소한 갖춰야 할 사항은 재료는 흔하게 있는 것이라도 연구방식이 새롭다든지, 아니면 연구방식은 다소 낡았다 하더라도 연구재료의 가치가 인정되어야 한다.

"구슬이 서 말이라도 꿰어야 보배"라는 속담이 있다. 이는 논문을 두고 하는 말이라고 해도 과언이 아닐 것이다. 즉, 논문의 내용은 구슬처럼

---

1 나상갑 편저, 『논문작성법의 이론과 실제』(서울: 양서원, 2008), p. 15.

가치가 있어 많은 사람들이 원하는 것이어야 하며, 구슬을 꿰듯이 내용을 논리적으로 전개해야 논문의 가치가 있다는 의미다.

2) 논문의 종류

논문의 종류에는 작성목적에 따라 여러 가지가 있다. 가장 대표적인 것은 학술논문과 학위논문이다. 이외에도 리뷰(review), 평론, 보고서, 졸업논문 등을 들 수 있다.

학술논문은 학자들이 특정한 문제를 해결하거나 일반화된 원리를 발견하기 위해 작성된 논문으로, 학문상 업적을 쌓기 위해 연구성과를 발표하는 글이다. 학술논문은 학술지를 발간하는 학회 또는 연구소 등 발행기관에서 요구하는 양식과 분량에 맞추어 작성해야 하며, 발행기관에서 주관하는 소정의 심사과정을 거쳐 게재된다.

학위논문은 석사 또는 박사학위를 받기 위한 논문으로 대학원교육의 결산물이라 할 수 있다. 학위논문은 학술논문과는 달리 연구실적을 쌓는 것이라기보다는 전문적 연구자로서 소정의 자격을 인정받고 향후 더욱 심층적인 연구를 위한 관문이라고 할 수 있다.[2] 따라서 학위논문은 소속 대학원의 학칙과 내규에 따라 학점 이수, 외국어 및 전공 종합시험, 선행 학술논문 실적 등의 조건을 갖춘 자에 한하여 심사용 청구논문을 제출할 수 있다. 연구자가 심사용 학위 청구논문을 제출하면 심사위원들에 의해 심사가 진행되며, 심사과정을 거치면서 내용을 수정 보완함으로써 논문의 완성도를 높일 수 있다. 학술논문은 학문에 대한 기여도가 강조되고 논문의 간결성이 요구되는 반면, 학위논문은 연구자의 능력을 심사하는 것이 주목적이므로 내용에 대한 완벽한 이해를 바탕으로 논리적 방증(傍證)과 풍부한 자료 활용 등 온갖 정성을 다해야 한다.

리뷰, 평론, 보고서, 졸업논문 등도 넓은 의미에서 논문에 포함된다.

---

2 나상갑 편저, 전게서, p. 24.

리뷰는 필자 자신이나 타인의 연구 산물에 대해 중요한 내용이나 줄거리를 간단명료하게 초록하고 연구정보를 독자들에게 소개하는 글이다. 리뷰 작성은 결코 쉬운 일이 아니다. 원저의 내용을 충분히 소화한 후에 비로소 초록할 수 있기 때문이다. 평론은 비평적 해석을 목적으로 하는 글로서 완전한 격식과 논리적 추론과정 및 검증절차 등에 구애받지 않고 자유스럽게 자신의 학문적 견해를 피력하는 글이다. 주류를 이루고 있는 평론은 문학평론을 비롯하여 정치평론, 경제평론, 사회평론, 시사평론 등이 있다. 특히 평론은 비평적으로 해석하다 보면 논자의 감정이 개입되기 쉬워 객관성이 상실될 우려가 있다.[3] 보고서는 그 종류가 다양하다. 내용면에서 학술보고서와 실험결과보고서를 비롯하여 사실 기재를 주안으로 하는 답사보고서, 채집보고서, 관측보고서, 경과보고서, 실적보고서 등이 있다. 또한 수업진행 과정에서 제출하는 리포트도 보고서의 일종이다. 이러한 측면에서 보고서는 논문과 구별되기도 한다. 졸업논문은 학부과정을 통해 이룩한 학문적 성장의 총 결산서다. 졸업논문은 학위논문과 달리 학생들의 능력을 고려하여 독창성과 논리성을 요구하지는 않는다.

2. 논문의 요건[4]

특정 제품을 판매하기 위한 선전용 문구나 정치가들이 호소하는 구호적 문구, 그리고 성직자의 종교적 설교는 과학 또는 학문이라고 하지 않는다. 왜냐하면 글 또는 말의 주제나 내용, 그리고 전개논리 등이 과

---

3 박창원 · 김성원 · 정연경, 『논문작성법』(이화여자대학교출판부, 2012), p. 25.

4 김구, 『사회과학 연구조사 방법론의 이해』 제2판(서울: 비앤엠북스, 2011), pp. 359-361; 박창원 · 김성원 · 정연경, 상게서, pp. 16-20; 나상갑 편저, 전게서, pp. 16-18; 국방대학교, 『논문작성법』, 안보과정 참고서지(2000), pp. 8-12.

학이나 학문으로서 요건을 갖추지 못하기 때문이다. 논문작성은 과학적 방법에 의해 논리체계를 갖춘 중요한 학문활동이다. 따라서 논문의 구비요건은 과학적이고 학문적인 글과 그렇지 못한 글의 차이가 무엇인가를 식별하는 기준이다.[5] 아래에 제시한 논문 구비요건은 학술논문 및 학위논문 심사과정에서 중요한 평가요소가 된다.

1) 정확성(accuracy)

논문은 내용과 형식이 정확해야 한다. 논문에서 활용되는 통계자료, 수식, 계산, 인명, 연도, 지명, 맞춤법, 용어 및 오탈자에 이르기까지 정확하지 못하면 읽는 사람으로 하여금 혼돈에 빠지게 하는 결과를 초래한다.

연구자는 자료의 신뢰성과 타당성, 자료처리 과정과 분석기법 및 해석의 적합성을 점검하면서 논문을 작성해야 한다. 내용의 정확성이 결여되면 논리성이 없게 되고, 논리성이 없으면 이해력이 떨어져서 연구결과에 대한 설득력이 낮아진다.

2) 객관성(objectivity)

논문은 주관적인 느낌이나 감각을 표현하는 문학작품이 아니다. 비록 주제는 주관적 판단에 의해 선택했을지라도 논문 서술과정은 객관적이어야 한다. 논문의 객관성을 위해서는 사실과 증거를 통해 검증이 가능해야 한다. 또한 믿을 만한 자료에 근거하여 논문을 작성하고, 인용을 밝힘으로써 논문의 객관성을 높일 수 있다.

3) 창의성(creativity)

논문은 다루고자 하는 분야에 새로운 정보를 제공할 수 있는 창의성이 있어야 한다. 새로운 소재와 연구방법으로 기존연구와는 다른 결론

---

5 박창원 · 김성원 · 정연경, 전게서, p. 16.

을 내려 기존학설을 수정하거나 새로운 시각을 제공할 수 있다면 창의성이 인정되는 훌륭한 논문이라 할 수 있다. 그러나 창의성이라는 것은 반드시 소재가 새로워야 한다는 것을 의미하는 것은 아니다. 이미 타인이 손댄 주제일지라도 새로운 자료를 보태거나 새로운 결론을 내리거나 연구방법이 새로우면 독창적이라고 할 수 있다. 뿐만 아니라 연구결과가 타인의 연구결과와 유사하더라도 이론상 새로운 해석을 내릴 경우에도 독창성은 인정된다. 그러나 남의 견해나 주장을 비판 없이 그대로 옮겨놓거나, 여기저기서 인용하여 교묘하게 꾸며놓은 논문은 창의성이 결여된 논문이다. 또한 입증되지 않은 개인적인 견해나 기존연구 내용을 출처를 밝히지 않고 옮겨 적을 경우도 여기에 해당한다.

4) 불편성(不偏性, impartiality)

논문작성자는 선입감, 감정, 편견에 사로잡혀서는 안 된다. 논문은 특정 주장을 입증하기 위해 작성하는 것이 아니라 진리를 탐구하는 데 그 목적이 있다. 따라서 기존연구에 구애됨 없이 오직 진리 탐구를 위해 매진하는 자세를 가져야 한다. 설령 연구결과가 자신의 이익에 반하는 결과가 나오거나 연구를 의뢰한 기관의 의도와 엇갈린 결과가 나오더라도 의리와 인정보다는 정의를 선택하는 용기가 있어야 한다.

5) 평이성(平易性, readability)

평이성이란 까다롭지 않는 성질이나 특성을 말한다. 논문은 다른 사람이 읽기 쉽고 이해하기가 용이하도록 평이하게 써야 한다. 다니기 불편한 길에는 행인이 없듯이, 아무리 훌륭한 내용을 담고 있는 논문이라 할지라도 읽기에 불편하고 난해하면 읽는 사람이 없을 것이다.

6) 효용성(value)

논문의 연구결과가 학문의 발전에 기여하거나 인간사회에 유용할 때 그 가치가 인정된다. 옛 무덤 속에서 나온 문헌을 옮겨 쓴 논문은 다음 연구에 유용하게 활용될 수 있다. 비록 그 내용이 이미 알려진 사실일지라도 그 시대의 사회상을 확인시켜주기 때문이다. 또한 새로운 연구 방법이나 내용을 담은 논문은 학문의 발전에 유용하다.

3. 학위논문의 구성

논문은 학문의 성격과 종류에 따라 차이가 있으나 학위논문의 경우는 학위수여기관의 규정에 따라 다소의 차이는 있지만 통상 다음과 같은 3단계의 기본형식을 갖춘다.

Ⅰ. 서두부(the preliminaries)

- 표지, 속지, 표제지, 학위논문 제출서, 인준서 등
- 목차, 표목차, 그림목차, 기호설명(필요 시), 초록(국문, 영문) 등

※ 학위수여기관에서 규정한 양식에 의거 작성

Ⅱ. 본문부(the text)

- 인문사회과학 분야의 논문은 통상 서론, 본론, 결론으로 구성된다.
- 서론은 제1장으로 편성한다. 본론은 연구의 핵심을 이루는 부분으로 충분한 자료와 이론을 근거로 논쟁을 거쳐 해결하고자 하는 논제를 명백히 밝힐 수 있도록 수개의 장(통상 3~4개 장)으로 구분하여 편성한다. 결론은 마지막 장에 편성한다.

Ⅲ. 참고자료부(the reference matters)

- 참고문헌, 부록, 색인(필요 시)

제2절 논문의 구상과 준비

1. 연구주제 선정

논문을 작성할 때 가장 먼저 부딪치게 되는 문제는 주제를 선정하는 것이다. 군사학 분야의 연구주제는 사소한 것부터 국가의 장래문제에 이르기까지 연구하고 싶은 수많은 주제가 있다. 대부분의 학생들은 논문을 작성하기 시작할 때 세상에서 아직 논하지 않은 참신한 문제나 정책에 획기적으로 기여할 수 있는 작품을 내놓겠다는 야심으로 출발할 것이다. 이러한 야심은 매우 좋은 것이다.

그러나 초보자의 경우 개인의 역량과 여건에 따라 여러 가지 제약요소가 따를 수 있다. 특히 군사학에 관한 연구는 더욱 그렇다. 주제에 대한 자료 확보의 충분성을 비롯하여 시간적 가용성, 보안 문제, 국가안보 기여도, 선행연구 실태 등 고려할 점이 많다. 그렇다고 연구자 개인의 여건과 역량이 논문의 질적 저하를 허용하는 것은 아니다. 연구자는 논문의 요건을 충족시킬 수 있도록 최선을 다해야 한다.

이러한 상황에서 주제 선정은 논문의 성패를 가름하는 중요한 과정이다. 논문주제를 어떻게 선정하느냐에 따라 논문의 방향과 성격이 결정되며, 좋은 논문이 될 수 있고 그렇지 못한 논문이 될 수도 있다. 뿐만 아니라 여건이 불충분한 가운데 지나친 욕심으로 순간적으로 결정된 주제에 고착되어 변경 없이 강행할 경우 실패로 끝날 수도 있다.

1) 연구주제 선정 시 고려사항

군사학 연구의 출발은 연구문제와 군사현상에 대한 폭넓은 탐색에서 시작된다. 초보자의 경우 캄캄한 밤중에 방향을 찾지 못하고 막연히 걱정만 하는 모습과 비유될 수 있다. 따라서 연구자는 다음과 같은 사항을 고려하여 연구주제를 선정하는 것이 바람직하다.

(1) **차원에 맞는 주제**

군사학의 논문주제로 선택할 수 있는 수준은 국가안보에 기여할 수 있는 국가정책 및 전략, 또는 국방정책 및 군사전략 차원이 되어야 한다. 군부대에서 발전시키고 있는 전술 및 작전술 등 군사교리와 군 내부에서 이뤄지고 있는 군대업무 또는 군사보안에 저촉되는 사항 등은 논문주제로 부적합하다. 예를 들면, "포병대대 재배치에 관한 연구", "병식 급식의 주부식 배합의 최적화", "진중연극의 효율적 실시 방안", "피복류 규격비율에 관한 연구", "소부대 전투기술 향상방안" 등은 비록 군사 분야에 대한 내용일지라도 학문적 가치를 추구하는 군사학의 연구 차원에 부적합한 주제다.[6]

(2) **경험이 있거나 흥미 있는 주제**

군사학 연구자는 대부분 다양한 군사 분야에 종사한 경험이 있다. 논문주제를 선정할 때는 자신의 경험이나 사전지식이 있는 분야에서 찾는 것이 효율적이다. 생소한 주제보다는 과거에 자신의 경력과 연관이 있는 주제라면 이해가 빠르고 나름대로 견해를 가지고 있으므로 논문작성이 용이해질 것이다.

또한 평소 흥미나 관심을 가져왔던 문제를 연구주제로 선택하면 능률과 성과를 기대할 수 있다. 이와 같이 경력과 개인적 취향이 연구행위와 결합되면 장차 그 분야에서 전문가로 성장할 수 있을 것이다.

(3) **구체적이고 범위가 좁은 주제**

논문은 너무 거창하거나 추상적인 주제를 선택해서는 안 된다.[7] 비록

---

6 국방대학교, 전게서, p. 64.

7 나상갑 편저, 전게서, p. 36.

논문의 주제가 중요하다고 해서 한 편의 논문에서 해결할 수 있는 모든 방안을 찾아야겠다는 욕심을 부려서는 안 된다.

주제의 폭이 넓으면 다루기가 쉽지 않고 논문의 초점이 흐려질 수밖에 없다. 그렇다고 지나치게 폭이 좁은 주제를 선택할 경우 연구자료가 빈약할 뿐만 아니라 논문으로서 가치를 상실할 가능성이 있다. 구체성이 결여된 논제의 예를 들어보면, "군사작전과 전자전", "전쟁지도에 관한 연구", "이순신 장군의 생애와 리더십" 등으로 이러한 제목들은 주제의 폭이 너무 넓고, 단행본의 제목으로나 적합할 것이다.

부제로 달아서 논제를 구체화시킬 수도 있다. 부제는 연구범위를 구체화시키고자 하는 논제의 표현이 너무 길거나 난해할 경우에 사용한다. 그러나 연구범위를 부제로 한정하는 것보다는 제목 내에서 한정시키는 것이 좀 더 정직한 태도다. 예를 들면, "한국군의 인사제도에 관한 연구: 육군 장교의 진급제도를 중심으로" 및 "한국의 국가동원 효율화 방안에 관한 연구: 동원체제를 중심으로"의 경우, 부제를 사용하는 것보다는 "육군 장교의 진급제도에 관한 연구" 및 "한국의 동원체제 효율화 방안에 관한 연구"로 표현해야 한다.

(4) 참신성이 있고 명확한 결론 도출이 가능한 주제

논문의 주제는 참신성이 있어야 한다. 이미 많은 사람들에 의해 다뤄짐으로써 일반화되어버린 주제는 더 이상 새로운 해석을 내릴 여지가 없다. 경우에 따라서는 남의 연구를 도용했다는 비난을 모면할 수 없게 된다.

아울러 참신성 있는 주제라면 연구자의 목소리를 담은 명확한 결론 도출이 가능하다. 명확한 결론을 내리기 어려운 논문은 씨눈 없는 씨앗처럼 논문으로서의 가치가 없다. 따라서 초보자의 경우는 미지의 세계나 미확인 분야에 대한 연구는 가급적 피하는 것이 바람직하다.

(5) 연구를 뒷받침해줄 이론적 배경이 있는 주제

사회현상 속에서 존재하는 문제를 과학적 방법으로 풀어나가기 위해서는 현재까지 정립된 기존이론을 무시할 수 없다. 과학적 연구에서 기존이론은 새로운 연구의 방향을 결정해주고, 연구대상을 개념화 또는 분류하는 데 근거가 되며 새로운 사실을 예측하고 설명해주는 역할을 한다.[8]

따라서 모든 논문은 이론을 토대로 작성되어야 한다. 뒷받침해줄 이론이 없는 주제를 선택할 경우에는 연구자의 주장이 객관적이지 못하다는 평가를 받을 수밖에 없으며, 과학적 연구를 위한 분석의 틀을 구상하기도 어렵다.

(6) 풍부한 자료수집이 가능한 주제

논문의 독창성은 선행연구를 토대로 이뤄진다. 아울러 나의 연구가 타인의 연구결과를 그대로 모방하지 않았다는 점을 밝히기 위해서도 선행연구에 대한 풍부한 자료가 필요하다.

또한 선행연구 문헌(단행본, 저널, 논문 등)들을 주의 깊게 살펴보면 자신에게 알맞은 연구주제를 선정하는 데 힌트를 얻을 수 있다. 특히, 군사학 같은 사회과학 분야는 기본적으로 문헌고찰(literature review)을 통해 연구되는 경우가 많다. 문헌을 고찰한 가운데 독창적인 아이디어가 유발될 수 있으며, 선행연구의 문제점 또는 다루지 못한 영역을 발견할 수 있다.

(7) 철저한 평가 후 선택 여부 결정

연구주제는 철저한 평가를 실시한 후 결정해야 한다. 주먹구구식으로 조급하게 결정한 주제를 가지고 연구를 강행한다면 논문작성 과정에

---

8 김구, 전게서, p. 157.

서 적지 않은 마찰과 갈등이 생길 수밖에 없다. 따라서 연구주제는 다음과 같은 기준에 의해 스스로 평가한 후 결정해야 한다.

〈표 12-1〉 연구주제 평가기준

중점	평가기준
연구의 의의	• 연구주제가 중요한 문제인가? • 연구결과가 유용하게 쓰일 수 있는가? • 학문적으로 이론발전에 기여하는가?
연구 가능성	• 도덕적 · 윤리적 차원에서 문제가 없는가? • 변수들의 명확한 개념 정의와 측정 가능성이 있는가?
연구 실행여건	• 시간과 비용 등 제약은 극복할 수 있는가? • 연구대상 및 필요한 협조자 및 시설, 기구 등은 확보할 수 있는가?

출처: 국방대학교, 전게서, pp. 70-71.

2) 군사학 분야의 연구주제

군사학 논문은 군사학의 연구영역 범위 내에서 작성되어야 한다. 군사학은 ① 전쟁, ② 안보, ③ 군사력 건설 및 유지(양병), ④ 군사력 사용(용병), ⑤ 군사와 관련된 타 학문와의 융합 분야 등을 연구영역으로 하고 있다.[9] 이러한 연구영역별로 적합한 학술논문 및 학위논문의 주제는 다음과 같다.

첫째, '전쟁' 및 '안보'는 군사학의 중요한 영역으로 상호 간 밀접하게 연계되어 있다. 그러나 이 두 영역은 다루는 내용과 기능에 따라 타 학문 분야(정치학, 행정학, 정책학 등)에서도 연구되고 있다. 예를 들면, 정치학에서는 주로 전쟁의 원인과 종결에 대한 내용, 군사학에서는 전쟁의 수행과정을 중점적으로 다루고 있다. '안보'는 정치안보, 군사안보, 경제안보, 사회안보 등 포괄적 개념이다. 군사학에서는 국가안보의 핵심영역인 군사안보를 중심으로 연구하고 있다. 예를 들면, 북한 핵문제라든가

9 군사학연구회, 『군사학개론』(서울: 플래닛미디어, 2015), pp. 55-59.

영토분쟁 문제, 통일안보와 관련된 군사 및 국가 차원의 주제 등을 다루고 있다. 특히, '전쟁'과 '안보' 영역은 다양하고 포괄적 요소를 융합할 필요가 있으므로 학문별 영역을 지나치게 의식할 필요는 없을 것이다.

둘째, '군사력 건설 및 유지(양병)'와 '군사력 사용(용병)'은 순수 군사학 영역이다. 양병 분야는 주로 국방정책과 관련된 주제를 선택할 수 있다. 예를 들면 군비통제 정책, 무기체계, 국방획득관리 제도, 한미 군사동맹정책, 군사외교, 군사력 건설, 연구개발 및 방위산업, 우수인력 획득정책, 여군 인력정책, 군사교육제도, 군 복지제도, 개방형 군수체제, 국방정보체계, 적정 국방예산 등 다수가 있다. 용병 분야에 대한 연구는 군사학의 꽃이라 해도 과언이 아니다. 단, 용병 분야에 대한 논문 주제는 군사교리에 해당하는 전술적 차원보다는 전략적 수준을 선택해야 한다.

셋째, 종합 학문적 성격을 띠고 있는 군사학은 군사문제에 타 학문 분야를 창조적으로 융합할 수 있어야 한다. 예를 들면, 경영학에서 다루고 있는 리더십 분야를 군의 특성을 위주로 연구하는 군 리더십으로, 자연과학 및 공학에서 다루고 있는 과학기술 분야를 무기체계를 발전시키는 군사과학기술로 활용하는 연구가 가능할 것이다.

한국연구재단에 반영한 군사학의 학술연구 분류표는 다음과 같다.

〈표 12-2〉 군사학의 학술연구 분류표

대분류	중분류	소분류	세분류
사회과학	군사학	군사이론, 안보이론, 국방정책론, 군사전략론, 군사전술론, 전쟁론, 무기체계론, 군사정보론, 국방행정론, 군사지리론, 군진의학, 통솔론, 군비통제론, 군사사, 기타 군사학	미분류

출처: 한국연구재단 학술연구 분류표

한국연구재단 학술분류표는 학술연구자원의 관리, 통계, 대학의 연구활동 실태조사, 연구과제의 접수와 심사 및 평가자 선정 등에 활용되고 있다. 그러나 현재 편성되어 있는 군사학의 학술연구 분류표는 소분류와 세분류를 체계적으로 구분하여 재정립할 필요가 있다.

2. 논문계획서 작성

논문의 주제가 결정되면 논문계획을 수립해야 한다. 연구계획서는 연구의 큰 테두리를 결정하는 과정이다. 연구계획서 작성은 첫째, 왜 이 연구를 해야 하는가?(연구의 목적 및 중요성), 어떤 대상에 대해 어떤 방법으로 연구를 수행하려고 하는가?(연구의 범위 및 방법), 그리고 예상되는 연구결과와 시사점은 무엇인가? 등을 구상하는 연구의 청사진이다. 둘째, 올바른 연구방향 설정을 위해 필요한 자료를 사전에 조사하여 연구계획서의 별지로 참고문헌 목록을 제시한다. 통상 사회과학의 경우는 문헌 검토를 통해 적실성을 제공하는 기존이론 및 선행연구가 무엇인지를 찾는다. 셋째, 조사도구 및 연구일정, 비용 등 논문작성에 필요한 내용들을 종합하여 양식에 의해 체계적으로 정리한다.

이러한 논문계획서를 사전에 작성 · 활용함으로써 공동연구 과제를 수행할 경우, 연구 참여자들로 하여금 연구방향에 대한 이해를 증진시키고, 필요한 정보를 획득할 수 있도록 한다. 또한 학위논문작성 시에는 지도교수에게 연구계획서를 보고함으로써 논문지도 및 작성을 효율적으로 진행할 수 있다.

연구계획서에 포함시킬 내용과 양식은 대학, 연구수행기관, 연구발주기관 등의 규정에 따라 다르나, 일반적으로 ① 논제, ② 연구의 중요성과 목적, ③ 연구범위와 방법, ④ 예상되는 연구결과 및 기여도, ⑤ 참고문헌 등이며, ⑥ 목차 편성 및 ⑦ 연구추진 일정표를 첨부한다. 연구추진 일정표에는 연구설계, 문헌고찰, 회의, 자료수집 및 정리, 자료분석 및 평가, 논문작성, 자문계획, 세미나 발표, 논문 개선방안 토의, 논문 수정 및 보완, 논문 완성, 인쇄 및 납본 등 과업 추진단계 순서별로 일정을 표시하여 정리한다.

3. 논문의 목차 편성

1) 목차 편성의 기본원칙

논문작성에 있어 연구계획서가 큰 테두리를 결정하는 것이라면 목차 편성은 논문의 연구방향과 구성 및 내용을 어떻게 구체적으로 체계화시키느냐에 대한 그림을 그리는 것이다. 목차 편성의 기본원칙은 다음과 같다.

첫째, "숲을 보고 나무를 보라"는 격언과 같이 논제에 관한 전체의 내용을 파악한 가운데 목차를 작성한다. 전체를 꿰뚫고 주제의 골격을 짜야 논문의 논리성과 인과성이 보장된다. 시간이 조급한 나머지 전체를 파악하지 못하고 목차를 편성할 경우 주제에 벗어난 항목이 포함될 수도 있고, 전체적으로 균형이 맞지 않는 논문이 될 수 있다.

둘째, 목차의 구성은 반드시 논리성을 유지해야 한다. 우선, 장과 장 사이에 어떤 상관관계가 있는지를 검토해보고, 유기적 · 논리적 일관성이 유지될 수 있도록 작성해야 한다. 장과 절, 절과 항 사이에도 논리적 인과성이 유지되어야 한다. 특히, 내용 면에서 큰 목차는 작은 목차를 포괄해야 하고, 작은 목차는 큰 목차에 포함될 수 있도록 구성해야 한다.

셋째, 큰 목차와 작은 목차 간에는 균형성과 통일성이 유지되어야 한다. 논문을 구성하고 있는 모든 장 · 절이 똑같은 분량 및 세부 목차의 수를 갖는 것은 아니다. 강조해야 할 부분은 더 많은 분량과 더 많은 세부 목차 수를 편성할 수 있다. 한 부분이 다른 부분과 똑같을 수는 없지만 전체적으로 균형성과 통일성을 유지하는 것이 바람직하다.

2) 목차 편성의 유형 및 체계

목차 편성의 유형은 논문의 종류 및 연구방법 등에 따라 다양하다. 즉, 인과적 구성에 따라 연역적 또는 귀납적 접근방법으로 편성할 수 있다. 또한 시 · 공간적 구성, 병렬적 구성 또는 확산적 · 점층적 구성 등 다양한 유형이 있다.[10] 이와 같이 목차 편성은 고정적인 틀이 정해진 것이 아니므로 연구자는 이론적 토대와 연구방법에 의한 논리적 전개가 가능하도록 목차를 편성하면 된다.

목차 계층 체계는 학위수여기관 및 학회의 규정에 따라 다르나, 다음의 예시 중 하나를 따르는 것이 일반적이다.

〈표 12-3〉 논문목차의 기호체계

예 1	예 2	예 3
제1장	I.	I.
제1절	1.	1.
1.	1.1	가.
가.	1.1.1	1)
1)	1.1.1.1	가)
가)		(1)
(1)		(가)
(가)		

장별로 포함되는 세항목차의 구성으로, 제1장 서론에는 통상 연구의 목적과 필요성, 문제를 다루는 범위, 연구방법론, 논제에 대한 연구 상황 등이 포함된다. 이 중에서 필요한 항목을 절로 편성한다.

본론 부분은 제2장부터 수개의 장으로 편성한다. 제2장은 연구의 토대가 될 수 있는 이론과 필요 시 사례 및 분석의 틀 등을 제시한다. 제2장 이후의 본론 부분은 연구를 위한 분석 및 이에 대한 해결방안 또는 전략 등 이슈 및 쟁점에 따라 논리적 전개가 가능하도록 장 · 절 편성을

10 이에 대한 유형별 예시는 박창원 · 김성원 · 정연경, 전게서, pp. 73-77 참조

한다.

논문의 마지막 장은 연구결과의 일반화 과정으로 논의를 통해 내려지는 결론이다. 주요 항목별 작성요령은 제3절에서 설명한다. 다음의 표는 과학적 방법의 두 가지 논리체계에 의한 장·절 편성의 예를 제시한 것이다.

〈표 12-4〉 목차 편성의 예

예 1) 질적 연구, 귀납적 논리	예 2) 양적 실험연구, 실증조사 연구, 연역적 논리
제1장 서 론 제1절 연구의 목적 제2절 연구의 범위와 방법 제3절 선행연구 검토 제2장 xxxx의 이론과 사례 제1절 xxxx의 이론 1. xxxx의 개념과 유형 2. xxxx의 검증 3. xxxx 가용방안 결정요소 제2절 xxxx의 사례 및 시사점 1. xx의 사례 2. xx의 사례 3. 시사점 제3절 분석의 틀 (3장 이하는 세항 생략) 제3장 한반도 xxxx의 환경 제4장 xxxx의 추진원칙과 가용방안 분석 제5장 한반도 xxxx 추진방안 ※ 3, 4, 5장의 세항은 분석의 틀에 준해 논리적으로 작성 제6장 결 론	제1장 서 론 제1절 연구목적 및 필요성 제2절 연구범위와 연구대상 제3절 연구의 방법 제2장 선행연구의 이론적 비판과 수용 제1절 xxxx의 개념 제2절 선행연구의 이론적 유용성과 한계 제3절 이론적 해결방안 제3장 조사 설계 제1절 연구모형과 가설설정 제2절 변수의 선정 및 조작화 제3절 자료수집 및 표본추출방법 제4절 통계분석 방법 제4장 실증 분석결과 및 해석 제1절 표본의 분포 제2절 측정도구의 검증 제3절 모형 및 가설 검증 제4절 분석결과 논의 제5장 결 론 제1절 연구결과 요약 제2절 이론적 · 정책적 · 방법론적 시사점 제3절 한계 및 미래연구 방향

예시와는 달리, 한 편의 논문에는 꼭 하나의 논리체계만 적용해야 하

는 것은 아니다. 연역적 논리와 귀납적 논리는 연구목적 및 방법에 따라 각각 독립적으로 적용될 수도 있고, 순환적으로 연결되어 혼용될 수 있다. 따라서 목차 편성은 연구목적과 연구방법 및 분석의 틀 등에 따라 다양한 모습으로 그려질 수 있다.

4. 자료수집 · 평가 · 정리

1) 자료수집

통상 자료수집은 주제와 목차가 결정된 다음 집중적으로 이뤄지지만 학문을 연구하는 과정을 통해 늘 진행되고 있는 행위이며, 논문작성 과정에서도 부족한 자료를 지속적으로 보충해야 한다.

자료는 성격에 따라 1차 자료(primary data or original data)와 2차 자료(secondary data)로 분류된다. 1차 자료는 면접, 관찰, 질문지 등과 같은 방법으로 연구자가 직접 수집하여 작성하는 자료이기 때문에 연구목적에 부합된 정보를 획득할 수 있다. 문헌의 경우, 순수한 원본이 1차 자료이고, 원본에 대한 요약본이나 편집본 또는 번역본은 2차 자료다. 1차 자료는 비용, 인력, 시간이 많이 소요되므로 1차 자료를 수집하기에 앞서 2차 자료의 존재 여부를 확인한다.

2차 자료는 다른 사람이 만들어놓은 가공자료로서 각종 공공기관 및 연구기관의 간행물을 비롯하여 학술지 및 학위논문에 이르기까지 매우 다양하다. 2차 자료는 풍부한 시계열자료의 수집이 가능하고 비용이 저렴하다는 장점이 있으나, 연구의 설계와 분석단위 및 조작적 정의 등이 다를 경우 사용하기 어렵다는 단점이 있다.[11] 따라서 논문작성자는 1차 자료를 수집하는 데 더 많은 노력을 투입해야 한다.

11 김구, 전게서, pp. 267-268.

질적 연구는 주로 문헌을 통한 2차 자료를 많이 사용하고 있다. 특히 사회과학의 경우에는 자료의 유용성을 고려하여 최신자료를 수집해야 한다. 군사학 분야의 2차 자료수집이 가능한 연구기관과 출간물 현황은 다음과 같다.

〈표 12-5〉 군사학 분야 자료수집 기관 및 출간물 현황

구분	자료수집 기관	주요 출간물
도서관	국회도서관, 국립중앙도서관	
국방부 산하	한국국방연구원	주간국방논단, 국방정책연구
	군사편찬연구소	군사
	국가안전보장문제연구소	국방연구, 안보현안분석
	정책기획관실	한반도 군비통제
	화랑대연구소	한국군사논집
연구원(소)	통일연구원	KINU현안분석, 통일정책연구, 월간북한 등
	세종연구소	국가전략, 세종논평, 정세와 정책, 정책보고서 등
	한국전략문제연구소	전략연구, 동아시아전략평가, KRIS연구총서 등
	국가안보전략연구원	국가안보와 전략, 정책연구, 연구총서 · 정세전망
	외교안보연구소	주요국제문제분석, 정책연구시리즈, 국제정세전망
	조선대학교 군사학연구소	군사발전연구
	대전대학교 군사학연구원	군사학연구
	원광대학교 군사학연구소	원광군사논단
	용인대학교 군사학연구소	군사연구
	단국대학교 분쟁해결연구소	분쟁해결연구
학회	한국군사학회	군사논단
	한일군사문화학회	한일군사문화

2) 자료평가 및 정리

논문작성자는 논제에 필요한 자료인가를 스스로 평가해야 한다. 가장 이상적인 방법은 자료를 정독한 후 필요성을 평가하는 것이지만, 시간이 가용하지 않을 경우는 다음 요령을 따르는 것이 효과적이다.

【자료평가 요령】

① 책의 목차 확인: 자기의 조사자료로서 필요한 것인가?

② 책의 서문(논문의 경우 요약문) 확인: 글의 핵심내용, 성격, 취지 확인 후 평가

③ 본문내용을 대충 훑어보고 참고할 만한 내용이 있는지 확인 후 필요한 내용 복사

수많은 자료를 체계적으로 정리해놓지 않으면 자료를 사용하기 위해 찾는 데 불편함을 겪게 된다. 또한 기억의 한계로 인해 자료의 존재여부에 대해서도 착각을 일으킬 수 있다. 따라서 다음 요령에 의해 자료를 정리하는 것이 효과적 활용에 도움이 될 것이다.

【자료정리 요령】

① 자료의 양이 방대할 경우, 활용의 용이성을 고려하여 수개의 범주로 구분 정리

② 각 자료에 자료번호 부여

③ 전체「자료목록표」유지(자료번호와 자료제목 기록)

④ 모든 자료에 대해 내용요약 카드 작성

제3절 논문(본문부)의 집필

1. 문장의 표현

논문은 문장을 통해 자신의 연구결과를 타인에게 전달하는 수단이다. 문장의 표현은 정확·간결해야 한다. 또한 일정한 통일성을 유지하며, 극단적이거나 단정적인 표현은 삼가야 한다.

첫째, 정확성을 기하기 위해서는 무엇보다도 문장이 문법적으로 정확해야 한다. 특히, 주어와 술어의 구분을 명확히 해야 하며, 철자법과 띄어쓰기 등 작은 잘못도 독자들로 하여금 중대한 오해나 착각을 일으킬 수 있으므로 유의해야 한다. 또한 학술적 용어나 술어의 사용도 정확해야 한다.

둘째, 논문의 문체는 간결해야 한다. 미사여구를 버리고 간결한 어구로 핵심내용을 압축하는 표현을 통해 독자에게 선명한 인상을 주어야 한다. 또한 비슷한 말을 지나치게 반복하거나 불필요한 부연 설명을 해서도 안 된다. 특히, 한 개의 문장이 너무 길면 간결성이 떨어진다. 따라서 한 개의 문장은 가급적 6줄 이내로 작성되어야 한다.

셋째, 문장은 중심화제에서 벗어나지 않아야 한다. 중심화제의 분산을 피하기 위해서는 하나의 항목이나 문장에 하나의 화제를 다루도록 노력해야 한다. 또한 논문 전체에 걸쳐 문체를 통일해야 하며, 자주 사용하는 단어나 문구의 표현도 통일해야 한다. 예를 들면, '필자', '논자' 등으로 용어를 혼용하지 말고, 필자 또는 논자 중 하나로 통일해서 사용해야 한다.

넷째, 극단적·단정적 표현을 피해야 한다. 따라서 가급적 최상급의 형용사는 삼가는 것이 좋다. 예를 들면 "A=B임에 틀림없다"라는 표현보다는 "A=B라고 할 수 있다" 또는 "제일 우수한 학자"보다는 "가장 우수한 학자 중 한 사람"으로 표현하는 것이 바람직하다. 또한 감정적이고 수사적인 표현 및 자화자찬적 내용을 담은 화려체나 구어체(口語體)는 회피하고, 객관적 서술태도를 유지해야 한다. 이를 위해 "지금까지의 연구결과에 의하면…" 또는 "조사한 바에 의하면…" 등으로 한계를 설정하여 표현하는 것도 현명한 방법이다. 또한 문장의 성격에 따라 끝 부분에는 '…한 것으로 보인다' 또는 '…하게 관찰되었다' 등으로 표현할 수 있을 것이다.

다섯째, 문장의 논리적 연결과 인칭대명사 사용 등에 유의해야 한다. 문장의 논리적 연결을 위해서는 '또한', '아울러', '뿐만 아니라', '따라서', '그러므로' 등과 같은 접속어 및 연결어를 적절하게 사용할 수 있어야 한다. 또한 논문에서 경칭은 불필요하며, '나', '본인'이라는 표현 대신에 '저자', '필자' 또는 '논자' 등과 같이 3인칭을 사용해야 한다.

우수한 논문을 작성하기 위해서는 논문 주제에 대한 심도 깊은 연구는 물론 우수한 문장 표현능력을 갖춰야 한다. 문장의 표현능력을 숙달시키기 위한 최선의 방법은 사전에 우수한 논문을 많이 읽어보는 것이다.

2. 문자와 숫자의 표기

〈표 12-6〉 표기방법

한자	• 모든 글은 한글을 사용하는 것을 원칙으로 하되 한글만으로 표기할 경우 그 뜻을 이해하기 어려운 단어에 한하여 '한글(한자)'로 표기 예) 통미봉남(通美封南)
번역어 · 외래어	• 해당 외래어 원어에 대한 권위 있는 표기법 확인 – 사전, 「로마자 변환」(국립국어원 홈페이지), 교과서 등 • 수긍할 만한 번역 용어가 없을 경우는 서론에서 미리 언급해두거나 본론(내용)에서 각주를 달고 주석을 붙여주는 것이 바람직함

	• 외국인 이름 및 주요 외래어 또는 한글로 통용되고 있는 용어 중 외국어로 표기해야 할 필요가 있는 명칭은 처음 등장하는 문장에 '한글(영문 원어)' 형식으로 표기하고, 그 이후 문장부터는 국문 용어만 사용 예) 오바마(Barack Obama), 콩코드 효과(Concorde Effect), 네트워크 중심전(NCW: Network Centric Warfare) • 수 개의 외국어에 대해 우리말의 번역어가 동일할 경우는 괄호 속에 원어 기입. 예를 들면, 영어의 commission, committee, council 등은 '위원회'로 번역되고 있는데, 이 경우 괄호 속에 해당 개념의 원어 표시
약어 · 약칭	• 공적으로 통용되는 약어 · 약칭이 없으면 사용 금지(단, 표 및 그림은 예외) • 정식 용어나 명칭을 기입한 후 괄호 속에 약어나 약칭 표기 후, 다음부터는 약식 표기로 한다는 언급을 하고 나서 그 이후부터 약식 표기 용어 사용 예) 전시작전통제권(이하 '전작권'이라 한다)
숫자	• 통계적 수치나 수량을 나타내기 위한 숫자는 아라비아 숫자 사용 예) 10m, 30평, 25cc, 2016년 8월 15일, 10시, 10만 원, 100개 등 • 종류를 나타내는 우리말에 아라비아 숫자나 한자를 섞어서 표기 금지 예) 두 가지 물건(O), 2가지 물건(X), 二가지 물건(X) • 숙어나 관용어에 수사가 들어 있을 경우 아라비아 숫자나 한글과 한자의 혼용으로 표기 금지 예) 3위1체 → 삼위일체, 4通5達 → 四通五達, 1次的 → 一次的 • 개수 표기 시 유의사항 – 세 자리마다 콤마 사용(연도는 제외) – 읽기 편리하고, 착각 및 오해의 소지가 없도록 표기 예) 39,558개, 6,000,000 → 600만, 약 5,000개 → 약 5천 개 – 숫자의 연속성을 표기할 때 물결표(~)를 사용하는 것이 편리 예) 앞과 뒤의 숫자가 두 자리 이하일 경우 전부 적음: 10~39, 3~15 앞과 뒤의 숫자가 세 자리 이상일 경우 줄여서 사용 가능: 135~39 앞 숫자가 '00'으로 끝날 경우 뒤의 숫자는 모두 적음: 1900~1987

3. 표와 그림

표와 그림은 많은 자료를 간결하면서도 명료하게 나타낼 필요가 있을 때 문장이 아닌 다른 형태, 즉 숫자나 글 또는 표나 그래프, 차트, 지도, 도해, 사진, 도안 등을 이용하여 정보나 지식을 효과적으로 표현하고 전달하는 수단으로 이용된다. 그러나 표나 그림을 지나치게 남용하면 논문의 구색과 품위를 해칠 수 있다. 표나 그림이 너무 많을 경우, 필수불가결한 것만 본문에 삽입하고 나머지는 부표(附表)로 논문의 말미에 수록해야 한다. 논문작성 시 표와 그림 사용법은 다음과 같다.

〈표 12-7〉 표와 그림 사용법

번호와 제목	• 번호는 논문에 실리는 순서에 따라 〈표 1〉, 〈그림 1〉 등과 같이 일련번호를 붙이고, 꺾쇠(〈 〉)를 사용 • 표나 그림의 수가 많을 경우에는 〈표 2-1〉, 〈그림 2-1〉 등과 같이 장별로 일련번호를 붙임 • 번호와 제목은 표 또는 그림의 상단 중앙에 표기(가운데 정렬) – 그림의 번호와 제목은 그림 하단 중앙에 표기할 수 있으나, 통일성 유지
자료출처 및 주	• 표나 그림의 하단에 출처 표기(각주 표기 요령과 동일) 예) * 출처: 조영갑, 『세계전쟁과 테러』(서울: 선학사, 2011), p. 189. • 필자가 직접 조사하여 작성한 경우는 "필자 작성" 또는 "~을 참고로 필자가 재정리" 등으로 표시 • 표나 그림 내의 특정 단어 및 문장에 대한 설명을 위해 주를 달 경우, 해당 부분에 아라비아숫자(1, 2, 3) 또는 별표(*, **, ***) 등 특정기호를 사용하여 주 번호를 표기하고, 표나 그림의 바로 밑, 자료 출처에 앞서서 기록
위치 및 설명	• 본문에서 표(또는 그림)에 대한 간단한 설명을 한 다음 표 작성/위치 • 표(또는 그림)에 대한 핵심적 내용 설명 • 위치가 지면 아래쪽에 있어 표나 그림 전체를 한 페이지에 넣을 수 없을 때에는 본문 줄거리를 끝까지 쓴 다음 그다음 지면의 첫머리에 삽입 가능

4. 인용과 주석

1) 인용

인용(引用, quotation)이란 남의 말이나 글 가운데 필요한 부분을 끌어다가 자신의 말이나 글 속에 넣어 설명하는 데 쓰는 것을 말한다.[12] 일반적으로 인용은 인용부호를 적절히 사용하고 출처를 정확히 밝힘으로써 타인의 저작물을 합법적 절차를 통해 자신의 저작물에서 이용한다. 인용과 표절은 상반된 개념으로 인용은 학문발전을 위해 과거와 현재 및 미래를 이어주는 가교 역할을 한다.[13]

(1) 인용의 목적과 원칙

【인용의 목적】[14]

① 권위 있는 이론이나 주장을 제시함으로써 자기 논리의 타당성 · 정당성을 뒷받침

② 남의 이론(견해)과 자기의 주장과 차이점을 밝힘으로써 자기 논리의 정당함을 입증

③ 다양한 학설이 존재할 때 이를 비교 · 대조함으로써 자기주장을 전개할 수 있는 바탕 마련

【인용의 원칙】[15]

① 증거로서 충분한 가치를 지닌 권위 있는 자료를 선택하여 인용

② 자료에 대한 올바른 해석과 자료 내용을 균형 있게 인용

③ 아무리 사소한 것이라도 반드시 인용의 출처 표기

---

12 다음 국어사전, http://dic.daum.net/search.do?q=%EC%9D%B8%EC%9A%A9&dic=kor(검색일: 2016. 8. 26.)

13 한국연구재단,『연구윤리 확보를 위한 지침 해설서』(2015. 11. 30.), p. 158.

14 합동참모대학,『논문작성법』, 합동고급과정 기본교재(2014), p. 46.

15 국방대학교, 전게서, pp. 87-88.

④ 인용하는 분량은 자신의 저작물이 주가 되고, 인용되는 것이 부수적이 되도록 인용

(2) **인용방법**

인용방법에는 직접인용과 간접인용이 있다. 직접인용은 원문을 그대로 옮겨놓을 필요가 있을 때 하는 인용이다. 직접인용이 필요한 경우는 원문이 아니고는 다른 적절한 표현이 없거나 원문을 그대로 제시하지 않으면 독자가 그릇된 해석을 할 염려가 있을 때, 또는 연구자의 주장과는 상충된 견해를 더욱 분명히 밝히고자 할 때 등이다. 직접인용은 원문의 단어는 물론 철자법, 띄어쓰기, 구두점까지 그대로 옮겨야 한다. 만일 원문에 밑줄을 그었다면 그 사실을 명시하고 이유를 밝혀야 한다. '밑줄은 필자'라고 괄호 속에 표시해야 한다. 직접인용 시 3~4줄 이하 짧은 문장은 따옴표(" ")를 붙여야 한다. 직접인용 문장이 길 경우에는 지문과 행을 달리하여 별도의 단락(paragraph)으로 작성한다. 이때 지문과 인용문 사이에는 상하 각각 1행씩 비우고, 인용문은 좌· 우측 기선으로부터 두세 자 들여 쓴다. 또한 인용 부분은 줄 간격을 좁히거나 지문보다 작은 글자체를 사용함으로써 인용한 부분임을 시각적으로 식별할 수 있도록 해준다. 이때에는 따옴표를 붙이지 않는다. 단지, 따옴표를 하는 짧은 인용문이든지 별도의 단락으로 작성한 긴 인용문이든지 간에 필자가 인용내용의 일부를 생략하고자 할 때는 '중략'이라는 표현이나 석점 줄임표(…)를 사용하여 그 양을 줄일 수 있다.

〈표 12-8〉 직접인용의 예

짧은 문장	다이(Thomas R. Dye)는 정책을 "정부가 하기로 혹은 하지 않기로 결정한 모든 것(Public policy is what the government chooses to do or not to do)"[1]으로 정의했다. 이러한 다이의 정의는 국가정책의 광범위성과 장기성 때문에 분석과 전망을 어렵게 하고 있다. ――――― 1) Thomas R. Dye, Understanding Public Policy (Englewood Cliffs, N. J.: Prentice, 1978), p. 3. * 외국어를 직접인용할 경우 반드시 원어를 적어줘야 하는 것은 아니다. 위의 예와 같이 간단한 문장은 원어를 달아주는 것도 바람직하다.
긴 문장	1990년 3월 3일 덩샤오핑이 발언한 다음의 내용에서도 이러한 중국의 입장이 드러나고 있다. 미국과 소련이 모든 것을 독점했던 시대는 변화하고 있다. 앞으로 세계질서의 구조는 3극도 좋고, 4극도 좋고, 5극도 좋지만 …(중략)… 소위 다극 가운데는 중국도 하나일 수밖에 없다. 중국은 스스로를 낮추어볼 필요가 없으며, 어떤 기준을 적용하더라도 중국은 하나의 극을 형성할 것이다.[2] 이처럼 중국은 국력의 급속한 성장, 그리고 반패권주의와 다극화를 지향하는 외교노선에서 나타나는 현존 국제질서에 대한 불만족도라는 측면에서 세력전이 이론이 제시하는 도전국가의 조건을 충족시키고 있다. ――――― 2) 鄧小平, 『鄧小平文選 第三券: 1982-1992』(北京: 人民出版社, 1993), p. 353.

간접인용은 다른 사람의 저술 내용을 그대로 인용하지 않고 원문을 요약하거나 원문의 함축된 뜻을 논문작성자의 말로 표현한 것이다. 간접인용은 문장 형태만 약간 바꾸는 것이 아니라 자신의 글로 완전히 소화해서 다시 써야 한다. 또한 원전의 내용이나 뜻이 정확하게 전달될 수 있도록 '~에 따르면', '~에 의하면'이나 '~는 다음과 같이 말했다'라고 써서 간접인용 부분임을 명확히 밝히고 인용이 끝나는 부분에 출처 표시를 해주어야 한다. 따라서 인용문의 대부분은 간접인용에 의해 작성된다. 출처 표기요령은 다음 항에 소개되는 '주석양식'에 준한다.

2) 주석

(1) 주석의 유형

주석(註釋, notes)이란 낱말이나 문장의 뜻을 쉽게 풀이함 또는 그 글 자체를 뜻한다.[16] 주석의 유형은 기능과 위치에 따라 구분할 수 있다.

기능에 따라서는 인용주, 해설주, 참조주 등으로 구분할 수 있다. 인용주는 타인의 연구산물을 본인의 연구내용에 사용하고 있음을 밝힘으로써 원저자에 대한 예의를 갖추는 의미가 있고, 내용의 정당성 및 정확성을 높일 수 있다. 타인의 자료를 인용할 때는 반드시 인용주를 붙여야 한다. 해설주는 논문의 내용을 수월하게 이해할 수 있도록 추가 설명이나 해설을 본문이 아닌 곳에 주를 사용해서 별도로 작성한다. 내용을 이해하는 데 도움을 주는 주이므로 '내용주'라고도 한다. 참조주는 서지적으로 논문에 참고한 내용을 담고 있는 자료를 소개하는 형식으로 자료소개 끝 부분에 '참조'라는 말을 넣어 인용주와 구별한다.[17]

또한 주석을 위치에 따라 분류해보면 '각주', '미주', '내주'가 있다. 각주(footnote)는 본문에 주 번호를 표시하고 본문 하단에 주석을 기재한다. 미주(endnote)는 각 장 또는 각 절의 끝이나 논문의 말미에 모든 주석을 일괄하여 작성한다. 내주(reference citation in text)는 본문 중에 괄호를 사용하여 주의 내용을 기재하는 방식으로 '본문주'라고도 한다.

(2) 주석 양식

하나의 논문 속에 각주, 미주, 내주를 혼용해서는 안 된다. 각주, 미주, 내주 중 어떤 방식을 택할 것인가는 해당 논문을 관장하는 기관(학회, 연구소, 대학원 등)의 지침을 준수해야 한다. 학위논문의 경우는 대부분 각

---

16 다음 국어사전, http://dic.daum.net/search.do?q=%EC%A3%BC%EC%84%9D&dic=kor(검색일: 2016. 8. 27.)

17 박창원 · 김성원 · 정연경, 전게서, p. 193.

주를 사용하고 있다. 따라서 각주 작성방법을 위주로 살펴보고자 한다.

단행본 각주에 포함되는 기본사항은 ① 저자 이름,[18] ② 저서명(주제: 부제), ③ 역자, 편자, 편저자, 편역자 등의 이름, ④ 총서명과 권 또는 호수(단행본이 총서 중의 한 권일 경우에 한함), ⑤ 판차(초판인 경우는 제외), ⑥ 출판사항(출판지: 출판사명, 출판연도), ⑦ 인용 및 참고 페이지 등이다. 학술논문은 ① 저자명, ② 제목(주제: 부제), ③ 간행물명, ④ 권, 호수, ⑤ 발행사항(발행기관, 간행일자), ⑥ 인용 및 참고 페이지 등이며, 학위논문은 저자명과 제목은 학술논문과 동일하고 학위구분과 대학명을 기입하고 연도를 표시한다는 점만 다르다. 정기간행물의 경우는 저자명, 제목, 간행물명은 학술 및 학위논문 표기방식과 동일하고, 권 · 호수나 간행일자 등만 다른 방식으로 표기한다.

이미 앞에서 인용하여 각주로 표기한 동일 단행본 및 논문에 대한 각주는 약식주 작성방식을 따른다. 또한 인용은 1차 자료인 원전에서 하는 것이 원칙이지만 부득이하게 다른 사람이 인용한 내용을 다시 인용할 경우는 재인용 표기를 해야 한다.

〈표 12-9〉 각주 작성의 예

단행본	1) 하정열, 『대한민국 안보전략론』(서울: 황금알, 2012), p. 45.(또는 pp. 8-9.) 2) 이상호 외, 『평화통일론』(서울: 비앤엠북스, 2012), p. 13. 3) Geoffrey C. Ward and Ken Bums, *The War: An Intimate History, 1941–1945* (New York: Knopf, 2007), p. 52. 4) G. S. Sanders et al., *Prediction and prevention of famine* (Los Angeles:Timothy Paters, 2002), p. 112. 5) 한국도서관협회 편, 『한국목록규칙』(서울: 한국도서관협회, 1998), p. 25. 6) T. R. Mitchell, 『페미니스트 문학비평』, 김경수 역(서울: 문학과비평사, 1998), pp. 20–24. 7) Richmond Lattimore, trans., *The Iliad of Homer* (Chicago: University of Chicago Press, 1951), pp. 91–92.

18 편집자(editor)나 역자(translator)가 책임을 지는 저작은 저자와 같은 요령으로 다룬다. 다만 이 경우 이름 뒤에 '편', 'eds.' 또는 '역', 'trans.' 등을 표시한다. 이러한 표시는 괄호 안에 넣기도 한다.

	8) 김선철, 『국가안보』(서울: 박영사, 2013), p. 23; 홍성호, 『중립화통일론』(서울: 비앤엠북스, 2012), p. 13. * 1개 페이지 인용은 p.로, 2개 페이지 이상 인용은 pp.로 표기 * 모든 서명(단행본, 학술지 등)은 국문은 겹낫표(『 』)로, 영문은 사각으로 표기 * 저자가 3명 이하는 국문의 경우 저자명 사이에 '가운뎃점'을 찍고 모두 기재 * 영문은 2인일 경우는 and로 연결하고 3인일 경우는 ', and' 식으로 표기 * 공저자가 4인 이상일 경우는 첫 번째 위치한 저자만 적고, 이어서 '외'로 표기 * 영문은 4인 이상 공저 시 첫 저자명에 이어 'et al.'을 표기 * 저자 대신 편집자일 경우 이름 뒤에 '편', 'eds.' 또는 '역', 'trans.' 등을 표시 * 여러 자료(단행본, 논문 등)를 동시에 인용했을 경우 쌍반점(;) 사용
학술논문	1) 정은이, "북한 석탄산업과 북중 무역에 관한 연구", 『한국동북아논총』, 제21집, 제1호(한국동북아학회, 2016), p. 30. 2) 김재홍, "한국의 통일 · 대북정책 전개와 남북군비통제 모색", 『한반도 군비통제』, 제55집(서울: 국방부정책기획관실, 2015), p. 30. 3) R. Jervis, "Political Implications of Loss Aversion," *Political Psychology*, Vol. 13, No. 2(1992), p. 187. 4) 김연종, "이데올로기와 헤게모니", 『문화연구이론』, 정재철 편저(서울: 한나래, 1998), p. 20. 5) 김강녕, "북한의 도발위협과 한국의 대응전략", 제8회 조선대학교 군사학연구소 주체 안보학술세미나(조선대학교 정책대학원 세미나실, 2015. 6월 2일), p. 20. * 논문 주제명에는 쌍따옴표(" ")를 붙이고 주제명 끝에 쉼표를 찍되, 쉼표는 마감하는 따옴표보다 앞에 위치(단, 주제명이 물음표로 끝날 때는 쉼표를 찍지 않음) * 국내 학술지의 경우는 '권' 또는 '집', '호' 등을, 서양 학술지는 'Vol.'과 'No.'를 기재 * 논문집은 출판사항 대신 발행사항(학회 또는 연구소명, 발행연도)을 기재 – 발행기관의 위치가 유동적일 경우(학회 등)는 지명 생략 * 학술회의 발표논문은 학술회의명과 개최일자 및 장소 기재
학위논문	1) 성재호, "국제법상 불간섭원칙에 관한 연구", 성균관대학교대학원 박사학위논문(1997), pp. 15–30. * 필자의 소속을 명확하게 기록(대학원, 정책대학원, 행정대학원, 산업대학원 등)

간행물 및 기타	1)『신동아』, 2001년 5월호, p. 33. 2) Newsweek, 25. Oct. 2002, p. 37. 3)『동아일보』, 2003년 2월 1일자, 3면 4) 황주홍, "이합집산의 시작과 끝",『세계일보』, 2002년 10월 22일자, 6면. 5) "인구정책",『대백과사전』, 제3권(서울: 향학당, 1987), p. 39. 6) W. T. Read, "Chemical Affinity," *The Encyclopedia Americana*, No. 1, 1964. 7) "부산포해전," 다음백과, http://100.daum.net/encyclopedia/view/14XXE0024286(검색일: 2016. 8. 10.) * 권 · 호수는 학술지의 경우만 표시하고, 대중성 잡지는 주로 발행 연월일로 표시 * 신문은 신문 명칭, 발행일자, 면수 표시(기고문은 필자명과 기사명을 추가 기재) * 사전류는 집필자가 확실할 때는 밝히고 그렇지 않을 경우는 제목부터 기재 * 전자자료의 경우 전자주소에 이어 괄호에 검색일 기재
약식주 표기	1) 차문섭, 앞의 책, p. 37.(또는 차문섭, 전게서, p. 37.) 2) 위의 책, p. 47.(또는 상게서, p. 47.) 3) L. D. Peter, op. cit., p. 37. 4) ibid., p. 47. 5) 홍길동(2014), 전게서, p. 10. 또는 홍길동(2016a), 전게서, p. 34. * 앞의 책(전게서, op. cit.)은 저자명 기재, 위의 책(상게서, ibid.)은 저자명 생략 * 동일 저자의 저술자료는 '저자명(발행연도)'으로 표시하고, 동일 저자 저술이 동일연도에 여러 편일 경우의 약식 인용표기는 발행연도 다음에 a, b, c를 기재하여 구분한다. 이 경우 참고문헌에 a, b, c 표시를 해주어야 함
재인용 표기	1) Michael Pollan, *The Omnivore's Dilemma: A Natural History of Four Meals* (New York: Penguin, 2006), pp. 99–101; 박한수, "잡식동물의 생존과 진화",『한국동물연구논총』(한국동물연구학회, 2011), p. 39에서 재인용. * 재인용은 원자료와 2차 자료 사이에 쌍반점을 찍고, "~에서 재인용"을 기재

내주는 미국심리학회(APA) 매뉴얼의 주석양식으로 본문 중 괄호 안에 저자명과 간행연도, 페이지 등을 표시하고, 논문 말미에 참고문헌 목록에서 찾을 수 있도록 하는 방식이다. 예를 들면 본문 내 인용문장에 이어 (홍길동, 2006: 16)과 같이 기재할 경우 이는 참고문헌 목록에 나와 있는 홍길동이 2006년도에 쓴 저서 16쪽에서 인용했음을 밝히는 것

이다. 내주 작성방식도 발행기관마다 상이하므로 해당 발행기관의 규정에 따라 작성해야 한다.

5. 본문부의 주요 항목별 작성요령

1) 서론 부분

서론은 논문의 주안점을 밝히는 데 목적을 두고 작성된다. 서론은 가급적 간결해야 한다. 본론 및 결론에서 다뤄야 할 내용을 서론에서 언급할 경우 본론 및 결론의 내용이 빈약해진다.[19] 서론 부분에 담아야 할 주요 내용은 ① 연구의 목적, ② 문제를 다루는 범위, ③ 연구방법, ④ 선행연구의 검토결과 등이며, 필요 시 특수한 술어의 해설 또는 기본적인 자료를 밝히기도 한다.

첫째, 논문을 작성할 때는 '연구의 목적'을 명확하게 설정해야 한다. 통상 다른 사람이 논문을 읽어볼 때 가장 먼저 연구의 목적이 무엇인가를 확인하게 된다. 따라서 서론에서 연구의 목적을 선명하게 밝혀야 한다. 연구의 목적은 연구주제를 연구하게 된 배경적 내용(문제의 제기, 연구 필요성, 동기 등)을 먼저 밝힌 후 후술하거나 연구의 목적을 먼저 기술한 다음 연구와 관련된 배경적 내용을 기술할 수도 있다.

둘째, 연구의 범위와 한계를 설정하고, 그 이유를 미리 밝혀야 한다. 주제의 성격과 연구목적에 부합되도록 시간 또는 공간적으로 한계를 설정하거나 여건에 따라 논문의 내용과 범위가 제한될 수도 있다.

셋째, 연구방법을 개략적으로 소개한다. 연구방법은 연구문제를 해결하기 위해 어떻게 접근할 것인가를 진술하는 부분으로, 자료수집 방법에 따라 문헌연구, 현지조사, 참여관찰, 역사적 비교연구 등과 같

19 나상갑 편저, 전게서, p. 58.

은 질적 연구(qualitative study)와 실험, 설문지 기법, 면접 등 양적 연구(quantitative study)를 사용할 수 있다.[20] 또한 과학적 방법의 논리체계로서 연역적 방법이나 귀납적 방법을 동원할 수도 있고, 기존연구에서 개발된 분석기법, 측정도구 또는 모델을 적용할 수 있다. 논문작성자는 논문에서 사용된 연구방법 및 접근법, 분석기법 및 모델 등을 간단히 정리해서 기술한다. 특히, 양적 연구(연역적 접근법)의 경우에는 왜 이러한 접근법을 택했는지를 간단히 서술하고 필요 시 어떤 분석기법 또는 측정도구 및 모델을 사용하여 자료를 분석할 것인지를 설명해주어야 한다. 또한 학위논문의 경우 통상 '연구방법' 마지막 부분에 장 · 절 편성내용을 서술식으로 정리하여 설명한다.

넷째, 필요 시 연구주제와 관련된 선행연구의 검토결과를 제시해주어야 한다. 선행연구 검토 시에는 자신의 연구분야와 관련된 자료를 단행본, 학술논문, 정기 간행물 등의 순으로 제시하고, 선행연구 검토의 마지막 부분에는 자신의 연구와의 차이점 및 유용성, 특히 적실성(適實性)을 제공하고 있는 자료가 무엇인지를 밝힌다.

2) 본론 부분

본론 부분은 논문의 중심 내용으로 연구결과의 정확성 또는 해석의 정당성을 논증하는 부분이며, 학위논문의 경우 통상 3~4개의 장으로 편성된다. 논지를 전개하는 과정에서 다음과 같은 사항에 유의해야 한다.

첫째, 전체적으로 연구의 주제와 범위 및 방법에 기초하여 본론을 어떻게 구성하고 논리를 펼쳐나갈 것인가를 숙고하면서 수집된 자료들을 연구자의 주장이나 이론의 정당성을 뒷받침하기 위해 어떻게 안배해서 사용할 것인가를 고려해야 한다. 본론 부분을 집필하는 과정에서 최초 구상한 목차가 논리성 및 일관성 측면에서 문제가 있을 경우는 장 · 절

20 김구, 전게서, pp. 97-98.

편성을 변경해야 한다. 또한 다른 연구자의 주장이나 이론을 비판할 경우나 자신의 독창적 주장을 내세울 경우는 충분하고 정확한 논증 자료가 뒷받침되어야 한다.

둘째, 본론의 첫 번째 장(제2장)은 논문 내용과 관련된 '이론'과 '분석의 틀'을 제시한다. 학위논문의 경우, 제2장은 '~에 대한 이론과 사례', '~의 이론과 분석 틀' 또는 '이론적 배경과 분석 틀' 등으로 붙일 수 있다. 먼저, 연구자는 연구문제와 관련된 개념을 구체화하고, 분석의 틀에 유용한 이론들을 체계적으로 정리하여 제시해야 한다. 학위논문의 경우, 논문의 분량을 늘리기 위해 연구내용과 직결되지 않는 이론을 포함시켜서는 안 된다. 단, 연구주제에 대한 개념(정의)은 포함시키는 것이 바람직하다.

셋째, 질적 연구의 경우 연구방법은 서론에서 제시할 수도 있지만, 양적 연구는 서론에서 간단히 언급하고 특정조사나 연구 분석 등에 사용된 연구방법의 구체적인 전개과정 및 세부적 방법론은 본론에 별도의 항목을 설정하여 제시될 경우가 많다.

넷째, '분석의 틀'은 '연구의 흐름도'와 다르다. 통상 '분석의 틀'은 '연구의 흐름도' 속에서 도표로 그릴 경우가 많다. 이 경우에는 현상을 분석할 수 있는 이론적 요소(지표)를 '연구 흐름도'의 목에 위치시켜야 한다. 즉, 어떤 현상을 이론적 분석요소의 틀을 통과시킴으로써 논리적이고 체계적인 분석결과를 얻을 수 있어야 한다. 따라서 본론의 장 · 절 편성은 '분석의 틀'에 의해 많은 영향을 받는다.

3) 결론 부분

결론은 본론의 결말로서 논문의 마무리를 짓는다. 그러므로 너무 지나치게 단정하거나 비약된 독단이어서는 안 되며, 너무 빈약해서도 안

된다.[21] 결론에 포함되는 주요 내용은 연구결과에 대한 요약과 이론적 · 정책적 함의, 그리고 연구의 한계 및 향후 연구방향 등이다.

첫째, 연구자는 본론을 토대로 연구결과를 요약하면서 자신의 주장을 펼칠 수 있어야 한다. 연구결과에 대한 요약은 본론에서 이미 제시된 내용이므로 핵심 위주로 해야 하며, 주관적이거나 극단적 · 감정적 표현을 해서는 안 된다.

둘째, 본론에서 전혀 거론되지 않았던 내용이나 주장 등이 갑자기 결론 부분에 새롭게 등장해서는 안 된다.

셋째, 정책적 건의 및 제언을 제시하거나 연구의 한계 또는 해당 논문에서 다루지 못한 과제 등에 대한 향후 연구 방향을 제시한다.

6. 논문의 분량

일반적으로 잡지 및 기관지 발행을 위해 원고를 청탁할 때는 발행기관에서 원고 매수를 지정해준다. 전문학술지의 경우는 발행기관에서 작성요령 및 적정 매수(통상 A4지 20매 내외)를 규정해주고 있다. 단지, 학위논문의 경우는 반드시 몇 매로 작성해야 한다는 규정은 없다. 그러나 분량이 너무 적거나 지나치게 많으면 심사위원으로부터 환영받기 어렵다. 석사학위논문은 200자 원고지 400매, 박사학위논문은 800~1,000매 정도가 적당한 분량이라고 볼 수 있다. 그렇다고 일정 매수를 미리 정해놓고 이에 따르는 것은 좋은 논문이 될 수 없다. 논문이 짧다고 늘여 써도 안 되고, 너무 길다고 해서 필요한 부분까지 삭제해버리는 것은 잘못이다.[22]

21 나상갑 편저, 전게서, p. 59.

22 상게서, p. 57.

제4절 논문 완성 및 연구윤리

1. 논문 완성

학위논문 '본문부'의 집필이 끝나면 '서두부'와 '참고자료부'를 작성한 후 최종적으로 교정 작업을 실시함으로써 논문이 완성된다. '서두부'와 '참고자료부' 작성 시 고려해야 할 사항은 다음과 같다.

1) 서두부(the preliminaries)

학위논문의 서두부(표지, 속지, 표제지, 학위논문 제출서, 인준서 등)는 학위수여기관에서 제시한 양식을 준수해야 한다.

서두부 중에서 논문 초록 작성은 매우 중요하다. 대부분 독자들은 초록을 통해 그 논문의 내용을 확인하기 때문이다. 특히 영문 초록은 정확한 번역이 요구된다.[23] 초록에 포함시켜야 할 내용은 연구의 배경 및 목적을 먼저 밝힌 다음 연구문제 및 연구방법을 간단히 설명하고, 분석을 통해 도출된 연구결과를 제시한다. 마지막 부분에는 연구결과의 시사점 또는 제언 등을 언급한다. 초록은 간결하게 기술해야 한다. 학위논문의 경우는 통상 2~3쪽, 학술논문의 경우는 1쪽 이하(1/2~2/3쪽)로 작성하는 것이 바람직하다.

2) 참고자료부(the reference matters)

참고자료부는 참고문헌 목록과 필요 시 부록 및 색인을 달 수 있다. 참고문헌 목록의 기재 요소와 형식은 대체로 각주와 거의 동일하다. 각

---

23 초록은 통상 본문을 한글로 작성할 경우는 외국어로, 본문을 외국어로 작성할 경우는 국문으로 작성된다. 그러나 국문과 영문을 동시에 작성해야 할 경우는 반드시 국문 초록과 영문 초록의 내용이 일치해야 한다. 즉, 영문 초록은 국문 초록을 번역한 내용이어야 한다.

주는 인용 출처를 밝히는 데 일차적인 목적이 있다고 한다면, 참고문헌 목록은 그 출처에 관한 총체적인 정보를 밝히는 데 초점을 맞추고 있다. 이러한 차이점으로 각주와 참고문헌 목록 간에는 기재형식 면에서 다음과 같은 몇 가지 차이가 있다.

【각주와 참고문헌 목록 기재형식의 차이점】

① 각주는 괄호 안에 출판사항(출판지: 출판사명, 출판연도)을 표시하나, 참고문헌 목록은 괄호를 사용하지 않는다. 예) 김준석, 『정보시스템』, 서울: 법문사, 1996.

② 각주는 참조 페이지를 기재하나, 참고문헌 목록은 참조 페이지를 기재하지 않는다.

③ 각주는 주 번호를 붙이지만, 참고문헌 목록은 주 번호를 붙이지 않고 저자 성의 가나다순이나 알파벳순으로 배열한다.

④ 양서의 각주는 저자명을 기입할 때 이름을 앞에 성을 뒤에 기입하지만, 참고문헌 목록은 성을 앞에 놓고 콤마를 찍고 이름을 기입한다. 예) Davenport, Thomas, *Information Ecology*, New York: Oxford University Press, 1997.

참고문헌 목록을 배열하는 방법은 참고문헌의 유형에 따라 다양하나 가장 일반적인 방법은 다음과 같다.

【참고문헌 목록 분류 및 배열방법】

① 학술지 논문 등과 같이 참고문헌의 수가 많지 않을 때는 전체를 저자명 순으로 배열하는 것이 일반적이다. 이 경우 분류항목 없이 국내문헌, 외국문헌, 기타 순으로 배열한다.

② 학위논문 및 연구과제 수행 논문과 같이 참고문헌 목록이 많을 경우는 자료의 유형에 따라 다음과 같은 몇 가지 범주 중 하나를 선

택하여 분류항목을 설정하여 수록한다.

- 동양과 서양으로 구분할 경우는 동양문헌을 먼저 수록하고(국내, 일본, 중국 순), 서양문헌을 나중에 수록한다.
- 국내와 외국으로 구분할 경우는 국내문헌, 외국문헌, 기타 순으로 수록한다.
- 자료의 유형에 따라 구분할 경우는 단행본, 논문, 기타자료 순으로 분류하여 수록한다. 이 경우에도 국내문헌, 외국문헌 순으로 수록한다.

③ 국 · 한문 문헌은 성명의 가나다순으로, 구미 문헌은 성을 쓰고 콤마를 찍고 알파벳순으로 배열한다. 한 필자의 문헌이 다수일 경우는 출판연도순으로 하고, 한 필자가 한 해에 다수의 문헌을 집필했을 경우는 제목의 가나다순이나 알파벳순으로 배열한다.

④ 한 필자의 문헌이 다수일 경우 첫 번째 문헌은 필자명을 쓰고, 두 번째 문헌부터는 이름에 해당되는 길이만큼 밑줄을 그어 표시한다. 그러나 앞에 나온 필자가 다른 사람과 공저한 문헌은 필자명은 모두 써야 한다.

⑤ 단일 필자 문헌과 그 필자가 포함된 공저 문헌이 있을 경우는 단일 필자 문헌을 앞에 배열한다. 공저 문헌 중에서도 필자 수가 적은 문헌을 앞에 수록한다.

⑥ 한 문헌 목록기재 요소의 길이가 두 줄 이상일 경우, 둘째 줄부터는 첫째 줄 좌단을 기준으로 하여 국 · 한문의 경우에는 세 자를 들여쓰기 한다.

국내문헌과 영문문헌 자료를 위주로 사용한 학위논문의 참고문헌 목록의 항목은 통상 국내문헌, 외국문헌, 기타자료로 구분하는 경우가 많다.

※ 참고문헌 목록 항목(예)

1. 국내문헌

가. 단행본

이상우, 『럼멜의 자유주의 평화이론』, 서울: 오름, 2002.

______, 『국제정치학강의』, 서울: 박영사, 2005.

이상우 · 하영선, 『현대국제정치학』, 서울: 나남, 1994.

나. 논문

박건영, "한반도 평화체제 구축을 위한 한국의 전략", 『국방연구』, 제51권, 제1호, 서울: 국방대학교 안보문제연구소, 2008.

다. 기타자료

홍준호, "북핵 이대로 중국에 맡겨둬도 되나", 『조선일보』, 2005년 2월 16일자.

"사드바로알기" http://www.mnd.go.kr/user/boardList.action? (검색일: 2016. 9. 8.)

2. 외국문헌

가. 단행본

나. 논문

다. 기타자료

또한 부록이 필요할 경우에는 참고문헌 목록 다음에 넣는다. 부록이 여러 개 있을 경우에는 〈부록-1〉, 〈부록-2〉 등(영어의 경우 Appendix 1, Appendix 2)으로 표시하고 각 부록마다 제목을 붙인다. 분량이 많은 논문은 내용항목을 쉽게 찾아볼 수 있도록 색인을 달 수도 있다.

2. 연구윤리[24]

1) 연구자의 역할과 책임

연구자는 논문작성 시작부터 완성 시까지 연구윤리 문제를 염두에 두고 임해야 한다. 합법적인 절차를 따르지 않거나 타인의 지적 재산을 규정된 인용표기 없이 사용할 경우 법적인 문제가 야기될 수 있다. 2005년도 말 황우석 교수의 줄기세포 논문조작 사건을 겪은 후 2007년도에 처음으로 「연구윤리 확보를 위한 지침」(과학기술부 훈령 제236호, 2007. 2. 8.)을 제정했으며, 그 이후 2015년까지 여섯 차례에 걸쳐 개정(교육부 훈령 제153호, 2015. 11. 3.)했다.[25] 교육부 훈령 제5조에서 규정하고 있는 '연구자의 역할과 책임'은 ① 연구대상자의 인격 존중 및 공정한 대우, ② 연구대상자의 개인정보 및 사생활 보호, ③ 사실에 기초한 정직하고 투명한 연구의 진행, ④ 전문가로서 학문적 양심 견지, ⑤ 학문적 발전에 기여, ⑥ 선행연구자의 업적 인정 · 존중, ⑦ 연구계약의 체결, 연구비의 수주 및 집행과정의 윤리적 책임 견지 등이다.[26]

또한 연구자의 연구부정행위가 아니더라도 연구의 결과물이 타인에게 피해를 주거나 연구과정상 남을 속이는 행위가 발생하면 안 된다. 특히 타인을 연구에 참가시킬 때 윤리적 측면에서 금지해야 할 사항은 ① 사전지식이나 동의 없는 참가, ② 강제적 참가, ③ 연구 성격 및 목적에 대한 불충분한 설명, ④ 기만적 방법사용, ⑤ 참가자의 심리적 · 신체적 피해, ⑥ 동의 없이 행하는 태도변화, ⑦ 개인 프라이버시 침해, ⑧ 부적절한 사후처리 등이다.[27]

---

24 연구윤리에 대해서는 교육부 훈령 제153호(2015. 11. 3, 일부개정) 「연구윤리 확보를 위한 지침」과 한국연구재단에서 발간한 동 지침에 대한 해설서를 참고로 하여 정리했음

25 한국연구재단, 전게서, p. 2.

26 「연구윤리 확보를 위한 지침」 제2장 제5조.

27 국방대학교, 전게서, pp. 14-23.

2) 연구부정행위의 유형

교육부 훈령 제3장 제12조에서 규정하고 있는 연구부정행위의 유형으로는 ① 위조, ② 변조, ③ 표절, ④ 부당한 저자 표시, ⑤ 부당한 중복 게재, ⑥ 연구부정행위에 대한 조사 방해 행위, ⑦ 각 학문 분야에서 통상적으로 용인되는 범위를 심각하게 벗어나는 행위 등이다.[28] 교육부 훈령에서 규정하고 있는 연구부정행위 유형은 다음과 같다.

〈표 12-10〉 연구부정행위 유형별 규정[29]

위조	존재하지 않는 연구 원자료 또는 연구자료, 연구결과 등을 허위로 만들거나 기록 또는 보고하는 행위
변조	연구 재료 · 장비 · 과정 등을 인위적으로 조작하거나 연구 원자료 또는 연구자료를 임의로 변형 · 삭제함으로써 연구내용 또는 결과를 왜곡하는 행위
표절	일반적 지식이 아닌 타인의 독창적 아이디어 또는 창작물을 적절한 출처 표시 없이 활용함으로써 자신의 창작물인 것처럼 인식하게 하는 행위
부당한 저자 표시	연구내용 또는 결과에 대해 공헌 또는 기여한 사람에게 정당한 이유 없이 저자 자격을 부여하지 않거나 공헌 또는 기여하지 않은 사람에게 감사의 표시 또는 예우 등을 이유로 저자 자격을 부여하는 행위
부당한 중복게재	연구자가 자신의 이전 연구결과와 동일 또는 실질적으로 유사한 저작물을 출처 표시 없이 게재한 후, 연구비를 수령하거나 별도의 연구업적으로 인정받는 경우 등 부당한 이익을 얻는 행위
기타	• 연구부정행위에 대한 조사 방해 행위 • 각 학문 분야에서 통상적으로 용인되는 범위를 심각하게 벗어나는 행위

대학 및 학회 등의 장은 이러한 연구부정행위 외에도 자체 조사 또는 예방이 필요하다고 판단되는 행위를 자체 지침에 포함시킬 수 있다.[30]

특히 '표절'은 논문작성에서 가장 유의해야 할 분야 중 하나다. 지금까지 대학 및 학회 등에서 규정해온 표절의 세부 유형을 종합해보면 ①

28 연구부정행위 각 유형에 대한 사례는 한국연구재단에서 발간한 『연구윤리 확보를 위한 지침 해설서』(2015. 11.) pp. 55-82 참조

29 「연구윤리 확보를 위한 지침」 제3장 제12조 제1항.

30 「연구윤리 확보를 위한 지침」 제3장 제12조 제2항.

내용 표절, ② 아이디어 표절, ③ 번역 표절, ④ 2차 문헌 표절,[31] ⑤ 말 바꿔 쓰기 표절,[32] ⑥ 짜깁기 표절,[33] ⑦ 논증 구조 표절[34] 등이 있다. 이러한 유형들이 표절에 해당되는가에 대한 학계의 의견은 일부 상충되는 부분이 존재하기도 했다. 따라서 교육부에서는 대학 및 전문가들을 대상으로 설문조사를 실시한 결과를 바탕으로 '표절에 해당되는 행위'를 「연구윤리 확보를 위한 지침」(교육부 훈령 제153호, 2015. 11. 3.) 제12조 제1항 제3호에서 다음과 같이 규정했다.[35]

【표절에 해당되는 행위】[36]

① 타인의 연구내용 전부 또는 일부를 출처를 표시하지 않고 그대로 활용한 경우
② 타인의 저작물의 단어 · 문장구조를 일부 변형하여 사용하면서 출처를 표시하지 않은 경우
③ 타인의 독창적인 생각 등을 활용하면서 출처를 표시하지 않은 경우
④ 타인의 저작물을 번역하여 활용하면서 출처를 표시하지 않은 경우

또한 '부당한 저자 표시' 행위 유형은 제12조 제1항 제4호에서 다음과 같이 3가지로 규정했다.

---

31 재인용 표시를 하지 않고 직접 원문을 본 것처럼 1차 문헌에 대한 출처를 그대로 표시한 경우

32 타인의 문장구조를 일부 변형하거나 단어의 추가 또는 동의어 대체 등을 통해 사용하면서도 출처 표시를 하지 않은 경우

33 출처 표시 없이 타인의 저작물을 조합하여 활용하거나, 자신과 타인의 문장을 결합한 경우

34 구체적인 연구대상이나 문장은 다를지라도 결론 도출방식 등 논리전개 구조를 타인의 저작물에서 응용하면서도 출처를 밝히지 않은 경우

35 한국연구재단, 전게서, p. 63.

36 「연구윤리 확보를 위한 지침」 제3장 제12조 제1항의 3.

【부당한 저자표시에 해당되는 행위】[37]

① 연구내용 또는 결과에 대한 공헌 또는 기여가 없음에도 저자 자격을 부여한 경우

② 연구내용 또는 결과에 대한 공헌 또는 기여가 있음에도 저자 자격을 부여하지 않은 경우

③ 지도학생의 학위논문을 학술지 등에 지도교수의 단독 명의로 게재·발표한 경우

'중복게재'는 학문 분야별 특성에 따라 중복게재 여부에 대한 판단이 어려울 수 있고, 자신의 이전 저작물을 활용하여 후속연구가 나올 수 있다는 점을 감안할 때 더욱 명확한 기준이 필요한 분야다. 이러한 측면에서 중복게재는 '부당한 중복게재'와 '허용될 수 있는 중복게재'로 구분할 수 있다. 그러나 교육부 훈령에는 '부당한 중복게재'만 규정하고 있으며, 이는 두 가지 유형으로 정리할 수 있다.

【부당한 중복게재에 해당되는 행위】[38]

① 자신의 이전 연구결과와 저작물들을 활용할 때 아무런 출처표시 없이 게재한 행위

② 이 행위를 통해 연구비 수령 및 연구업적 인정의 이익을 취하게 될 경우

즉, '부당한 중복게재'는 출처 표시를 하지 않은 등 허용될 수 없는 행위를 하면서 연구비 수령 및 연구업적 인정 같은 부당한 이익을 발생시키는 것을 가장 큰 경계로 삼는다.

그러나 '허용될 수 있는 중복게재'는 출처 표시를 정확하게 밝히는

37 「연구윤리 확보를 위한 지침」 제3장 제12조 제1항의 4.

38 한국연구재단, 전게서, p. 75.

행위 자체에 초점을 맞추고 있다. 따라서 연구자는 자신의 이전 저작물을 후속 저작물에 활용할 때는 반드시 출처를 명확하게 표시함으로써 마치 새로운 것처럼 하지 말아야 한다.[39] 다음의 경우는 학계에서 통상 허용하는 중복게재 사례들이다.

【학계에서 통상 허용되고 있는 중복게재 사례들】[40]

① 학술대회에서 발표된 원고를 수정하여 학술지에 게재하면서 학술대회에서 발표한 사실을 밝힌 경우
② 자신의 학위논문 일부 또는 전부를 학술지 또는 저서에 게재하면서 출처를 명확히 밝힌 경우
③ 기존에 연구·발표한 자신의 연구결과를 수합하여 인용·출처표시를 명확히 하고 학위논문에 사용하는 경우
④ 이전 게재·출판된 논문 또는 저서의 내용 전부 또는 일부를 교양서, 대중잡지 등 비학술용 출판물에 쉽게 풀어 써서 게재·출판하는 경우
⑤ 자신의 연구결과 보고서에 있는 내용을 활용하여 전문 학술지 논문으로 게재·출판하면서 출처를 명확히 밝힌 경우 등

위 사례들이 '허용될 수 있는 중복게재'인가에 대한 학계 및 전문가들의 시각은 일부 상이하며, 교육부 훈령에도 규정하고 있지 않다. 따라서 차후 중복게재의 명시적 범위를 검토하여 구체화할 필요가 있다.

3) 연구부정행위의 판단

또한 교육부 훈령 제3장 제13조에서 규정하고 있는 연구부정행위에 대한 판단 기준은 다음과 같다.

---

39 한국연구재단, 전게서, pp. 75-76.

40 상게서, p. 74.

【연구부정행위 판단기준】[41]

① 연구자가 속한 학문 분야에서 윤리적 또는 법적으로 비난을 받을 만한 행위인지

② 해당 행위 당시의 '연구윤리 확보를 위한 지침' 및 해당 행위자가 있었던 시점의 보편적인 기준을 고려

③ 행위자의 고의, 연구부정행위 결과물의 양과 질, 학계의 관행과 특수성, 연구부정행위를 통해 얻은 이익 등을 종합적으로 고려

대학 및 전문기관(학회, 연구소 등)은 대부분 「연구윤리 확보를 위한 지침」을 토대로 자체적인 연구윤리 규정을 제정하고 있다. 논문작성자는 자기의 논문을 기고하는 기관의 윤리규정을 반드시 확인하고 준수할 의무가 있다. 만일 해당 연구기관에 연구윤리 규정이 없을 경우는 교육부 훈령인 「연구윤리 확보를 위한 지침」을 적용할 수 있다.[42]

---

41 「연구윤리 확보를 위한 지침」 제3장 제13조.

42 「연구윤리 확보를 위한 지침」 제1장 제3조 제2항 및 제3항.

참고문헌

1. 국내문헌

단행본

김경동 · 이온죽, 『사회조사연구방법』(서울: 박영사, 1989).

김택현 역, 『역사란 무엇인가』(서울: 까치, 2003).

강신택, 『사회과학연구의 논리 – 정치학 · 행정학을 중심으로 – 』(서울: 박영사, 1984. 12. 20.).

곽영순, 『질적연구: 철학과 예술 그리고 교육』(파주: 교육과학사, 2009).

구동모, 『연구방법론』(파주: 학현사, 2013).

국방대학교, 『논문작성법』(안보과정 참고서지, 2000).

군사학연구회, 『군사학개론』(서울: 플래닛미디어, 2015).

권영근, 『한국군 국방개혁의 변화와 지속』(서울: 연경문화사, 2007).

김렬, 『사회과학도를 위한 연구조사방법론』(서울: 박영사, 2013).

김광웅, 『방법론강의』(서울: 박영사, 1996).

______, 『사회과학연구방법론 – 조사방법과 계량분석』(서울: 박영사, 1984).

______, 『방법론 강의』(서울: 다우문화사, 1996).

______, 『사회과학연구방법론』(서울: 박영사, 1989).

김광재 · 김효동 역, 『사회과학 통계방법론의 핵심 이론』(서울: 커뮤니케이션북스, 2009).

김구, 『사회과학 연구조사 방법론의 이해』 제2판(서울: 비앤엠북스, 2011).

김렬, 『사회과학도를 위한 연구조사방법론』(서울: 박영사, 2009).

김병진, 『현대사회과학조사방법론』(서울: 삼영사, 1991).

김아영 · 차정은 역, 『통계분석 논리의 기초』(서울: 박학사, 2008).

김재은, 『교육 · 심리 · 사회과학연구방법』(서울: 익문사, 1971).

김준섭, 『과학철학학서설』(서울: 정음사, 1963).

김해동, 『조사방법론』(서울: 법문사, 1991).

나상갑 편저, 『논문작성법의 이론과 실제』(서울: 양서원, 2008).

남궁근, 『행정조사방법론』(서울: 법문사, 1998).

노먼 블래키, 이기홍 역, 『사회연구의 방법론』(서울: 한울, 2015).

노화준, 『정책분석론』(서울: 박영사, 2001).

바실 리델 하트, 주은식 역, 『전략론』(서울: 책세상, 1999).

박용치, 『현대조사방법론』(서울: 경세원, 1997).

박정식 · 윤영선 · 박래수, 『현대통계학』 제5판(서울: 다산출판사, 2010).

박창원 · 김성원 · 정연경, 『논문작성법』(이화여자대학교출판부, 2012).

박희서 · 김구, 『사회복지조사방법론』(서울: 비앤엠북스, 2006).

성태제 · 시기자, 『연구방법론』(서울: 학지사, 2014).

신경식 · 서아영 역, 『사례연구방법』(서울: 한경사, 2011).

임기홍, 『정치학 연구방법론으로의 초대』(글고운, 2013).

윤택림, 『문화와 역사 연구를 위한 질적연구방법론』(서울: 아르케, 2013).

이군희, 『사회과학 연구방법론』(서울: 법문사, 2007).

이관우, 『조사방법론』(서울: 형설출판사, 1990).

이노우에 다쓰히코, 송경원 역, 『왜 케이스 스터디인가』(서울: 어크로스, 2015).

이만갑 · 한완상 · 김경동, 『사회조사방법론』(서울: 한국학습교재사, 1985).

이종호, 『군사혁신론』(논산: 디자인 세종, 2015).

이종환, 『맥락으로 이해하는 사회과학 조사방법론』(고양: 공동체, 2014).

______, 『맥락으로 이해하는 사회과학 조사방법론』(서울: 공동체, 2011).

이희연 · 노승철, 『고급통계분석론: 이론과 실제』 제2판(고양: 문우사, 2013).

장택원, 『세상에서 가장 쉬운 사회조사 방법론』(서울: 커뮤니케이션북스, 2013).

정현욱, 『사회과학 연구방법론』(서울: 시간의 물레, 2012).

조홍식 외 역, 『질적 연구방법론: 다섯 가지 접근』(서울: 학지사, 2015)

차배근 · 차경욱, 『사회과학 연구방법: 실증연구의 원리와 실제』(서울: 서울대학교 출판문화원, 2013).
채구묵, 『사회과학 통계분석』(경기 파주: 양서원, 2012).
채서일, 『사회과학조사방법론』(서울: 비앤엠북스, 2005).
______, 『사회과학조사방법론』(서울: 학현사, 1993).
채서일 · 김주영, 『사회과학조사방법론』 제4판(서울: 비앤엠북스, 2016).
한국연구재단, 『연구윤리 확보를 위한 지침 해설서』(2015).
한배호, 『비교정치론』(서울: 법문사, 1971).
합동참모대학, 『논문작성법』 합동고급과정 기본교재(2014).
홍두승, 『사회조사분석』(서울: 다산출판사, 1992).
홍성열, 『사회과학도를 위한 연구방법론』(서울: 시그마프레스, 2010).

논문

고원, "마르크 블로크의 비교", 『서양사론』 93권(2007).
길병옥, "군사학: 통섭의 학문체계와 정상과학에 관한 논고"(군사연구, 2005).
김웅진, "비교정치연구의 분석전략과 디자인: 통칙생산의 기본규준을 중심으로", 서울대 비교문화연구소, 『비교문화연구』(서울: 일신사, 1995).
김유신, "융합연구에 대한 과학철학적 접근", 『융합연구: 이론과 실제』, 한국사회과학협의회(서울: 법문사, 2013).
김열수, "군사학의 학문체계 정립"(군사논단, 2004).
김재웅, "분과학문으로서 교육학의 위기에 대한 비판적 고찰: 현장적 전문성과 학문적 정체성의 관점에서", 『아시아교육연구』 13권 3호(2012).
김택현, "비교사의 방법과 실제", 『사림(성대사림)』 28권, 수선사학회(2007).
노경덕, "냉전사와 소련연구", 『역사비평』(2012. 11).
박용현, "군사학이란 무엇인가"(군사학개론, 2014).
박종철, "러시아 군사학의 구조에 관한 연구"(육사논문집, 2000).
아렌트 레이프하트, "비교정치연구와 비교분석방법", 『비교정치론 강의 1: 비교정치연구의 분석논리와 패러다임』(서울: 한울아카데미, 1992).
오헌석 외, "융합학문 어떻게 탄생하는가?", 『교육문제연구』 제43집(2012).
윤석경 · 이상용, "과학철학의 변천에 관한 연구", 『사회과학논총』 제9권(충남대학교 사회과학연구소, 1998. 12).
윤종호 외, 『군사학 학문체계 정립 및 군사학 학위수여 방안』(국방대, 2002).
이경화, "북한과 투바의 혁명군부에 대한 비교 연구", 고려대학교 박사논문(2014).
이명환, "군사학의 학문 패러다임 연구"(공사논문집, 2002).
이종학, "군사학의 이론체계"(해군대학, 1981).
정성, "군사학의 기원과 이론체계"(군사논단, 2005).
한경신, "한국십진분류법 국방 · 군사학(390) 분류체계에 관한 연구"(한국도서관 · 정보학회지, 2014).

기타

교육부 훈령 제153호(2015. 11. 3 일부개정), 「연구윤리 확보를 위한 지침」
http://dic.daum.net/search.do?q=%EC%9D%B8%EC%9A%A9&dic=kor (검색일: 2016. 8. 26.)
http://dic.daum.net/search.do?q=%EC%A3%BC%EC%84%9D&dic=kor (검색일: 2016. 8. 27.)

2. 외국문헌

단행본

Acheson, Dean, *The Korean War* (New York, NY: W. W. Norton, 1971).
Agresti, Alan and Barbara Finlay, *Statistical Methods for the Social Sciences*, 3rd Edition (N. J.: Pearson, 1997).
Anderson, B. F., *The Psychology experiment: an introduction to the scientific method* (Belmont, Calif.: Wadsworth Pub. Co., 1966).

Appleman, Roy, *South to the Naktong, North to the Yalu, The United States Army in the Korean War* (Washington DC: US GPO, 1961).

Babbie, Earl R., *Survey Research Methods* (Belmont, California, Wadsworth, 1973).

______, *The Practice of Social Research* (CA: Belmint, 1975).

Benson, Oliver, *Political Science Laboratory* (Columbus, Ohio, Charles E., Merrill, 1969).

Cohen, Stephen F., *Bukharin and the Bolshevik Revolution: A Political Biography 1888-1938* (New York: Alfred A Knopf, 1971).

______, *Failed Crusade: America and the Tragedy of Post-Communist Russia* (New York: W. W. Norton & Company, 2000).

______, *Rethinking the Soviet Experience: Politics and History Since 1917* (Oxford, UK: Oxford University Press, 1985).

______, *Soviet Fates and Lost Alternatives: from Stalinism to the New Cold War* (New York: Columbia University Press, 2009).

Cumings, Bruce, *The Origins of the Korean War, Volume 1: Liberation and the emergence of separate regimes, 1945-1947* (Princeton, NJ: Princeton University Press, 1981).

______, *The Origins of the Korean War, Volume 2: The roaring of the cataract, 1947-1950* (Princeton, NJ: Princeton University Press, 1990).

D. Nachmias and C. Nachmias, *Research Methods in the Social Science* (New York: St. Martin's Press, 1987).

Fehrenbach. T. R., *This Kind of War: a study in unpreparedness* (New York, NY: Macmillan, 1963).

Fitzpatrick, Sheila, *Everyday Stalinism: Ordinary Life in Extraordinary Times - Soviet Russia in the 1930s* (Oxford, UK: Oxford University Press, 1999).

_____, *Stalin's Peasants: Resistance and Survival in the Russian Village after Collectivization* (Oxford, UK: Oxford University Press, 1994).

_____, *The Cultural Front: Power and Culture in Revolutionary Russia* (Ithaca, NY: Cornell University Press, 1992).

_____, *The Russian Revolution* (Oxford, UK: Oxford University Press, 1982).

Frankfort-Nachmias, Chava and David Nachmias, *Research Methods in the Social Sciences* (Worth Publishers, 2000).

Fred N. Kerlinger, *Foundation of Behaviordal Research* (New York: Holt, Rinehart and Winston, 1973).

_____, *Foundations of Behavioral Research* (New York: Holt, Rinehart and Winston, 1986).

Friedman, Milton and Friedman. Rose, *Free to Choose: A Personal Statement* (New York: Harcourt Brace Jovanovich, 1979).

Gaddies, John Lewis, *Strategies of Containment: A Critical Appraisal of American National Security Policy during the Cold War* (Oxford, UK: Oxford University Press, 1982).

_____, *The Cold War: A New History* (New York: Penguin Books, 2005).

_____, *We Now Know: Rethinking Cold War History* (Oxford, UK: Oxford University Press, 1997).

Gary King, Robert O. Keohane and Sidney Verba, *Designing Social Inquiry: Scientific Inference in Qualitative Research* (Princeton: Princeton University Press, 1994).

Glantz, David M. and House, Jonathan, *When Titans Clashed: How the Red Army Stopped Hitler* (Lawrence, KS: University Press of Kansas, 1995).

Glantz, David M., *Colossus Reborn: The Red Army at War, 1941-1943* (Lawrence, KS: University Press of Kansas, 2005).

_____, *Stumbling Colossus: The Red Army on the Eve of World Order*

(Lawrence, KS: University Press of Kansas, 1998).

Goncharov, Sergie N., John W. Lewis and Xue Litai, *Uncertain Partners: Stalin, Mao, and the Korean War* (Stanford: Stanford University Press, 1993).

______, *Uncertain Partner: Stalin, Mao, and the Korean War* (Stanford, CA: Stanford University Press, 1993).

Goode, W. J. & Hatt, P. K., *Methods in Social Research* (Singapore: McGraw Hill International Editions, 1981).

Gorlizki, Yoram and Khlevniuk, Oleg, *Cold Peace: Stalin and the Soviet Ruling Circle, 1945-1953* (Oxford, UK: Oxford University Press, 2004).

Gujarati, Damodar N., *Basic Econometrics* (New York: McGraw-Hill, 1995).

Haruki, Wada, *Han'guk Chonjaeng* (Seoul: Ch'angjakkwa Pip'yongsa, 1999).

______, *Kim Il Sung gwa Manju Hangil Chonjaeng* (Seoul: Changjakkwa Pipyongsa, 1992).

______, *Pukchoson Yugyoktae Gukkaeso Chonggyugun Gukkaro* (Seoul: Tolbegae, 2002).

______, *The Korean War: An International History* (Lanham, Maryland: Rowman & Littlefield, 2014).

Hasegawa, Tsuyoshi, *Racing the Enemy: Stalin, Truman, and the Surrender of Japan* (Cambridge, MA: The Belknap Press of Harvard University Press, 2005).

Hayek. F. A., *The Road to Serfdom* (London: Routledge, 1944).

Hosking, Geoffrey, *Rulers and Victims: The Russians in the Soviet Union* (Cambridge, MA: The Belknap Press of Harvard University Press, 2006).

J. Black and Dean J. Champion, *Methods and Issues in Social Research* (New York: John Wiley & Sons, 1976).

Jian, Chen, *China's road to the Korean War: the making of the Sino-American confrontation* (New York: Columbia University Press, 1994).

Jurgen Habermas, *Knowledge and Human Interest* Translated by Jeremy J. Shapiro (Boston, Beacon Press, 1971)

Kerlinger, F. N., *Foundations of Behavioral Research, 3rd ed.* (New York: Holt, Rinehart and Winston, 1973).

King, Gary, Robert O. Keohane, & Sidney Verba, *Designing Social Inquiry: Scientific Inference in Qualitative Research* (Princeton: Princeton University Press,1994).

King, Gary, *Unifying Political Methodology: The Likelihood Theory of Statistical Inference* (Ann Arbor: University of Michigan Press, 1998).

Kotkin, Stephen, *Armageddon Averted: The Soviet Collapse 1970-2000* (Oxford, UK: Oxford University Press, 2001).

______, *Magnetic Mountain: Stalinism as a Civilization* (Berkely, CA: University of California Press, 1997).

______, *Stalin Volume 1: Paradoxes of Power, 1878-1928* (New York: Penguin Press,2014).

Kuhn, T. S., *The Structure of Scientific Revolutions* (Chicago, University of Chicago, 1970).

Lakatos, *Mathematics Science and Epistemology* (Cambridge University Press, 1978),

Lambert, Karel and Gordon G. Brittan Jr., *An Introduction to the Philosophy of Science* (Englewood Cliffs, N. J., Prentice-Hall, 1970).

Leffler. Melvyn P., *For the Soul of Mankind: The United States, The Soviet Union, and the Cold War* (New York: Hill and Wang, 2007).

______, *The Specter of Communism: The United States of the Cold War, 1917-1953* (New York: Hill and Wang, 1994).

Li, Xiaobing, Millett, Allan R. and Yu, Bin,eds., *Mao's Generals Remember Korea* (Lawrence, KS: University Press of Kansas, 2001).

Mastny, Vojtech, *The Cold War and Soviet Insecurity: The Stalin Years* (Oxford, UK: Oxford University Press, 1996).

Millett, Allan R., *A War For Korea, 1950-1951: They Came from North* (Lawrence: University Press of Kansas, 2010).

_____, *The War For Korea, 1945-1950: a house burning* (Lawrence, Kansas: University Press of Kansas, 2005).

_____, *Their war for Korea: American, Asian, and European combatants and civilians, 1945-1953* (Washington D.C.: Brassey's, Inc., 2002).

Nachmias, C. F., Nachmias, D., *Research Methods in the Social Science, 6th ed*. (New York: St. Martin's Press, 1999).

Novick, Peter, *That Noble Dream: The "Objectivity Question" and the American Historical Profession* (Cambridge, UK: Cambridge University Press,1998).

Peter Burke, *History and Social Theory* (Cambridge, Polity Press, 1992).

Plokhy, Serhii, *The Last Empire: The Final Days of the Soviet Union* (New York: Basic Books, 2014).

Rea, Louis M. and Richard Allen Parker, *Designing and conducting survey research: a comprehensive guide* (San Francisco: Jossey-Bass Publishers, 1997).

Reichenbach, Hans, *The Rise of Scientific Philosophy* (Berkely and Los Engeles, University of California Press, 1968).

Phillips, B. S., *Social research: strategy and tctics, 2nd ed*. (New York: Macmillan, 1971).

Richard B. Braithwaite, *Scienyific Explanation* (New York: First Harper Torchbook, 1960).

Richard S. Runner, *Philosophy of Social Science* (Englewood Cliffs, N.J., Prentice-Hall, Inc., 1966).

Ridway, Matthew B., *The Korean War* (New York, NY: Da Capo Paperback, 1967).

Roberts, Geoffrey, *Stalin's Wars: from World War to Cold War, 1939-1945* (New Haven, CT: Yale University Press, 2006).

Russel K. Schutt, *Investigating the Social World: The Process and Practice of Research 5th ed.* (Boston: Sage Publications, 2006).

Selltiz, C., Wrightsman, L. S., Cook, Stuart W., *Research Methods in Social Relations, 3rd ed.* (New York: Holt, Rinehart and Winston, 1976).

Shen, Zhihua and Li, Danhui, *After Leaning to One Side: China and Its Allies in the Cold War* (Washington D.C.: Woodrow Wilson Center Press, 2011).

Simmons, Robert, *The Strained Alliance: Peking, Pyongyang, Moscow and the Politics of the Korean War* (New York, NY: Free Press, 1975).

Stevens. S., *Handbook of Experimental Psychology* (New York: Wiley, 1951).

Stone, David R., *Hammer and Rifle: The Militarization of the Soviet Union, 1926-1933* (Lawrence, KS: University Press of Kansas).

Stueck, William, *Rethinking the Korean War: A New Diplomatic and Strategic History* (Princeton, NJ: Princeton University Press, 2002).

______, *The Korean War: An International History* (Princeton: Princeton University Press, 1995).

T. X. Hammes, *Forgotten Warriors: The 1st Provisional Marine Bregade, The Corps Ethos, and The Korean War* (Kansas: The University Press of Kansas, 2010).

Thornton, Richard C., *Odd Man Out: Truman, Stalin, Mao and the Origins of the Korean War* (Washington D.C.: Brassey's, 2000).

Ulrich, Laurel Thatcher, *A Midwife's Tale: The Life of Martha Ballad, Based on Her Diary, 1785-1812* (New York: Vintage Books, 1990).

W. L. Wallace, *The Logic of Science in Sociology* (Aldine · Atherton Inc., Illinois, 1971).

Westad, Odd Arne, *The Global Cold War: Third World Interventions and the Making of Our Time* (Cambridge, UK: Cambridge University Press, 2007).

Whiting, Allen S, *China crosses the Yalu: the decision to enter the Korean War* (New York, NY: Macmillan, 1960).

Wimmer, R. D. Dominick, J. R., *Mass Media Research: An Introduction* (CA: Wadworth Publishing Company, 1983).

Zhang, Shu Cuang, *Mao's Military Romanticism: China and the Korean War, 1950-1953* (Lawrence, KS: University Press of Kansas, 1995).

______, Xiaoming, *Red Wings Over the Yalu: China, the Soviet Union, and the Air War in Korea* (College Station, Texas: Texas A&M University Press, 2002).

Zhihua, Shen, translated by Silver, Neil, *Mao, Stalin and the Korean War* (London and New York: Routledge, 2012).

Zubok, Vladislav and Pleshakov, Constantine, *Inside the Kremlin's Cold War from Stalin to Khrushchev* (Cambridge, MA: Harvard University Press, 1996).

Zubok, Vladislav M., *A Failed M. Zubok: The Soviet Union in the Cold War from Stalin to Gorbachev* (Chapel Hill, NC: The University of North Carolina Press, 2007).

논문

Marc Bloch, "A Contribution Towards a Comparative History of European Societies," *Land and the Work in Medieval Europe* (New York, Harper Torchbooks, 1969).

Chaudhuri, Joyotpaul, "Philosophy of Science and F. S. C. Northrop: The Elements of a Democratic Theory," *Midwest Journal of Political Science*, XI: 1, February (1967).

George F.Frederickson, "From Exceptionalism to Variability: Recent Developmentsin Cross-National Comparative History," *Journal of American History*, Vol. 82 (1995).

George, Alexander L., "Case Studies and Theory Development: The Method of Structured, Focused Comparison," Paul Gordon Lauren, ed., *Diplomacy: New Approaches in History, Theory, and Policy* (New York: Free Press, 1979).

Hao, Yufan and Zhai Zhihai, "China's Decision to Enter the Korean War: History Revisited," *The China Quarterly*, Vol. 121 (March 1990).

Kim. Youngjun, "The CIA and the Soviet Union: The CIA's Intelligence Operations and Failures, 1947-1950." *Journal of Peace and Unification*, Vol. 5., No. 2. (Fall 2015)

Weathersby, Kathryn, "New Evidence on North Korea." *Cold War International History Project Bulletin* (2003).

______, "New Evidence on the Korean War." *Cold War International History Project Bulletin* (1995a).

______, "Should We Fear This? Stalin and the Danger of War with America." *Cold War International History Project Working Paper* No. 39 (2002).

______, "Soviet Aims in Korea and the Origins of the Korean War, 1945-1950: New Evidence from Russian Archives." *Cold War International History Project Working Paper* No. 8. (1993).

______, "To Attack or Not Attack? Stalin, Kim Il Sung, and Prelude to War." *Cold War International History Project Bulletin,* Vol. 5. (1995b).

______, "New Evidence on the Korean War." *Cold War International History Project Bulletin* (1998).

찾아보기

ㄱ

ㄴ

ㄷ

ㄹ

ㅁ

ㅂ

ㅈ

ㅊ

ㅎ

C

F

M

T

기타